LEXIKON
BIOLOGIE

Rottmann • Höfer

Fachbegriffe der Biologie

STARK

ISBN: 3-89449-556-1

Inhalt

Vorwort
Hinweise zur Benutzung des Lexikons

Begriffe von A bis Z

Abbildungsnachweis

Autoren:
Prof. Dr. Oswald Rottmann,
Dr. Paul Höfer

Vorwort

Die moderne Biologie und die damit verbundenen Wissenschaftsdisziplinen verwenden zahlreiche abstrakte Begriffe, deren komplexe Bedeutung in einem klassischen Lehrbuch selten zusammengefasst dargestellt werden. Zum oftmals nötigen Nachschlagen ist daher das vorliegende Werk gedacht. Es ist ein **praktischer, informativer** und **handlicher Begleiter** für Schüler und Studenten.

Der Leser verfügt mit diesem Lexikon nicht nur über ein **Nachschlagewerk**, sondern auch und vor allem durch die ausführlichen Erklärungen, Beispiele und Querverweise über ein Buch für das **intensivere Studium**. Damit die Definitionen nicht zu sehr ausschweifen und dadurch schwer verständlich werden, wurde in manchen Fällen bewusst auf die weniger wichtigen Aspekte verzichtet.

Der Umfang dieses „**Lexikons der modernen Biologie**" wurde auf die unserer Ansicht nach **wichtigsten Stoffgebiete** beschränkt – besonders in Hinblick und Abstimmung auf die Lehrpläne und Richtlinien der Bundesländer. Es wurden daher Begriffe vor allem aus den Bereichen
- der Genetik, Immunbiologie, Zellbiologie und Evolution aufgenommen und diesen auch wichtige Aspekte
- aus der Ökologie, Stoffwechsel- und Neurophysiologie sowie der Entwicklungs- und Verhaltensbiologie hinzugefügt.

Besonderer Wert wurde neben der **Erwähnung von Synonymen** auch auf die **Erklärung der Wortbedeutung und Wortherkunft** der einzelnen Begriffe gelegt, die meist ihren Ursprung in den klassischen Sprachen haben. Wenn man weiß, wie und woher sich die Fachtermini ableiten, ist es leichter, sie zu erfassen und zu behalten.

Zu jedem Begriff findet sich der **englische Fachausdruck**. Dies ist insbesondere für eine weiterführende Auseinandersetzung mit der Thematik wichtig, da Englisch die Sprache der modernen Wissenschaft ist.

Für die Begriffserklärung wurde weitestgehend die Fachsprache beibehalten und zu den Fachtermini wenn nötig ein dafür gängiger deutscher Begriff hinzugestellt, damit jeder Absatz in sich verständlich ist. Der Leser wird so in die Lage versetzt, die wissenschaftliche Sprache kompetent anzuwenden.

Zu großem Dank sind wir Harald Steinhofer, Irene Rottmann und Christine Höfer verpflichtet, die uns geholfen haben, die handschriftlichen Entwürfe in elektronische Form umzusetzen und überdies durch kritische Überarbeitung vieler Begriffsdefinitionen eine leichter verständliche Darstellung zu erzielen.

Dr. Paul Höfer

Prof. Dr. Oswald Rottmann

Hinweise zur Benutzung des Lexikons

Alle Stichworte dieses Lexikons sind alphabetisch geordnet, wobei die Umlaute wie Selbstlaute behandelt werden (ä wie a, ö wie o usw.). Mehrteilige Stichwörter werden ohne Berücksichtigung der Wortgrenzen eingeordnet.

Jede Begriffserklärung ist einheitlich aufgebaut:

Hauptstichwörter und eventuell vorkommende synonyme Begriffe sind durch Fettdruck gekennzeichnet und durch Komma von einander getrennt. Anschließend erfolgt eine knappe Definition.

Falls nötig wird der Begriff im zweiten Abschnitt ausführlicher beschrieben und an Beispielen erläutert.

Ein Pfeil bedeutet einen Querverweis auf weitere ergänzende Informationen.

Innerhalb einer Begriffsdefinition oder Erklärung sind Worte dann in Fettdruck dargestellt, wenn es sich in diesem Zusammenhang um besonders hervorzuhebende, eigenständige Begriffe handelt.

Impfung, Schutzimpfung, Vakzination (lat. *vacca* Kuh; engl. *vaccination*) Künstliche Herbeiführung einer Immunität gegen eine Substanz (z. B. Gift) oder einen Krankheitserreger.

Man unterscheidet zwischen aktiver und passiver Impfung. (1) Die **aktive** Impfung umfasst die Applikation (z. B. Injektion, Schlucken) eines →Antigens, um eine Immunantwort gegen dieses Antigen in einem Individuum zu stimulieren. Der geimpfte Körper selbst produziert aufgrund des direkten Antigenkontaktes immune T-Lymphozyten und seine B-Lymphozyten setzen entsprechende →Antikörper frei. Der Schutz durch eine (meist wiederholte) aktive Immunisierung währt einige Jahre. Sog. T- und B-Gedächtniszellen (*memory cells*) „merken" sich diesen Antigenkontakt und können bei erneuter Konfrontation mit dem Antigen das Immunsystem sehr viel schneller aktivieren. (2) Bei der **passiven** Impfung injiziert man einem…

Angabe der Wortherkunft: Abkürzung der Herkunftssprache; in kursiver Schrift ist das Fremdwort angegeben und darauf folgt die deutsche Übersetzung. Mehrere Fremdsprachen sind durch Semikolon von einander getrennt. Zu jedem Begriff ist das englische Fachwort hinzugestellt, es sei denn, das Fremdwort unterscheidet sich nicht in der Schreibweise.

Systematische Gattungsnamen und englische Fachbegriffe, die noch nicht eingedeutscht sind bzw. bevorzugt angewendet werden, werden durch Kursivdruck hervorgehoben.

Die Ziffern in Klammern zeigen an, dass dieses Stichwort gleichzeitig verschiedene Bedeutungen besitzt bzw. in weitere Begriffe unterteilt werden kann.

Im Lexikon werden folgende Abkürzungen verwendet:

Adj. = Adjektiv	griech. = griechisch	Plur. = Plural
arab. = arabisch	lat. = lateinisch	sog. = so genannt
Bsp. = Beispiel	i. d. R. = in der Regel	spec. = Spezies, Art
bzw. = beziehungsweise	i. e. S. = im engeren Sinne	u. a. = und andere
ca. = circa	inkl. = inklusive	u. Ä. = und Ähnliches
d. h. = das heißt	i. S. v. = im Sinne von	ursprüngl. = ursprünglich
engl. = englisch	i. w. S. = im weiteren Sinne	usw. = und so weiter
eigtl. = eigentlich	Jhd. = Jahrhundert	u. U. = unter Umständen
etc. = et cetera	Mio. = Millionen	vgl. = vergleiche
evtl. = eventuell	Mrd. = Milliarden	z. B. = zum Beispiel
franz. = französisch	o. Ä. = oder Ähnliches	z. T. = zum Teil

A

A (1) Symbol für die Purin-Base → Adenin oder auch für Adenosin, (2) haploider Satz der → Autosomen, (3) Massezahl eines Atoms (Atomgewicht), (4) Einheit der Stromstärke: Ampere.

AB0-Antigene, AB0-Blutgruppen-Antigene (griech. *anti* gegen, *gennao* ich erzeuge; engl. *AB0-antigens*) Vielfachzucker (Mukopolysaccharide) des AB0-Blutgruppensystems.

Die A- und B-Antigene sitzen auf der Membranoberfläche der roten Blutkörperchen (Erythrozyten) und unterscheiden sich (nur) durch das Zuckermolekül, das an der letzten Stelle der Mukopolysaccharidkette hängt. Dadurch erhalten diese Kohlenhydratketten auf der Zelloberfläche eine bestimmte antigene Eigenschaft (sog. zellständiges Blutgruppenantigen). Die Gene I^A und I^B synthetisieren vermutlich die Enzyme, welche die endständigen Zucker an das vorgeformte Mukopolysaccharid binden. Das I^0-Allel bewirkt, dass kein Zucker angelagert wird, weswegen im homozygoten Zustand der 0(Null)-Phänotyp auftritt. Der I-Locus befindet sich beim Menschen auf Chromosom Nr. 9. → Allel, → Antigen, → Genlocus

Abbauorganismen → Destruenten

ABC-Boden (engl. *ABC-horizon*) Der für den Laubwald charakteristische Bodentyp der Erdoberfläche.

Er wird untergliedert in den (1) A-Horizont, bestehend aus unzersetztem Material, z. B. Blättern, vermodertem Material und → Humus mit vielen Kleinlebewesen, (2) B-Horizont, der durch Einwaschung remineralisierter Nährstoffe wie Nitrate, Sulfate oder Phosphate durch die Niederschläge entstanden ist und (3) C-Horizont, dem örtlichen Ausgangsgestein.

Aberration (lat. *aberratio* Abweichung; engl. *aberration*) (1) Allgemeine Bezeichnung für die Abweichung, die übliche → Variation, eines Organismus innerhalb eines bestimmten Arttypus, z. B. Albino. (2) In der Optik ein Abbildungsfehler z. B. in der Linse oder Hornhaut, den lichtbrechenden Bestandteilen des Auges. Die Lichtstrahlen eines Punktes werden nach der Brechung nicht in einem Punkt auf der Netzhaut abgebildet. (3) In der Genetik Abweichungen, welche die Chromosomen betreffen. → Chromosomenaberrationen

abiotische Faktoren (griech. verneinendes a, *bios* Leben; engl. *abiotic factors*) Ohne Leben, leblos.

Bezeichnet nicht lebende Umweltfaktoren, wie z. B. Licht, Temperatur, Wasser oder auch Brandrodungen, die auf die Lebewesen, den biotischen Teil, einwirken. → biotische Faktoren

Abreaktion (engl. *redirected behavior*) Ableiten gestauter → Aggression.

Man unterscheidet → Handlungen am Ersatzobjekt (z. B. Türen zuschlagen) und → Ventilsitten, die friedliche Ableitung angestauter Energie (z. B. Sportwettkampf).

Abscisinsäure, Dormin (lat. *abscindere* losreißen; engl. *abscisic acid*) Pflanzenhormon, welches u. a. das Abstoßen der Blätter bewirkt. → Phytohormon

Das Pflanzenhormon Abscisinsäure

Absorption (lat. *absorbere* verschlucken; engl. *absorbance, absorbency*) Intensitätsverlust einer Strahlung durch ein absorbierendes Medium.

In der → Spektrofotometrie ist Absorption definiert als $A = \log (I_0/I)$. I_0 ist die Lichtintensität vor und I die Intensität nach dem absorbierenden Medium (Lambert-Beer-Gesetz). Die Beziehung eignet sich z. B. zur Mengenmessung von DNS. Diese wird in Wasser gelöst und im Fotometer von einem Lichtstrahl (260 nm

Wellenlänge) durchleuchtet. Der Intensitätsverlust wird in der Einheit OD (→ optische Dichte) ausgedrückt, wobei 1 OD 50 Mikrogramm doppelsträngiger DNS je Mikroliter bedeutet. Misst man bei verschiedenen Wellenlängen, so erhält man das Absorptionsspektrum der Flüssigkeit mit den gelösten Stoffen.

Abstammungslehre (engl. *theory of evolution*) → Darwinismus

Abundanz (lat. *abundare* Überfluss haben; engl. *abundance*) (1) In der Ökologie der Ausdruck für die Beanspruchung eines Lebensraumes durch eine bestimmte Anzahl von Individuen. Die Populationsdichte wird als Anzahl der Individuen pro Fläche bzw. Volumen angegeben. In Deutschland z. B. leben 230 Einwohner je km^2, in der VR China 135, in den USA 28 und in Australien 3 je km^2. (2) In der Molekulargenetik die Zahl der spezifischen mRNS-Moleküle einer gegebenen Zelle: die Abundanz $A = NRF/M$, wobei N die Avogadro'sche Zahl, R der RNS-Gehalt in Gramm, F der Prozentsatz der spezifischen mRNS und M das Molekulargewicht der spezifischen RNS in → Dalton ist.

Acetylcholin (engl. *acetylcholine*) Einer der wichtigsten Überträgerstoffe im zentralen Nervensystem mit erregender Wirkung.

Dieses → Amin wird an den Nervenenden freigesetzt, ändert z. B. die Durchlässigkeit der motorischen Endplatten von Muskelzellen und verursacht dadurch eine Kontraktion. → Neurotransmitter

Strukturformel von Acetylcholin

Acetylcholinesterase, AChE (engl. *acetylcholinesterase*) Enzym, das den → Neurotransmitter Acetylcholin spaltet.

Nervenimpulse werden von einer Nervenzelle auf die andere oder auf eine Muskelzelle (→ neuromuskuläre Synapsen) über bestimmte Verbindungen, die sog. → synaptischen Spalten, übertragen. In diesen Verbindungen wird der elektrochemische Impuls, der das → Axon entlang wandert, durch chemische Moleküle, sog. Neurotransmitter, weitergeleitet. Einer der häufigsten Transmitter ist das Acetylcholin.

Es wird am Ende des Axons, der präsynaptischen Membran, bei Eintreffen eines Impulses in → Vesikeln (Bläschen) verpackt in den synaptischen Spalt ausgeschüttet, diffundiert dann in kürzester Zeit an die andere Seite des Spaltes, zur postsynaptischen Membran, und erzeugt dort über spezielle Rezeptormoleküle, die Acetylcholinrezeptoren, eine kurzzeitige Veränderung des Membranpotenzials (→ Summation). Damit dieser Impuls auf die anschließende Nerven- oder Muskelzelle ebenfalls nur sehr kurzfristig ausfällt (sodass der nächste Impuls unter Umständen rasch folgen kann), muss das gesamte Acetylcholin im synaptischen Spalt inaktiviert werden. Dies geschieht durch das Enzym Acetylcholinesterase, das an die postsynaptische Membran gebunden ist. Es spaltet den Transmitter in ein Acetat- (Essigsäure-) und ein Cholinmolekül.

Zur Behandlung einiger Erkrankungen des Menschen (z. B. Alzheimer) werden Hemmstoffe für dieses Enzym eingesetzt, um eben die Wirkung des Acetylcholins zu verstärken. Sehr starke Hemmstoffe der AChE (z. B. Sarin und Tabun) wurden als chemische Kampfstoffe entwickelt. → cholinerge Übertragung, → Enzymhemmung

Acetylcholinrezeptor (engl. *acetylcholine receptor*) Spezielle Bindungsstellen an der → neuromuskulären Synapse für Acetylcholin. → Acetylcholinesterase

AChE → Acetylcholinesterase

Acoelomata (griech. verneinendes a; *koilia* Bauchhöhle) Tiere ohne Leibeshöhle (→ Cölom) zwischen inneren Organen und Körperwand. Hierzu gehören die

Stämme der Nesseltiere, Rippenquallen, Schwämme und → *Mesozoa*. Alle anderen vielzelligen Tiere verfügen über eine Leibeshöhle und werden daher zu den *Coelomata* gerechnet.

ACTH, adrenocorticotropes Hormon, Corticotropin (engl. *adrenocorticotropic hormone*) Proteo(Eiweiß-)hormon der Hirnanhangdrüse, welches vor allem die Sekretion von Nebennierenhormonen (wie den → Glucocorticoiden) erhöht. Bei Mensch und Tier führen beispielsweise potenziell schädigende Reize wie → Stress zu einer erhöhten ACTH-Sekretion.

Actinomycin D (engl. *actinomycin D*) Ein Antibiotikum aus dem Pilz *Streptomyces chrysomallus*, das die Transkription der → mRNS verhindert. → Polymerase

Adaptation (lat. *adaptare* anpassen; engl. *adaptation*) Jede entwicklungsmäßige, verhaltensmäßige, anatomische oder physiologische Anpassung eines Organismus an seine Umgebung mit der Folge, dass er besser überleben und sich fortpflanzen kann. Beispielsweise „gewöhnen" sich Sinneszellen oder -organe infolge wiederholter Reizung an einen Reiz und können sich durch die Abnahme der Erregbarkeit den Umwelt- und Reizbedingungen anpassen. Es handelt sich hierbei um keinen Lernvorgang.

Adapter (lat. *adaptare* anpassen; engl. *adaptor*) Kurze, synthetische Doppelstrang-DNS mit einer → Restriktionsschnittstelle zum Zweck, stumpfendige (*blunt*) DNS-Moleküle an andere mit kohäsiven Enden (*cohesive* oder → *sticky ends*) zu binden.

Der Adapter wird an die stumpfen Enden der einen DNS angehängt, mit einem bestimmten Restriktionsenzym geschnitten und die so entstandenen *sticky ends* binden dann an entsprechende *sticky ends* anderer DNS-Moleküle.

adaptive Radiation (lat. *radiari* strahlen, sich ausbreiten; engl. *adaptive radiation*) Evolution einer einfacheren Art in spezialisierte Arten, von denen jede an eine bestimmte Lebensform angepasst ist. Eine Ausgangsart fächert sich in unterschiedlichen Lebensräumen durch Anpassungen an diese Lebensbedingungen in mehrere Arten auf.

Bekanntes Beispiel für adaptive Radiation ist die in – geologisch gesehen – relativ kurzer Zeit erfolgte Artenentwicklung bei den Darwinfinken auf den Galapagosinseln. Die heute vorliegenden Arten spezialisierten sich je nach Futter- und Umweltart in erstaunlich kurzer Zeit und stammen alle von einer ursprünglich auf die Inseln gelangten Finkenart ab.

adäquater Reiz (lat. *adaequare* gleichstellen, hier: passend; engl. *adequate stimulus*) Derjenige physikalische oder chemische → Reiz einer bestimmten Mindeststärke, auf den eine → Sinneszelle anspricht. Da jede Sinneszelle auf „ihren" Reiz spezialisiert ist, können in ihr bei normaler Reizstärke eben nur adäquate Reize entsprechende Nervenimpulse auslösen.

Adenin, A (engl. *adenine*) Die stickstoffhaltige organische → Purin-Base ist sowohl ein Baustein der RNS als auch der DNS. In den Nukleinsäuren ist Adenin entweder mit Uracil (RNS) oder Thymin (DNS) über zwei Wasserstoffbrücken gepaart. → Nukleosid

Adenosin (engl. *adenosine*) Glycosidisches → Nukleosid aus D-Ribose oder D-Desoxyribose und Adenin. Bestandteil der Nukleinsäuren und von → ATP.

Adenosindiphosphat, -monophosphat, -triphosphat → ATP

Adenoviren (engl. *adenoviruses*) Tierspezifische Viren, deren extrachromosomalen Replikationsmechanismus (die Art, wie diese ihr Erbmaterial vermehren) man nutzt und sie als Vektoren zur DNS-Vermehrung (Amplifikation, Klonierung) in Säugerzellen verwendet. → Baculovirus

Adrenalin, Epinephrin (lat. *ad* bei, *renes* Nieren; engl. *epinephrine*) Hormon des Nebennierenmarks mit zahlreichen physiologischen Wirkungen wie z. B. Erhöhung der Pulsfrequenz und des Blutdrucks. 1904 erstmals künstlich hergestellt. → Anaphylaxie, → Stress

adrenocorticotropes Hormon → ACTH

adrenerge Übertragung (lat. *ad* bei, *renes* Nieren; griech. *ergon* Tat; engl. *adrenergic transmission*) Die Übertragung von Nervenimpulsen durch Nervenzellen, die Adrenalin oder Noradrenalin als → Neurotransmitter in den synaptischen Spalt freisetzen. Im Unterschied z. B. zur → cholinergen Übertragung durch Acetylcholin. → Acetylcholinesterase

Adsorption (lat. *adsorbere* an sich ziehen; engl. *adsorption*) Viele Gase oder gelöste Stoffe lagern sich an feste Oberflächen an (auch positive Adsorption genannt). Dabei handelt es sich nicht um eine chemische Verbindung. Vielmehr vermitteln ungesättigte Valenzen an der Festkörperoberfläche eine Anreicherung der von außen herangeführten Substanzen.

(1) In der analytischen Chemie wird die positive Adsorption genutzt, um aus einer flüssigen Phase die gesuchte Substanz (das Adsorbendum) an der festen Phase (dem Adsorbens) anzulagern. (2) In der Biochemie handelt es sich um die Aktivierung von Enzymen durch oberflächenaktive Stoffe, welche Enzym und Substrat

binden und so näher aneinander bringen. (3) In der Serologie (Teilgebiet der Immunologie, das sich mit den Eigenschaften des Blutserums beschäftigt) versteht man darunter die spezifische Absättigung eines Antikörpers durch das Antigen.

Äquationsteilung (lat. *aequus* gleich; engl. *equation division*) → Mitose, → Meiose (2. Reduktionsteilung)

Äquatorialplatte (engl. *equatorial plate*) → Mitose

aerob (griech. *aer* Luft, hier: Sauerstoff, *bios* Leben; engl. *aerobic*) Beschreibung für alle Lebensvorgänge, die in Anwesenheit von Sauerstoff ablaufen. → Atmung, Gegenteil → anaerob

afferente Nervenleitung (lat. *afferre* hinbringen; engl. *afferent nerve conduction*) Zuführende Nervenbahnen.

Werden von Nervenzellen oder -bahnen aus der Peripherie, wie z. B. von den Extremitäten, Signale etwa bei der Muskeldehnung zu einem höheren neuronalen Verarbeitungszentrum (z. B. Ganglion) oder dem ZNS geschickt, so spricht man von einer afferenten Nervenleitung. Zur Unterscheidung: Sinneszellen der Haut übermitteln ihre Informationen auf ähnlichem Weg, jedoch bezeichnet man diese als **sensorische** Nervenbahnen. → efferente Nervenleitung

Affinitätssäulenchromatographie (engl. *affinity chromatography*) Methode zur Trennung bzw. Reinigung von Proteinen oder (allgemein) großen Molekülen.

In der Säulenaffinitätschromatographie läuft die Probe, z. B. mit verschiedenen gelösten Proteinen, in einer Pufferlösung von oben nach unten durch eine Säule (Rohr), die mit sehr kleinen „Perlen" aus Sephadex o. Ä. gefüllt ist. Die Perlen sind mit einem für das gesuchte Protein spezifischen Liganden (Bindungspartner) beschichtet, der die gewünschten Proteinmoleküle bindet und damit vom Rest der Probe trennt. Nicht bindende Substanzen durchlaufen einfach die Säule. Durch Lösen der Bindung zwischen dem Protein und dem Liganden, z. B. mit einer Salzlösung, wäscht man danach das gesuchte Protein in reiner Form aus der Säule aus. Wird als Ligand z. B. ein → Antikörper verwendet, spricht man in diesem Fall von Immunaffinitätschromatographie.

Agameten (griech. *agamos* ungeschlechtlich; engl. *agametes*) Totipotente, sexuell nicht differenzierte Fortpflanzungszellen der Pflanzen, die sich durch mitotische Teilungen vervielfachen.

Bei den → Diplohaplonten entwickeln sich aus der Zygote zunächst diploide Zellen, die ab der → Meiose keine → Gameten, sondern sexuell nicht differenzierte, haploide Agameten ergeben. Diese wachsen zu einem haploiden Zellkörper heran, der dann die Gameten produziert.

Agamogonie (griech. *agamos* unverheiratet, *gone* Erzeugung; engl. *agamogony*) Ungeschlechtliche Fortpflanzung ohne Befruchtung. Reproduktion durch mitotische Zellteilung ohne Rekombination bei Mikroorganismen (z. B. Sprossung des Hefepilzes), bei Pflanzen (z. B. Knospung bei Erdbeere oder Kartoffel) und auch bei Tieren (z. B. Knospung beim Süßwasserpolypen *Hydra*). Eine künstliche Art der ungeschlechtlichen Fortpflanzung bezeichnet das Klonen (→ Kerntransfer).

Zur Beachtung: Im Gegensatz zur → Parthenogenese (Jungfernzeugung) ist Agamogonie eine Art der Fortpflanzung, bei der die Fortpflanzungsprodukte geschlechtlich nicht differenziert sind.

Agar-Agar (aus dem Malayischen; engl. *agar-agar*) In Kurzform auch nur Agar genannt. Polysaccharid-Extrakt aus Seetang (verschiedene Rotalgen), der als Festiger für Kulturmedien (für Mikroorganismen-Kultur) verwendet wird.

Der als Pulver käufliche Agar wird in einer Nährstoffe enthaltenden Salzlösung aufgekocht, wodurch er in flüssigen Zustand übergeht. Beim Erkalten erstarrt die Flüssigkeit zu einer gelartigen Substanz, an deren Oberfläche vor allem Bakterien und Pilze wachsen. → Agarose

Agarose (engl. *agarose*) Lineares Polymer aus Galactose und Anhydrogalactose, das aus → Agar gewonnen wird und ähnlich wie Agar zu gelatineartiger Masse gegossen werden kann. Wegen der molekularen Netzstruktur wird sie als Trennmedium für die → Elektrophorese verwendet. Moleküle werden dabei je nach ihrer Größe und Ladung unterschiedlich stark bei ihrer Bewegung durch dieses Molekülsieb behindert und wandern daher unterschiedlich schnell. Nur ganz wenige Moleküle binden an Agarose (sie ist chemisch inert) und deshalb werden die zu trennenden Moleküle durch die Agarose selbst chemisch nicht beeinflusst.

Agglutination (lat. *gluten* Leim, *agglutinare* ankleben; engl. *agglutination*) Verklumpung von Mikroorganismen oder Zellen durch spezifische Moleküle wie Lektine oder → Antikörper. Natürlich vorkommend oder künstlich ausgelöst bei biologischen Nachweisverfahren.

aggregierte Verteilung, Aggregation (lat. *aggregare* anhäufen, versammeln; engl. *aggregation*) (1) Klumpenförmige Verteilung beispielsweise eines Stoffes in einem Dispersionsmittel oder Bildung von Zellhaufen. (2) Im Gegensatz zu einer zufälligen Verteilung eine Anhäufung von Individuen in bestimmten Bereichen eines → Habitats; die menschliche Bevölkerung z. B. zeigt eine solche geklumpte (geballte) Verteilung in den Ballungsräumen der Großstädte oder in Dörfern. Ursachen sind Schutzfunktion, soziale Bedürfnisse, Nahrungsversorgung u. a. → Dispersion

Aggression (lat. *aggressio* Anlauf; engl. *aggression*) Ausdruck sowohl für die Tendenz zum Angriff (= Aggressivität) wie auch für den Angriff (Kampf) selbst.

Agnosie (griech. verneinendes a, *gnosis* Erkenntnis; engl. *agnosia*) Störung des Erkennens durch Großhirnschädigungen, obwohl die entsprechenden Sinne normal funktionieren.

So führen Schädigungen des sog. Okzipitallappens der Großhirnrinde zur optischen Agnosie, bei der es den Patienten trotz guter Augen nicht gelingt, einen optischen Gesamteindruck zu erfassen. Sie können nicht beschreiben, was sie sehen. Bei der taktilen Agnosie (Stereoagnosie) können die Patienten Gegenstände nicht mehr durch ihren Tastsinn erkennen. Bei dieser Form der Agnosie liegen Schädigungen der hinteren Zentralwindung bzw. des Schläfenlappens der Großhirnrinde vor.

Agonist (griech. *agonistes* Kämpfer; engl. *agonist*) (1) In der Physiologie ein gebräuchlicher Ausdruck: z. B. Muskel, der eine seinem „Gegenspieler" (Antagonisten) entgegengesetzte Bewegung herbeiführt. Für die Armbeugung beispielsweise ist der Oberarmmuskel Bizeps als Agonist verantwortlich. Das Strecken des Armes wird mittels des Antagonisten Trizeps an der Hinterseite des Oberarms durchgeführt. → sympatisches und → parasympatisches Nervensystem. (2) In der Arzneimittellehre eine Substanz, welche die Wirkung eines Signalmoleküls (z. B. Neurotransmitter oder Hormon) nachahmt oder verstärkt. Auch hier gibt es Antagonisten, die den Wirkstoffen (Agonisten) entgegenwirken.

agonistisches Verhalten (engl. *agonistic behaviour*) Soziale Wechselwirkung zwischen Mitgliedern einer Art oder zwischen Arten. Umfasst Aggression und Drohung auf der einen Seite und Rückzug und Aussöhnung auf der anderen.

Man unterscheidet zwischen **interspezifischen** (zwischenartlichen) Verhaltensweisen wie Räuber-Beute-Beziehungen und **intraspezifischen** (innerartlichen) Verhaltensweisen wie Drohgebärden oder Imponiergehabe.

agouti Graubraune Fellfarbe der Säugetiere, benannt nach einem südamerikanischen Nagetier.

Der Farbeindruck kommt durch gelbliche (Phäomelanin) und dunkle (Eumelanin) Bänder zustande, die im einzelnen Haar abwechselnd eingelagert und genetisch bedingt sind. Der Agouti-Genlocus auf Chromosom 2 der Maus hat mehr als 20 verschiedene Allele. Das Gen codiert ein cysteinreiches Protein mit 131 Aminosäuren, das die Melanozyten veranlasst, Eu- oder Phäomelanin zu bilden.

Agrobacterium tumefaciens (lat. *ager* Acker; griech. *bakteria* Stab, Stäbchen, lat. *tumefacere* schwellend machen) Art der weit verbreiteten Bodenbakterien, die bei zweikeimblättrigen Pflanzen (→ *Angiospermae*) ein krebsartiges Wachstum hervorruft. Eigentliche Ursache ist ein spezielles → Plasmid (Ti = Tumor induzierend), welches von den Bakterien über Verletzungen auf die Pflanzen übertragen wird. Dieser natürliche Übertragungsvektor wird in der pflanzlichen Gentechnik intensiv für den experimentellen Gentransfer genutzt.

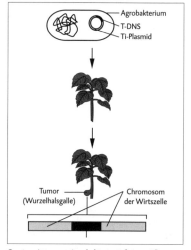

Gewisse Arten von Agrobakterien infizieren Pflanzen, wobei sie Wurzelhalsgallen, Kalli aus Tumorgewebe, hervorrufen. Das Tumor induzierende Agens ist ein Plasmid (das Ti-Plasmid), das einen Teil seiner DNS (die transformierende oder T-DNS) in die Chromosomen der Wirtszelle integriert.

AIDS → HIV
Akkommodation (lat. *accommodare*

anpassen; engl. *accommodation*) Scharf-
stellen (fokussieren) des Bildes auf der
Netzhaut des Auges.

Es gibt zwei Möglichkeiten zu fokussieren: Der Abstand der Linse zur Netzhaut
wird verändert (Amphibien, Fische, manche Wirbellose) oder die Krümmung der
Linse wird durch die Tätigkeit von Muskeln und Fasern verändert (Reptilien, Vögel, Säuger).

akrozentrisch (griech. *akron* Spitze,
kentron Mittelpunkt; engl. *acrocentric*) Bezeichnung für → Chromosomen, deren
Zentromer an einem Ende liegt.

Aktin (lat. *agere* tun, in Bewegung setzen; engl. *actin*) Kugelförmiges Protein.
Hauptbestandteil der 7 nm dicken Mikrofilamente in Zellen. Die Filamente sind
Polymere der globulären Untereinheit G
mit einem Molekulargewicht von 42 000
d. Sie liegen im Randbereich eines Sarkomers (sich wiederholender Abschnitt einer Muskelfibrille) und werden bei der
Muskelkontraktion zwischen die Myosin-
fäden zur Sarkomermitte gezogen. Bei
Säugern und Vögeln gibt es vier verschiedene Aktine, (1) im Skelettmuskel, (2) im
Herzmuskel, (3) im glatten Gefäßmuskel
und (4) im glatten Darmmuskel. → Muskelfaser, → Gleitfilamentmodell

Aktionspotenzial, AP (lat. *actio*
Handlung, *potentia* Kraft; engl. *action potential*) Die kurzfristige Umpolung der
Spannung an der Zellmembran einer erregten Nervenzelle von z. B. −70 mV auf
+35 mV.

Ausgelöst werden Aktionspotenziale
durch Zellreizungen, die eine Ladungsum-
kehr an der Oberfläche der Zellmembran
bedingt durch den Ein- bzw. Ausstrom
von Ionen (vor allem Natrium, Kalium) bewirken und damit zu einer Änderung des
→ Membranpotenzials führen. Dieses
System folgt einer **Alles-oder-Nichts-
Regel**, d. h. ein Reiz führt ab einer bestimmten Stärke unweigerlich zu einem
Aktionspotenzial. Bleibt die Reizstärke
unter diesem Wert, passiert „nichts".

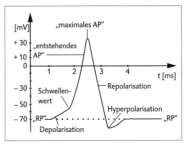

Verlauf eines Aktionspotenzials am Beispiel eines de-
polarisierenden Impulses

Vor einem Aktionspotenzial (AP) zeigt
das Zellinnere ein negatives Potenzial von
meist etwa −70 mV. Bei Herannahen eines
Impulses (durch vorauseilende Stromschleifen) öffnen sich die spannungsgesteuerten Na^+-Kanäle. Durch die Tendenz
zum Konzentrations- und Ladungsaus-
gleich strömen vermehrt Na^+-Ionen ein
und es kommt zuerst zu einer schwachen
→ Depolarisation auf ca. −55 mV. Nach
diesem Schwellenwert folgt nun durch
weiteren Na^+-Einstrom eine rasche, starke Depolarisation auf +35 mV. Zeitlich
verzögert beginnen sich die ebenfalls
spannungsgesteuerten K^+-Kanäle zu öffnen und aufgrund eines K^+-Ausstromes
erfolgt nun die Repolarisation. Schließlich
kommt es zu dem etwas länger andauernden → Nachpotenzial (Hyperpolarisation),
worauf wieder das → Ruhemembranpotenzial (RP), das Ausgangsniveau, folgt.
→ Refraktärstadium, → spannungsgesteuerte Ionenkanäle, → Schwellenwert,
→ Summation

aktiver Transport (engl. *active transport*) Der Transport einer Substanz durch
eine biologische Lipidmembran entgegen
ihres Konzentrations- oder elektrochemischen Gradienten mittels Energiezufuhr
und spezifischen Transportmolekülen.

Beispielsweise werden die für die Erregungsleitung bei Nervenzellen verantwortlichen Ionen wie Na^+ und K^+ nach einem Nervenimpuls wieder in die ursprünglichen Konzentrationsunterschie-

de zwischen intra- und extrazellulärem Raum unter Energieaufwand mithilfe der in der Zellmembran verankerten Na⁺-K⁺-ATPase „zurückgepumpt". → Natrium-Kalium-Pumpe

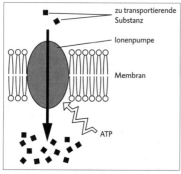

zu transportierende Substanz

Ionenpumpe

Membran

ATP

Beispiel eines aktiven Transports (schematische Übersicht)

Aktivierungsenergie (engl. *activation energy*) Energie, die zum Auslösen einer chemischen Reaktion erforderlich ist.

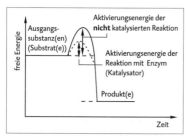

freie Energie

Ausgangs-substanz(en) (Substrat(e))

Aktivierungsenergie der **nicht** katalysierten Reaktion

Aktivierungsenergie der Reaktion mit Enzym (Katalysator)

Produkt(e)

Zeit

Schematische Darstellung zur Wirkungsweise von Katalysatoren in Bezug auf die Erniedrigung der Aktivierungsenergie zur Substratumsetzung

Durch Hinzufügen eines Enzyms als (Bio-)Katalysator lässt sich die Aktivierungsenergie erniedrigen. Enzyme lagern sich vorübergehend an ihr Substrat an und formen so einen neuen Molekülkomplex mit einer niedrigeren Aktivierungsenergie. Deswegen können viele Reaktionen bei den in Zellen herrschenden Temperaturen überhaupt erst mit der nötigen Geschwindigkeit ablaufen. Wenn das Pro-

dukt gebildet ist, löst sich das Enzym unverändert ab.

Albinismus (lat. *albus* weiß; engl. *albinism*) Erblich bedingter Melanin-Mangel.

Der dunkle Farbstoff in Haut, Augen und Haaren des Menschen und vieler Tiere heißt Melanin. Er wird über mehrere biochemische Schritte aus der Aminosäure Tyrosin gebildet. Hauptrolle spielt das Enzym Tyrosinase, das von dem entsprechenden Gen codiert wird. Ist das Gen defekt, wird keine Tyrosinase und dadurch auch kein Melanin gebildet.

Im homozygoten Zustand, wenn zwei defekte Allele vorhanden sind, fehlt die Pigmentierung, das Individuum ist ein Albino. Albinismus wird also rezessiv vererbt. Heterozygote haben normale Färbung. Daneben gibt es Formen (Allele) des Tyrosinasegens, welche eine schwache Ausprägung der Tyrosinase bewirken. Ein Beispiel ist das Himalaya-Allel, das temperaturabhängig exprimiert, sodass an den Extremitäten (Ohren, Schnauze, Pfoten) dunkle Färbung auftritt, nicht jedoch an den wärmeren Körperregionen.

Albumin (lat. *albus* weiß; engl. *albumin*) Wasserlösliches Protein (67 kd), das 40 bis 50 % der Eiweiße des Blutplasmas der erwachsenen Säugetiere ausmacht. Wichtig für den osmotischen Druck, als pH-Puffer und als Transportmolekül für einige kleinere Moleküle. Albumin wird in der Leber gebildet. Das menschliche Gen für Albumin liegt auf Chromosom 4. Für das fetale Blut wird zunächst ein etwas anderes Albumin produziert, das α-Fetoprotein.

Alkoholische Gärung (arab. *alkohol* das Feine; engl. *alcoholic fermentation*) → Gärung

Allel (griech. *allelon* zueinander gehörig; engl. *allele*) Abkürzung für allelomorph. Ausdruck für die Zustandsform eines → Gens also für die Verschiedenartigkeit (durch Mutation der Erbsubstanz verursachte Variationen), in der ein bestimmtes Gen in einer Spezies vorkommt.

Die meisten Allele stellen nur geringfügige Änderungen von Genen (Genloci) dar. Sie beeinträchtigen meist nicht die Überlebensfähigkeit der Spezies, können jedoch bei Änderungen des Lebensraumes entscheidend für Neuanpassung und damit Überlebensfähigkeit der Art sein. Diese Genvariabilität stellt ein Grundprinzip der → Evolution dar. Ferner ist die Allelvielfalt die Ursache für die individuellen Unterschiede innerhalb einer Art oder Population (entscheidendes Kriterium für die Identität eines Individuums). Allele unterscheiden sich in der Basensequenz, woraus dann ein verändertes → Polypeptid bzw. Protein mit mehr oder weniger veränderter Funktion resultieren kann.

Sind mehr als zwei Allele eines Genlocus bekannt, sagt man, dieser Genlocus zeigt **multiple Allelie** oder er ist polymorph (→ Gen, → Polymorphismus); z. B. sind Blutgruppengenloci polymorph und Histongenloci monomorph, d. h. hier gibt es keine Allele. Meist werden die Allele eines Genlocus mit Buchstaben benannt (A, B, usw.). → Genfrequenz

allelomorph → Allel

Allen'sche Regel (engl. Allen's rule) Verallgemeinerung der Beobachtung, dass die abstehenden Körperteile (Ohren, Gliedmaßen) von Tieren umso kleiner sind, je kälter das Klima ist.

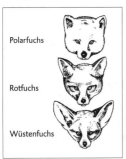

Polarfuchs

Rotfuchs

Wüstenfuchs

Die Ohren verschiedener Fuchsarten als Beispiel für die Allen'sche Regel

Eine kleinere Oberfläche der Körperanhänge bedeutet eine kleinere Fläche, über die Körperwärme abgestrahlt wird, was

weniger Verlust von Körperwärme zur Folge hat.

Allergen → Allergie

Allergie (griech. allon anders, ergon Werk, Tat; engl. allergy) Die Allergie stellt eine besondere Art der Immunantwort dar. Beteiligt sind bestimmte Formen von → Antikörpern (IgE), Zellen (Granulozyten) und zahlreiche vor allem von Granulozyten freigesetzte Moleküle (z. B. vasoaktive → Amine). Wie und warum es zur Entwicklung einer Allergie kommt, ist bis heute nicht grundlegend geklärt.

Die allergische Reaktion selbst verläuft nach folgendem Grundschema: Allergiker haben eine große Anzahl von Granulozyten, auf deren Oberfläche IgE-Antikörper sitzen, die ein bestimmtes → Antigen (z. B. Hausstaub, Pollen) erkennen. Kommen die Granulozyten mit dem entsprechenden Antigen (jetzt spricht man vom **Allergen**) in Kontakt, so geben IgE-Antikörper auf der Granulozytenoberfläche (→ Mastzellen) ein Signal an die Zellen. Dadurch schütten die Granulozyten eine große Zahl von Vesikeln aus, deren Inhaltsstoffe sehr starke, pharmakologische Effekte hervorrufen. Der gravierendste Effekt wird durch Histamin (vasoaktives → Amin) bewirkt: Histamin weitet das Blut-Gefäßsystem, weswegen Flüssigkeit aus den Adern in das Gewebe austritt. Es kommt zu einer Schwellung (Ödem) und Temperaturerhöhung des betroffenen Gewebes. Bei einem Pollenallergiker z. B. treffen die Pollen besonders leicht an den dünnen Schleimhäuten der Nase und am Auge auf die gegen Pollen gerichteten IgE-Antikörper. Die Granulozyten schütten Histamin aus, die Nasen- und Augenschleimhäute röten sich, schwellen an und erschweren so die Atmung und führen zu Augenreizungen.

Allesfresser → Omnivor

Alles-oder-Nichts-Regel → Aktionspotenzial

Alloantigen (griech. allon anders; engl. alloantigen) → Antigen (Eiweiß etc.)

eines Individuums, das in einem anderen Tier derselben Spezies eine Immunreaktion hervorruft. Alloantigenen liegt → genetischer Polymorphismus zugrunde.

Beispiele: → Histokompatibilität oder → Blutgruppen

allogen (engl. *allogen(e)ic*) Bezieht sich auf genetisch unterschiedliche Mitglieder einer Art (Spezies), besonders in Hinsicht auf → Alloantigene. → congen, → syngen, → xenogen

allopatrische Verbreitung, allopatrische Speziation, Allopatrie (griech. *allon* anders, lat. *patria* Vaterland; engl. *allopatric speciation*) Entwicklung einer neuen Art durch Differenzierung in geografischer Isolation. → Speziation

Allopatrie bedeutet, dass (ähnliche) Arten in unterschiedlichen Gebieten leben, getrennt durch Barrieren wie Gebirgszüge oder Wüsten. Gegensatz → sympatrische Spezies, → parapatrische Verbreitung

alloploid, allopolyploid, amphidiploid (griech. *allon* anders, *polyplous* vielfach) Ein → polyploider Organismus, entstanden aus zwei unterschiedlichen Chromosomensätzen und anschließender Verdopplung.

Allozym (engl. *allozyme*) Eine Enzymvariante, die von einer allelischen Form desselben Genlocus stammt. → Isozym

Altern → Seneszenz

Altruimus (lat. *alter* der Nächste; engl. *altruism*) Verhaltensweise eines Individuums, die für andere (scheinbar) hilfreich ist, während es selbst keine Vorteile oder sogar Nachteile aus diesem Verhalten hat. → Hamilton-Gesetz

(1) Beim → **reziproken** Altruismus erzielt ein nichtverwandter Helfer langfristig dadurch einen Fitnessvorteil, dass er kurzzeitig einen Nachteil in Kauf nimmt.
(2) Beim **nepotischen** Altruismus nimmt ein verwandter Helfer Nachteile bei der eigenen Fortpflanzung in Kauf und erhöht dadurch die Fortpflanzungschancen der Verwandten (z. B. Biene). → Selektion

Alu-Familie (engl. *Alu family*) Etwa eine halbe Million Nukleotidsequenzwiederholungen (*repeats*), bestehend aus rund 300 Basenpaaren, die über das ganze menschliche Genom verteilt sind (etwa 5 % der gesamten DNS). Jedes Segment besteht aus zwei gleichen 140 bp langen Sequenzen, zwischen denen sich weitere 31 bp befinden. Die *repeats* sind offenbar transposabel (→ transposable Elemente). Ihren Namen erhielten diese *repeats*, weil sie über eine Schnittstelle der Restriktionsendonuklease Alu (→ Restriktionsenzym) verfügen.

amber-Codon (engl. *amber codon*) Eines der drei → Stopp-Codons (UAG), welches die Translation eines Polypeptides beendet. → ochre-Codon, → opal-Codon

amber-Mutation (engl. *amber mutation*) Von Amber (Bernstein). Eine Mutation, durch welche die Synthese einer Polypeptidkette vorzeitig abgebrochen wird.

Der Grund ist eine Basensubstitution (Austausch in der DNS), wobei ein aminosäurespezifisches → Triplett der mRNS in UAG (ein Stopp-Codon) umgewandelt wird; UAG beendet (terminiert) die Synthese des Polypeptides. Neben amber gibt es noch zwei weitere Formen des Stopp-Codons. Das opal-Codon enthält die Basen UGA und das ochre-Triplett UAA. Alle diese → Nonsense-Mutationen beenden die Translation. → Missense-Mutationen hingegen verändern ein Codon so, dass eine andere als die ursprüngliche Aminosäure in das → Polypeptid eingebaut wird.

Amine (engl. *amines*) Ein Begriff aus der organischen Chemie: Abkömmlinge (Derivate) des Ammoniaks (NH_3), bei nen ein oder mehrere Wasserstoff-Atome (H) durch Alkyl- oder Arylreste ersetzt sind. Ein so genanntes biogenes Amin stellt das Histamin da, welches aus der Aminosäure Histidin gebildet wird. → Allergie

Aminoacyl-tRNA-Synthetasen → Synthetasen

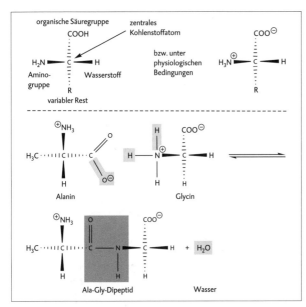

organische Säuregruppe
COOH

zentrales Kohlenstoffatom

bzw. unter physiologischen Bedingungen

$COO^\ominus$

H_2N — C — H
Amino- gruppe
Wasserstoff
R
variabler Rest

$H_3N^\oplus$ — C — H
R

Alanin

Glycin

Ala-Gly-Dipeptid

Wasser

Allgemeines Bauschema einer L-Aminosäure (oben). Die Aminogruppe und das gegenüberliegende H-Atom sind dem Betrachter zugewandt, die beiden anderen Bindungspartner abgewandt.

unten: Die Reaktion zweier Aminosäuren zu einem Dipeptid unter Wasseraustritt (hellgrau) und Bildung einer Peptidbindung (dunkelgrau).

Aminosäure (engl. *amino acid*) Aminosäuren sind die elementaren Bausteine der Eiweiße (Synonym: Proteine, Polypeptide). Allen gemeinsam ist, dass an einem zentralen Kohlenstoffatom eine Amino- bzw. Ammoniumgruppe ($-NH_2/-NH_3^+$), eine Carboxyl- bzw. Carboxylatgruppe ($-COOH/-COO^-$, eine organische Säuregruppe), ein Wasserstoffatom sowie eine Seitengruppe (R) gebunden sind.

Alle 20 bei höheren Lebewesen vorkommenden Aminosäuren unterscheiden sich nur in dieser Seitengruppe (siehe Anhang). Die Seitengruppe ist auch für teilweise völlig unterschiedliche Eigenschaften der Aminosäuren (z. B. fett- oder wasserlöslich) verantwortlich. Aminosäuren werden an den Ribosomen der Zelle über je eine Amino- und Carboxylgruppe unter Wasserabspaltung (Peptidbindung) zu Ketten (Polypeptide) verknüpft, wobei ihre Reihenfolge und die Länge der Kette von einer spezifischen → mRNS vorgegeben wird (→ Translation). Die unterschiedlichen Seitengruppen und die Aminosäuren-Reihenfolge verursachen in solchen Ketten Faltungen und Windungen, die letztendlich die charakteristische dreidimensionale Form der Peptidkette bzw. des Proteins ergeben (→ Proteinstruktur). Die Form oder Struktur wiederum ist ausschlaggebend für die Funktion des Peptides bzw. Eiweißes. Auf diese Weise werden in jedem höheren Organismus von der DNS als genetischem Informationsträger und den 20 Aminosäuren mehr als 30 000 verschiedene „Werkzeuge" (z. B. Enzyme) oder Baumaterialien (z. B. Strukturproteine für Bindegewebe oder Haare) in Form von Proteinen hergestellt (Spezialfall: → Antikörper). Ihr Zusammenwirken ermöglicht letztendlich die Existenz eines Individuums. → Anhang I und II

Amniozentese (griech. *amnos* Lamm, *amnion* Schafhaut, *kenteo* ich steche; engl. *amniocentesis*) Vom Arzt durchzuführende Punktion (Durchstechen) aller fetaler Eihäute, hier auch der dem Fetus zunächst liegenden Schafshaut, innerhalb der Gebärmutter, bei der Flüssigkeit zur vorgeburtlichen (pränatalen) Diagnose fetaler Krankheiten entnommen wird. In der Amnionflüssigkeit (Fruchtwasser) befinden sich vom Fetus abgeschilferte Zellen, die nach Entnahme bis zu drei Wochen lang → *in vitro* kultiviert werden, sodass chromosomale, biochemische oder genetische Analysen erfolgen können. → Chorionzottenbiopsie

amphidiploid → alloploid

Amplifikation (lat. *amplificare* vergrößern; engl. *amplification*) Vermehrung.

In der Molekulargenetik bedeutet Genamplifikation, dass bestimmte DNS-Sequenzen besonders häufig vermehrt werden, z. B. während mancher Entwicklungsphasen. So werden ribosomale DNS-Sequenzen natürlicherweise in der → Oogenese der Amphibien amplifiziert und exprimiert (→ Genexpression). In Zellkultur kann mithilfe von Chemikalien (z. B. Methotrexat) die Amplifikation von Genen erreicht werden. Die → PCR ist ein → *in vitro*-Verfahren, um Gene oder kurze DNS-Stücke zahlreich zu vermehren.

Anabolismus (griech. *anaballein* hinaufwerfen; engl. *anabolism*) Die Energieverbrauchende Synthese von komplexen Molekülen aus einfacheren Vorläufern zum Aufbau und Ansetzen von Körpersubstanz (Aufbaustoffwechsel), speziell körpereigenen Eiweißes. Substanzen, die einen derartigen Effekt bewirken, werden als Anabolika bezeichnet (→ Doping, → Androgene). Gegenteil → Katabolismus

anaerob (griech. *aneu* ohne, *aer* Luft; engl. *anaerobic*) Bezeichnung für alle Lebensvorgänge, die unter Ausschluss von Sauerstoff ablaufen. Strikte Anaerobier (einige Bakterienarten) können in Gegenwart von Sauerstoff nicht leben. → Atmung, Gegenteil → aerob

Anagenese (griech. *ana* hinauf, *gennao* ich erzeuge; engl. *anagenesis*) Evolution innerhalb einer einzelnen Linie oder Art ohne weitere Aufteilung oder Aufspaltung. Gegenteil → Kladogenese, → Speziation

Analogie (griech. *ana* gemäß, *logos* Wort; engl. *analogy*) Gleichartigkeit, Entsprechung.

(1) Analoge (Analoga) sind chemische Verbindungen mit leichten Strukturunterschieden im Vergleich zum Referenzmolekül, z. B. eine Aminosäure = Serin und als Analogon = Azaserin. (2) Gleiche Funktion von Organen unterschiedlicher entwicklungsgeschichtlicher Herkunft, z. B. die Flügel einer Fliege und eines Vogels.

Anaphase → Mitose

Anämie (griech. *aneu* ohne, *haima* Blut; engl. *anemia*) Blutarmut. Dieser Krankheitszustand ist dadurch gekennzeichnet, dass zu wenig → Hämoglobin je Volumeneinheit Blut vorhanden ist.

Die Ursache kann genetisch (z. B. → Thalassämie) oder durch Blutverlust bedingt sein. Bei der hämolytischen Anämie werden die roten Blutkörperchen zerstört, bei der hypochromen Anämie ist deren Hämoglobingehalt vermindert.

Anaphylaxie (griech. *ana* daneben, *phylaxis* Schutz; engl. *anaphylaxis*) Besonders schwere Form einer → Allergie.

Die wiederholte Verabreichung (z. B. Injektion) eines → Antigens kann bei entsprechend immunologisch sensiblen bzw. sensibilisierten Individuen zu einer derart starken, den gesamten Körper betreffenden allergischen Reaktion führen, dass innerhalb weniger Minuten der Tod durch Ersticken eintritt. Ursache ist die Freisetzung bestimmter Substanzen, wie etwa → Serotonin, welche ein Zusammenziehen der Lungenwege und glatten Muskulatur sowie die Weitung der Kapillaren (feinste Blutgefäße) zur Folge haben. Beim Menschen können anaphylaktische Reaktionen nach Insektenstichen oder Verabreichung bestimmter Medikamente (z. B. Penicillin) auftreten. Nur eine rechtzeitige Injektion von → Adrenalin, welches der Kontraktion der glatten Muskulatur und der Erweiterung der Kapillaren schnell entgegenwirkt, kann den Betroffenen aus diesem lebensbedrohlichen Zustand, dem **anaphylaktischen Schock**, retten.

Androgene (griech. *aner* Mann, *gignesthai* entstehen; engl. *androgens, androgenic hormones*) Männliche → Sexualhormone, welche die Ausbildung sekundärer, männlicher Geschlechtsmerkmale (z. B. männliches Muskelwachstum und Bartwuchs) fördern und den Gesamtstoffwechsel beeinflussen (→ Anabolismus). Sie werden von Hoden und Nebennieren gebildet. Der bekannteste Vertreter ist Testosteron. → Steroidhormone

Androgenese (griech. *aner* Mann, *gignomai* ich entstehe; engl. *androgenesis*) Unterbegriff der → Parthenogenese: Entwicklung eines haploiden Embryos aus einem männlichen (Vor)Kern (Ephebogenesis; Merogonie) als Folge einer unvollständigen Befruchtung oder durch andere Kerne des pflanzlichen Embryosacks in Verbindung mit → Polyembryonie (Entstehung von mehr als einem Embryo aus einer Zelle). Alle Zellen des daraus resultierenden Organismus sind haploid und tragen nur das väterliche Genom. → Gynogenese

Androgenon (griech. *aner* Mann, *gennao* ich erzeuge; engl. *androgenote*) Ein durch → Androgenese entstandener Organismus. → Gynogenese

Androspermien (griech. *aner* Mann; engl. *y-bearing spermatozoa, androspermatozoa*) Das männliche Geschlecht bestimmende Spermien. Beispielsweise bei Säugern die ein Y-Chromosom/Y-Chromatid tragenden Spermien. → Gynospermien

Aneuploidie (griech. verneinendes a, *eu* gut, *polyplous* vielfach; engl. *aneuploidy*) Abweichung vom euploiden Chromosomensatz. Die Chromosomenzahl einer Zelle oder eines Indiviuums beträgt manchmal nicht genau ein Vielfaches des typischen haploiden Chromosomensatzes einer Spezies. Gegenteil → Euploidie, → Polyploidie

Mit dem Zusatz „-som" wird die Abweichung bezüglich des betroffenen Chromosoms beschrieben, z. B. Monosomie, Trisomie. Die → Trisomie 21, das Chromosom Nr. 21 des Menschen ist dreifach vorhanden, verursacht das Krankheitsbild des → Down-Syndroms.

Angiospermae, Angiospermophytinae, Magnoliophytinae, Bedecktsamer (griech. *angion* Behälter, *speiro* ich säe, erzeuge; engl. *angiosperms*) Bedecktsamige Pflanzen. Diese Unterabteilung der → Spermatophyten unterscheidet sich von den beiden weiteren Unterabteilungen der → Gymnospermae und Cycadophytina (Fiederblättrige Nacktsamer) durch die in Fruchtblätter eingeschlossenen Samenanlagen.

Zu den *Angiospermae* gehören die Klassen der ein- und zweikeimblättrigen Blütenpflanzen (*Mono-* und *Dicotyledones*), welche die überwiegende Mehrheit aller derzeit lebenden höheren Pflanzen einschließen.

animales, somatisches, cerebrospinales Nervensystem (lat. *animal* Tier; engl. *cerebrospinal (somatic) nervous system*) Teilbereich des → peripheren Nervensystems.

Dieses ist im Wesentlichen – im Gegensatz zum → vegetativen Nervensystem – durch den Willen beeinflussbar. Hauptaufgabe ist die Auseinandersetzung mit der Umwelt, und so definiert man für das animale Nervensystem zwei Untersysteme: (1) Das **motorische System**, welches die willkürliche Muskeltätigkeit steuert und (2) das **sensorische System**, welches die Aufnahme, Weiterleitung und Verarbeitung der Information, die von Sinnesorganen oder Sinneszellen kommt, bewerkstelligt.

Anisogamie (griech. verneinendes a, *isos* gleich, *gamos* Hochzeit; engl. *anisogamy*) Art der sexuellen Fortpflanzung, bei der eine der beiden Keimzellen groß, das Ei, und die andere, das Spermium, klein ist.

Bei den meisten anisogamen Eukaryonten wird die → Zentriole paternal (vom männlichen Elter) vererbt. Alle Tiere sind beispielsweise anisogam. → Isogamie

Annealing (engl. *anneal* abkühlen, härten) In der Annealing-Phase einer → PCR lagern sich die Primer an den Template-Strang aufgrund komplementärer Nukleotidsequenzen. → Reannealing

Antagonist (griech. *anti* gegen; engl. *antagonist*) → Agonist

anthropogen (griech. *anthropos* Mensch, *gennao* ich erzeuge; engl. *anthropogenic*) Vom Menschen verursacht.

Das Artensterben heutzutage ist in vielen Fällen anthropogener Natur, da der Mensch die Lebensräume vieler Tiere und Pflanzen beschneidet bzw. vernichtet.

Anthropogenese (engl. *anthropogenesis*) Die evolutive Entstehung des Menschen, also die Menschwerdung. → Paläanthropologie

Anti-Antikörper → Idiotyp

Antibiotika (griech. *anti* gegen, *bios* Leben; engl. *antibiotics*) Bezeichnung für unterschiedlichste Substanzen, die für lebende Systeme giftig sind.

Im eigentlichen Sinne versteht man darunter Medikamente, die für mikrobielle Krankheitserreger möglichst stark giftig, für den Wirt dieser Erreger (z. B. Mensch) möglichst ungiftig sein sollen. Viele Antibiotika werden von Mikroorganismen produziert und zwar zu dem Zweck, andere Mikroorganismen zu verdrängen. Der Produzent selbst ist gegen „sein Antibiotikum" resistent. Das bekannteste Beispiel ist Penicillin, welches von dem mikrobiellen Pilz *Penicillium* hergestellt wird. Sein Wirkprinzip richtet sich gegen bakterielle Zellwandstrukturen. Da → Eukaryonten wie der Mensch (und auch Pilze) über keine bakteriellen Zellwandstrukturen verfügen, wirkt Penicillin sehr gezielt gegen Bakterien, ohne deren Wirt, den sie krank machen, zu schädigen.

In zunehmendem Maße gibt es jedoch Antibiotika-Resistenzen der Krankheitserreger, die aufgrund einer Mutation oder durch Aufnahme eines bestimmten → Plasmids unempfindlich gegen ein bestimmtes Antibiotikum geworden sind, sowie allergische Reaktionen auf Antibiotika. → Allergie, → Resistenz

Anticodon (griech. *anti* gegen; engl. *anticodon*) Drei → Nukleotide (Triplett) in einem → tRNS Molekül, die an das komplementäre Codon der mRNS während der → Translation am Ribosom binden.

Die jeweilige tRNS trägt ihrem Anticodon entsprechend eine bestimmte Aminosäure „huckepack", welche am Ribosom an die wachsende Peptidkette angehängt wird. Die tRNS wird dann abgetrennt. So folgt Anticodon für Anticodon der 20 verschiedenen tRNS-Moleküle und die transportierten Aminosäuren werden damit in der vorgegebenen Reihung zum Polypeptid (Protein) aneinandergefügt.

Antigen (griech. *anti* gegen, *gennao* ich erzeuge; engl. *antigen*) Ein Molekül mit der Eigenschaft in einem Individuum eine Gegenreaktion (= Immunreaktion) hervorzurufen. Der Begriff hat also primär nichts mit einem „Gen" zu tun.

Die Immunantwort kann zur Bildung von → Antikörpern führen und/oder Immunzellen (über sog. T-Zellrezeptoren) aktivieren. Sowohl bei Antikörpern wie auch bei T-Zellrezeptoren handelt es sich um Eiweißmoleküle, die aufgrund „räumlicher Taschen" auf bestimmte räumliche Strukturen des Antigens passen (Schlüssel-Schloss-Prinzip).

Als Antigen wird jedes Molekül bezeichnet, das nach Eindringen von einem höheren Organismus als fremd erkannt wird und gegen das er eine Immunreaktion beispielsweise in Form von Antikörpern entwickelt. Antigene bezeichnet man daher auch als Immunogene. Große Antigene (Mikroorganismen, große Moleküle) können mehrere Antikörpertypen hervorrufen, da ihre Oberfläche unterschiedliche, antigene Strukturen besitzen. Diese Strukturen heißen Epitope oder auch antigene Determinanten. → Immunsystem

Antigene sind natürlicherweise meist schädlich für einen Organismus, wenn sie, etwa bei Verletzungen, in den Kreislauf gelangen; deswegen hat sich in der Evolution sehr früh die Immunabwehr entwickelt, die neben dem Gehirn das komplizierteste biologische System darstellt, das wir kennen. Alle Impfstoffe (z. B. gegen Hepatitis-Viren) sind Antigene, gegen die der Organismus Antikörper entwickelt und sich so selbst vor einer künftigen Viruserkrankung schützt.

antigene Determinanten → Antigen
antiidiotypischer Antikörper
(engl. *antiidiotypic antibody*) → Idiotyp
Antikörper, Immunglobuline, Ig
(griech. *anti* gegen; engl. *antibody*) Eiweißmoleküle des Immunsystems, die an körperfremde Moleküle binden und diese so unschädlich machen.

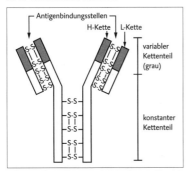

Schematischer Aufbau eines IgG-Antikörpers (Vergleiche auch → Immunglobulingene)

Ein typischer Antikörper (150 kd) besteht aus vier Peptidketten, je zwei gleiche, schwere (längere = H-Ketten) und je zwei gleiche, leichtere (kürzere = L-Ketten), die über sog. Schwefelbrücken verbunden sind und eine Y-artige Form bilden, wobei die Enden der Y-Arme (die variablen Kettenteile) jeweils über eine Vertiefung, die antigene Bindungsstelle (Haftstelle), verfügen. In je eine solche Bindungsstelle passt eine bestimmte räumliche Molekülstruktur von der Größe einiger weniger Glucosemoleküle oder Aminosäuren.

Im menschlichen Körper existieren viele Millionen verschiedener Antikörper, die sich in ihren Antigenbindungsstellen voneinander unterscheiden. Nur durch diese Vielfalt ist es möglich, gegen nahezu alle fremden Strukturen gewappnet zu sein, die in den Körper eindringen können. Um die vielen verschiedenen Antikörper erzeugen zu können, würde es eigentlich einer entsprechenden Anzahl von Genen bedürfen. Antikörpergene aber setzen sich aus mehreren Teilen zusammen, die in mehrfacher Ausfertigung (mit Variationen) hintereinander im Genom vorliegen. Sie werden bei der Differenzierung (Entwicklung) der Antikörper produzierenden **B-Lymphozyten** nach dem Zufallsprinzip zu einem Antikörpergen zusammengesetzt (*gene rearrangement*, → Immunglobulingene).

Antikörper werden ausschließlich von B-Lymphozyten hergestellt, einer Gruppe der weißen Blutkörperchen. Dabei produziert jeder B-Lymphozyt nur eine Sorte Antikörper mit stets den gleichen Antigenbindungsstellen. Demzufolge existieren Millionen unterschiedlicher Gruppen von B-Lymphozyten in einem Körper. Kommt das Immunsystem mit einem bestimmten Antigen in Kontakt, so beginnen sich diejenigen B-Lymphozyten zu vermehren, zu differenzieren (zu Plasmazellen) und ihre Antikörper ins Serum abzugeben, die genau dieses Antigen erkennen. Jeder B-Lymphozyt trägt „seine" Antikörper zunächst auf der Zelloberfläche. Nach Kontakt mit dem Antigen geben die Antikörper ein Signal an den Zellkern weiter, um die Zellvermehrung und eine erhöhte Antikörperproduktion auszulösen. Dabei spielt der „Fuß" des Y-förmigen Antikörpers eine entscheidende Rolle. Dieser Fc-Teil passt in bestimmte Eiweißmoleküle (Fc-Rezeptoren), die sich auch auf der Zellmembranoberfläche zahlreicher Körperzellen finden. Bei Antigenkontakt überträgt der Antikörperfuß ein Signal über den Fc-Rezeptor an das

beim Menschen	IgM	IgD	IgG	IgA	IgE
H-Ketten	μ	δ	γ	α	ε
L-Ketten	κ oder λ	κ oder λ	κ oder λ	κ oder λ	κ oder λ
n Tetramere	5	1	1	1 oder 2	1
% im Blut	10	<1	75	15	<1
aktiviert Komplement	+++	–	++	–	–
passiert Plazenta	–	–	+	–	–

Struktur, Zusammensetzung und Vorkommen menschlicher Antikörper

Zellinnere. Die meisten Antikörper existieren jedoch in freier Form im Serum.

Zudem gibt es verschiedene Klassen von Antikörpern (IgG, IgM, IgA, IgD, IgE), deren Unterschiede primär im Fußteil (konstanter Kettenteil) liegen. Ihnen zugrunde liegen fünf Klassen von H-Ketten; sie bestimmen die biologischen Eigenschaften des Moleküls; IgG ist am häufigsten (75 %), IgM wird als erstes nach Antigenkontakt gebildet. IgA wird vornehmlich durch Epithelgewebe sekretiert (Verdauungs- und Atmungstrakt), IgE kommt bei allergischen Reaktionen vor. Über IgD ist wenig bekannt. Die Antikörperklassen IgM und IgG können in Kombination mit Serumkomponenten (Komplement) beispielsweise Bakterien abtöten. → Allergie, → Immunglobulingene

Antikörpergene → Immunglobulingene

Antisense RNS, asRNS (engl. *antisense RNA, asRNA*) Ein RNS-Molekül mit einer Nukleotidsequenz, die komplementär zu einer bestimmten → mRNS ist. Die Verwendung von asRNS stellt eine Art der Genregulation dar, wie sie natürlicherweise einige Bakterienarten entwickelt haben. Diese Strategie wird auch in der Biotechnologie angewendet, indem asRNS-Moleküle in eine Zelle eingeschleust werden, wo sie mit den entsprechenden mRNS-Molekülen zu einer doppelsträngigen RNS hybridisieren. Bestimmte Enzyme bauen diese dann ab, sodass keine → Translation stattfinden kann. Versuche mit Antisense-Molekülen, die zu mRNS-Sequenzen des → HIV kom-

plementär waren, zeigten, dass die Vermehrung des Virus in Zellkulturen um 80 % reduziert werden konnte. Die Antisense-Technologie nutzt dieses Phänomen, um die Expression schädlicher Gene zu unterdrücken. → Viroid

Antioxidantien (engl. *antioxidans*) → Radikal

Antisense → Strangbezeichnung

Antrieb → Handlungsbereitschaft

Aphasie, Aphemie (griech. verneinendes a, *phemi* ich spreche; engl. *aphasia*) Eine Gruppe von Sprachstörungen, die bei intakten Sprechwerkzeugen wie Stimmbändern und normaler Intelligenz durch Erkrankungen bestimmter Großhirnareale zu einem Verlust der Fähigkeit führen, Begriffe in Wort- bzw. Schriftbilder umzusetzen oder Gesprochenes und Geschriebenes zu begreifen.

Eine bekannte Art dieser Sprachstörungen ist die Broca-Aphasie. → Broca-Zentrum, → Wernicke-Aphasie, → Sprachzentrum

Aphemie → Aphasie

Apoenzym → Enzym

Apomorphie (griech. *apo* fern von etwas, *morphe* Gestalt; engl. *apomorphy, apomorphic character*) Ein Merkmal, das für eine Gruppe von Spezies (oder höherer taxonomischer Gruppierungen) charakteristisch ist und das eine Abgrenzung zu anderen Gruppen ermöglicht. Solche Apomorphien stellen beispielsweise die Federn der Vögel oder die Milchdrüsen der Säuger dar. → Plesiomorphie

Apoptose (griech. *apo* weg, *ptosis* der Fall; engl. *apoptosis*) Programmierter Zelltod. Der Abbau und das Entfernen von Zellen in Geweben zu einer bestimmten Zeit in der Embryogenese, der Metamorphose, beim Zellersatz im differenzierten Gewebe oder auch bei bestimmten Erkrankungen.

Beim Fadenwurm → *Caenorhabditis elegans* z. B. sterben im Verlauf der Entwicklung durch einen genetisch gesteuerten Vorgang etwa 12 % der Zellen ab. Experimentell kann man diese Gene ausschalten, sodass die Zellen weiterwachsen. → Zelltod

Appetenzverhalten (lat. *appetere* streben nach; engl. *appetitive behaviour*) Grundstimmung eines Individuums, die das (un-)gerichtete Suchverhalten nach einem → Schlüsselreiz beschreibt. Ist die Suche erfolgreich, so wird anschließend eine → Endhandlung ausgelöst. → Instinktverhalten

aquatisch (lat. *aqua* Wasser; engl. *aquatic*) Bezieht sich auf das Wasser und die im Wasser (→ limnisch und → marin) lebenden Arten. Gegensatz → terrestrisch

Arbeitsgedächtnis (engl. *working memory*) Vorübergehendes, zeitlich limitiertes Gedächtnis für Informationen, das Handlungen in der näheren Zukunft ermöglichen soll.

Archaeopteryx → missing link

Arrhenotokie (griech. *arrhen* männlich, stark, *tokos* Geburt; engl. *arrhenotoky*) Das Phänomen, dass aus unbefruchteten Eiern haploide Männchen und aus befruchteten Eiern diploide Weibchen hervorgehen, z. B. im Bienenvolk Drohnen bzw. Arbeiterinnen und Königinnen. → Thelytokie

Art (engl. *species*) Synonym → **Spezies**. Kleinste Einheit ähnlicher Individuen im System der Lebewesen.

Arten werden gemäß der → binären Nomenklatur (z. B. *Homo sapiens*) benannt und durch zwei verschiedene Methoden abgegrenzt: (1) Nach der biologischen Definition gehören alle Individuen, die sich unter natürlichen Bedingungen miteinander paaren und fruchtbare Nachkommen zeugen können, zu einer Art. (2) Nach der morphologischen Definition gehören alle Individuen zu einer Art, die aufgrund von anatomischen, physiologischen und verhaltensbiologischen Merkmalen übereinstimmen.

Artengruppe (engl. *species group*) → Superspecies

asexuelle Fortpflanzung → ungeschlechtliche Fortpflanzung

asRNS → Antisense RNS

Assimilation (lat. *ad* hinzu, *similis* ähnlich; engl. *assimilation*) (1) Im Sinne von Aufnahme der Nahrungsstoffe, Abbau und Resorption der Bruchstücke im Verdauungssystem, deren Aufbau zu körpereigenen Molekülen sowie Einbau in die Körpersubstanz. Wird körpereigenes Eiweiß aufgebaut, so spricht man im engeren Sinne von → Anabolismus. (2) Ein grundlegender Stoffwechselvorgang in Pflanzen. Der einzige Weg zur Bildung organischer Stoffe aus anorganischen ist die Kohlenstoffassimilation: aus Kohlenstoffverbindungen (primär in Form von CO_2) und Wasser wird mithilfe des grünen Blattfarbstoffes Chlorophyll unter Energiezufuhr (Licht oder bei einigen Mikroorganismen auch durch chemische Energie und daher ohne Chlorophyll) Zucker synthetisiert. Gegenteil → Dissimilation

assortative Paarung (lat. *sortiri* aussuchen; engl. *assortative mating*) Paarung ähnlicher Individuen. Art der sexuellen Reproduktion, bei der sich Männchen und Weibchen nicht zufällig, sondern aufgrund ähnlicher Merkmale, wie Körpergröße oder Hautfarbe, paaren (oder verpaart werden).

Bei der Paarung unähnlicher Individuen, der sog. **negativ** assortativen Paarung, bestehen große Unterschiede hinsichtlich bestimmter Merkmale der beiden Partner.

In der Haustierzucht spielen die beiden Paarungsverfahren eine große Rolle, um entweder ein Merkmal zu fördern (positiv assortative Paarung) oder um ein Merkmal zu korrigieren (negativ assortative Paarung, z. B. bei hoher Milchleistung aber unterdurchschnittlichem Fettgehalt der Milch beim Hausrind).

Assoziationslernen → assoziatives Lernen

assoziatives Lernen, Assoziationslernen (engl. *associative learning*) Die erworbene Fähigkeit, einen Reiz mit einem anderen zu verknüpfen (assoziieren).

Ein Beispiel ist die **klassische Konditionierung** (nach dem russischen Wissenschaftler Pawlow, 1849–1936), bei der einem Hund gleichzeitig mit einem Futterangebot, das reflexartig eine Speichelsekretion auslöst, beispielsweise ein Tonsignal vorgespielt wird. Nach mehrmaliger Wiederholung dieser „Reiz-Kombination" erfolgt auch allein bei dem entsprechenden Tonsignal eine Speichelsekretion. → Konditionierung

Astrobiologie (griech. *aster* Stern; engl. *astrobiology*) Wissenschaft, welche die Möglichkeiten untersucht, ob und wie Leben außerhalb der Erde möglich ist.

Eines der bedeutendsten Ziele dabei ist die Klärung der Frage, ob → extraterrestrische Lebensformen auf ähnlichen Grundprinzipien wie das Leben unserer Erde beruhen (Nukleinsäuren, Proteine) oder gänzlich anders gestaltet sind. Sollten in unserem Sonnensystem auf dem Planeten Mars oder den Jupiter-Monden Europa und Ganymed Lebensformen entdeckt werden und diese ähnlich wie irdisches Leben strukturiert sein, so könnte man daraus ableiten, dass es im Universum eine ungeheure Anzahl belebter Welten geben muss.

Atavismus (lat. *atavus* Vorfahr, Ahnherr; engl. *atavism*) Wiederauftreten eines Merkmals in einem Individuum nach mehreren Generationen. Ursache sind rezessive oder komplementäre Allele. Ein Individuum mit einem solchen Merkmal wird auch „*throwback*" genannt.

Beispiele dafür sind beim Menschen ein manchmal auftretendes, schwanzartig verlängertes Steißbein, eine extrem starke, fellartige Körperbehaarung oder eine doppelte Gebärmutter.

Atmung (engl. *respiration*) Man unterscheidet zwei Formen:

(1) Die **äußere** Atmung umfasst die Aufnahme und Abgabe gasförmiger oder in Flüssigkeiten gelöster Stoffe sowie de-

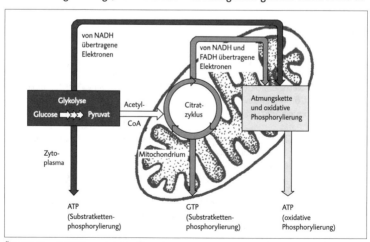

Überblick über die Zellatmung (= innere Atmung)

ren Transport zu den Geweben und Zellen, in denen diese Stoffe durch die Zellatmung (siehe 2) verbraucht werden, sowie den Rücktransport (Ausatmung) der entsprechenden gasförmigen Stoffwechselendprodukte. Die äußere Atmung kann beispielsweise über Blätter, Haut, Kiemen oder Lungen erfolgen.

Bei der Lungenatmung diffundiert der gasförmige Sauerstoff durch die Wandungen der Lungenbläschen, wird vom → Hämoglobin der angrenzenden Blutgefäße aufgenommen und zu allen Körperzellen transportiert. Dort fällt er vom Hämoglobin ab und diffundiert aus den roten Blutkörperchen durch die Aderwandungen in die Zellen hinein. Das Stoffwechselendprodukt CO_2 wird auf dem umgekehrten Weg ausgeatmet, wobei es aber nicht durch Hämoglobin transportiert wird, sondern als Gas bzw. Bicarbonat im Blutplasma gelöst ist.

(2) Die **innere** Atmung, **Respiration** oder **Zellatmung** beschreibt einen in allen lebenden Organismen ablaufenden Prozess zur Energiegewinnung (primär in Form von → ATP). Dabei fungieren Elektronen bzw. Wasserstoffprotonen energetisch hochwertiger Moleküle, wie z.B. Zucker, als Energiequelle. Diese Elektronen/Protonen gelangen dabei schrittweise auf ein energetisch niedrigeres Niveau und werden schließlich auf die sog. terminalen Akzeptoren (meist O_2, → Sauerstoff) oder organische Verbindungen, bei einigen Mikroorganismen aber auch auf Nitrat, Schwefel oder Sulfat) übertragen. Ein Teil des dabei erzielten Energiegewinnes (bei höheren Organismen etwa 40 %) wird in Form von ATP gespeichert und steht so den Zellen zur Verfügung.

Findet dieser Prozess unter Zuhilfenahme von O_2 als terminalem Elektronen- und Protonenakzeptor (Oxidation zu H_2O) statt, so bezeichnet man ihn als **aerobe** Atmung (alle anderen Wege werden zur **anaeroben** Atmung gezählt).

In allen höher entwickelten Lebewesen beginnt der Energiegewinnungsprozess aus Zucker durch die → Glykolyse, deren Endprodukt Pyruvat dann über sog. aktivierte Essigsäure (= Acetyl-CoA) in den → Citratzyklus eingespeist wird. Die dort gewonnenen Energieäquivalente, hauptsächlich in Form von Wasserstoffpaaren, werden in der → Atmungskette wiederum in ATP umgewandelt. → Gärung, → Redoxreaktion

Atmungskette (engl. *respiratory chain*) Die Kopplung der → Elektronentransportkette mit der → oxidativen Phosphorylierung bezeichnet man als Atmungskette. In Eukaryonten laufen diese Vorgänge in den Mitochondrien ab. → Atmung, → NAD

Atombindung → kovalente Bindung

ATP, Adenosintriphosphat (engl. *adenosine triphosphate*) Wichtigstes ener-

Strukturformel der Adenosin-Phosphate

giehaltiges Molekül der Zellen. Durch Bindung eines Phosphatrestes am Adenosindiphosphat (ADP + P) wird Energie in Form von energetisch höherem ATP gespeichert. Durch Übertragung bzw. Abspaltung des Phosphatrestes von ATP wird diese Energie wieder freigesetzt.

Die durchschnittliche Menge ATP im Körper eines Erwachsenen beträgt etwa 35 g, wobei ein einzelnes ATP-Molekül – statistisch gesehen – nur für weniger als eine Minute existiert. Insgesamt werden daher pro Tag etwa 85 kg ATP auf- und wieder abgebaut.

Attrappe (engl. *dummy*) Objekt, das eine Instinkthandlung auslöst, ohne der biologisch adäquate Reizauslöser zu sein.

Beispielsweise kann man durch Vorhalten einer dunklen runden Papierscheibe, welche den Schatten des Altvogels imitiert, das Bettelverhalten (Sperren) der Jungvögel im Nest auslösen.

Auslöser (engl. *trigger*) → Schlüsselreiz oder eine Reizkombination, die als Kommunikationssignal zwischen Artgenossen dient (sozialer Auslöser). Schlüsselreize sind meist einfache Reizkonstellationen, die sich mittels → Attrappen bestimmen lassen.

Beispielsweise picken Silbermövenküken nur an einen roten Fleck (Auslöser) und betteln so um Futter, wobei egal ist, ob sich dieser rote Fleck am Unterschnabel eines Elternvogels oder an ähnlicher Stelle auf einem Stück Papier willkürlicher Form befindet.

Auslösemechanismus (engl. *releasing mechanism*) Bezeichnung für alle Bereiche des Organismus (Nervensystems), die an der selektiven Auslösung einer Reaktion beteiligt sind mit Ausnahme der motorischen Bereiche. Der Auslösemechanismus ist ein Reizfilter, der die entscheidenden Reize durchlässt und in einer gegebenen Situation sinnvolle Aktionen verursacht (die Beutereize z. B. lösen den Angriff des Räubers aus).

äußere Atmung → Atmung

außerirdisches Leben → extraterrestrische Lebensformen

Australopithecinen → Paläanthropologie

Auszucht (engl. *outbreeding*) Die Kreuzung von Individuen (Tieren, Pflanzen), die nicht miteinander verwandt sind, genauer: weniger verwandt als der Durchschnitt der Population. → Inzucht

Autoimmunerkrankung (griech. *autos* selbst; lat. *in* im, *munus* Amt, eigtl. unangreifbar; engl. *autoimmune disease*) Erkrankung, bei der die körpereigene Moleküle vom Immunsystem angegriffen werden.

Das individuelle Immunsystem hat die Fähigkeit, Fremdsubstanzen (→ Antigene) von den zahllosen eigenen Strukturen, wie räumlichen Moleküloberflächen, zu unterscheiden. Diese Unterscheidungsfähigkeit besteht ab dem Zeitpunkt der Geburt. So gilt als Regel, dass das Immunsystem alle Moleküle, die zum Zeitpunkt der Geburt im Körper zugegen waren, für das gesamte Leben toleriert (nicht bekämpft). Alle Substanzen, die später in den Körper eindringen, die **Antigene**, werden bekämpft, wenn sie sich von den körpereigenen Molekülen unterscheiden. Mit zunehmendem Alter mehren sich jedoch auch falsche „Diagnosen" des Immunsystems und so kann es beispielsweise nach Infektionen zu Fehlreaktionen gegen körpereigene Moleküle kommen. Bei diesen Fehlreaktionen spricht man von Autoimmunerkrankungen.

Hierzu zählen auch bestimmte Formen von Gelenksentzündungen (Arthritis). Dabei werden Moleküle an oder in den Gelenken vom Immunsystem attackiert. Eine besonders schwere Form von Autoimmunität stellt der sog. Lupus (lat. Wolf) dar, bei dem → Antikörper gegen die DNS gebildet werden. → Zytostatika

Autökologie (griech. *auton* selbst, *oikos* Haus, Wirtschaftsbereich; engl. *autecology, physioecology*) Wissenschaft von den Wechselbeziehungen zwischen den Arten und ihrer → abiotischen Umwelt;

→ Demökologie, → Synökologie, → Öko-systemforschung

autonomes Nervensystem, vegetatives N. (griech. *autonomos* unabhängig; engl. *autonomic nervous system*) Die Gesamtheit der dem Willen und Bewusstsein entzogenen Nervenzellen der Wirbeltiere, die der Regelung der Lebensfunktionen wie Atmung, Sekretion, Verdauung und Wasserhaushalt dienen.

Das autonome N. steht in enger Wechselwirkung mit dem → animalen N. Beide Systeme stellen jedoch eine untrennbare funktionelle Einheit dar. Zwei Hauptbereiche des autonomen N. umfassen das → sympathische und → parasympathische N., die sich zum größten Teil antagonistisch verhalten (→ Agonist). So wird die Pupille durch Aktivierung der sympathischen Nerven erweitert, durch Aktivierung der parasympathischen Nerven verengt. → vegetatives Nervensystem

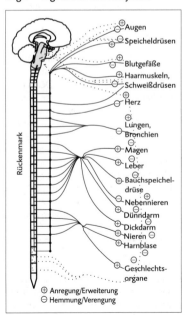

⊕ Anregung/Erweiterung
⊖ Hemmung/Verengung

Das autonome Nervensystem: Antagonismus von Sympathikus (—) und Parasympathikus (····)

Autoradiographie (griech. *auton* selbst; lat. *radius* Strahl; griech. *graphein* schreiben; engl. *autoradiography*) Verfahren, das die Position radioaktiv markierter Substanzen in einem Präparat (z. B. in Gewebe, Zellen oder Zellbestandteilen) sichtbar macht.

So binden z. B. radioaktiv markierte Antikörper an ihr spezifisches Antigen in oder an Zellen. Ein auf das Präparat gelegter Film wird durch den Zerfall der radioaktiven Atome „belichtet". Nach Entwickeln des Films tritt eine Schwärzung sichtbar, die dem Ort und der Menge der Antikörperbindungen entspricht. → Colony-Hybridisierung

Autosom, A (griech. *auton* selbst, *soma* Körper; engl. *autosome*) Jedes Chromosom eines Zellkerns mit Ausnahme der Geschlechtschromosomen (→ Gonosom).

Die Gene (Allele) auf den Autosomen folgen der Verteilung der Chromatiden auf die Gameten während der Meiose. Dabei kann nach der Befruchtung ein rezessives Allel mit einem dominanten Allel oder einem gleichfalls rezessiven Allel zusammentreffen. Autosomale Allele zeigen das Vererbungsverhalten, das den → Mendel'schen Gesetzen entspricht.

autosomaler Erbgang → Autosom

autotroph (griech. *auton* selbst, *trophein* ernähren; engl. *autotrophic*) „Selbsternährend". Autotrophe Organismen können aus anorganischen Substanzen unter Energieverbrauch körpereigene organische Substanzen aufbauen (Gegenteil → heterotroph). Die Energie dafür kann auf zwei Wegen bezogen werden:

(1) **Foto(auto)trophe** Organismen gewinnen die dazu benötigte Energie aus Licht. Beispiel: Grüne Pflanzen synthetisieren damit aus anorganischem CO_2 energetisch hochwertige Glucose:

$$6\,CO_2 + 12\,H_2O \longrightarrow C_6H_{12}O_6 + 6\,O_2 + 6\,H_2O$$

Auf ähnlichem Weg erzeugen auch purpurfarbene Schwefelbakterien Glucose:

$$6\,CO_2 + 12\,H_2S \longrightarrow C_6H_{12}O_6 + 12\,S + 6\,H_2O$$

Bakterien	energieliefernde Reaktion
Nitratbakterien	$2\,NO_2^- + O_2 \longrightarrow 2\,NO_3^-$
Nitritbakterien	$2\,NH_4^+ + 3\,O_2 \longrightarrow 2\,NO_2^- + 2\,H_2O + 4\,H^+$
Eisenbakterien	$4\,Fe^{2+} + O_2 + 4\,H^+ \longrightarrow 4\,Fe^{3+} + 2\,H_2O$
Knallgasbakterien	$2\,H_2 + O_2 \longrightarrow 2\,H_2O$

Einige chemoauto-
trophe Organismen und
die Reaktionen, aus
denen sie ihre Energie
gewinnen

(2) **Chemoautotrophe (lithotrophe)** Organismen gewinnen die benötigte Energie für die Synthese energetisch hochwertiger Moleküle durch die Oxidation anorganischer Stoffe. Beispiel: siehe Tabelle oben.

Auxine (lat. *augere* wachsen lassen; engl. *auxine*) Eine Klasse der Pflanzenhormone (→ Phytohormone), die im Vegetationspunkt (Spitze einer Pflanze) synthetisiert und sekretiert werden und die primär für die Wachstumsregulation zuständig sind. Der bekannteste Vertreter und das wichtigste natürlich vorkommende Auxin ist die Indolessigsäure (β-Indolylessigsäure).

Strukturformel
der β-Indolyl-
essigsäure

auxotroph (lat. *auxilium* Hilfe; griech. *trophein* ernähren; engl. *auxotrophic*) Bezieht sich auf alle → heterotrophen Organismen, die auf die Aufnahme zusätzlicher Wirkstoffe oder Vitamine angewiesen sind.

Avidin (engl. *avidin*) Protein, das sehr leicht an das Vitamin Biotin bindet. Biotin seinerseits lässt sich leicht an den DNS-Strang koppeln, woraus sich eine elegante Methode entwickelt hat, DNS „sichtbar" zu machen, also nachzuweisen. Eine mit Biotin markierte, einzelsträngige DNS bindet (hybridisiert) hochspezifisch an den gesuchten, komplementären DNS-Strang, worauf man Avidin zugibt. Nach dessen Bindung an Biotin gibt man in einem weiteren Schritt einen z. B. fluores-zent markierten Antikörper gegen Avidin zu. Der Leuchtpunkt, den man unter dem Fluoreszenzmikroskop sehen kann, entspricht der Lokalität des gesuchten DNS-Abschnittes, beispielsweise auf einem Chromosom.

Avitaminose (griech. verneinendes a; lat. *vita* Leben; engl. *avitaminosis*) Erkrankung, verursacht durch → Mangel oder Fehlen von Vitaminen.

Bekannte Beispiele sind Beriberi, eine Vitamin B_1-Avitaminose, die vor allem in ostasiatischen Ländern auftritt, in denen geschälter Reis das Hauptnahrungsmittel darstellt, sowie Skorbut, dessen Ursache ein Mangel an Vitamin C ist. Skorbut befiel früher besonders häufig Seefahrer, die bei Vitamin-C-freier oder -armer Ernährung (keine frische pflanzliche Kost) lange Zeit unterwegs waren.

Axon, Neurit (griech. *axon* Achse; engl. *axon, neurite*) Das Axon ist ein wesentlicher Teil (neben den → Dendriten) einer Nervenzelle und leitet die Signale vom Zellkörper zu den Synapsen weiter. Zum Größenvergleich: Wenn ein Neuron die Größe eines Apfels hätte, würden manche Axone über 1 km Länge erreichen. → Neuron

Azidophyten (lat. *acidus* sauer; griech. *phytos* Pflanze; engl. *acidophytes*) Pflanzen, die auf sauren, kalkarmen Böden gedeihen (pH ≤ 5,5), z. B. Torfmoose. → Basiphyten

Azoospermie (griech. verneinendes a, *zoon* Tier, *speiro* ich säe; engl. *azoospermia*) Fehlen jeglicher → Spermien (ausdifferenzierter Samenzellen) im Ejakulat. In manchen Fällen kommen Spermienvorläuferzellen (→ Spermiogenese) vor, die aber keine Befruchtung ermöglichen. Eine der Ursachen von Sterilität.

B

BAC (engl. *bacterial artificial chromosome*) Künstlich hergestellte zirkuläre Chromosomen mit genetischen Elementen von Bakterien. BACs können wesentlich größere Fremdgene aufnehmen als konventionelle Klonierungsvektoren wie → Plasmide oder → Cosmide. → YAC

Bacteroide → Knöllchenbakterien

Baculovirus (engl. *baculovirus*) Ein Virus, das als Klonierungsvektor für DNS in Insektenzellen dient. → Adenoviren, → Plasmid

Bahnung (engl. *facilitation*) Durch zunehmende Nutzung einer → Synapse oder eines bestimmten Signalweges werden diese zwischen einzelnen Nervenzellen oder im Nervensystem „gebahnt", d. h. gefestigt, weswegen die Leistungsfähigkeit des Systems steigt.

Bakterien (griech. *bakteria* Stab, Stäbchen; engl. *bacteria*) Einzellige, selbstständig lebensfähige Mikroorganismen, die als Prokaryonten im Gegensatz zu den höheren Einzellern (Eukaryonten) über keinen Zellkern verfügen. Ihre DNS ist ringförmig und liegt frei in der Zelle vor. Bakterien sind meist von einer sehr widerstandsfähigen Zellwand umgeben.

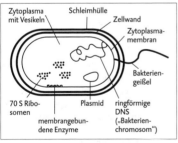

Schematische Abbildung einer Bakterienzelle

Die Bakterien umfassen eine äußerst heterogene Gruppe von Mikroorganismen mit unterschiedlichen Formen und verschiedenartigsten Stoffwechselarten. Viele dienen heute als Rohstofflieferanten oder „Werkzeuge" in biotechnologischen Prozessen. Einige von ihnen gehören zu den Krankheitserregern des Menschen (z. B. Verursacher von Scharlach, Wundstarrkrampf, Cholera).

Bakteriophage, Phage (griech. *phagein* fressen; engl. *bacteriophage*) Virus, dessen Wirt ein Bakterium ist, das also in Bakterien parasitiert. → Plaque, → lysogene oder → lytische Bakteriophagen

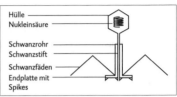

Bakteriophage mit einer Länge von ca. 200 nm

Phagen sind morphologisch und genetisch sehr unterschiedlich, z. B. hat der Phage R_{17} ein Genom (RNS) von $1,1 \cdot 10^6$ d; Phage T_4 hat ein Genom (DNS) von etwa $130 \cdot 10^6$ d.

balanzierter Polymorphismus → Polymorphismus

balanzierte Selektion → Selektion

Balz (engl. *courtship*) Bezeichnung für die Verhaltensweisen von Männchen und Weibchen, die als Werbung der Paarung vorausgehen. Die Männchen versuchen bei der Balz die Weibchen paarungsbereit zu machen. Bei vielen Spezies müssen sie dabei Reaktionen der Weibchen umgehen, die eine Paarung verhindern würden. Beispielsweise betrachten viele Weibchen der Spinnen die Männchen als Beute und so müssen diese in der Balz entsprechend vorsichtig oder „besänftigend" auf die Weibchen einwirken.

Barr-Körperchen, Geschlechts-, Sex-Chromatin (engl. *Barr body*) Dicht gepacktes und damit genetisch inaktives X-Chromosom im Kern weiblicher Somazellen bei den Säugetieren. Benannt nach Murray L. Barr (1949).

Das andere X-Chromosom ist großteils entspiralisiert und aktiv, d. h. seine Gene werden transkribiert. → Dosis-Kompensation, → X-Chromosomeninaktivierung

Base (engl. *base*) (1) In der Chemie synonym mit Lauge. Es handelt sich um basisch (alkalisch) reagierende Moleküle, die in wässriger Lösung OH⁻-Ionen abgeben oder Protonen (H⁺) aufnehmen (= Protonenakzeptor) können. Eine Base ist um so stärker, je leichter sie ihre OH⁻-Ionen abgibt bzw. Protonen aufnimmt (Dissoziationsgrad).
(2) In der Genetik häufig synonym gebraucht für → Nukleotid. Die vier in der DNS vorkommenden Basen sind Adenin (A), Cytosin (C), Guanin (G) und Thymidin (T). In der RNS kommt an Stelle von Thymidin Uracil (U) vor. Ein für eine bestimmte Aminosäure codierendes Basentriplett besteht aus drei aufeinander folgenden Basen, ein durchschnittliches Gen enthält mehrere tausend Basen (mit dem komplementären Strang eigentlich → Basenpaare), das diploide Genom der Säugetiere etwa sechs $(2 \cdot 3)$ Milliarden Basen bzw. Basenpaare.

Basenpaar, bp (engl. *base pair*) Zwei Stickstoffbasen (→ Base) der → DNS (ein Purin, A oder G, und ein Pyrimidin, T oder C), die durch Wasserstoffbrücken gebunden sind; A mit T über 2 Wasserstoffbrücken und G mit C über 3 Wasserstoffbrücken. Meist gleichbedeutend mit Nukleotidpaar. Praktische Längeneinheit für die DNS (ein Basenpaar entspricht einer DNS-Länge von 0,34 nm). Ein Basenpaar hat ein Molekulargewicht von ~ 660 d.

Basensubstitution (lat. *substituere* ersetzen; engl. *base-pair substitution*) Austausch eines Nukleotids (Base) als Ergebnis einer Mutation. → Transition, → Transversion

Basiphyten (von Base, basisch; griech. *phytos* Pflanze; engl. *basiphytes*) Pflanzen, die kalkreiche Böden bevorzugen mit einem leicht basischen pH-Wert von 7,5–8,5, z.B. Rittersporn, Wicken. → Azidophyten

Bastard (franz. *fille de bast* unehelich-es Kind; engl. *bastard, hybrid*) Ein Mischling (Hybride) aus der Kreuzung von Eltern verschiedener Rassen oder Arten.

Bastardierung ist die Entstehung von → Bastarden, also eine Kreuzung zwischen zwei verschiedenen Rassen oder Arten. → Hybridisierung

Batch-Kultur (engl. *batch culture*) Mikroorganismen- oder Zellvermehrung in einem geschlossenen System mit festgelegtem Volumen an Nährmedium. Während der Wachstumsphase werden keine weiteren Nährstoffe hinzugefügt oder entnommen. Dieser sog. Chargenbetrieb ermöglicht eine hohe Wiederholbarkeit und damit einheitliche Chargen (Produkteinheiten).

Bedecktsamer → Angiospermae

Befriedungshandlung (engl. *appeasement behaviour*) Gegenteil des → Drohverhaltens, bei dem unterlegene Tiere ein Befriedungs- bzw. Beschwichtigungsverhalten zeigen, um die Aggressionsbereitschaft eines Gegners zu mindern. Dabei wenden unterlegene Tiere ihre Waffen demonstrativ vom Gegner ab und/oder machen sich kleiner.

Befruchtung, Fertilisation (lat. *fertilis* fruchtbar; engl. *fertilization*) Vereinigung zweier Gameten, einer Ei- und einer Spermienzelle (→ Spermium), zur Zygote. Durch das Eindringen (Penetration) eines Spermiums in die Eizelle erfolgt die Befruchtung.
Unter künstlicher Befruchtung versteht man die Mikroinjektion eines Spermiums in die Eizelle. Nicht zu verwechseln mit der → in vitro-Befruchtung, bei der Eizelle und Spermium im Reagenzglas verschmelzen. → Besamung, → Imprägnation, → Syngamie

Begattung → Paarung

Behaviorismus (engl. *behaviorism*) Eine zu Beginn des 20. Jahrhunderts entwickelte Verhaltenslehre, bei der unter definierten Versuchsanordnungen (z.B. eine labyrinthartige Wegstrecke) das Verhalten von Tieren objektiv erfasst und statistisch ausgewertet wird, ohne auf eine etwaige „geistige Funktion" (z. B. intelligente Handlungsweisen) einzugehen.

Grundlage aller Experimente war das vom amerikanischen Psychologen John Broadus Watson (1878–1958) entwickelte **Black-Box**-Modell: Alle lebenden Organismen werden als eine Art „schwarze Schachtel" betrachtet. Dabei werden nur die Beziehungen zwischen den einwirkenden Reizen und dem beobachtbaren Verhalten experimentell erfasst und ausgewertet. Das Vorhandensein angeborener Verhaltensweisen wird von den Behavioristen weitestgehend geleugnet.

Diese Form der Verhaltensforschung wurde in den letzten Jahrzehnten zusehends von Versuchsansätzen verdrängt, bei denen „geistige Funktionen" mitberücksichtigt werden.

beniger Tumor → Krebs, Tumor

Benthal (griech. *benthos* Tiefe; engl. *benthal*) Bodenzone eines Sees im Unterschied zum → Pelagial (Freiwasserzone). Das Benthal wird untergliedert in die Tiefenzone, das Profundal, und die Uferzone, das Litoral.

Bergmann'sche Regel (engl. *Bergmann's rule*) Verallgemeinerung der Beobachtung, dass die Körpergröße gleichwarmer Tiere in kalten Klimaten größer ist als in warmen Klimaten.

Beispiel für die Bergmann'sche Regel: Verschiedene Pinguinarten vom Galapagos-Pinguin (Äquatornähe) zum Kaiserpinguin (Antarktis)

Bei großen Tieren ist das Verhältnis Oberfläche (Wärmeabgabe) und Volumen (Wärmeproduktion) günstiger und damit der Wärmeverlust geringer als bei kleinen Tieren.

Besamung (engl. *insemination*) Übertragung des Spermas (→ Sperma) in den weiblichen Genitaltrakt meist durch Kopulation (natürlicherweise z. B. bei Vögeln und Säugern) oder auf das Gelege (extrakorporal z. B. bei den meisten Amphibien und Fischen).

Die → künstliche Besamung ist eine wichtige Reproduktionstechnik vor allem bei Nutztieren. → Befruchtung

Beschädigungskampf (engl. *serious fighting*) Kampfart, bei der Artgenossen wegen Festlegung der Rangordnung, Futterstreitigkeiten, Revierabgrenzungen oder im Wettstreit um Paarungspartner die Waffen einsetzen, mit denen sich das Tier auch gegen Artfremde verteidigt. Hierbei kommt es häufig zu Verletzungen. Beispiel: Auseinandersetzungen zwischen Hunden oder Katzen. → Kommentkampf

Bestäubung (engl. *pollination*) (1) Bei Bedecktsamern (→ *Angiospermae*) die Übertragung von Blütenstaub (Pollen, männliche Geschlechtszellen) auf die Narbe (weibliches Geschlechtsteil) der Fruchtblätter. Erfolgt die Übertragung innerhalb der Blüte(n) eines Individuums, wird dieser Vorgang als **Selbst**bestäubung bezeichnet, erfolgt die Übertragung zwischen Blüten verschiedener Individuen einer Art, spricht man von **Fremd**bestäubung. (2) Bei Nacktsamern (→ *Gymnospermae*) wird der Blütenstaub direkt auf die Samenanlage übertragen.

Die Bestäubung erfolgt durch Wasser, Wind oder Tiere (vor allem Insekten).

Bevölkerungspyramide (engl. *population pyramid*) Darstellung der Altersstruktur einer Population (meistens der menschlichen Bevölkerung eines Landes) in einem Diagramm, in dem die jüngste Altersgruppe die Basis bildet und die nachfolgenden Gruppen darüber liegen.

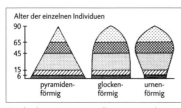

Verschiedene Arten von Bevölkerungspyramiden, durch die man auf einen Blick erkennen kann, aus welchen Altersgruppen sich die entsprechende Bevölkerung zusammensetzt. Rechts eine Bevölkerung, in der zu wenige Nachkommen im Vergleich zur Gesamtzahl geboren werden. Eine solche Gemeinschaft wird als überaltert bezeichnet. Vor allem die westlichen Industrieländer zeigen ähnliche „Pyramiden".

Bilateralia, Bilateria → Cölom

binäre Nomenklatur (engl. *binominal nomenclature*) Die Verwendung zweiteiliger Namen zur wissenschaftlichen Benennung der Organismen. Der meist aus dem Griechischen und/oder Lateinischen abgeleitete Name einer Spezies (Art) besteht aus dem Gattungsnamen und dem nachgestellten, spezifischen Artnamen, z.B. *Homo sapiens* für Mensch, wie dies von Carl von Linné 1735 erstmals vorgeschlagen wurde. → Systema Naturae

Bindeglied → missing link

Binominalverteilung (lat./griech. *binom* zweigliedrige Summe; engl. *binominal distribution*). Wahrscheinlichkeitsfunktion für ein Ereignis, das sich entweder ereignet (a) oder nicht ereignet (b). Die Summe der beiden Wahrscheinlichkeiten ist 1. Die Wahrscheinlichkeit, ob ein Ereignis stattfindet oder nicht, wird durch die Koeffizienten n, n−1, n−2 ausgedrückt, deren Werte in sog. Pascal'schen Dreieck zu finden sind: $(a + b)^n$.

Die mathematischen Zusammenhänge eignen sich für die Berechnung von Häufigkeiten eines bestimmten Phänotyps. Beispielsweise kann man die Verteilung von männlichen (a) und weiblichen (b) Nachkommen in einer Familie mit zwei Kindern angeben: $(a + b)^2 = a^2 + 2ab + b^2$. Das besagt, dass im Schnitt ¼ dieser Familien zwei Buben, die Hälfte ein Pärchen und ¼ aller Familien zwei Mädchen hat.

Bioakkumulation (lat. *accumulare* anhäufen; engl. *bioaccumulation*) Anreicherung von (Gift-)Stoffen in den Geweben von Lebewesen. → Bioindikatoren

Biodiversität (lat. *diversitas* Verschiedenheit; engl. *biodiversity*) Formenreichtum von Flora (Pflanzenwelt) und Fauna (Tierwelt). Ausdruck für die Zahl von Arten in einem gegebenen Ökosystem.

Ein Ökosystem gilt als um so stabiler, je größer seine Biodiversität ist, d.h. je mehr Arten in ihm leben. Durch Raubbau des Menschen wird die Biodiversität immer mehr reduziert, z.B. durch Abholzung der tropischen Regenwälder.

biogenetische Grundregel (engl. *biogenetic law*) Der deutsche Zoologe Ernst Haeckel (1834–1919) stellte 1866 die Grundregel auf, dass in der Embryonalentwicklung alle stammesgeschichtlichen Entwicklungsstadien noch einmal wiederholt werden.

Dieses Gesetz wird heute jedoch nur mehr als eingeschränkt gültige Theorie angesehen.

biogeochemische Kreisläufe (engl. *biogeochemical cycles*) Die verschiedenen Nährstoffkreisläufe, an denen sowohl → biotische (lebende) als auch → abiotische (nicht lebende) Faktoren von Ökosystemen beteiligt sind.

So stehen beispielsweise die Stickstoffatome der Atmosphäre (in Form von N_2), mit denen der Erde bzw. des Wassers (in Form von NO_2^- oder NO_3^-) und denen innerhalb der lebenden Organismen (zum großen Teil gebunden in Form der Aminosäuren) in Beziehung bzw. werden über die Jahre untereinander meist durch biologische Umwandlungen ausgetauscht. → Nitrifikation

Bioindikatoren (lat. *indicare* anzeigen; engl. *bioindicators*) Organismen, deren Existenz und Gedeihen Hinweise auf die Umweltbedingungen geben. Sie können das langfristige Zusammenwirken vieler Umweltfaktoren anzeigen oder auch auf kurzfristige Änderungen von Einzelfaktoren reagieren. Verhalten und Eigenschaften der Lebewesen sind ein Maß für die Qualität eines Lebensraumes. Man misst die Letalität (Sterberate), die Populationsdichte (als Funktion von Überlebensrate oder Habitatwahl), die Entwicklungsgeschwindigkeit bzw. die Reproduktionsrate, Verhaltensweisen (z. B. Aggression) und die → Bioakkumulation.

Biokatalysatoren (engl. *biocatalysts*) → Enzyme

Biolistik (griech. *bios* Leben, *ballein* werfen; engl. *biolistik*) Gentransfermethode. Beschuss von Zellen mit mikroskopisch kleinen Partikeln, die mit DNS beschichtet sind. → Gentechnik

Biologie (griech. *bios* Leben, *logos* Lehre; engl. *biology*) Lehre von Lebensvorgängen, d. h. den Strukturen und Funktionen der Organismen. → Leben

biologische Schädlingsbekämpfung (engl. *biological (pest) control*) Unterstützung oder Freisetzung von Arten, die als natürliche Fressfeinde unerwünschte Arten zurückdrängen. Auch Maßnahmen zum Erhalt der natürlichen Fauna, wie etwa die Begünstigung der Brutmöglichkeiten für Insekten fressende Vögel oder künstliche Vermehrung von Schlupfwespen, die ihre Eier in die Wirtslarven anderer Insekten legen und so diese dem Menschen unerwünschte Arten dezimieren. Ferner lässt sich die Ausbringung tierpathogener Mikroorganismen darunter verstehen. Ein bekanntes Beispiel ist der für einige Insektenarten pathogene *Bacillus turingiensis* (bzw. der von ihm produzierte Giftstoff), welcher großtechnisch als sog. Bioinsektizid hergestellt wird. Alternative zu chemisch synthetisierten Substanzen wie Insektiziden, Fungiziden und Herbiziden.

biologische Waffen, biologische Kampfstoffe (engl. *biological weapons*) Stoffe biologischen Ursprungs (Toxine und sog. Bioregulatoren) und Krankheitserreger (Pathogene), die zur biologischen Kriegsführung (engl. *biological warfare,*

BW) gegen Mensch, Nutztier oder Nutzpflanzen eingesetzt werden können.

Die Kampfstoffe können durch Kontamination (z. B. Einbringen in Trinkwasserreservoire), Verbreitung mittels Explosionen oder Versprühen (Aerosolisierung) ausgebracht werden. Die Produktion kann durch konventionelle Technologien, wie die Ernte giftiger Pflanzensamen und anschließende Aufreinigung (Isolierung) des Toxins, oder mittels moderner Biotechnologie (→ Fermentation) bis hin zum Einsatz gentechnologischer Verfahren erfolgen.

Die Toxine können von Tieren (z. B. Schlangengift), höheren Pflanzen (Rizinustoxin), Pilzen (Mykotoxine), Cyanobakterien (*„blue green algae toxin“*) oder Bakterien (Botulinustoxine) stammen. Das **Botulinustoxin** (Verursacher der „Fleischvergiftung“) wird von dem Bakterium *Clostridium botulinum* produziert und hat die höchste Giftigkeit (Toxizität) aller bekannten Substanzen. Die Verabreichung von wenigen Nanogramm (10^{-9} g) ist für einen Menschen tödlich.

Als Pathogene (lebende infektiöse Agentien) kommen viele der Mikroorganismen (Viren, Bakterien, Pilze) in Frage, die bei Pflanzen, Tieren und Mensch Krankheiten verursachen. Das im Zusammenhang mit biologischen Waffen wohl bekannteste Beispiel ist der Milzbrand (Anthrax), hervorgerufen durch das Bakterium *Bacillus anthracis*. Dieses für viele Säugetiere einschließlich den Menschen, krankmachende Bakterium kann in einer äußerst widerstandsfähigen Sporenform auftreten, die sich sowohl zur langen Lagerung als auch einfachen Ausbringung, z. B. mittels Explosion, eignet. Gelangen diese Sporen dann in die Lunge, keimen sie in kurzer Zeit aus und führen zu der schwer therapierbaren Form des Lungenmilzbrandes. Als Beispiel für biologische Waffen viraler Herkunft siehe → Pocken.

biologischer Sauerstoffbedarf, BSB (engl. *biological oxygen consumption*)

Messwert, der angibt, wie viel Sauerstoff von Mikroorganismen benötigt wird, um organische Stoffe im Wasser in einer bestimmten Zeit abzubauen. Der Sauerstoffverbrauch je Zeiteinheit (meist fünf Tage, BSB_5) ist umso höher, je mehr organische oder auch toxische Stoffe im Wasser enthalten sind und umso niedriger, je schneller die Abbauvorgänge ablaufen.

biologisches Gleichgewicht (engl. *biological balance (equilibrium)*) Ein Zustand, der sich in einem natürlichen, nicht (wesentlich) gestörten Lebensraum zwischen den bewohnenden Lebensgemeinschaften verschiedener Organismenarten eingestellt hat.

Biomasse (engl. *biomass*) Das gesamte Gewicht des organischen Materials einer Stichprobe oder eines Lebensraumes. Das Trockengewicht der Biomasse unserer Erde wird auf 3 Teratonnen ($3 \cdot 10^{12}$ t) geschätzt.

Biomembran→Lipiddoppelmembran

Biosphäre (griech. *bios* Leben, *sphaira* Kugel; engl. *biosphere*) Alle von Organismen bewohnten Regionen der Erde.

biotische Faktoren (griech. *bios* Leben; engl. *biotic factors*) Alle Substanzen und Kräfte der lebenden Natur, die auf einen Organismus einwirken. Solche Faktoren und Wechselwirkungen sind z.B. → Kommensalismus, → Symbiose, → Parasitismus, Konkurrenzkampf (→ Kompetition) oder auch → Räuber-Beute-Beziehung. Man unterscheidet biotische Faktoren, die von Artgenossen oder von artfremden Individuen ausgehen.

Biotop (griech. *bios* Leben, *topos* Ort; engl. *biotop*) Lebensraum einer → Biozönose.

Biozide (griech. *bios* Leben, lat. *caedere* töten; engl. *pesticides*) → Schädlingsbekämpfung

Biozönose (griech. *koinos* gemeinsam; engl. *biocoenosis*) Die Lebensgemeinschaft der Individuen verschiedener Arten. → Ökosystem

Black Box → Behaviorismus

Bivalent → Tetrade

Blastomere (griech. *blastos* Keim, *meros* Teil; engl. *blastomere*) Eine der totipotenten Zellen, in die sich die → Zygote während der ersten Tage der embryonalen Entwicklung teilt. Größenunterschiedliche Blastomeren werden auch **Makromere** bzw. **Mikromere** genannt. → Morula, → Totipotenz

Blastozyste (griech. *blastos* Keim, *kystis* Blase; engl. *blastocyst*) Säugerembryo nach dem Morulastadium, nach Differenzierung in zwei Zelltypen, den Embryoblast (= *inner cell mass*, ICM) und den Trophoblast (= *trophectoderm*).

Aus dem Embryoblast geht später der eigentliche Embryo hervor, während der Trophoblast einen Teil der Plazenta und die Eihäute bildet. Durch die Differenzierung entsteht eine Blastozystenhöhle, die mit der Expansion der Blastozyste immer größer wird. Anfangs ist der Embryoblast kugelig, später diskoidal (scheibchenförmig). Die expandierte Blastozyste schlüpft aus der *Zona pellucida* (eine die Eizelle umgebende Hüllschicht bei Säugetieren) und nimmt durch die Trophoblastzellen Kontakt mit der Gebärmutterschleimhaut (Uterusepithel) auf. Dieser Vorgang wird Einnistung (Nidation) genannt. → Embryonalentwicklung

Blastula (griech. *blastos* Keim, Spross; engl. *blastula*) Nach dem → Morulastadium über Furchungen (Zellteilungen in stets kleinere Zellen) entwickelte Keimblase (kugelig mit Hohlraum). Bei den Säugetieren wird diese Keimblase → Blastozyste genannt.

Blattern → Pocken

Blut (engl. *blood*) Ein Organ. Die „Versorgungsflüssigkeit" des tierischen Körpers besteht aus Blutplasma und Blutzellen, die sich wiederum aus weißen und roten Blutzellen sowie den Blutplättchen zusammensetzen.→ Erythrozyten,→ Leukozyten, → Thrombozyten

Bluterkrankheit (engl. *hemophilia, bleeding disease*) → Hämophilie

Blutgerinnung (engl. *clotting of blood, blood clotting*) Kaskade enzymatischer Reaktionen im Blutplasma, welche die Bildung von Fibrinfäden zur Folge hat und so unter Einbindung von → Thrombozyten Blutungen stoppt.

Das Plasmaprotein **Fibrinogen** wird von dem Enzym Thrombin umgewandelt (prozessiert), indem von dem langen Fibrinogen (341 kd) zwei kleine Peptide abgespalten werden, ein Fibrinmonomer, das flächig polymerisieren kann. So entsteht ein Gerinsel **(Koagulation)**, das durch den Faktor XIII stabilisiert wird und zusammen mit zellulären Blutelementen, den Thrombozyten, den Wundverschluss bildet. → Hämophilie

Blutgruppe(n) (engl. *blood groups*) Klassifikation eines Bluttyps (Phänotyps) nach dem Agglutinationsverhalten der Erythrozyten (Verklumpung der roten Blutkörperchen), wenn Blut von Individuen verschiedener Blutgruppen vermischt wird. A, B, AB, 0 als klassische Blutgruppen (A wird noch in A_1 und A_2 unterteilt). Weitere: Rh (Rhesus), Lutheran, Kell, P, MNS, Kidd, Diego usw. Blutgruppen sind antigene Determinanten (→ Antigen) auf der Oberfläche der Erythrozyten.

Die Verklumpung von roten Blutkörperchen bei Blutvermischung basiert auf zwei im Blut vorhandenen Komponenten: auf den antigenen Blutgruppen der Zellen und den Antikörpern im Serum. Die Blutgruppenantigene stellen die eigentlichen Erbmerkmale dar, während die Antikörper im Lauf der nachgeburtlichen Entwicklung geschaffen werden.

Blutgruppe	Genotyp	Antigen	Antikörper gegen
0	00	–	A und B
A	AA, A0	A	B
B	BB, B0	B	A
AB	AB	AB	–

Zusammenhang zwischen Blutgruppenmerkmal und Antikörpern in einzelnen genetisch unterschiedlichen Individuen (A_1, A_2 vereinfacht als A dargestellt)

Lange Zeit war unbekannt, warum Personen mit der Blutgruppe 0 (Genotyp 00), zugleich über Antikörper gegen die Blutgruppen A und B verfügen, während Personen mit Blutgruppe A nur Antikörper gegen B und nicht gegen 0 besitzen. Personen mit Blutgruppe B haben nur Antikörper gegen A und Personen mit Blutgruppe AB haben überhaupt keine Antikörper gegen das AB0-Blutgruppensystem. Diese Konstellationen erklären, warum Personen mit Blutgruppe AB Blutspenden (nur Erythrozyten ohne Serum) aller anderen Genotypen des AB0-Systems empfangen können (→ Universalempfänger) und Personen mit Blutgruppe 0 jeder anderen Person Blut (Erythrozyten ohne Serum) spenden können (→ Universalspender). Die Ursache dafür ist, dass die Blutgruppe 0 keine antigene Eigenschaft hat. Deshalb gibt es hiergegen keine Antikörper. Die Blutgruppen A und B – so eine gängige Lehrmeinung – gleichen jedoch bestimmten Antigenen bestimmter Bakterien, mit denen der Mensch zwangsweise ab seiner Geburt in Kontakt kommt. Menschen mit der Blutgruppe 0 bzw. A oder B produzieren daher gegen die entsprechenden bakteriellen Antigene Antikörper. Diese Antikörper erkennen „versehentlich" die gleichen antigenen Strukturen auf den nicht-eigenen Blutgruppeneigenschaften. Menschen mit Blutgruppe 0 entwickeln Antikörper gegen A und B, solche mit A nur gegen B und umgekehrt. Menschen mit Blutgruppe AB bekommen keine „0"-Antikörper, da Blutgruppe 0 kein Antigen darstellt (→ AB0-Antigene).

Blutplättchen → Thrombozyten

B-Lymphozyten (engl. *B-lymphocytes, B-cells*) Diejenigen Teile der weißen Blutzellen, die → Antikörper produzieren.

Bei Stimulation durch ein → Antigen werden diejenigen B-Lymphozyten zu Wachstum, Zellteilung und Differenzierung angeregt, deren Antikörper dieses Antigen erkennen. Aus einem B-Lymphozyten wird ein B-Lymphoblast, der sich teilt und dessen Tochterzellen sich zu Plasmazellen differenzieren. Diese sind Großproduzenten von Antikörpern und sterben – ohne sich weiter teilen zu können – nach wenigen Tagen ab. Ein B-Lymphozyt sowie seine Tochterzellen können stets nur Antikörper eines Typs, d. h. einer einzigen Antigen-Spezifität bilden (→ Gendosis). Aus der großen Anzahl verschiedener Antikörper lässt sich daher folgern, dass Millionen verschiedener B-Lymphozyten in einem Individuum existieren. → Immunglobulingene

Broca-Zentrum, Broca-Sprachzentrum (engl. *Broca's speech center*) Ein Bereich im hinteren Teil der linken, vorderen Großhirnrinde (motorisches Sprachzentrum), der entscheidend für die Sprachproduktion (= das Sprechen) ist. Benannt nach dem französischen Anthropologen P. P. Broca (1824–1880). → Aphasie

Bromdesoxyuridin, BUdR (engl. *bromodesoxyuridine*) Nukleotidanalogon. → Harlekin-Chromosom

5-Bromuracil (engl. *5-bromouracil*) Mutagenes Pyrimidinanalogon, das zu den chemisch modifizierten → Basen der Nukleinsäuren gehört.

Diese werden zur Markierung von Nukleinsäuren verwendet oder aber, da viele dieser Modifikationen unphysiologisch und damit mehr oder weniger giftig sind, auch zur Bekämpfung von Erkrankungen eingesetzt, bei denen ein schnelles Wachstum von Mikroorganismen (Viruserkrankungen) oder Zellen (Krebs) für das krankhafte Geschehen verantwortlich ist. Das Wirkungsprinzip basiert auf dem „Verdrängen" der natürlichen Basen bei der Nukleinsäuresynthese. An deren Stelle werden die modifizierten Basen in die Nukleinsäurekette eingebaut und diese führen dann, je nach ihrer chemischen Veränderung, zu unterschiedlichen Störungen der Nukleinsäuresynthese. Da schnell wachsende Zellen oder Mikroorganismen mehr von den zugegebenen modifizierten Basen einbauen als die nor-

malen, gesunden Körperzellen, werden die schnellwüchsigen auch mehr in Mitleidenschaft gezogen. Dieses Wirkprinzip erklärt gleichzeitig, dass alle solche Substanzen – je nach Dosierung – unerwünschte, negative Effekte hervorrufen.

Brückentiere → missing link

Brütigkeit (engl. *broodiness*) Das natürliche Bestreben meist weiblicher Vögel Eier auszubrüten.

Brutpflege (engl. *care of offspring*) Alle angeborenen Verhaltensweisen, die nach der Geburt oder Eiablage beginnen und der Pflege, Aufzucht, Fütterung bzw. dem Schutz der Nachkommenschaft dienen.

Bruttofotosynthese, Bruttoassimilation (engl. *gross production*) Gesamte → Assimilationsleistung einer Pflanze.

Mit steigender Lichtintensität erhöhen die Pflanzen ihre Fotosyntheseleistung. Daneben laufen lichtunabhängig → Dissimilationsvorgänge ab, bei denen Biomasse abgebaut wird. Bei einer bestimmten Lichtintensität sind Auf- und Abbau gleich **(Lichtkompensationspunkt)**. → Lichtreaktionen, innere → Atmung

BSB → biologischer Sauerstoffbedarf

BSE, bovine spongiforme Enzephalopathie (lat. *bos* Rind, *spongia* Schwamm; griech. *enkephalos* Gehirn, *pathos* Leiden; engl. *bovine spongiform encephalopathy, mad cow disease*) Rinderwahnsinn.

Vermutlich durch strukturell veränderte → Prionen verursachte schwere Erkrankung des zentralen Nervensystems, die immer tödlich verläuft. → Creuzfeldt-Jakob-Krankheit, → Kuru, → Scrapie

Bursa fabricii (engl. *Bursa of Fabricius*) Sackähnliches Organ im hinteren Darmtrakt der Vögel.

In der *Bursa* reifen die B-Lymphozyten heran. Das der *Bursa* analoge Organ der Säugetiere ist nicht eindeutig definiert; vieles spricht für das Knochenmark (*bone marrow*).

BW → biologische Waffen

C

C (1) Symbol für die Pyrimidin-Base → Cytosin oder für Cytidin, (2) DNS-Menge eines haploiden Chromosomensatzes. (3) → Kohlenstoff, (4) Temperatureinheit Celsius.

C_3-Pflanzen (engl. C_3-plants) Pflanzen, die für die ersten Schritte des Einbaus von atmosphärischem Kohlenstoffdioxid (CO_2) in organische Substanz den → Calvin-Zyklus verwenden, wobei Ribulose-1,5-bisphosphat als CO_2-Akzeptor dient und ein C_3-Körper (3-Phosphoglycerat) als erstes stabiles Zwischenprodukt entsteht. Der Prozess insgesamt ist energieaufwändig. Für die Synthese von einem Hexosemolekül (Zuckermolekül mit 6 C-Atomen) werden netto 18 ATP- und 12 NADPH+H$^+$-Moleküle verbraucht.

Aufgrund physikalischer Faktoren (Höhe der Sonneneinstrahlung usw.) ist dieser Prozess bei Temperaturen unter etwa 28 °C besonders leistungsfähig. C_3-Pflanzen wie Getreide dominieren daher in den gemäßigteren Klimazonen.

C_4-Pflanzen (engl. C_4-plants) Pflanzen, bei denen dem → Calvin-Zyklus Reaktionen vorausgehen (C_4-Dicarbonsäurezyklus), durch die atmosphärisches Kohlenstoffdioxid (CO_2) an einen C_3-Körper (Phosphoenolpyruvat, PEP) gebunden wird und der entstehende C_4-Körper Malat als „Speicher" dann CO_2 für den Calvin-Zyklus liefert. Dieser CO_2-Fixierungsprozess erfordert einen zusätzlichen Energieaufwand. Für die Synthese eines Hexosemoleküls (Zuckermolekül aus 6 C-Atomen) werden netto 30 ATP- und 12 NADPH+H$^+$-Moleküle verbraucht.

Bei starker Sonnenbestrahlung und relativ hohen Temperaturen stehen diese Energieträger jedoch zur Verfügung. C_4-Pflanzen herrschen daher im tropischen Klima vor. In den europäischen Breiten stellt der Mais die bekannteste C_4-Pflanze dar (er stammt aus den tropischen Gebieten Süd- und Mittelamerikas).

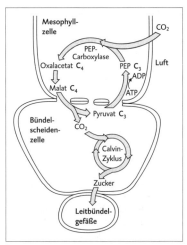

Übersicht über den C_4-Stoffwechsel

Ca → Calcium

Caecotrophie (lat. caecum Blinddarm; griech. trophein ernähren; engl. caecotrophy) Orale Aufnahme des Kots, eigentlich des Blinddarminhalts, der im Unterschied zum trockenen Nachtkot viel Rohprotein und Vitamine enthält. Typisch für alle Lagomorpha (Hasenartige) und Nager. → Koprophagie

Caenorhabdits elegans (griech. kainos neu, rhabdos Stab; lat. elegans zierlich) Kleiner Fadenwurm (Nematode), dessen Entwicklungsgenetik umfangreich untersucht worden ist. Der Wurm ist etwa 1 mm lang, sein Lebenszyklus dauert bei 20 °C 3,5 Tage. Seine Transparenz ermöglicht die Beobachtung jeder einzelnen Zelle. Das adulte Stadium (der geschlechtsreife Wurm) hat 816 → somatische Zellen, davon 302 Neuronen. Die Differenzierungslinie jeder Zelle ist bekannt. C. elegans reproduziert sich überwiegend als selbstbefruchtender Zwitter (→ Hermaphrodit). Jede Zelle enthält 5 Autosomenpaare und 2 X-Chromosomen. Der Verlust eines X-Chromosoms durch meiotische → Nondisjunction führt zu Männchen. Diese entstehen spontan mit einer Häufigkeit von 0,2 %. *C. elegans* ist besonders für genetische Analysen geeignet. Mittlerweile ist sein gesamtes Genom sequenziert.

Calcium, Ca (lat. *calciferus* kalktragend; engl. *calcium*) Element mit der Ordnungszahl 20 und dem Atomgewicht von 40,08, Ionenwertigkeit in biologischen Systemen 2+.

Calcium macht etwa 1,5 % des Körpergewichtes des Menschen aus und ist in allen Geweben in geringen Mengen vorhanden. Als Hauptbestandteil der Knochensubstanz in Form von Hydroxylapatit (→ Phosphor). Extrazelluläre Calciumionen spielen eine Rolle bei der Blutgerinnung und sind wichtig für die Membranstabilität. In den Zellen aktivieren sie eine Reihe von Enzymen, besonders Proteinkinasen.

Calvin-Zyklus, reduktiver Pentosephosphatzyklus (engl. *Calvin cycle*) Der auf die Lichtreaktionen folgende, zweite der beiden Hauptabschnitte der → Fotosynthese, die **Dunkelreaktion**. In dessen Verlauf bindet atmosphärisches CO_2 an Ribulose-1,5-bisphosphat mithilfe Ribulose-1,5-bisphosphat-Carboxylase (Rubisco), das dann über Zwischenstufen zwei C_3-Moleküle (3-Phosphoglycerat) ergibt. Auf diese Weise wird atmosphärisches CO_2 zu Kohlenhydrat reduziert und somit in die fotosynthetisch aktiven Lebewesen „eingebunden" (fixiert). Bei der Dunkelreaktion wird die bei den Lichtreaktionen gewonnene chemische Energie dazu genutzt, energiearme anorganische Moleküle wie CO_2 oder HCO_3^- in energiereiche organische Moleküle, letztendlich Zucker, zu überführen. Vgl. dazu den oxidativen → Pentosephosphatzyklus.

cAMP (engl. *cyclic adenosine monophosphate*) Zyklisches Adenosinmonophosphat, bei dem die Phosphatgruppe intern an dem Zuckermolekül gebunden ist, sodass sich ein Ringmolekül bildet. Es entsteht aus ATP durch das an der Plasmamembran gebundene Enzym Adenylat-Zyklase. cAMP setzt die „Befehle" von bestimmten Hormonen, die von außen an

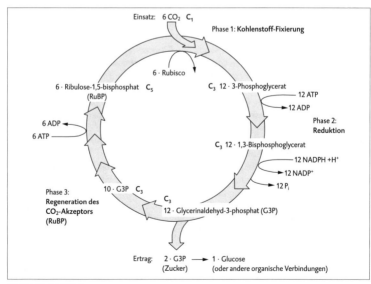

Schema des Calvin-Zyklus

die Zelle gelangen, als sog. **second messenger** in den Zellen um. Es ist daher sowohl in Pro- als auch Eukaryonten aktiv an der Genexpression beteiligt.

CAM-Pflanzen (engl. *Crassulacean-acid-metabolism, CAM-plants*) Pflanzen, die den Crassulaceen-Säurestoffwechsel nutzen, eine Anpassung der Fotosynthese an trockene (aride) Bedingungen, die zuerst in der Familie *Crassulaceae* (z. B. die heimische Hauswurz) entdeckt wurde.

Kohlenstoffdioxid wird nachts durch geöffnete Stomata (Spaltöffnungen) aufgenommen und in Form von Carbonsäuren fixiert, die tagsüber, wenn die Stomata geschlossen sind, CO_2 für den → Calvin-Zyklus freisetzen. Es handelt sich also auch um eine Art → C_4-Pflanzen, die das atmosphärische CO_2 nicht direkt in den Calvin-Zyklus einbauen. Der Vorteil der zeitlichen Trennung zwischen Energiegewinnung und CO_2-Fixierung der → Fotosynthese liegt darin, dass der Wasserverlust durch Transpiration wegen der tagsüber geschlossenen Stomata stark reduziert und die Fotosynthese-Aktivität trotzdem nicht durch CO_2-Mangel beschränkt wird. CAM-Pflanzen sind äußerst effektiv an trockene bzw. salzreiche Standorte mit hohen Tages- und niedrigen Nachttemperaturen angepasst.

Cap (engl. *cap* Kappe) 7-Methylguanylat. Modifiziertes Guanin-Nukleotid am 5'-Ende eukaryontischer mRNS-Moleküle. *Cap* scheint die mRNS vor enzymatischem Abbau durch → Ribonukleasen zu schützen oder aber eine Ribosomenbindungsstelle zu ermöglichen. → *capping*

capping (1) Anlagerung eines *Cap* an ein mRNS-Molekül. Bei der Transkription wird der Anfang (die 5'-endige Base) der mRNS über eine Triphosphatbindung mit einem 7-Methylguanylat (*Cap*) verbunden. *Capping* erfolgt kurz nach Transkriptionsbeginn und vor allen Spleißvorgängen (→ Spleißen). (2) Umverteilung (Zusammenziehen) von Molekülen der Zelloberfläche auf eine Region der Plasmamembran, gewöhnlich bewirkt durch Querverknüpfung von Zellmembranständigen Antigenmolekülen mit extrazellulären Antikörpermolekülen.

Carnivor (lat. *caro* Fleisch, *vorare* fressen; engl. *carnivor*) → Fleischfresser aus der Ordnung der Carnivora der Säugetiere, welche die Landraubtiere und Robben beinhaltet.

CAT-Box (engl. *CAT-box*) Teil der regulatorischen DNS-Sequenz ca. 75 bp vor dem eigentlichen Promotor (TATA-Box), der die Transkription eines Strukturgens initiiert. Die CAT-Box gilt als Bindungsstelle für die RNS-Polymerase II. → Hogness-Box

Caulimoviren (engl. *caulimoviruses*) DNS-Viren, die Pflanzen befallen. In der

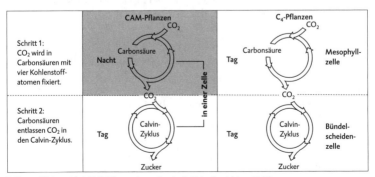

Kohlenstofffixierung bei CAM-Pflanzen (unter Trockenheit) im Vergleich zu C_4-Pflanzen

Gentechnik werden sie als Klonierungsvektoren für höhere Pflanzen benutzt. → Plasmid

C-Bänderung → Chromosomenbänderung

cDNS (engl. *complementary DNA, cDNA*) (1) In der Natur: Viren, deren Erbsubstanz aus RNS besteht, müssen diese nach Infektion einer Wirtszelle in DNS „umschreiben", in die so genannte komplementäre DNS (= cDNS), damit zum einen über virale mRNS virale Strukturproteine hergestellt und zum anderen das virale Genom (in diesem Fall RNS) vervielfältigt werden können. Die „Umschreibung" der viralen RNS zu cDNS erfolgt mittels des speziellen Enzyms **reverse Transkriptase** (RNS-abhängige DNS-Polymerase), welches RNS-Viren bei der Infektion mitbringen (denn ihre Wirtszellen produzieren kein derartiges Enzym). (2) Als „Arbeitswerkzeug" in der Gentechnologie: Das unter (1) genannte, natürliche Phänomen wird *in vitro* genutzt, um mRNS in DNS umzuschreiben. Zellen, die ein bestimmtes Eiweiß bevorzugt herstellen, verfügen über besonders viel mRNS, die für das Eiweiß codiert. Um nun das (DNS-)Gen für das Eiweiß zu finden, isoliert man die relativ instabile mRNS und schreibt sie mit viraler reverser Transkriptase in stabile cDNS um. Diese cDNS entspricht dem Strukturgen, kann in → Expressionsvektoren eingebaut und zur Produktion größerer Mengen des fraglichen Proteins in transgenen Organismen (→ Transgen) benutzt werden. (3) Generell: Die cDNS ist eine „Abschrift" der mRNS des entsprechenden Gens der Zelle. Jedoch verfügen eukaryontische Gene über nichtcodierende DNS-Abschnitte innerhalb des Gens (Introns), deren Sequenz nicht in eine Aminosäurefolge translatiert wird. Diese Introns werden bei der mRNS-Herstellung herausgeschnitten (→ Spleißen). Somit stellt die cDNS eine „gekürzte" Form des genomischen Gens bei Eukaryonten dar.

Cellulose (lat. *cellula* Kämmerchen; engl. *cellulose*) Primäre Stützsubstanz der pflanzlichen Zellwand; unverzweigtes Polysaccharid aus ß-1, 4-verbundenen Glucoseeinheiten. Pro Jahr werden weltweit 10^{12} t Cellulose im natürlichen Kreislauf auf- und abgebaut.

Centriole → Zentriole

Centromer(fusion) → Zentromer(fusion)

cerebrospinales Nervensystem (lat. *cerebrum* Hirn, *spina* Rückgrat) → animales Nervensystem

Chaperone (engl. *chaperone*; franz. *chaperon* Anstandsdame; engl. *(molecular) chaperons*) Eukaryontische Proteine oder Nukleinsäuren mit der Funktion, andere Proteine bei der Faltung zu unterstützen.

Während der Faltungsvorgänge bilden die Chaperone einen Komplex mit der Polypeptidkette, lösen sich aber, wenn das Protein seine Tertiärstruktur eingenommen hat. Es gibt auch Chaperone, die an die wachsende Polypeptidkette binden und die Ausschleusung aus dem Tunnel der Ribosomenuntereinheit ermöglichen. Andere Chaperone halten Polypeptidketten gestreckt, damit sie die Membran des → Endoplasmatischen Retikulums oder der → Mitochondrien passieren können.

Chargaff-Regeln (engl. *Chargaff's rules*) In der DNS jeder Spezies sind gleichviel Adenin- wie Thyminmoleküle vorhanden und gleichviel Guanin wie Cytosin. Weiterhin ist die Zahl der Purine $(A + G)$ gleich der Zahl der Pyrimidine $(T + C)$.

Diese Befunde von E. Chargaff (1952) waren eine der Stützen für das Strukturmodell der DNS von Watson und Crick. Sie erklären die → Komplementarität der beiden Stränge. → Doppelhelix

chemiosmotische Theorie (engl. *chemiosmotic theory*) Sie erklärt, wie Energie unterschiedlichen Ursprungs zur ATP-Synthese genutzt werden kann.

Am Beispiel der mitochondrialen Energiegewinnung besagt diese Theorie, dass Elektronen oxidierbarer Substrate (z. B.

NADH+H⁺) an der inneren Mitochondrienmembran durch eine Reihe von Enzymen der → Atmungskette fließen und
dabei Protonen in den Intermembranraum gepumpt werden (→ Mitochondrium). Dadurch entstehen ein pH- und
ein elektrischer Gradient zwischen Intermembranraum und Matrix. Die daraus
resultierende protonenmotorische Kraft
ermöglicht an den ATP-Synthasen die
Bildung von ATP aus ADP und Phosphat,
indem die im Intermembranraum ange-
reicherten Protonen durch spezielle pro-
tonenspezifische Kanäle wieder in die
Matrix zurückströmen. → oxidative Phosphorylierung, → Lichtreaktion, → Fotophosphorylierung

Chemoautotrophie → autotroph

Chemotaxis (engl. *chemotaxis*) Bewegung in Richtung auf einen chemischen
Reiz hin.
(1) Für verschiedene Organismen sind
solche „anziehenden" chemischen Systeme bekannt, z. B. Pheromone → Nachtfalter. (2)
zur Anlockung männlicher Nachtfalter. (2)
In der Zellphysiologie findet man ähnliche
Effekte, z. B. bewegen sich bestimmte Immunzellen in Richtung einer Gewebe-
schädigung, da dort durch den Defekt
Substanzen freigesetzt werden, die solche
Zellen anlocken. (3) Man diskutiert ähnliche Phänomene auch für die → Ontogenese. Bei der komplexen Vernetzung des
Nervensystems etwa sollen vergleichbare
Effekte eine Rolle spielen, denn die wachsenden Axone von Nervenzellen dürften
ebenfalls von ihren Zielzellen, wie etwa
anderen Neuronen oder Muskelzellen,
durch abgegebene Substanzen angezo-
gen werden.

Chemotropismus (griech. *tropos*
Richtung; engl. *chemotropism*) Bestimmte
gasförmige oder in Wasser bzw. im Boden gelöst vorliegende Substanzen führen bei ungleichmäßiger Verteilung um
eine Pflanze (z. B. nur von einer Seite) zu
einer gerichteten Wachstumsbewegung
entweder in Richtung erhöhter Konzen-

tration (**positive** chemotrope Reaktion,
z. B. bei Phosphaten und Ammoniumsal-
zen) oder aber sich davon abwendend
(**negativer** Chemotropismus, etwa bei
organischen Säuren).

Chiasma (griech. *chiasma* Kreuzung;
engl. *chiasm*) Mikroskopisch sichtbarer
Vorgang des → Crossing over: Kreuzver-
bindung der Chromatiden homologer
Chromosomen mit nachfolgendem Austausch. → Meiose

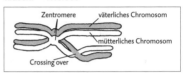

Mikroskopisch sichtbares Chiasma am Beispiel eines
Crossing over zwischen zwei Chromatiden eines
homologen Chromosomenpaares

Chimäre (griech. *chimaira* fabelhaftes
Ungeheuer; engl. *chimera*) Individuum als
Mischung aus genetisch verschiedenen
Zellen, die von zwei oder mehr verschiedenen Zygoten stammen.
(1) Aggregationschimäre bedeutet,
dass Blastomeren von zwei oder mehr
Embryonen experimentell vermischt werden; der neu formierte Embryo wird zur
weiteren Entwicklung in ein Empfänger-
tier transferiert. (2) Merikline Chimäre
(= Injektionschimäre): in einen intakten
Embryo werden Zellen eines anderen
Embryos injiziert. (3) Natürliche Chimären sind z. B. ungleichgeschlechtliche Rin-
derzwillinge, bei denen vor der Geburt
über gemeinsame Blutgefäße (Gefäß-
anastomosen) Blutaustausch stattfindet.
Dabei gelangen männliche Zellen und
Hormone in den weiblichen Fetus wodurch dessen Geschlechtsentwicklung gestört wird. Die weiblichen Kälber sind darum (unfruchtbare) → Zwicken.

Chlor, Cl (griech. *chloros* grünlichgelb;
engl. *chlorine*) Ordnungszahl 17, Atomgewicht 35,46, Wertigkeit in biologischen
Systemen 1–. Als Chloridion an zahlreichen Körperfunktionen beteiligt, u. a. an

Wasserhaushalt, Nervenleitung, Nierentätigkeit, Magensekretion (Hydrolyse der Nahrung durch Salzsäure HCl). Ein 70 kg schwerer Mensch hat etwa 100 g Chloridionen in seinem Körper.

Chlorophyll (griech. *chloros* grünlichgelb, *phyllon* Blatt; engl. *chlorophyll*) Blattgrün. Gruppe von Pigmenten in den Chloroplasten der Pflanzen, die Lichtenergie aufnehmen, sodass diese in chemische Energie umgewandelt werden kann (Fotosynthese). Chlorophyll a und b unterscheiden sich nur gering (CH_3- bzw. CHO-Gruppe) und setzen sich aus einem Porphyrinring mit einem zentralen Magnesiumion und einer Phytolkette zusammen. In Braunalgen findet man Chlorophyll c und d hauptsächlich in Rotalgen. Bakteriochlorophylle kennt man von den grünen Schwefelbakterien.

Chloroplast (griech. *plattein* bilden; engl. *chloroplast*) Chlorophyllhaltige Organellen der Pflanzenzellen.

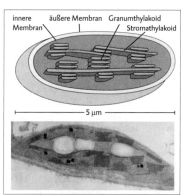

Schematische und mikroskopische Abbildung eines Chloroplast. Ein Chloroplast enthält drei unterschiedliche Membranen (äußere, innere und Thylakoidmembran), welche drei Räume abgrenzen (Innenmembranraum, Stroma und Thylakoidraum). In der Thylakoidmembran sind die Proteine verankert, welche die Lichtenergie umwandeln. Im Stroma sind lösliche Enzyme, die das von den Thylakoiden synthetisierte NADPH und ATP zur Umwandlung von CO_2 in Zucker verwenden (→ Calvin-Zyklus). Chloroplasten besitzen eine eigene DNS (in mehreren Kopien), welche repliziert und exprimiert.

Chloroplasten stammen entwicklungsgeschichtlich vermutlich aus der Symbiose von mikrobiologischen, zellulären Urformen mit Cyanobakterien ab. Sie enthalten DNS und vermehren sich selbstständig. Insofern gleichen sie den → Mitochondrien. Das hochkomplexe Membransystem in ihrem Inneren enthält → chlorophyllhaltige → Fotosysteme, die Lichtenergie in chemische Energie umwandeln.

cholinerge Übertragung (griech. *ergon* Tat; engl. *cholinergic transmission*) Die Übertragung von Nervenimpulsen durch Nervenzellen, die Acetylcholin als → Neurotransmitter in den → synaptischen Spalt freisetzen (im Unterschied etwa zur → adrenergen Übertragung).

Chorionzottenbiopsie (griech. *chorion* Haut, Hülle; engl. *chorionic villus sampling*, CVS) Der Embryo bzw. Fetus wird von den Eihäuten umgeben, die bei den Säugern aus drei Schichten (Häuten) bestehen, von denen das Amnion und Chorion vom Embryo selbst stammen. Die dritte Eihaut, die Dezidua, wird mütterlicherseits gebildet und besteht ihrerseits aus drei Schichten. Die mittlere Eihaut, Chorion oder Zottenhaut genannt, entwickelt sich aus dem → Mesoderm und dem → Trophoblasten und ist zu Beginn gänzlich mit Zotten (kleinen, fingerartigen Ausstülpungen) besetzt. Verfeinerte medizinische Techniken erlauben heute, kleine Gewebeproben (Biopsien) von diesem Zottengewebe in der frühen Schwangerschaft zur vorgeburtlichen Diagnose fetaler Krankheiten entnehmen zu können. Der Vorteil gegenüber der → Amniozentese besteht darin, dass man bei dieser Form des Eingriffes genügend fetale Zellen erhält, um damit entsprechende Tests, z. B. auf → Chromosomenaberrationen, durchführen zu können.

Chromatid (engl. *chromatid*) Von Chromosom abgeleitet. Jedes → Metaphasechromosom besteht nach der Synthesephase (→ Zellzyklus) aus zwei identischen Chromatinfäden (zwei DNS-Doppelsträngen), den Chromatiden. Ein Chromatid entspricht dabei jeweils der längsgeteilten Hälfte des Metaphase-Chromosoms. Die Verbindungsstelle der beiden Chromatiden heißt Zentromer (ein spezieller DNS-Abschnitt auf diesen Strängen).

Chromatiden sind das Ergebnis der DNS-Replikation während der S-Phase des Zellzyklus und werden in der Mitose auf die Tochterzellen verteilt. In der Meiose werden Chromatidabschnitte zwischen homologen Chromosomen ausgetauscht (→ Chiasma, → Crossing over).

Chromatin (engl. *chromatin*) Komplex aus DNS und Proteinen (Histone und Nichthistone), der fadenartig im Zellkern vorliegt. Mikroskopisch sichtbare Chromatiden bzw. Chromosomen bestehen aus komplex spiralisiertem Chromatin. → Chromatid, → Nukleosom

Chromatographie (griech. *chroma* Farbe, *graphein* schreiben; engl. *chromatography*) Technik zur Trennung und Identifizierung der Komponenten einer Molekülmischung aufgrund unterschiedlicher chemischer (etwa Ladungen, Löslichkeiten) und/oder physikalischer (z. B. Größe, Struktur) Eigenschaften.

Die Gesamtmenge (Probe) der verschiedenen Moleküle wird in einem Lösungsmittel gelöst und auf eine stationäre Phase gegeben, durch welche die Lösung wandert. Da Moleküle aufgrund ihrer verschiedenen Eigenschaften unterschiedliche Wanderungsgeschwindigkeiten haben, werden sie mit zunehmender Zeit voneinander räumlich getrennt. Bei der **Papier**chromatographie dient ein Filterpapier als stationäre Phase. Das Papier saugt das Lösungsmittel auf und nimmt dabei die gelösten Moleküle unterschiedlich schnell und weit mit. Die **Säulen**chromatographie benutzt Mikroperlen (Kügelchen von weniger als 1 mm Durchmesser) aus reaktionsträgem (inertem) Material (Sephadex etc.), die in eine Säule gepackt werden. Bei der **Dünnschicht**chromatographie ist die stationäre Phase ein

Kieselgel auf einer Glasplatte. Die **Gas**chromatographie trennt die Moleküle durch ein inertes Gas, das über ein Adsorbens (→ Adsorption) geführt wird. → Affinitätssäulenchromatographie, → HPLC

Chromomer (griech. *meros* Teil; engl. *chromomere*) Eines der perlenartigen Granula des eukaryontischen Chromosoms, lokale Windungen eines DNS-Fadens.

Chromomere sind im Lichtmikroskop am besten zu sehen, wenn der Rest des Chromosoms weitgehend entspiralisiert ist, wie im Leptotän oder Zygotän der → Meiose. Bei polytänen Chromosomen liegen die Chromomeren im Verband, was zu dem „gebänderten" Aussehen führt. In den Riesenchromosomen von *Drosophila* umfasst ein Chromomer etwa 30 000 Basenpaare.

Chromosom (griech. *chroma* Farbe, *soma* Körper; engl. *chromosome*) Verpackungseinheit der DNS.

(1) In Prokaryonten das zirkuläre DNS-Molekül, das meist die ganze genetische Information der Zelle trägt (außer → Plasmid). (2) Bei Eukaryonten das spiralisierte und superspiralisierte → Chromatin mit einem Teil der kernständigen Gene (die eben auf einem Chromosom lokalisiert sind) in linearer Anordnung.

In der genetisch aktiven Phase des Zellzyklus, wenn die DNS transkribiert wird, liegen die Chromosomen im dekondensierten, teilweise entspiralisierten Zustand als Chromatinfäden im Kern (G_1-Phase) vor. Chromosomen kann man stark kondensiert am besten während der Metaphase beobachten (**Metaphase-Chromosomen**). Hier sind die zwei Chromatiden zu sehen, die während der Synthesephase durch Verdoppelung der DNS entstanden sind und am Zentromer aneinander liegen. Beidseitig des Zentromers befinden sich die Kinetochore, an denen sich die Mikrotubuli verankern und die Chromatiden in die Tochterzellen ziehen. Danach lösen sich die tellerartigen Kinetochore wieder auf.

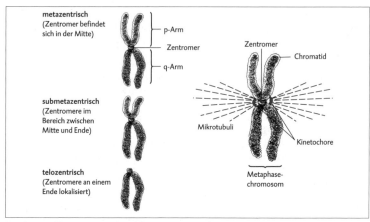

metazentrisch
(Zentromer befindet
sich in der Mitte)

p-Arm

Zentromer

q-Arm

Zentromer

Chromatid

submetazentrisch
(Zentromere im
Bereich zwischen
Mitte und Ende)

Mikrotubuli

Kinetochore

telozentrisch
(Zentromere an einem
Ende lokalisiert)

Metaphase-
chromosom

Einteilung von Chromosomen nach Lage ihres Zentromers und Assoziation eines Chromosoms mit dem
Spindelapparat

Die Lage des Zentromers bestimmt das Aussehen eines Chromatids während der Anaphase, wenn es von einem Mikrotubulus zum Zellpol gezogen wird: stabförmig, wenn es akrozentrisch oder telozentrisch ist, J-förmig bei submetazentrischen und v-förmig bei metazentrischen Chromatiden bzw. Chromosomen. Bei einigen Arten scheinen sich die Zugfasern (Mikrotubuli) an mehreren Stellen des Chromatids anzuheften, weshalb solche Chromosomen polyzentrisch genannt werden.

Mitosechromosomen haben vier Endstücke **(Telomere)**, je zwei an den beiden Enden eines Chromatids.

Die Länge der Chromosomen kann bis zu einigen Mikrometern betragen. Das größte Chromosom (Nr. 2) des Menschen (bzw. 1 Chromatid davon) enthält etwa 251 Mio. Basenpaare, das kleinste (Y-Chr.) etwa 21 Mio. Basenpaare. → Zellzyklus

Chromosomenaberration (engl. *chromosome aberration*) Mikroskopisch erkennbare abnorme Form eines Chro-

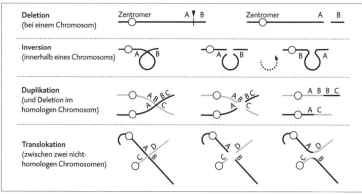

Deletion
(bei einem Chromosom)

Zentromer   A ▼ B   Zentromer   A   B

Inversion
(innerhalb eines Chromosoms)

Duplikation
(und Deletion im
homologen Chromosom)

Translokation
(zwischen zwei nicht-
homologen Chromosomen)

Übersicht über verschiedene Chromosomenaberrationen

mosoms als Ergebnis einer Duplikation, eines Verlustes oder einer Umlagerung von genetischem Material. Auch verwendet bei abnormer Anzahl von Chromosomen, z. B. Trisomie 21 beim Down-Syndrom. → genomische Formel

(1) **Intrachromosomale** oder homosomale Aberration bezeichnet eine Veränderung in nur einem Chromosom. Beispiel: Deletion (Defizienz) oder Duplikation, mit dem Ergebnis einer Reduktion oder Vermehrung von Genloci dieses Chromosoms. Inversion und Verlagerung (engl. *shift*) führen zu einer Veränderung der linearen Anordnung von Genloci, aber nicht deren Zahl. Inversion ist die Drehung eines Chromosomensegments um 180° an gleicher Position, *Shift* bezeichnet die Verlagerung eines Segments von einer Region in eine andere des gleichen Chromosoms.

(2) **Interchromosomale** oder heterosomale Aberrationen entstehen bei Brüchen von nicht-homologen Chromosomen und der Umlagerung eines Segments auf ein anderes Chromosom (Translokation).

Chromosomen-Abschreiten (engl. *chromosome walking*) Methode für die Analyse großer, unbekannter Genomabschnitte.

Mithilfe eines klonierten Genabschnittes wird eine → Genbank nach Genomstücken (weiteren DNS-Klonen) abgesucht, die neben dem klonierten Genabschnitt benachbarte Sequenzen enthalten. Die erste Nachbarsequenz wird nun wiederum kloniert, um mit diesem Genabschnitt den nächsten benachbarten Genomabschnitt identifizieren zu können usw. Auf diese Weise kann eine fortlaufende Sequenz ermittelt werden, wie sie natürlicherweise im Genom vorliegt. → Genkartierung

Chromosomenbänderung (engl. *chromosome banding techniques*) Verfahren zur differenzierten Färbung von Chromosomen. Zahl und Anordnung der Bänder charakterisieren die einzelnen Chromosomen.

G-Bandfärbung mit Trypsin (Eiweißabbauendes Enzym) und Giemsa (eine Farblösung), wobei sich → Euchromatin wenig, → Heterochromatin stark färbt. **C**-Bänderung ergibt sich nach alkalischer Behandlung der Präparate und färbt vor allem die Zentromere. Bei der **Q**-Bandfärbung werden die Chromosomen fluoreszierend gefärbt (mit Acridinderivaten) und unter UV-Licht betrachtet. Hierbei entsprechen die hellleuchtenden Bänder den stark gefärbten G-Bändern. Q-Bänderung eignet sich zur Identifikation des Y-Chromosoms und mancher Polymorphismen, die im G-Bandmuster nicht auftreten. **R**-Bänderung entsteht durch Behandlung mit heißem Phosphatpuffer. Eine anschließende Giemsafärbung lässt ein Bandmuster entstehen, das umgekehrt (R engl. *reverse*) zum G-Bandmuster ist. Statt mit Giemsa kann hier auch mit Acridin-Orange gefärbt werden, wonach die Bänder in unterschiedlichen Farben leuchten.

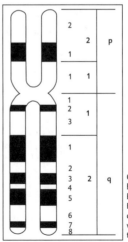

Chromosomenbänderung: Beispiel für die Bezeichnung der Arme und weiterer Unterteilungen

Chromosomenkarte → Genkarte
Chromosomenmutation (engl. *chromosomal mutation*) → Chromosomenab-

erration, → Mutation

Chromosomenpolymorphismus (griech. *poly* viel, *morphae* Gestalt; engl. *chromosome polymorphism*) Vorkommen mehrerer → Karyotypen in einer Population oder in einem Individuum. Ursache für den Polymorphismus sind → Inversionen, → Translokationen etc.

Chromosomensatz (engl. *chromosome set*) Gruppe von Chromosomen, die bei Eukaryonten ein Genom repräsentiert.

Ein Chromosomensatz enthält bei diploiden Spezies ein Homologes von jedem Chromosomenpaar. Ein einziger einchromatidiger Chromosomensatz (Genom) befindet sich in einer Eizelle (und ein weiterer im 2. → Polkörperchen) oder in einem Spermium.

Chromosomentheorie der Vererbung (engl. *chromosome theory of heredity*) Formuliert von W. S. Sutton (1902). Chromosomen sind die Träger der Gene, das chromosomale Verhalten und ihre Verteilung während der Meiose sind die Basis der → Mendel'schen Gesetze.

Cilien (lat. *cilium* Wimper; engl. *cilia*) Dünne, bewegliche, fadenartige Strukturen aus Proteinen auf der Oberfläche vieler ein- und mehrzelliger Eukaryonten (z. B. Wimpertierchen) oder auf bestimmten Epithelzellen. Ein Cilium wächst hier aus einem basalen Granulum (homolog der → Zentriole) im äußeren Zytoplasma. Die koordinierte Bewegung der Cilien auf den Epithelzellen gleicht einem wogenden Ährenfeld und dient der Fortbewegung von Stoffen wie Schleim oder Flüssigkeiten (z. B. im Darm oder in den Nierentubuli). Für kleinere Eukaryonten dienen Cilien als Antriebsmechanismus zur Fortbewegung oder zum Herbeistrudeln von Nahrungsteilchen und Atmungswasser. → Epithel

Cistron → Gen

Citratzyklus (engl. *citric acid cycle, tricarboxylic acid cycle, Krebs cycle*) Auch Tricarbonsäure-, Citronensäure- oder Krebszyklus nach dem Entdecker Sir Hans Adolf Krebs (1937) genannt.

Der Citratzyklus im Überblick

Zusammenspiel einer Reihe von Enzymen, bei dem Acetylcoenzym A (Acetyl-CoA) oxidiert und die dadurch freiwerdende Energie in Form energiereicher chemischer Verbindungen gespeichert wird, die letztendlich durch die → oxidative Phosphorylierung in ATP umgewandelt werden. Ein Molekül Acetat (als der energetisch verwertbare Teil des Acetyl-CoA) ergibt im Citratzyklus 2 CO_2, 1 GTP (das ohne Energieverlust in 1 ATP umgewandelt wird) und 8 hochenergetische Elektronen/Protonen (sog. Reduktionsäquivalente) in Form von NADH und $FADH_2$. Die Reaktionen laufen in den → Mitochondrien ab. Ferner werden durch den Abbau des Acetyl-CoA intermediäre Stoffwechselprodukte hergestellt, die als Grundstoffe für die Synthese anderer Moleküle wie Aminosäuren (viele leiten sich von α-Ketoglutarat und Oxalacetat ab), Fettsäuren oder Zucker dienen. → oxidative Decarboxylierung

CJK → Creutzfeldt-Jakob-Krankheit

codierender Strang, codogener Strang (engl. *coding strand*) → Strangbezeichnung, → Transkription

Codon (engl. *codon*) Von Code, dem Schlüssel zu Geheimschriften, als abgewandelter Begriff für das genetische Alphabet: das Nukleotidtriplett der mRNS, das eine bestimmte Aminosäure in eine bestimmte Position des sich formierenden Polypeptids während der Translation mittels des Anti-Codons einer spezifischen tRNS vermittelt. Grundeinheit des → genetischen Codes. → Exon, → Transkription

Cölom, Deuterocoel (griech. *koilia* Höhle, *deuteros* der zweite; engl. *coelom*) Eine vollständig mit → Mesoderm (Zellen des mittleren Keimblattes) ausgekleidete sekundäre Leibeshöhle zwischen den inneren Organen und der Körperwand.

Alle vielzelligen Tiere mit Ausnahme der Nesseltiere, Rippenquallen, Schwämme und → Mesozoa verfügen über ein Cölom und werden daher zu den Coelomata (= *Bilateralia, Bilateria*) gerechnet.

Coelomata → Cölom

Colony-Hybridisierung (engl. *colony hybridization*) Eine *in situ*-Hybridisierungstechnik zur Identifikation von Bakterien (jeweils einer aus tausenden von Bakterien bestehenden Kolonie), die nach einer Transformation den gewünschten Vektor (Plasmid) tragen.

Bei der Colony-Hybridisierung wird simultan bei vielen Bakterien-Kolonien jeweils ein Teil der Bakterien einer Kolonie vom → Agar in einer Petrischale auf einen Nitrocellulose-(Nylon)-filter übertragen. Ein Rest der Bakterienkolonie verbleibt auf dem Agar der Petrischale und dient nach der Testung als Quelle für die Bakterien, welche die gesuchte Eigenschaft besitzen. Die auf den Filter transferierten Bakterien werden aufgebrochen (lysiert) und durch Hitze bei 80 °C fixiert. Nach Hybridisierung mit einer markierten DNS-Sonde, die identisch mit dem transferierten DNS-Fragment des Vektors (Plasmids) ist, wird die Position der positiven Kolonie auf dem Filter und damit indirekt auf der Agarplatte deutlich: bei Verwendung von radioaktiv markierter Sonden-DNS durch → Autoradiographie, oder aber durch enzymatisch hervorgerufene Farbreaktion.

congen (lat. *cum* mit; griech. *gennao* ich erzeuge; engl. *congenic*) Beschreibt Zuchtlinien, die sich genetisch nur sehr wenig unterscheiden.

In manchen congenen Mäusestämmen findet man nur in den → MHC-Genloci (Gene für die Gewebeverträglichkeit) Sequenzunterschiede. → Inzucht, → allogen, → syngen, → xenogen

Consensussequenz (engl. *consensus sequence*) Repräsentative, typische Nukleotidsequenz eines → Genlocus.

Vergleicht man z. B. die → TATA-Box von Eukaryonten, ermittelt sich eine Consensussequenz von T_{82} A_{97} T_{93} A_{85} A_{83}. In 82 % aller untersuchten Fälle (verschiedene Spezies der Eukaryonten) findet man bei ihnen an der ersten Nukleotid-

stelle ein T, in 97 % ein A an zweiter Stelle usw. Es handelt sich also um evolutiv hochkonservierte Nukleotidsequenzen.
→ Homöobox

Contig (Kunstwort von engl. *contiguous* benachbart, zusammenhängend; engl. *contig*) DNS-Abschnitt, bestehend aus mehreren Teilabschnitten, die erfolgreich kloniert und sequenziert wurden, und nun zu einer lückenlosen Sequenz aneinandergereiht werden können, so wie sie der natürlichen Reihung auf einem Chromosom entspricht.

In einer → Genbank liegt nahezu die gesamte DNS eines Organismus (stellvertretend für die ganze Spezies) in kurze Fragmente geschnitten, in Plasmide, Cosmide, YACs oder BACs eingebunden (ligiert), vor. Allerdings kennt man nicht die richtige Reihenfolge. Diese kann durch Vergleich überlappender Sequenzen ermittelt werden. Damit erhält man ein Contig. → Chromosomen-Abschreiten

Coronavrius (lat. *corona* Kranz; engl. *coronavirus*) Einzelsträngige RNS-Viren, die von einer proteinhaltigen Membranhülle umgeben sind. → SARS

Corticotropin → ACTH

Cosmid (engl. *cosmid*) Plasmid-Vektor, der eigens zur Klonierung großer Fragmente eukaryontischer DNS konstruiert wurde. Der Begriff beschreibt, dass der Vektor ein Plasmid darstellt, in das kohäsive Sequenzen des Phagen Lamda insertiert (ligiert) wurden. Als Konsequenz kann die Cosmid-DNS in eine Phagenhülle *in vitro* verpackt werden und nach Infektion von Bakterien größere Fremd-DNS-Stücke vermehren, als dies Plasmide vermögen.

Creutzfeldt-Jakob-Krankheit, CJK, Creutzfeldt-Jakob-Syndrom (engl. *Creutzfeldt-Jakob disease, CJD*) Immer tödlich verlaufende Krankheit des Menschen durch Zersetzung des Gehirns (Enzephalopathie), welches eine schwammartige Struktur bekommt.

Vermutlich lösen bestimmte → Prionen diese Enzephalopathie aus, die erst im fortgeschrittenen Alter des Patienten auftritt. Charakteristisch ist die lange Inkubationszeit. In England wurde zu Beginn der 90er-Jahre eine Variante der CJK **(nvCJK)** gefunden, die auch bei Jugendlichen nach relativ kurzer Inkubationszeit ausbricht und mit dem Verzehr von Rindfleisch in Verbindung gebracht wird, das von → BSE-erkrankten Tieren stammt. Eine genetische Veranlagung wird diskutiert, da CJK-Patienten heterozygot im natürlicherweise beim Menschen vorkommenden Prionmolekül an Aminosäureposition 129 ein Methionin und ein Valin haben. Patienten der neuen CJK hingegen sind homozygot für Valin an dieser Stelle des Proteins. → BSE, → Kuru, → Scrapie

cRNS → komplementäre RNS

Crossing over, Crossover (engl. *crossing over, crossover* überkreuzen) Bezeichnung für den Austausch von DNS-Abschnitten zwischen homologen Chromosomen (→ Homologie).

Bei der Erzeugung von Eizellen und Spermien in einer Elterngeneration lagern sich die homologen Chromosomen bzw. deren Chromatiden (nicht die Schwesterchromatiden untereinander) während der → Meiose aneinander. Die homologen Chromosomen entsprechen dabei den (vom Standpunkt der Eizellen und Spermien aus) von den großelterlichen Keimzellen an die Elterngeneration weitervererbten Chromosomen bzw. Chromatiden. Bis auf genetische Variabilitäten der einzelnen Genloci (→ Allele) sind homologe Chromosomen nahezu identisch. Die Verpaarung der homologen Chromosomen geschieht so exakt, dass die homologen Genloci nebeneinander zu liegen kommen. In einem bisher nicht genau bekannten Prozess kommt es dann zu DNS-Doppelstrangbrüchen an entsprechenden Stellen der aneinander liegenden Chromatiden. Diese Strangbrüche werden gleich wieder verbunden, wobei es zu einem Vertauschen der homologen DNS-Stränge kommt (das eigentliche Crossing over oder auch die → Rekombination). Das Ergebnis sind erneut homologe Chromosomen, die jedoch DNS-Stücke zwischen großmütterlichem und großväterlichem Erbgut ausgetauscht haben. Die Keimzellen einer Elterngeneration geben daher an die nächste Generation Chromosomen bzw. Chromatiden weiter, die aus einer Vermischung großmütterlicher und großväterlicher (homologer) Chromosomen entstanden. Die Häufigkeit solcher Crossing over oder Rekombinationsereignisse kann man an den Nachkommen durch Auszählen der verschiedenen Merkmale feststellen. Crossing over liefert einen wesentlichen Beitrag zur genetischen Vielfalt der Arten. → Chiasma

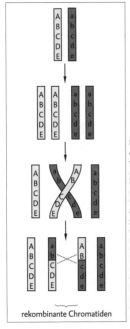

Durch Crossing over entstehen während der Meiose neu kombinierte (rekombinierte) Chromosomenabschnitte (hellgrau väterliche, dunkelgrau mütterliche Chromatiden). Die Buchstaben symbolisieren Genloci (A – E bzw. a – e) mit unterschiedlichen Allelen (Aa, Bb usw.).

Crossover → Crossing over
Curare (indianisch-spanisch; engl. *cu-rare*) Pfeilgift verschiedener Indianerstämme Südamerikas.

Je nach pflanzlicher und geografischer Herkunft lassen sich verschiedene Arten unterscheiden, deren Hauptwirkstoffe alle sog. quartäre Ammoniumverbindungen sind. Sie binden an bestimmte Acetylcholinrezeptoren (nicotinische Acetylcholinrezeptoren), die im synaptischen Spalt für die Nervenimpulsweitergabe (Depolarisation der postsynaptischen Membran) nach Ausschüttung von → Acetylcholin verantwortlich sind. Die Wirkstoffe des Curare verhindern, dass eine Nervenimpulsweitergabe erfolgen kann, da sie den Acetylcholinrezeptor im Gegensatz zum Acetylcholin trotz der Bindung nicht aktivieren. Ein mit solchen Synapsen verbundener Muskel kann sich daher trotz entsprechender Nervenimpulse unter Curare nicht mehr zusammenziehen. Er verhält sich so, als würde er keine derartigen „Befehle" mehr erhalten. Der Muskel bleibt entspannt.

In der Chirurgie wird Curare daher seit Jahrzehnten als sog. Muskelrelaxans eingesetzt, um bei Operationen die Muskulatur völlig ruhig zu stellen. → Endplatte

Cytochrome, Cytochrom-System (griech. *zytos* Zelle, *chroma* Farbe; engl. *cytochromes*) Cytochrome sind Katalysatoren (→ Enzym) der Zellatmung und kommen in den Mitochondrien praktisch aller Zellen vor.

Sie sind aufgrund ihrer Lichtabsorption entdeckt worden, wonach mehrere Typen unterscheidbar sind. Die Cytochrom a-Gruppe enthält Hämin a als → prosthetische Gruppe. Cytochrom b enthält wie das Hämoglobin Eisen-Protoporphyrin, im Cytochrom c (→ mitochondriale DNS) ist der Porphyrinrest hauptvalenzmäßig an das Protein gebunden. Cytochrom c ist ein Hämoproteid (MG 12 000) mit einer Hämgruppe je Molekül. Aminosäuresequenz und Raumstruktur sind bekannt.

Das Cytochrom-System ist im Prinzip eine → Elektronentransportkette mit einer Reihe von Molekülen, die als Wasserstoff- und Elektronenakzeptoren fungieren und schließlich durch die Übertragung der Elektronen auf Sauerstoff Wasser bilden. Die innerhalb der Elektronentransportkette freiwerdende Energie wird zur Phosphorylierung von ADP zu ATP verwendet. In das System eingebrachte Elektronen kommen aus dem → Citratzyklus.

Cytokine (griech. *kytos* Zelle, *kinein* bewegen; engl. *cytokines*) Kleine Proteine mit einem Molekulargewicht von 5–20 kd, welche Informationen im Immunsystem übertragen. Im Unterschied zu den → Hormonen (→ endokrines System) wirken die Cytokine parakrin, d. h. ihre Wirkung erstreckt sich auf Zellen der unmittelbaren Nachbarschaft.

Zu den Cytokinen gehören die Interleukine, Interferone, Lymphokine und die Tumor-Nekrosis-Faktoren.

Cytosin, C (engl. *cytosine*) Pyrimidin-Base als Baustein der RNS oder DNS. → Nukleosid

D

d (1) → Dalton. (2) Optische Eigenschaft: rechtsdrehend (z. B. Aminosäuren, Zucker). (3) (lat. *dies*) Tag

Dalton, d Einheit des Atom- und Molekulargewichts.

1 d entspricht der (Ruhe-)Masse eines Wasserstoffatoms $(1,67 \cdot 10^{-24}\,g)$ bzw. 1,008 der Atom-Massen-Skala. Benannt nach dem Engländer John Dalton (1766–1844).

Darwinismus (engl. *Darwinism*) Lehre von der biologischen Evolution durch natürliche Auslese der in der momentanen Umwelt nicht lebens- bzw. fortpflanzungsfähigen Individuen, und Fortpflanzung der bestangepassten Nachkommen.

Veröffentlicht wurde die Idee des Darwinismus durch das von Charles Darwin (1809–1882) verfasste und erstmals 1859 erschienene Buch „On the Origin of Species by Means of Natural Selection". Das Wesen seiner Aussage ist, dass sich die Arten wegen individueller Variabilität und lebensraumabhängiger Selektion verändern. → Evolution, → Wallace Effekt, → Ursprung der Arten, → Deszendenztheorie, → Punktualismus

degenerierter Code (lat. *degenerare* entarten; engl. *degenerate code*) Code, bei dem jedes Wort durch mehrere Symbole beschrieben werden kann.

Der genetische Code gilt als degeneriert (redundant), weil mehr als ein Nukleotidtriplett für eine Aminosäure codieren. Für die 64 möglichen Nukleotidvariationen eines Tripletts stehen – abzüglich drei Stopp-Codons – 20 Aminosäuren zur Verfügung. Für die meisten Aminosäuren codieren also durchschnittlich drei Nukleotidtripletts. → tRNS, → Wobble-Hypothese, → genetischer Code

Deletion, Deletionsmutation (lat. *delere* auslöschen, vernichten; engl. *deletion*) Verlust, Abtrennen eines Segments des genetischen Materials (DNS) von einem Chromosom (i. w. S.) oder von einem

Gen (i. e. S.). Das Ausmaß einer Deletion kann von einzelnen Nukleotiden bis zu Regionen mit einer Anzahl von Genen reichen. → Chromosomenabberation, → Erbkrankheit

Demökologie (griech. *demos* Volk; engl. *population ecology*) Wissenschaftsrichtung von der Beziehung zwischen Populationen und ihrer Umwelt, d. h. wie die Struktur oder das Wachstum eines biologischen Systems (Population) von den Umweltfaktoren beeinflusst wird und wie ein solches System auf die Umwelt wirkt. → Autökologie, → Synökologie, → Ökosystemforschung

Denaturierung (lat. *de* weg, *natura* Natur; engl. *denaturation*) Verlust der natürlichen Struktur eines Makromoleküls als Ergebnis von Hitzeeinwirkung, pH-Veränderung, chemischer Behandlung usw. Denaturierung geht i. d. R. einher mit dem Verlust biologischer Aktivität.

Denaturierung von Proteinen bedeutet das Entfalten oder die Verklumpung der Polypeptidkette, wodurch die Moleküle weniger löslich sind. Bei der DNS führt Denaturierung zu Veränderungen vieler ihrer Eigenschaften, z. B. Viskosität und optischer Dichte. Insbesondere führt das „Schmelzen" zu → Dissoziation der Doppelhelix in zwei Einzelstränge. Die → Temperatur, bei der die Hälfte einer DNS als Doppelhelix und die andere Hälfte in Form von Einzelsträngen vorliegt, wird Schmelztemperatur (T_m) genannt (abhängig vom Verhältnis $G \equiv C$ zu $A = T$ durch die unterschiedliche Zahl an Wasserstoffbrücken).

Dendrit (griech. *dendron* Baum; engl. *dendrite*) Einer der vielen Fortsätze eines → Neurons.

Vom Zellkörper einer Nervenzelle gehen zwei Arten von Zellausläufern aus: Die meist kurzen, zahlreichen Dendriten, welche über Synapsen von anderen Neuronen Eingangssignale zum Zellkörper leiten, und das manchmal sehr lange, einzelne → Axon, welches die Signale vom Zellkörper weiterleitet (als Ausnahme gilt, dass bei den Sinneszellen der Wirbeltiere die Axone die Signale aufnehmen und zum Zellkörper leiten). Dendriten können je nach Nervenzelle eine unterschiedliche Gestalt, beispielsweise unverzweigt oder baumartig verästelt, besitzen.

Denitrifikation, Nitratatmung

(engl. *denitrification*) Bei der Denitrifikation reduzieren Mikroben das Nitrat unter anaeroben Bedingungen zu Stickoxiden oder zu elementarem N_2.

Im Boden weit verbreitete Bakterien, z. B. *Pseudomonas spec.*, verwenden zur Energiegewinnung das Nitrat als Wasserstoffakzeptor. Die Denitrifikation führt daher bei anaeroben Bedingungen (etwa Staunässe) zu Verlusten von für das Pflanzenwachstum essentiellem Stickstoff. → Nitrifikation, → Mineralisierung

Depolarisation, Depolarisierung

(lat. *de* weg, *polus* Pol, Himmel; engl. *depolarization*) Ein Absenken des Ruhepotenzials einer Zellmembran (z. B. −70 mV) aufgrund einer Erregung. Die Membranspannung wird in Richtung einer Spannung mit dem Wert Null abgesenkt. Für eine Depolarisation werden je nach Zelltyp verschiedene Benennungen verwendet: (1) Rezeptorpotenzial bei Sinneszellen, (2) Generatorpotenzial bei Nerven- und Muskelzellen.

Das durch Konzentrationsunterschiede von Ladungsträgern zwischen intra- und extrazellulärem Raum an einer → Lipiddoppelmembran vorliegende elektrische Potenzial (= → Ruhe(membran)potenzial) kann durch Einwirkungen auf die Membran bzw. ihre Bestandteile geändert werden. Da das Zellinnere stets negativ geladen ist, kommt es durch den Einstrom positiver Ladungen (Na^+) in die Zelle zur Erniedrigung (= schwache Depolarisation) bzw. Überschießen in den positiven Ladungsbereich des Membranpotenzials (= starke Depolarisation, → Aktionspotenzial). → EPSP

Depolarisierung → Depolarisation

Desoxyribonuklease, DNase

(engl. *deoxyribonuclease*) Enzym, das DNS in Oligonukleotid-Fragmente (Bruchstücke, die nur wenige Basenpaare lang sind) spaltet.

DNase I (Pankreas-DNase; eine DNase, die aus der Bauchspeicheldrüse gewonnen wird) hydrolysiert DNS in Vierer-Nukleotid-Fragmente. DNase II (Milz-DNase) erzeugt Sechser-Nukleotid-Fragmente. Beide Enzyme sind Endonukleasen, die auch Einzelstrangbrüche in der Doppelhelix erzeugen. → Restriktionsenzyme

Desoxyribonukleinsäure, DNS

(engl. *deoxyribonucleic acid*, DNA) Molekulare Basis der Erbmerkmale (Gene). Sie enthält in einer Art digitaler Form die Information für die Synthese von Proteinen.

DNS besteht aus vielen Nukleotiden bzw. Nukleotidpaaren, die über ein Poly-Zucker-Phosphatgerüst verbunden sind. Von dieser wendeltreppenartigen Struktur stehen die Basen, → Purine und → Pyrimidine, nach innen ab. Das Gerüst wird geformt durch Bindungen des Phosphors an das Kohlenstoffatom 3 und Kohlenstoffatom 5 des nächstfolgenden Desoxyribosemoleküls. Die Basen hängen am Kohlenstoffatom 1 jedes Zuckers.

Nach dem Watson-Crick-Modell formt die DNS eine **Doppelhelix**, deren Einzelstränge durch → Wasserstoffbrücken zwischen den spezifischen Basenpaarungen (A = T; G ≡ C) zusammengehalten werden. Wegen der zwei Wasserstoffbrücken zwischen Thymin und Adenin sind diese weniger stark verbunden als Guanin und Cytosin mit drei Wasserstoffbrücken. Jeder Strang ist komplementär zum anderen bezüglich seiner Basensequenz, d. h. durch die spezifischen Basenpaarungen ist ein Strang stets als exaktes Negativ oder Matrize des anderen Stranges zu sehen.

Beide Stränge (→ Strangbezeichnung) sind wegen der 5'–3'-Verknüpfung des Phosphors antiparallel und bilden eine rechtsgewundene Helix, die in einer ganzen Umdrehung 10 Basenpaare enthält. Jedes Basenpaar ist um einen Winkel von

36° versetzt zum nächstfolgenden angeordnet. DNS-Moleküle sind die größten, biologisch aktiven Moleküle. Ein DNS-Molekül mit einem Molekulargewicht von $2{,}6 \cdot 10^7$ d enthält rund 40 000 Nukleotidpaare. Die **B-Form** der DNS liegt hydriert (mit angelagerten Wassermolekülen) vor und gilt als die biologische Formation. Die **A-Form** kommt unter weniger hydrierten Bedingungen vor und ist etwas kompakter, sodass 11 bp pro Drehung enthalten sind. Die **Z-Form** ist eine linksdrehende Doppelhelix mit 12 bp pro Drehung. Sie wurde in den Zwischenbandregionen der Speicheldrüsen-Chromosomen bei *Drosophila* gefunden. Eine Hypothese besagt, dass sie regulatorische Funktion gegenüber Nachbargenen hat.

Desoxyribonukleosid (engl. *deoxyribonucleoside*) Molekül, bestehend aus einem → Purin oder → Pyrimidin und einer → Desoxyribose. → Nukleosid

Desoxyribonukleotid (engl. *deoxyribonucleotide*) Molekül, bestehend aus einem → Purin oder → Pyrimidin und einer → Desoxyribose, die wiederum an eine Phosphatgruppe gebunden ist. → Nukleotid

Desoxyribose (engl. *deoxyribose*) Zuckermolekül mit 5 Kohlenstoffatomen; Bestandteil des „Rückgrates" der DNS. Im Gegensatz zu → Ribose liegt hier am 2. C-Atom keine Hydroxylgruppe, sondern nur ein (bzw. zwei) Wasserstoffatom vor.

Strukturformel der Desoxyribose (räumlich)

Strukturformelausschnitt der Desoxyribonukleinsäure (DNS)

Destruenten, Abbauorganismen, Zersetzer (lat. *destruere* zerstören; engl. *decomposer*) Mikroorganismen, vor allem bestimmte Pilze und Bakterien, die sich von toter organischer Substanz ernähren und diese zu energieärmeren, anorganischen Verbindungen abbauen.

Deszendenztheorie (lat. *descendere* hinabsteigen; engl. *theory of evolution*) Ursprüngliche Bezeichnung für die Theorie Charles Darwins über die Abstammung der Arten. Diese heute allgemein akzeptierte Theorie wurde nach A. Weismann (1902) weiterentwickelt. Demzufolge gingen alle Lebewesen aus früheren Lebewesen hervor, wobei nicht nur die zellkernständigen (sog. nukleäre) Gene, sondern auch das Keimplasma eine Rolle spielen.

Determinante (engl. *determinant*) → Antigen

Determination → Determinierung

Determinierung, Determination (lat. *determinatio* Abgrenzung; engl. *determination*) Festlegung eines Histogenesevorganges (Gewebebildung) in einem Teil des Embryos in eine bestimmte Entwicklungsrichtung (Urkeimzellen etc.). → Differenzierung

Detritus (lat. *terere* zerreiben; engl. *detritus*) (1) Kleinpartikuläre Schweb- und Sinkstoffe organischer Herkunft in Gewässern aller Art. Die Stoffe stammen von abgestorbenen Pflanzen und Tieren. (2) In der Medizin versteht man darunter zerfallene Zellen oder Gewebe.

Deuterocoel → Cölom

Diakinese → Meiose

Dialyse (griech. *dia* auseinander, *lysis* Lösung; engl. *dialysis*) Durch eine semipermeable Membran (ähnlich z. B. → Lipiddoppelmembran) können Moleküle bis zu einer bestimmten Größe und Ladung aus einer Lösung abgetrennt werden, wenn in der Lösung auf der anderen Seite dieser Membran eine geringere Konzentration dieser Teilchen vorliegt. Die Moleküle diffundieren ihrem Konzentrationsgradienten folgend durch die Membran. Maßgeblich dafür sind auch Unterschiede im physikalischen und osmotischen Druck auf beiden Seiten der Membran.

Bei der Methode, die als **Gleichgewichtsdialyse** bekannt ist, stellen sich lösliche Moleküle gleicher Größe bei gleichem hydrostatischen und osmotischen Druck in gleicher Konzentration auf beiden Seiten einer semipermeablen Membran ein. Befinden sich nach genügend langer Diffusionsmöglichkeit mehr Moleküle, die eigentlich die Membran passieren können, auf einer Seite, deutet dies auf eine Bindung an größere Moleküle (Transportproteine, Immunglobuline etc.) hin, die aufgrund ihrer Größe nicht durch die Poren der Membran diffundieren können. Die Methode wird auch in der Immunologie angewendet, um die Assoziationskonstante von Hapten-Antikörper-Reaktionen („Bindungsstärke") zu bestimmen.

In höheren Organismen fungieren vor allem die Nieren als Dialyseorgan (hier spielen primär Druckunterschiede an den semipermeablen Membranen der Nieren-Körperchen die entscheidende Rolle). Bei deren Ausfall können mit speziellen Membranen ausgestattete Apparaturen (Dialysegeräte) die Funktion der schadhaften oder fehlenden Nieren übernehmen.

dichteabhängiger Faktor (engl. *density dependent factor*) Ein Regulationsfaktor, der sich mit zunehmender Populationsdichte mehr und mehr negativ auf diese auswirkt (z. B. das Nahrungsangebot).

Dichtegradient → Gradient

dichteunabhängiger Faktor (engl. *density independent factor*) Ein Regulationsfaktor, der eine Population unabhängig von ihrer Dichte beeinflusst. Beispielsweise haben Änderungen der Umweltbedingungen, wie die Jahreszeiten in den gemäßigten Zonen, starke Auswirkungen auf Tier- und Pflanzenpopulationen.

Didesoxynukleotid (engl. *dideoxynucleotide*) → DNS-Sequenzierung

Differenzierung (lat. *differre* auseinandertragen, verschieden sein; engl. *differentiation*) Komplexe Veränderungen bei der progressiven Umgestaltung von Zellstruktur und -funktion in einem Organismus während der → Ontogenese.

In einer gegebenen Zelllinie bewirkt die Differenzierung eine kontinuierliche Einschränkung der Transkriptionsmöglichkeiten, über die jede Zelle ursprünglich verfügt, d. h. die Zelle spezialisiert sich mehr und mehr für ihre eigentliche Aufgabe. → Entwicklung, → Morphogenese, → Determinierung

Diffusion (lat. *diffundere* ausbreiten; engl. *diffusion*) Konzentrationsausgleich von Molekülen in Flüssigkeiten und Gasen oder zwischen beiden, wenn unterschiedliche Konzentrationsbereiche nebeneinander bestehen. Aufgrund der wärmeabhängigen Bewegung tendieren Moleküle dazu, in Richtung der geringeren Konzentration zu wandern.

Beispielsweise diffundiert molekularer Sauerstoff in der Lunge durch mehrere Zellschichten hindurch ins Blut, dort wird der Sauerstoff durch die Zellmembran der roten Blutkörperchen hindurch von seinem Träger Hämoglobin aufgenommen. Durch die Blutzirkulation wird so der Sauerstoff zu Geweben transportiert, in denen eine niedrigere Sauerstoffkonzentration (niedrigerer Partialdruck) herrscht. Dort diffundiert er aus den roten Blutkörperchen durch die Zellschichten der Aderwände in das umgebende Gewebe ein.

Dimorphismus → Geschlechtsdimorphismus, → Saisondimorphismus, → dihybrid

diözisch (griech. *di* zwei, *oikos* Haus; engl. *dioecious*) Zweihäusig. Bei den Samenpflanzen (→ Spermatophyten) werden diejenigen Arten als diözisch bezeichnet, bei denen sich männliche und weibliche Fortpflanzungsorgane (Pollenschlauch und Embryosack) auf verschiedenen, getrenntgeschlechtlichen Individuen befinden (z. B. Eiben, Weiden). → monözisch

diplo- (griech. *diploos* doppelt) Präfix zur Beschreibung der chromosomalen Ausstattung einer Zelle oder eines Individuums.

Die meisten Tiere sind diploid, d. h., in ihren Zellen befinden sich zwei Chromosomensätze (2 N). Die diploide, vollständige Chromosomenzahl des Menschen beträgt 46; genauer 44 → Autosomen und zwei Gonosomen (→ Geschlechtschromosomen), zwei X- oder je ein X- und ein Y-Chromosom.

Diplohaplonten (griech. *diploos* doppelt, *haploos* einfach; engl. *diplohaplonts*) Die meisten Pflanzen inkl. alle höheren Pflanzen, sowie bei den Tieren die Foraminiferen (Kammerlinge), wechseln zwischen haploidem und diploidem Zustand (sog. → Kernphasenwechsel).

Die diploide Zygote wächst dabei zu einer vielzelligen diploiden Pflanze, dem sog. **Sporophyt**, heran. Beispielsweise beinhaltet dieses diploide Stadium bei den Samenpflanzen (→ Spermatophyten) alle Lebensabschnitte von Embryo im Samen über die beblätterte Pflanze bis hin zur sog. Pollen- und Embryosack-Mutterzelle. Bei letzteren kommt es mit Eintritt in die Meiose zur Bildung geschlechtlich nicht differenzierter Fortpflanzungszellen (sog. → Agameten), von denen jede zu einem haploiden „Gewebe", dem **Gametophyt** (Pollenkorn bzw. Embryosack im Sporophyten), heranwächst. Erst daraus entstehen dann durch weitere mitotische Teilungen die Gameten (Sperma- oder Eizellen). → Generationswechsel

Diploidie (engl. *diploidy*) Chromosomaler Zustand einer Zelle oder eines Organismus, wo jedes → Chromosom in zweifacher Ausfertigung (je eines von väterlicher und mütterlicher Seite) vorhanden ist (2 N). → polyploid, → Chromatid

Diplotän → Meiose

Diplo-Y-Syndrom → XYY-Trisomie

Dishabituation → Habituation

Disjunktion (lat. *disiungere* trennen; engl. *disjunction*) Trennung der Chromatiden oder Chromosomen während der Anaphase der → Meiose oder → Mitose.

diskordant (lat. *discors* uneinig; engl. *discordant*) Gegensinnig, nicht übereinstimmend.

Zwillinge sind diskordant, wenn ein bestimmtes Merkmal oder eine Eigenschaft bei dem einen auftritt, beim anderen jedoch nicht. Diskordante Zwillinge sind i. d. R. zweieiig. Gegenteil → konkordant

Disaccharid → Kohlenhydrate

disom, Disomie (griech. *dis* doppelt, *soma* Körper; engl. *disomic, disomy*) Das Vorhandensein von zwei homologen Chromosomen in einer Zelle. Normalerweise stammt das eine Chromosom vom Vater, das zweite von der Mutter (biparentale Disomie). Sind beide entweder vom Vater oder von der Mutter, spricht man von uniparentaler Disomie. Wenn bei der ersten meiotischen Teilung oder der Mitose eine → Nondisjunction auftritt, wird dies Isodisomie genannt und Heterodisomie bei Nondisjunction in der zweiten meiotischen Teilung. → Gynogenone sind isodisom. → tetrasom, → trisom

Dispersion (lat. *dispergere* verteilen, zerstreuen; engl. *dispersion*) (1) In der Physik die Zerlegung des Lichtes in seine Spektralfarben; analog auch für Schall- und elektromagnetische Wellen. (2) In der Chemie die feine Verteilung eines Stoffes (Dispersum) in einem Dispersionsmittel, das fest, flüssig oder gasförmig sein kann; z. B. Schaum (Gas in Flüssigkeit) oder Nebel (Flüssigkeit in Gas) oder feinster, selbst im Lichtmikroskop nicht sichtbarer Teilchen in einer Flüssigkeit (sog. Kolloide). (3) In der Biologie Verteilung von Individuen einer Population in einem Lebensraum. → aggregierte Verteilung

dispersive Replikation (engl. *dispersive replication*) Eine veraltete Vorstellung, wie sich die DNS repliziert. Danach sollen auf Abschnitte des Elternstranges mehr oder minder zufällig neu synthetisierte Tochterstränge folgen. → semikonservative Replikation

disruptive Selektion → Selektion

Dissimilation (lat. *dis* auseinander, *similis* ähnlich; engl. *dissimilation*) Abbau der körpereigenen Substanzen, die durch → Assimilation in die Gewebe eingebaut wurden. Bei der Dissimilation wird Energie frei gesetzt. Beim Abbau speziell körpereigenen Eiweißes spricht man von → Katabolismus.

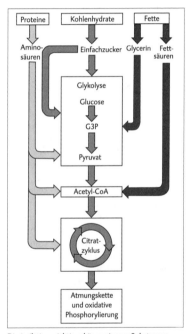

Dissimilation wichtiger körpereigener Substanzen

Dissoziation (lat. *dissociare* trennen; engl. *dissociation*) Chemischer Begriff für den Zerfall von Molekülen in kleinere, einfachere Bestandteile. Man unterscheidet den Zerfall, der durch Wärmezufuhr ausgelöst wird **(thermische D.)**, vom Zerfall von Elektrolyten in frei bewegliche Ionen in der Schmelze oder in wässriger Lösung **(elektrolytische D.)**. In der Gentechnik wird vor allem mit der Dissoziation der DNS-Doppelhelix in DNS-Einzelstränge gearbeitet. Sie tritt mit dem Erreichen der sog. Schmelztemperatur ein, d. h. die → Wasserstoffbrückenbindungen lösen sich und die Einzelstränge der DNS trennen sich von einander. Diese → Denaturierung der DNS geschieht bei etwa 65° C. Bei niedrigeren Temperaturen assoziieren (hybridisieren, renaturieren, verbinden sich) die Einzelstränge aufgrund ihrer komplementären Nukleotidsequenzen wieder. → Schmelzen, → Temperatur

Disulfidbindung, -brücke (engl. *disulfide linkage*) Schwefel-Schwefel-(S-S)-Verbindung von Cysteinmolekülen (eine S-haltige → Aminosäure) innerhalb oder zwischen Proteinmolekülen. Wichtig für die Bildung und Aufrechterhaltung der Tertiär- und Quartärstruktur (räumliche Proteinstruktur). → Proteinstruktur

Disulfidbrücke → Disulfidbindung

Divergenz (lat. *di* auseinander, *vergere* sich neigen; engl. *divergence*) (1) Die verschiedenen Abwandlungen einer Grundstruktur des Körperbaus, die im Laufe der stammesgeschichtlichen Entwicklung von einer gemeinsamen Stammform bzw. einem Grundbauplan entstanden. (2) In der Molekulargenetik der Prozentsatz unterschiedlicher Nukleotide eines Gens oder unterschiedlicher Aminosäuren eines Proteins beim Vergleich zweier Populationen oder Arten. Gegenteil → Konvergenz

dizygote Zwillinge (griech. *dis* doppelt, *zygein* verbinden; engl. *dizygotic twins*) Zweieiige oder Vollgeschwister-Zwillinge (zeitgleiche Vollgeschwister), entstanden aus zwei Eizellen, befruchtet von je einem Spermium. → monozygote Zwillinge, → Zwillinge

DNase → Desoxyribonuklease

DNS (engl. *DNA*) Auch im Deutschen ist zunehmend die engl. Schreibweise als Abkürzung für → Desoxyribonukleinsäure im Gebrauch.

DNS-Fingerprinting, genetischer Fingerabdruck (engl. *DNA finger printing*) Methode zur Darstellung und zum Vergleich individueller → Genome.

Die genomische DNS wird mit einer → Restriktionsendonuklease geschnitten, woraus sich den Schnittstellen (d. h. den Nukleotidsequenzen) entsprechend unterschiedlich lange DNS-Fragmente ergeben. Dies beruht auf der Tatsache, dass sich die genetische Vielfalt einer Population (→ Polymorphismus) sowohl in codierenden wie nicht-codierenden DNS-Sequenzen (über 95 % des Genoms bei Eukaryonten) durch kleine Variationen der Nukleotidfolge (Mutationen über die Generationen) unterscheiden. Je weiter entfernt verwandt zwei Individuen sind, desto größer sind diese Nukleotidunterschiede. Ein bestimmtes Restriktionsenzym schneidet nur an einer ganz bestimmten Nukleotidsequenz vielfach innerhalb eines Genoms. Ist eine solche Schnittstelle/Nukleotidsequenz nun mutiert oder eine andere Nukleotidsequenz zufällig zu einer Schnittstellen-Sequenz mutiert, entstehen nach einem Restriktionsenzymverdau im Vergleich zwischen Individuen einige DNS-Stücke mit unterschiedlicher Länge. Nach einer → Elektrophorese der DNS-Fragmente ergibt sich daher ein Bandenmuster, das für jedes Individuum (außer bei eineiigen Zwillingen) einzigartig ist.

Die Methode wird vor allem zur Identifikation von Menschen bei Kriminalfällen, in der Rechtsmedizin oder bei Vaterschaftstests (auch bei Tieren) eingesetzt.

DNS-Ligase (lat. *ligare* verbinden; engl. *DNA ligase*) Ein Enzym, das die Bildung eine Phosphodiesterbrücke zwischen dem 3'- und 5'-Ende zweier DNS-Moleküle vermittelt. Ligasen verbinden zwei DNS-Moleküle. In gewissem Sinne das Gegenteil zu den Restriktionsenzymen, welche den DNS-Strang trennen.

DNS-Methylierung (engl. *DNA methylation*) Anhängen von Methylgruppen an die DNS. → Restriktion, → Modifizierungsmethylasen, → Modifikation

DNS-Polymerase (griech. *poly* viel, *meros* Teil; engl. *DNA polymerase*) Enzym, das die Synthese von DNS aus Desoxyribonukleosid-Triphosphaten katalysiert, wobei ein DNS-Einzelstrang als Matrize nötig ist.

Aus dem Bakterium *Escherichia coli* wurden drei verschiedene DNS-Polymerasen isoliert (Pol I, II, III). Pol III repliziert die DNS in *E. coli*. Die beiden anderen Enzyme wirken hauptsächlich im DNS-Reparatur-Mechanismus. Diese „Reparaturarbeiten" sind notwendig, da auch die Polymerase III manchmal falsche Nukleotide in den neuen Strang einbaut. Eukaryonten enthalten viele verschiedene DNS-Polymerasen in unterschiedlichen Teilen der Zelle (Nukleus, Zytosol, Mitochondrien) mit unterschiedlichen Funktionen (Replikation, Reparatur-Mechanismus, Rekombination).

DNS-Probe, DNS-Sonde → Sonde

DNS-Reparatur (engl. *DNA-repair*) Um die für jede Zelle in der DNS gespeicherte, essenzielle Information zu erhalten, gibt es zahlreiche, je nach Art des Schadens spezialisierte Reparaturmechanismen. So werden bei einer → DNS-Replikation fehlerhaft eingebaute Nukleotide erkannt und ersetzt (→ *mismatch repair*) oder chemisch veränderte Nukleotide, z. B. Pyrimidindimere, mittels direkter Reparatur korrigiert (*direct repair*). Ferner können schadhafte Basen und mehrere auf einem DNS-Strang hintereinander liegende Nukleotide herausgeschnitten und fehlerfrei anhand des komplementären DNS-Stranges ersetzt werden (*base-excision repair* bzw. *nucleotide-excision repair*). Mittels der sog. SOS-Reparatur (*error-prone repair*) werden sogar noch größere Schäden repariert, jedoch weniger akkurat. → Radikal

DNS-Replikation, DNS-Reduplikation (lat. *reduplicare* wieder verdoppeln; engl. *DNA-replication*) Verdoppelung der DNS. Meist in Kurzform als **Replikation**.

In der S-Phase (→ Zellzyklus) werden im Vorfeld einer Zellverdopplung (= Zellteilung) die zwei Stränge der DNS-Doppelhelix an vielen Stellen, den → ori (bei Prokaryonten nur an einer Stelle, da nur ein ori pro Chromosom vorhanden), eines Chromosoms enzymatisch auseinandergespreizt und bilden **Replikationsgabeln**. Darauf bindet sich an jeden Strang

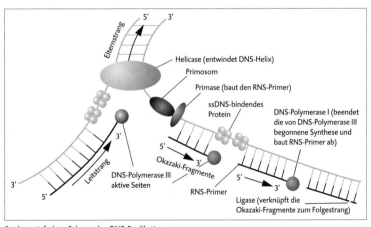

Stark vereinfachtes Schema der DNS-Replikation

ein DNS-Polymerasemolekül und bewegt sich über den Elternstrang, wobei es neue Nukleotide zum komplementären Tochterstrang polymerisiert. Wegen der unterschiedlichen Richtungen (5'–3'/3'–5' der Zucker-Phosphat-Verbindung) der beiden DNS-Stränge kann die Polymerase nur den 3'–5'-Strang durchgehend abschreiten, da sie stets nur in 5'–3'-Richtung, den sog. Leitstrang, kontinuierlich synthetisiert. Auf dem Folgestrang beginnt sie weiter entfernt von der Replikationsgabel und synthetisiert entgegen der Bewegungsrichtung der Replikationsgabel. Da dies diskontinuierlich, d. h. in „Stückchen", abläuft, entstehen **Okazaki-Fragmente** (bei Bakterien 1 000–2 000 bp). Die bestehenden Lücken zwischen diesen DNS-Fragmenten werden von speziellen Enzymen, den DNS-Ligasen, geschlossen. → semidiskontinuierliche Replikation

DNS-Restriktionsenzym (engl. *DNA restriction enzyme*) → Restriktionsenzym

DNS-Sequenzierung (engl. *DNA sequencing*) Methode zur Bestimmung der Aufeinanderfolge der Nukleotide (Basensequenz) eines DNS-Abschnitts.

(1) Die „chemische" Methode (Maxam und Gilbert, 1977) markiert das DNS-Fragment jeweils an einem Ende mit ^{32}P radioaktiv und denaturiert sie in Einzelstränge, die zu gleichen Gruppen (G, AG, TC, C) getrennt werden. Eine Chemikalie (Dimethylsulfat-Hydrazin) zerstört selektiv eine oder zwei der vier Basen und spaltet die Stränge an diesen Stellen. Die Reaktion wird so eingestellt, dass nur einige Stränge an den betreffenden Stellen gespalten werden, sodass ein Satz von Fragmenten unterschiedlicher Größe entsteht. Entsprechend ihrer Länge werden sie gelelektrophoretisch aufgetrennt und autoradiografisch dargestellt.

(2) Die sog. Strangabbruch-Methode nach Sanger (1975) benutzt die natürlichen Reaktionsmechanismen der DNS-Synthese, wobei aber neben den norma-

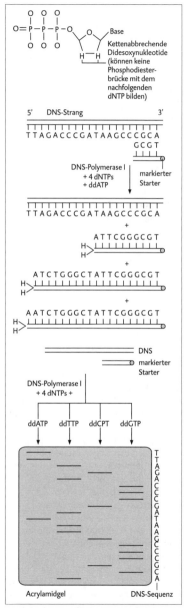

DNS-Sequenzierung mittels der Strangabbruch-Methode nach Sanger

len Nukleotid-Bausteinen (Desoxynukleotide, dNTPs) zusätzlich Didesoxynukleotide (ddNTPs) in den neuen Strang eingebaut werden: Das zu sequenzierende DNS-Fragment, heute meist mit einer PCR vervielfältigt, wird zu Einzelsträngen denaturiert. Ein Strang des Fragments wird dann in Anwesenheit von DNS-Polymerase, einem farbmarkierten Primer (komplementäres Oligonukleotid) und den vier Nukleotiden dATP, dTTP, dGTP und dCTP in vier getrennten Reaktionsröhrchen, vom Primer ausgehend synthetisiert (→ semidiskontinuierliche, → semikonservative Replikation). In den vier Reaktionsröhrchen befinden sich zudem entweder ddATP, ddTTP, ddGTP oder ddCTP. Diese ddNTPs werden wie die dNTPs in den wachsenden komplementären Strang eingebaut. Anders als bei einem dNTP-Einbau bricht jedoch die Reaktion an dem neuen Strang ab, wenn ein ddNTP das letzte Glied ist. So entstehen in jedem der vier Röhrchen unterschiedlich lange neue Stränge, je nachdem wann ein ddNTP eingebaut wurde. Rein statistisch bricht die DNS-Synthese durch die zugegebenen ddNTPs bei mehreren DNS-Molekülen an jeweils einem bestimmten Nukleotid ab und dies geschieht für alle Nukleotide der Sequenz; also angefangen von Nukleotid Nr. 1 bis zum Ende der untersuchten Sequenz.

Trennt man nun diese Mischung aus unterschiedlich langen neuen Strängen elektrophoretisch auf, so erkennt man einzelne Banden (sichtbar durch die markierten Primer), die jeweils einer bestimmten Länge des neuen Moleküls entsprechen. Indem alle vier Mischungen nebeneinander durch das Elektrophoresegel aufgetrennt werden, entsteht ein versetztes Bandenmuster, das direkt abgelesen werden kann. In der Bahn aus dem Röhrchen mit ddATP wurde die Reaktion nach Einbau von A abgebrochen, entsprechend hatte der zu sequenzierende Strang ein T an dieser Stelle. Wenn die nächsthöhere

Bande aus dem Röhrchen mit ddGTP stammt, liegt auf dem *Template*-Strang ein C usw. Heute benützt man ddNTPs, die mit Fluoreszenzfarben markiert sind, je ddNTP eine andere Farbe. Dadurch ist die Sequenzanalyse automatisierbar geworden.

DNS-Sonde → Sonde

Domäne (lat. *domus* Haus, Herrschaftsbereich; engl. *domain*) (1) Homologe Einheit, z. B. eine der drei oder vier homologen Regionen einer schweren Kette der → Antikörper, die sich evolutiv durch DNS-Duplikationen entwickelten und durch Mutationen voneinander unterscheiden. (2) Jeder zusammenhängende Teil eines Polypeptids, dem eine bestimmte Funktion zugeschrieben werden kann. (3) Jede Region eines Chromosoms innerhalb der die Überspiralisierung (*Supercoiling*) unabhängig von anderen Bereichen (Domänen) ist. (4) Größere DNS-Region einschließlich eines Strukturgens, die sehr sensitiv auf Abbau durch DNase reagiert.

Domestikation (lat. *domesticus häuslich*; engl. *domestication*) Vom Menschen verursachte Veränderung einer natürlichen Art (eines tierischen oder pflanzlichen Wildtyps) in einen Nutztyp. Durch Auslese bestimmter Individuen über mehrere Generationen veränder(te)n sich Eigenschaften wie Körperbau, Leistung und Verhalten. Dazu gehören Fellfarbe (z. B. Scheckung), Bemuskelung, Größe, Wachstumsgeschwindigkeit, Zeitpunkt der Geschlechtsreife, Instinktverlust u. a. Ähnlich sind domestizierte Pflanzen ihren Wildformen im Ertrag an Biomasse oder etwa in der Korngröße überlegen. Der Wandel von Wildtyp zum Nutztyp wird durch züchterische Methoden (künstliche Selektion, Einkreuzungen) erreicht, begleitet von einer Umweltgestaltung, die den selektierten Individuen Schutz vor Fressfeinden, schädlichen Mikroorganismen und Wettereinflüssen bietet, sowie eine gleichbleibend gute Ernährung sichert. Der genotypische und phänotypische Unterschied der domestizierten Formen zum Wildtyp ist variabel, hängt von der züchterischen Intensität und auch von der Zeit ab. Zuerst für Tiere (häuslich), dann für Pflanzen wird der Begriff heute auch für Mikroorganismen wie die Hefe gebraucht (aus Wildhefe wurden z. B. Bierhefe oder Bäckerhefe).

Man kann die Domestikation als eine echte → Symbiose zwischen Mensch und Tier wie auch als eine Ausbeutung der Natur durch den Menschen betrachten. Während die Zähmung erreichen will, dass ein wildes Tier dem Menschen gehorcht oder ihn nicht angreift, wird durch die Domestikation eine Auslese im Darwin'schen Sinn betrieben, da besonders friedliche **und** leistungsfähige Tiere zur Zucht verwendet werden. Ob eine Art als domestiziert zu bezeichnen ist, hängt u. a. von der Betrachtungsweise ab. → Anhang IV–IX

dominant (lat. *dominare* beherrschen) Bezieht sich auf dasjenige Allel eines heterozygoten Genlocus, das den Phänotyp ausprägt. Dominante Allele werden mit Großbuchstaben symbolisiert.

Das Allel, dessen phänotypische Expression von dem dominanten Allel verdeckt wird, heißt rezessiv. In manchen Fällen wird ein dominantes Allel erst spät in der Ontogenese (Entwicklung des Individuums) exprimiert (z. B. bei der Erbkrankheit Chorea Huntington, dem sog. Veitstanz). Hier spricht man von verspäteter Dominanz.

Doping (engl. *dope* Stoff, Rauschgift, Dopingmittel; engl. *doping*) Die verbotene Verwendung von Substanzen (z. B. Anabolika, → Anabolismus) und Methoden (z. B. Bluttransfusionen) zur Leistungssteigerung von Sportlern nach Richtlinien des Internationalen Olympischen Komitees. Doping kann zu schweren gesundheitlichen Schäden durch die Nebenwirkungen der verabreichten Substanzen oder durch Überwindung der körperlichen Leistungs-

grenzen führen.

Doppelhelix (engl. *double helix*) Das Watson-Crick-Modell der DNS-Struktur (→ Desoxyribonukleinsäure).

James Watson, Francis Crick, Maurice Wilkins und Rosalind Franklin entdeckten 1953, dass die Erbsubstanz DNS in Form zweier ineinander verwundener Ketten vorliegt. Die durch dieses Modell erkennbare → Komplementarität der DNS-Stränge ermöglichte erstmals Erklärungen, wie es zur identischen Verdopplung von Erbinformationen (→ DNS-Replikation) kommen und wie ein so gleichförmiges („langweiliges") Molekül wie DNS alle Informationen und Baupläne für ein Lebewesen enthalten kann.

Dosis-Kompensation (engl. *dosage compensation*) Mechanismus, der die Expression der Gene der → Gonosomen reguliert. → Gendosis

Solche Gene sind bei den Säugetieren hemizygot bei Männchen, aber homobzw. heterozygot bei Weibchen vorhanden. Mary Lyon postulierte 1961, dass die Dosis-Kompensation bei Säugern durch Inaktivierung eines der beiden X-Chromosomen in allen weiblichen, somatischen Zellen erreicht wird (daher **Lyon-Hypothese** oder -Theorie genannt). Welches der beiden X-Chromosomen inaktiviert wird, ist zufällig. Das inaktive X bildet das → Barr-Körperchen. In Genotypen mit mehreren X-Chromosomen werden alle bis auf eines inaktiviert.

Dormin → Abscisinsäure

downstream Stromabwärts der → DNS; in Transkriptionsrichtung der → RNS-Polymerase. Gegenteil → *upstream*

Down-Syndrom, Morbus Langdon-Down, Trisomie 21 (engl. *Down('s) syndrome, mongolism*) Benannt nach dem englischen Arzt John Langdon-Down. Die Trisomie (→ trisom) des Chromosoms 21 führt beim Menschen zu vor- und nachgeburtlichen Fehlentwicklungen zahlreicher Organe und Gewebe. Diese wachsen langsam und bleiben häufig unreif. Zu den

Missbildungen kommt auch eine verminderte Intelligenz hinzu. Wegen der schiefen Stellung der Augenlider und Verdeckung des inneren Augenwinkels durch die Epikanthusfalte wurde das Krankheitsbild früher auch **Mongolismus** genannt. Die Häufigkeit trisomer Geburten steigt mit dem Alter der Mutter deutlich an. → Nondisjunktion

Drang (engl. *urge*) Bereitschaft zu einem bestimmten Verhalten, aktivierter → Trieb; Instinkthandlung. Der Drang zu einem artspezifischen Handeln beruht auf Erregungsvorgängen im Zentralnervensystem, die sich auch experimentell erzeugen lassen.

Dressur (engl. *training*) Vom Menschen gesteuerte Lernvorgänge, wobei das Tier eigene oder menschliche Verhaltensweisen ausbaut bzw. übernimmt. Wie bei der → Konditionierung werden Bewegungen der Tiere mit Signalreizen (vom Menschen kommend) assoziiert, indem das Tier eine Belohnung bzw. Strafe für die entsprechende Leistung erhält.

Drift → genetische Drift

Drohne (engl. *drone*) Eine aus einem unbefruchteten Ei entstandene haploide, männliche Biene. → Arrhenotokie → Geschlechtsbestimmung, → Haplodiploidie, → haploide Parthenogenese

Drohverhalten (engl. *threatening behaviour*) Drohverhalten wird von Tieren gegenüber Feinden oder Rivalen gezeigt. Es verwendet eine ähnliche/gleiche Symbolsprache wie das → Imponierverhalten: Umrissvergrößerung und/oder akustische Signale. Die Katze beispielsweise zeigt einen „Katzenbuckel", sträubt die Nackenhaare und faucht. Das Drohverhalten beinhaltet häufig gleichzeitig die Tendenz zum Angriff und zur Flucht. So stellt sich eine drohende Katze quer zum Gegner und ist damit bereit, sowohl zu kämpfen wie zu fliehen.

Drosophila melanogaster, Frucht-, Tau-, Obstfliege (griech. *drosos* Tau, *philein* lieben, *melas* schwarz, *gaster* Magen) Klassisches Versuchstier der Genetik und Mutationsforschung, 1909 eingeführt von T. H. Morgan für Vererbungsstudien.

Die Taufliege eignet sich dafür besonders wegen ihres kurzen Generationsintervalls (14 Tage) und weil sie sehr einfach zu halten ist. Ein Großteil des Genoms ist sequenziert.

Drüsen (engl. *glands*) Drüsen bestehen aus epithelialen Zellen. In ihnen werden Substanzen hergestellt, deren Abgabe (= Sekretion) an den Körper entweder exokrin oder endokrin erfolgt.

Exokrine Drüsen entleeren ihr Sekret über einen ausführenden Gang. Zu ihnen gehören beispielsweise die Bauchspeicheldrüse (Abgabe von Verdauungssekreten in den Dünndarm) und die Schweißdrüsen. Bei endokrinen Drüsen, wie beispielsweise allen Hormondrüsen (→ Hormon), treten die Substanzen direkt in die Blutbahn bzw. Lymphbahn über.

Dryopithecinen → Paläanthropologie

dsDNS, Doppelstrang-DNS (engl. *double strand DNA, dsDNA*) Doppelhelix aus zwei komplementären DNS-Einzelsträngen.

dsRNS, Doppelstrang-RNS (engl. *double strand RNA, dsRNA*) RNS-Doppelhelix aus zwei komplementären RNS-Strängen.

Das Genom mancher Viren ist eine Doppelstrang-RNS. → Virus

Dunkelreaktion (engl. *dark reaction*) → Calvin-Zyklus

Duplikation → DNS-Replikation

E

early genes Gene, die während einer frühen Entwicklungsphase exprimiert (in ein Protein umgesetzt = transkribiert und translatiert) werden.

Beim Phagen T4 sind diese Gene während der Phageninfektion aktiv noch bevor die DNS-Replikation erfolgt.

Ecdysone (engl. *ecdysones*) → Steroidhormone der Arthropoden (Gliederfüßler, wie z. B. Insekten), welche die Häutung (Abstreifen der alten Außenhülle) und Verpuppung auslösen. Vorläufer des α-Ecdysons ist Cholesterin aus der Nahrung, das in den peripheren Geweben zu β-Ecdyson, dem aktiven Verpuppungshormon umgewandelt wird. → Juvenilhormon

E. coli → Escherichia coli

effektive Populationsgröße (engl. *effective population size*) Zahl der Individuen einer Population, die ihre Gene an die nächste Generation weitergeben. Wenn die Populationsgröße zyklisch variiert (infolge saisonaler Einflüsse, Dezimierung durch Räuber oder Parasiten u. a.) und einen Tiefpunkt erreicht hat, ist die Zahl aller Individuen unbedeutend größer als die effektive Populationsgröße.

In den Haustierpopulationen sind die weiblichen Zuchttiere in der Überzahl, sodass der Genfluss in die Nachkommengeneration von Vaterseite nur von wenigen männlichen Tieren erfolgt. Dadurch vermindert sich die effektive Populationsgröße auf wenige 100, obwohl tausende von Zuchttieren vorhanden sind. Die effektive Populationsgröße berechnet sich aus $N_e = 4\,Nm \cdot 4\,Nw/Nm + Nw$, wobei Nm die Zahl der männlichen und Nw die Zahl der weiblichen Zuchttiere darstellt. Sie ist entscheidend für die Inzuchtsteigerung in einer Population. Die Inzuchtzunahme ΔF errechnet sich aus: $1/2\,N_e = 1/8\,Nm + 1/8\,Nw$. Zur Vermeidung von Inzuchtschäden sollte die Inzuchtsteigerung pro Generation 0,1 % nicht überschreiten.

Beispiel: Eine Rinderpopulation hat 400 Zuchtstiere und 1 000 000 Zuchtkühe. Die effektive Populationsgröße beträgt $N_e \cong 1\,600$. Das bedeutet, dass eine Population mit 800 weiblichen und 800 männlichen Tieren bei Zufallspaarung den gleichen Inzuchtzuwachs hätte wie die oben erwähnte Population.

Effektormoleküle (engl. *effector molecules*) Kleine Moleküle, die an Repressormoleküle binden und diese aktivieren oder inaktivieren, wodurch ein Operatorgen blockiert oder aktiviert wird. → lac Operon, → Inducer

efferente Nervenleitung (lat. *efferre* hinaustragen; engl. *efferent nerve conduction*) Werden vom Zentralnervensystem Signale an untergeordnete Nervenzentren (z. B. Ganglien) oder an die Peripherie geschickt, so bezeichnet man diese Nervenleitung als efferent. → afferente Nervenleitung

egoistische DNS (engl. *selfish DNA*) DNS-Abschnitte ohne Funktion, die sich dennoch replizieren und weitervererben.

Nach der selfish DNA-Theorie sind eukaryontische Organismen „Überlebensmaschinen" der DNS, die von ihr konstruiert wurden, um sich selbst vermehren zu können. Die DNS ist das einzige Molekül, das sich selbst vermehren kann, und insofern kann man auch die gesamte DNS egoistisch nennen. Bsp: → Spacer-DNS, → Satelliten-DNS und → repetitive DNS.

Ei (lat. *ovum*; engl. *egg*) Besser Eizelle, weiblicher Gamet.

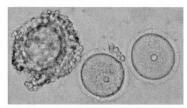

Ovulierte Eizellen eines Kaninchens: Eizelle innerhalb der Nährzellen des *Cumulus oophorus* (links), die an der *Zona pellucida* haftenden Nährzellen der *Corona radiata* sind abgeschilfert bis auf vier (Mitte) und Eizelle mit *Zona pellucida* (Polkörper sichtbar).

Eizellen sind im Gegensatz zu Spermien wesentlich größer (da sie Dotter enthalten), unbeweglicher und in der Minderzahl. Außerdem geben sie im Gegensatz zu den Spermien extrachromosomale DNS in Form bestimmter Zellorganelle (z. B. Mitochondrien) an die nächste Generation weiter (maternale Erbgänge). Die Eizelle ist haploid einchromatidig (beim Menschen mit 23 Chromosomen/Chromatiden) und das Produkt der → Meiose.

Eier mit viel Dotter (polylecithal) entwickeln sich i. d. R. außerhalb des Muttertieres (Vögel, Reptilien u. a.), während die Embryonen aus oligolecithalen Eiern (mit wenig Dotter) auf die Nährstoffe aus der Plazenta im Uterus (Eutheria, die meisten Säugetiere) angewiesen sind.

EIA → Radioimmun(o)assay

Eigenreflex (engl. *endogenous (proprioceptive) reflex*) Ein → monosynaptischer Reflex, bei dem das Reiz empfangende Sinnesorgan im selben Organ sitzt, wie das auf den Reiz reagierende Erfolgsorgan.

Dies ist beim Reflex der Patellarsehne (über die Kniescheibe laufende Sehne des Oberschenkelstreckmuskels) der Fall. Das Neuron, das den Schlag auf die Patellarsehne und damit die Dehnung des Oberschenkelmuskels registriert, sitzt in eben diesem Muskel, der sich als Erfolgsorgan reflexartig zusammenzieht. → Fremdreflex

Ein-Gen-ein-Enzym-Hypothese (engl. *one gene-one enzyme-hypothesis*) Ursrüngliche Hypothese, dass jedes Gen eine bestimmte Art von Enzym „synthetisiert". Da aber auch alle sonstigen Proteine bzw. deren Untereinheiten von entsprechenden Genen abstammen, spricht man besser von der „ein-Gen-ein-Polypeptid-Hypothese" (vergleiche → Gen).

Einzeller → Protozoa

Eisen, Fe (lat. *ferrum* Eisen; engl. *iron*) Biologisches Spurenelement; bei einem Menschen mit 70 kg Körpergewicht insgesamt etwa 4 g. Ordnungszahl 26, Atomgewicht 55,85, Wertigkeit in biologischen Systemen 2+, 3+.

Durch seine Fähigkeit, relativ leicht zwischen den beiden Ionisierungsgraden Fe^{2+} und Fe^{3+} hin- und herwechseln zu können, ist das Eisenion Bestandteil zahlreicher an → Redoxreaktionen beteiligter Enzyme, z. B. an den Enzymen der → Atmungskette und an Enzymen, die Radikale unschädlich machen. Ferner ist es ein essentieller Bestandteil aller Sauerstoff bindenden Moleküle, wie → Hämoglobin und → Myoglobin.

Eizelle → Ei

Eiweiß (engl. *protein*) → Polypeptid

Ektoderm (griech. *ektos* außen, *derma* Haut; engl. *ectoderm*) Äußeres Keimblatt; Keimschicht, die das äußere Gewebe des Embryos und Neuralrohrs bildet.

Vom Ektoderm stammen das Nervengewebe, die Epidermis mit Hautdrüsen, Haaren, Augenlinsen usw., die Epithelien aller Sinnesorgane, des Mundes und des Analrohres, sowie die → Hypophyse. → Entoderm, → Mesoderm

Ektoparasit (griech. *ektos* außen; engl. *ectoparasite*) Parasit, der auf der Oberfläche seines Wirts lebt; z. B. Läuse. Gegenteil → Endoparasit

Elektronen-Carrier (engl. *electron carrier*) Enzym, wie etwa ein Flavoprotein oder Cytochrom, das Elektronen reversibel aufnehmen und abgeben kann.

Elektronenmikroskop, EM (engl. *electron microscope*) Vergrößerungssystem, das Elektronenstrahlen statt Licht benutzt und diese im Vakuum durch mehrere magnetische Linsen fokussiert.

Sein Auflösungsvermögen liegt mehr als 100-mal höher als bei der besten → Lichtmikroskope. Im Transmissionselektronenmikroskop *(TEM)* wird das Bild durch Elektronen erzeugt, die durch das Objekt passieren. Beim Rasterelektronenmikroskop *(Scanning EM, SEM)* entsteht das Bild durch reflektierte Elektronen. Die Auflösung des *SEM* liegt bei ~10 nm, die des *TEM* bei ~0,3 nm. Das *TEM* gleicht in der Arbeitsweise einem Lichtmikroskop, das *SEM* einem Stereomikroskop, geeignet, die Oberfläche beispielsweise von biologischem Material darzustellen.

Elektronenpaarbindung → kovalente Bindung

Elektronentransportkette (engl. *electron transport chain*) Eine Gruppe von Molekülen, bei Eukaryonten in der inneren Mitochondrienmembran oder Thylakoidmembran der Chloroplasten, die mittels einer exergonischen (Freisetzung von Energie) Übertragung von Elektronen einen H^+-Gradienten an den Membranen aufbauen.

Die einzelnen Moleküle interagieren dabei über → Redoxreaktionen: Ein Elektronenakzeptor-Molekül, das ein Elektron aufgenommen hat (reduziert wurde), kann dieses Elektron wiederum – nun als Elektronendonator – an ein anderes Molekül abgeben, welches über eine entsprechend höhere Elektronenakzeptanz verfügt. Dieser Prozess kann sich über mehrere Moleküle fortsetzen, bis das Elektron zu einem sehr niedrigen (positiven) Potenzial gelangt ist. Der stufenweise Abfall der Elektronenenergie über mehrere benachbarte Moleküle kann dazu genutzt werden, die „stückweise" freiwerdende Energie in Form energetisch hochwertiger Verbindungen (z. B. ATP) zu speichern (→ Atmungskette). Diese Kaskade nennt man Elektronentransportkette.

Elektrophorese (griech. *pherein* tragen, vom elektrischen Strom getragen; engl. *electrophoresis*) Die Wanderung (Bewegung) geladener Moleküle einer Lösung im elektrischen Feld.

Die Lösung läuft im Allgemeinen durch ein Filterpapier, z. B. durch Celluloseacetat oder durch ein Gel aus Stärke, → Agarose oder Polyacrylamid. Eine Elektrophorese trennt Moleküle einer Mischung z. B. aufgrund unterschiedlicher Ladung, Größe und/oder Struktur, abhängig von den Eigenschaften der Gel-Matrix. Das Resultat einer solchen Auftrennung wird Elektropherogramm genannt.

Die SDS-PAGE (Natriumdodecylsulfat-Polyacrylamidgelelektrophorese)-Technik nutzt die chemischen Lösungseigenschaften des SDS (Detergens), das alle nichtkovalenten Bindungen in den durch Elektrophorese zu trennenden Molekülen löst. Vorhandene Disulfidbrücken (→ Disulfidbindung) werden durch Mercaptoethanol gespalten. Der im elektrischen Feld zurückgelegte Weg derart behandelter Moleküle korreliert hauptsächlich mit deren Molekulargewicht. Je niedriger das Molekulargewicht eines Moleküls in der Elektrophorese ist, desto größer ist die zurückgelegte Wegstrecke innerhalb einer bestimmten Zeit und bei einer bestimmten Stärke des elektrischen Feldes. Die Zonen-Elektrophorese ermöglicht die Tren-

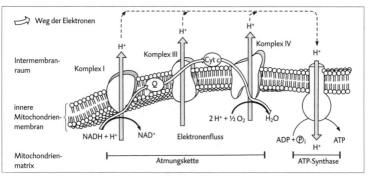

Elektronentransportkette am Beispiel der Atmungskette an der inneren Mitochondrienmembran: Die Elektronen des $FADH_2$ dürften über den Komplex II (nicht dargestellt) in die Transportkette eingeschleust werden.

nung von geladenen Makromolekülen und die Charakterisierung bezüglich ihrer elektrophoretischen Mobilität.

ELISA (engl. *enzyme-linked immuno-sorbent assay*) → Radioimmunassay

Elongation → Translation

Elterninvestment (engl. *parental investment*) Energie, Zeit und Risiko, die ein Elternteil aufbringt, um Nachkommen zu produzieren und aufzuziehen. Je mehr ein Tier dafür investiert, desto geringer sind seine Chancen, weiteren Nachwuchs zu produzieren. Bei Säugern z. B. ist die Investition der Weibchen in die Nachkommen deutlich höher als die der Männchen.

Embryo (griech. *en* in, *bryein* sprossen; engl. *embryo*) Organismus im Frühstadium der Ontogenese (Entwicklung) von der befruchteten Eizelle (Zygote) bis einschließlich der Organentwicklung.

Das Embryonalstadium beispielsweise der Säuger reicht von der Zygote bis zur Organanlage (beim Menschen Ende des 3. Schwangerschaftsmonats). Im folgenden Zeitraum bis zur Geburt spricht man von einem Fetus. Experimentelle Eingriffe (Erzeugung von Chimären und Zwillingen bei Tieren) werden an präimplantären (vor der Einnistung in die Gebärmutterschleimhaut) Embryonen (Zygote bis zur expandierten Blastozyste) durchgeführt.

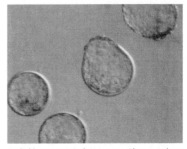

Rinderblastozysten. In der Mitte eine Blastozyste beim Schlüpfen aus der *Zona pellucida* 9 Tage nach der Befruchtung.

Embryonalentwicklung, Embryogenese, Keimentwicklung (engl. *embryonic development*) Mit der Befruchtung einer Eizelle durch ein Spermium entsteht die diploide Zygote, die sich nun mitotisch in einen Zweizeller (zwei Blastomeren),

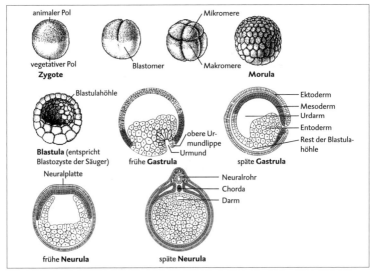

Embryonalentwicklung der Amphibien

Vierzeller, Achtzeller usw. teilt. Die Zellen werden dabei bei jeder Teilung kleiner, bis eine „normale" Zellgröße (≈ 20 μm) erreicht ist.

In diesen frühembryonalen Stadien sind die meisten Gene noch inaktiv, werden aber nach und nach angeschaltet. Mit der Aktivierung unterschiedlicher Gene, beginnt die → Differenzierung von Zellgruppen, die sich zu Vorläufern der Gewebe entwickeln. So entstehen aus der Blastozyste das Entoderm, Mesoderm und Ektoderm. Sind die ersten Organe angelegt, spricht man vom Fetus, bei dem die Differenzierung im Wesentlichen abgeschlossen ist und hauptsächlich noch Zellvermehrung stattfindet.

embryonale Stammzelle → Stammzelle

Embryophyten (griech. *phytos* Pflanze; engl. *Embryophyta*) Grüne Landpflanzen. Unter diesem sog. Organisationstyp werden die drei Abteilungen *Bryophyta* (Moose), *Pteridophyta* (Farnpflanzen) und → *Spermatophyta* (Samenpflanzen) zusammengefasst.

Embryotransfer (lat. *transferre* übertragen; engl. *embryo transfer*) Künstliche Übertragung eines (präimplantären) Embryos in Eileiter oder Uterus (Gebärmutter) eines Empfängers.

Beim Menschen wird der Embryotransfer z. B. angewendet, um Fruchtbarkeitsstörungen, wie Eileiterverwachsungen zu umgehen. Bei Haustieren (hauptsächlich dem Rind) wird der Embryotransfer in Verbindung mit der künstlich induzierten → Superovulation kommerziell durchgeführt, um von Hochleistungskühen mehr Nachkommen zu erzeugen, als auf natürlichem Weg möglich wären.

Der Embryotransfer ist unumgänglich, wenn an Embryonen mikrochirurgische Eingriffe (etwa Teilung zur Zwillingserzeugung) vorgenommen werden sollen.

Emigration (lat. *ex* aus, *migrare* wandern; engl. *emigration*) Abwandern von Individuen aus einer Population in ein anderes Gebiet. Dadurch können → Allele der Ausgangspopulation verloren gehen. Teilvorgang der → Migration. Gegenteil → Immigration

Emission (lat. *emittere* aussenden; engl. *emission*) Freisetzung, z. B. Ausströmen von Abgasen oder Rauch, in die Außenluft. → Immission

endemisch (griech. *en* in, *demos* Volk; engl. *endemic*) Beschränkt auf eine gegebene geografische Region.

Eine Krankheit oder eine Spezies heißt endemisch, wenn sie immer wieder oder nur in einem bestimmten Gebiet oder Gebieten auftritt.

Endhandlung (engl. *end act, consummatory act*) Auf ein → Appetenzverhalten folgt eine genetisch programmierte Verhaltensweise, die durch einen Schlüsselreiz ausgelöst wird. → Instinktverhalten

endogen (griech. *endon* innen, *gignomai* ich entstehe; engl. *endogenic, endogenous*) Etwas, das im Körper selbst entstanden ist, nicht von außen zugeführt wurde. → exogen

endogene Morphine → Endorphine

endogenes Virus (engl. *endogenous virus*) Inaktives Virus, das in ein Chromosom der Wirtszelle integriert ist und so vertikal weitergegeben werden kann (→ vertikale Vererbung).

Die Fähigkeit, als endogenes Virus in die Wirts-DNS eingebaut werden zu können, haben nur bestimmte Viren, wie etwa die → Retroviren.

endokrines System (griech. *endon* innen, *krinein* abscheiden; engl. *endocrine system*) Komplexer Regelmechanismus der ganglosen Drüsen (z. B. Hypophyse, Nebenniere), die Metabolismus und Fortpflanzung steuern, indem → Hormone von ihnen synthetisiert und in den Blutkreislauf abgegeben werden. Ihre Wirkung erzielen die Hormone weit ab von ihrem Herstellungsort.

Endometrium (griech. *metra* Gebärmutter; engl. *endometrium*) Schleimhaut des Gebärmutterkörpers (Uterus) der

Säuger während der Fortpflanzungsperiode mit zyklischem Wachstum und nachfolgender Rückbildung. → Gestagene, → Östrogene, → Menstruation

Endomitose (griech. *mitos* Faden; engl. *endomitosis*) Chromosomale Replikation innerhalb eines Zellkerns, der sich nicht teilt. Die Folge hiervon ist eine Polyploidie. → Mitose

Endomixis (lat. *miscere* mischen; engl. *endomixis*) Vorgang einer Selbstbefruchtung (Selbstung), bei dem Spermien- und Eizellkern eines Individuums verschmelzen.

Endonuklease (engl. *endonuclease*) Enzym, das die Phosphodiesterbindungen innerhalb einer Nukleinsäure spaltet.

Endonukleasen aus somatischem Gewebe (Körperzellen) z. B. hydrolysieren (Spaltung durch „Einbau" von Wassermolekülen) DNS durch Doppelstrangbrüche. Endonukleasen aus Zellen in der meiotischen Prophase erzeugen Einzelstrangbrüche in der DNS mit 3'-Hydroxyenden. Einzelstrangbrüche sind der entscheidende, die Replikation oder Rekombination (→ Crossing over) einleitende Vorgang. → Restriktionsenzym

Endoparasit (griech. *endon* innen; engl. *endoparasite*) Parasit, der im Körper seines Wirts lebt, z. B. Leberegel. Gegenteil → Ektoparasit

Endoplasmatisches Retikulum, ER (lat. *rete* Netz, also kleines Netz im Zytoplasma; engl. *endoplasmatic reticulum*) Membransystem mit Blatt- und Vesikelformen im Zytoplasma vieler Zellen. An manchen Stellen geht das ER in die Plasma- und auch in die Kernmembran über. Wenn die äußere Oberfläche des ER mit Ribosomen besetzt ist, spricht man von einem **rauen** ER, wenn nicht, von einem **glatten** ER. Am rauen ER findet die Proteinsynthese statt. Proteine, die von der Zelle nach außen abgegeben werden sollen, werden in das ER „hineinproduziert", um dann in Form von Vesikeln (mit einer Membran umgeben) an die Zellmembran

transportiert und schließlich sekretiert zu werden (→ Exozytose). Bei der Muskelzelle spricht man vom **sarkoplasmatischen** Retikulum.

Endopolyploidie (griech. *polyplous* vielfach; engl. *endopolyploidy*) Das Vorkommen von Zellen mit 4 N, 8 N, 16 N usw. (also der 4-, 8-, 16-fachen haploiden DNS-Menge im Kern) in einem diploiden Individuum; z. B. Zellen der Eikammer bei der Taufliege (*Drosophila*).

Endorphine, endogene Morphine (griech. *Morpheus* Gott des Schlafes; engl. *endorphins*) Eine Gruppe von Peptidhormonen der Säuger.

Endorphine werden durch Spaltung eines 29 kd Prohormons (Pro-Opiocortin) freigesetzt. β-Endorphine werden in der Hirnanhangdrüse gefunden und sind wirksame Analgetika (schmerzlindernde Mittel). Endorphine binden an die gleichen Nervenzell-Rezeptoren wie Morphine (Hauptalkaloide des Opiums) und erzeugen ähnliche physiologische Effekte. → Enkephaline

Endosymbionten-Hypothese (griech. *endo* innen, *syn* mit, *bios* Leben; engl. *endosymbiont theory*) Die Annahme, dass sich aus einfachen Zellen durch Phagozytose von kleineren, unverdauten Prokaryonten die eukaryontischen Zellen mit ihren Mitochondrien, Geißeln, Zentriolen und bei Pflanzen auch die Chloroplasten im Laufe der Evolution entwickelt haben. → Ribosom

Endoxidation (engl. *endoxidation*) An der inneren Mitochondrienmembran befindet sich die → Elektronentransportkette (= Atmungskette), welche den aus dem → Citratzyklus gewonnenen, energetisch hochwertigen Wasserstoff sowie Elektronen über die oxidative Phosphorylierung letztendlich mit dem atmosphärischen Sauerstoff (O_2) zu H_2O verbindet. Dieser Vorgang wird als Endoxidation bezeichnet.

Endozytose (griech. *endo* innen, *zytos* Zelle; engl. *endocytosis*) Aufnahme von Partikeln, Flüssigkeiten oder Makromole-

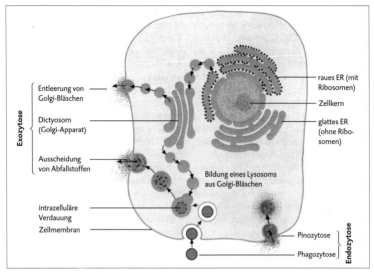

Schematische Darstellung des Stoffaustauschs einer Zelle durch Endozytose (rechts) und Exozytose (links)

külen durch Zellen.

Die Aufnahme erfolgt entweder durch **Phagozytose**, die Aufnahme größerer Molekülkomplexe, oder durch **Pinozytose**, die Aufnahme kleiner Flüssigkeitströpfchen oder Partikel.

Endplatte, motorische Endplatte (engl. *motor endplate, myoneural junction*) Bereich an der Oberfläche einer Muskelzelle, über den eine axonale Nervenendigung mittels einer → neuromuskulären Synapse Kontakt zur Muskelzelle hat.

In einer motorischen Endplatte, speziell an der muskulären Seite des synaptischen Spaltes, der postsynaptischen Membran, sitzen zahlreiche Acetylcholinrezeptoren. Diese werden durch das ausgeschüttete Acetylcholin, welches durch einen Nervenimpuls in den synaptischen Spalt freigesetzt wird, aktiviert und führen zur → Depolarisation der Muskelzellmembran. Damit wird das Signal (Nervenimpuls) der Nervenzellendigungen auf die Muskelzelle übertragen.

Die motorischen Endplatten der Wirbeltiermuskelzellen verfügen über eine spezielle Art von Acetylcholinrezeptoren, die sog. nicotinischen Acetylcholinrezeptoren. Diese werden durch das pflanzliche Gift → Curare gehemmt.

Endwirt (engl. *definitive host*) Organismus als Habitat (Lebensraum) eines Parasiten, in dem der Parasit geschlechtsreif wird und sich vermehrt. → Parasitismus, → Zwischenwirt

Energiefluss (engl. *energy flow*) Energie in Form von elektromagnetischer Strahlung wird natürlicherweise durch Kernspaltungs- (Fission) oder Kernverschmelzungsprozesse (Fusion) freigesetzt. Die Hauptenergiequelle für die → Biosphäre ist unsere Sonne, deren Energie liefernder Prozess die Fusion von Wasserstoff zu Helium ist.

Für nahezu alle auf der Erde lebenden Organismen wird diese Energie direkt (fotoautotroph, → autotroph) oder indirekt (→ heterotroph) ständig von der Sonne nachgeliefert, von den Organismen aufgenommen und umgesetzt. Letztendlich wird sie in Form von Wärme wieder an das Universum abgestrahlt.

Ähnlich verhält es sich mit den an hydrothermalen Quellen vorkommenden unterseeischen Ökosystemen, die ihre kontinuierliche Energiezufuhr jedoch aus tieferen Erdschichten erhalten. Hier sind die Primärproduzenten chemoautotrophe (→ autotroph) Mikroorganismen. Der Ursprung der von ihnen genutzten Energie liegt in der Fission schwerer Atomkerne (z. B. Uran). Dies zeigt, dass → Leben auch ohne die Strahlungsenergie einer Sonne möglich sein kann.

Enhancer → Promotor, → Homöobox

Enkephaline (griech. *en* in, *kephale* Kopf; engl. *enkephalins*) Eine Gruppe von Pentapeptiden (5 Aminosäuren) mit ähnlicher, schmerzlindernder Wirkung wie Morphium.

Sie kommen in höheren Tieren natürlicherweise vor und wurden erstmals 1975 aus Schweinehirn isoliert. Met-Enkephalin z. B. hat die Aminosäuresequenz Tyrosin-Glycin-Glycin-Phenylalanin-Methionin. Enkephaline wirken ähnlich wie die größeren → Endorphine.

Entoderm (griech. *enteron* Darm, *derma* Haut; engl. *entoderm, endoderm*) Zellschicht, die den Urdarm (Archenteron) umgibt. Das Entoderm liegt im Embryo zu Anfang des Gastrulastadiums vor. Es bildet die epitheliale Umfassung des Intestinums (Eingeweide) und aller Folgeentwicklungen des Intestinums, wie Kiementaschen, Lunge, Mandeln, Schilddrüse, Thymus, Leber, Gallenblase und Gallengang, Bauchspeicheldrüse, Harnblase und die anliegenden Teile des urogenitalen Systems. → Ektoderm, → Mesoderm

Entropie (griech. *entrepein* umkehren; engl. *entropy*) Sie stellt ein Maß für den Grad der thermodynamischen Unordnung eines Systems dar. Einfach ausgedrückt besagt diese wichtige Zustandsfunktion der Thermodynamik, dass innerhalb eines geschlossenen Systems die Entropie stets nur zunehmen kann (positiver wird).

Bringt man beispielsweise zwei mit unterschiedlichen Gasen gefüllte Behälter in Verbindung, so werden sich die Gase nach einiger Zeit vollständig durchmischen (erhöhte Unordnung). Ohne Energiezufuhr von außen (z. B. Trennverfahren) werden sich die Gase von selbst nicht wieder entmischen.

Biologische Systeme (z. B. Organismen), die einen hohen Grad an Ordnung aufrecht erhalten müssen, sind daher auf die ständige Zufur von Energie angewiesen. → Energiefluss

Entwicklung (engl. *development*) Geordnete Folge fortschreitender Veränderungen, die eine gesteigerte Komplexität und meist auch Größenzunahme eines biologischen Systems zur Folge hat. → Differenzierung, → Morphogenese, → Ontogenese. Im Sinne „Entwicklung von Arten" kann der Begriff auch als → Evolution gesehen werden.

Entwicklungsgene (engl. *developmental control genes*) Gene, deren Funktion die Kontrolle von wichtigen Impulsen ist, welche die → Differenzierung steuern. Solche Gene regulieren die Festlegung von Zellen in eine bestimmte Entwicklungsrichtung.

Besonders gut sind die Entwicklungsgene beim Fadenwurm → *Caenorhabditis elegans* untersucht. Bei diesem Nematoden agiert ein Genlocus lin-12 auf zweifache Weise, indem eine spezifische Zellpopulation zur Vulva (äußere weibliche Geschlechtsteile) oder zu einem Teil der Gebärmutter (Uterus) differenziert. Dabei spezifiziert eine hohe Aktivität des Genlocus Gebärmutter-Vorläuferzellen, eine niedrige Aktivität hingegen Ankerzellen, die zur Vulvabildung führen. Bei der Maus ist ein Genlocus, ein sog. Mastergen, für das Myo D1-Protein bekannt, das die Myogenese (Muskelentwicklung) einleitet.

Entwicklungsgenetik (engl. *developmental genetics*) Befasst sich mit der genetischen Steuerung der Entwicklung eines Individuums. Vor allem erforscht sie

Mutationen, die Entwicklungsanomalien bewirken, um damit verstehen zu können, wie normale Gene Wachstum, Morphologie, Verhalten usw. steuern.

Enzym, Ferment, Biokatalysator (griech. *zyme* Sauerteig; engl. *enzyme*) Die Funktion eines Enzyms wird aus der synonym gebrauchten Bezeichnung „Biokatalysator" ersichtlich. Es handelt sich um Moleküle bzw. Molekülkomplexe, die eine beschleunigte Umwandlung (Katalyse) von Substanzen (Substrate) bis zum chemischen Gleichgewicht unter körpereigenen (physiologischen) Bedingungen bewirken. Enzyme erniedrigen die → Aktivierungsenergie einer chemischen Reaktion. → Michaelis-Menten

Viele Enzyme bestehen aus Komplexen, wobei das eigentliche Enzym (=**Holo**enzym) aus einem Proteinanteil (=**Apo**enzym) und einer niedermolekularen, abdissoziierbaren, so genannten prosthetischen Gruppe (=**Ko**enzym, Kofaktor) zusammengesetzt ist.

Für nahezu alle biochemischen Reaktionen gibt es ganz spezielle Enzyme. Das aktive Zentrum eines Enzyms kann man sich als Vertiefung auf seiner Oberfläche vorstellen, in welche die entsprechenden Substrate passen **(Substratspezifität)**. Durch die Komplexbindung kommt es zu einer räumlichen Änderung der Molekülstruktur (als wenn man durch Hineindrehen einer Schraube einen Dübel spreizt) und durch diese Änderung kommen die beiden Reaktionspartner (Substrate) so nahe zusammen, dass eine chemische Bindung erfolgt. Eine Substratspaltung verläuft ähnlich, wobei meist ein kleines Molekül (H_2O) an eine bestimmte Stelle eines größeren Moleküls eingebaut wird und so die Spaltung (in diesem Fall wird die Reaktion Hydrolyse genannt) bewirkt. Als Enzym bezeichnet man jedes Protein, das eine spezifische biochemische Reaktion katalysiert **(Wirkungsspezifität)**, ohne dass es selbst verbraucht wird.

Enzyme sind meist an der Wortendung „ase" erkenntlich; z.B. DNase, ein DNS abbauendes Enzym, Proteinase, ein Protein abbauendes Enzym. → Enzymhemmung

Enzymhemmung, Enzyminhibierung (engl. *enzyme inhibition*) Die Unterdrückung der Aktivität von → Enzymen trotz Gegenwart ihres entsprechenden Substrates.

Die Wirkungsweise eines Enzyms, ein Substrat über eine kurzfristige Komplexbildung in ein Produkt umzuwandeln, erklärt auch die Mechanismen, mit denen eine Hemmung (Aktivitätserniedrigung) eines Enzyms möglich ist. Hemmung erfolgt fast immer über bestimmte kleine Moleküle oder Ionen (sog. **Inhibitoren** = Hemmstoffmoleküle), spezifisch für das jeweilige Enzym. Die biologischen Systeme selbst nützen z.T. solche Hemmmechanismen zur Enzymregulation.(1) Die **reversible** Hemmung wird wiederum in eine kompetitive und nichtkompetitive Hemmung unterteilt. Bei der **kompetitiven** Hemmung konkurrieren das Substrat und der Inhibitor um die Bindungsstelle am Enzym, das sog. aktive Zentrum. Je besser der Inhibitor an das aktive Enzymzentrum bindet und je höher seine Konzentration im Vergleich zur Substratkonzentration ist, desto geringer wird die Chance eines Substrats, an das Enzym zu binden. Dies führt zu einem entsprechend verringerten spezifischen Substratumsatz des Enzyms. Sinkt die Konzentration des Inhibitors, so steigt die spezifische Enzymaktivität wieder an (daher reversible Hemmung), beispielsweise die Wirkung von Malonat als Inhibitor auf das Enzym Succinat-Dehydrogenase. Eine **nichtkompetitive** (allosterische) Hemmung liegt vor, wenn der Inhibitor an eine Region außerhalb des aktiven Zentrums des Enzyms bindet, dadurch die räumliche Struktur des Enzymmoleküls u.a. am aktiven Zentrum verändert und so die Bindung des Substrates an das Enzym nicht immer verhindert, jedoch die Substrat-

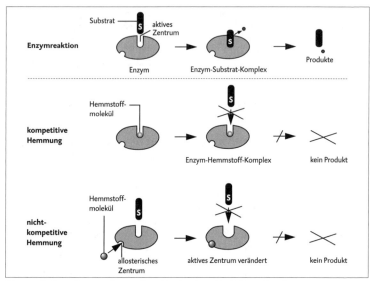

Schematische Darstellung einer Enzymreaktion (oben) und zwei Möglichkeiten ihrer Hemmung

umsetzung gestört wird. Auch hier steigt die Enzymaktivität wieder an, wenn die Konzentration des Inhibitors sinkt.

(2) Bei der **irreversiblen** Hemmung bindet der Inhibitor so fest an das Enzym (an das aktive Zentrum oder einen anderen Bereich), dass er sich selbst nach starker Konzentrationsabnahme nicht mehr oder nur extrem langsam vom Enzym löst. Bekannte Beispiele sind einige Vertreter der chemischen Nervenkampfstoffe, welche die → Acetylcholinesterase dauerhaft inhibieren.

Enzymimmun(o)assay → Radioimmun(o)assay

Enzyminhibierung → Enzymhemmung

Ephebogenesis → Androgenese

Epidemie (griech. *epi* auf, *demos* Volk; engl. *epidemic*) Seuche, Massenerkrankung. Epidemiologie ist die Lehre von der Entstehung und Verbreitung von Massenerkrankungen wie Pest, Grippe, AIDS u. a.

Epigenese (griech. *epi* auf, nach, *gennao* ich erzeuge; engl. *epigenesis*) Die fort-schreitende Formentwicklung eines Embryos.

Epilimnion (griech. *epi* auf, *limne* See; engl. *epilimnion*) Obere, warme Schicht des Wasserkörpers eines Sees, auch Deckschicht genannt. Darunter liegt die kältere Schicht, das Hypolimnion (Tiefenschicht). Der Bereich dazwischen heißt Metalimnion oder Sprungschicht. Die Wasserschichten sind im Sommer bzw. Winter stabil (Sommer- und Winterstagnation), während in Frühjahr und Herbst das Wasser zirkuliert.

Epinephrin → Adrenalin

Episom (griech. *epi* auf, *soma* Körper, im Sinne von zusätzlich; engl. *episome*) Genetisches Element wie ein → Plasmid, die DNS des Phagen Lamda oder der Geschlechts-Faktor F in *E. coli*. Episome verhalten sich als eigenständige (autonome) Erbeinheiten und replizieren unabhängig vom Chromosom/von Chromosomen.

Epistasie (griech. *epistamai* ich stehe darüber; engl. *epistasis*) → Geninteraktion

Epithel (griech. *epitheleo* ich wachse

über etwas hinweg; engl. *epithelium*) Gewebe, das die innere oder äußere Oberfläche eines Organs oder Organismus bildet, z. B. Haut, Darm- und Lungenepithel.

Epitop (griech. *epi* auf, *topos* Ort; engl. *epitope*) → Antigen

EPSP, exzitatorisches postsynaptisches Potenzial (lat. *excitare* erregen; engl. *excitatory postsynaptic potential*) Bei Synapsen (sog. chemische Synapsen), die Signale mittels Transmittermolekülen, wie Acetylcholin, auf die postsynaptische Membran übertragen, können zwei Arten von postsynaptischen Potenzialen (Reaktionen) hervorgerufen werden. Zum einen kommt es zur Erhöhung der Permeabilität (Durchlässigkeit) der postsynaptischen Membran primär für Natriumionen. Dies kann durch → Depolarisation des Membranpotenzials zu einer fortgeleiteten Erregung, einem → Aktionspotenzial, führen. Darum bezeichnet man diese Form der Signalleitung als EPSP. Die andere Form führt zu einer Unterdrückung eines Signals (→ IPSP). Eine einzelne Synapse kann entweder nur EPSP oder nur IPSP auslösen. → Summation

ER → Endoplasmatisches Retikulum

Erbgang (engl. *inheritance*) Ausprägung eines Merkmals in aufeinanderfolgenden Generationen in Abhängigkeit von den Dominanz- und Epistasieverhältnissen (→ Geninteraktion) der → Allele. → dominant

Erbkoordination, Instinkthandlung (engl. *instinctive movements, instinctive act(ion), fixed action pattern*) Artspezifische, angeborene Verhaltensweisen, die relativ starr sind und immer nach demselben Muster ablaufen. Als Auslöser ist ein → Schlüsselreiz notwendig.

Erbkrankheit (engl. *hereditary disease*) Eine Erkrankung, deren Ursache auf Fehlen, Fehlsteuerungen oder Defekt(en) eines oder mehrerer Gene beruht.

1966 veröffentlichte V. A. McKusick „Mendelian Inheritance of Man", eine Liste mit 1 487 genetisch bedingten Krankheiten des Menschen. Die Liste wird ständig fortgeführt und durch neue Krankheitsbeschreibungen erweitert. Die 11. Auflage von 1994 enthielt die Beschreibungen von bereits 6 678 Erbkrankheiten. Beispiele: Farbenblindheit, Sichelzellanämie, Bluter.

Erregungsleitung (engl. *conduction of stimulus (excitation)*) (1) **Kontinuierliche** Erregungsleitung: Die Erregungsleitung in Nervenzellen bzw. von deren Ausläufern (→ Axon) erfolgt durch Ein- und Ausströmen von Ionen durch die Membran. An einer Stelle der Membran gestartet, bewegt sich dieser lokale Ein- und Ausstrom von Ionen wie ein „Wirbel" (in der Abb. „Kreisströmchen") entlang der Membran und bildet so den Aktionsstrom (das sich vorwärts bewegende → Aktionspotenzial). Die Geschwindigkeit dieser Art der Stromleitung kann mehrere Meter pro Sekunde betragen.

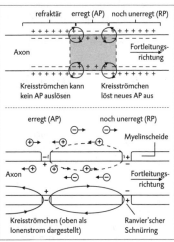

Gegenüberstellung von kontinuierlicher (oben) und saltatorischer Erregungsleitung (unten): AP = Aktionspotenzial, RP = Ruhepotenzial

(2) **Saltatorische** Erregungsleitung (lat. *saltare* springen): Bei den mit → Myelinscheiden isolierten Axonen der Säugetiere und Vögel kann das Ein- und Aus-

strömen der Ionen nur an denjenigen Stellen erfolgen, an denen die Isolation der Myelinscheiden unterbrochen ist (→ Ranvier'sche Schnürringe). Im Durchschnitt befinden sich diese Unterbrechungen etwa in 1 mm Abstand entlang des Axons. Die durch Ionenein- und -ausstrom induzierten Stromschleifen „überspringen" daher die Bereiche zwischen den Schnürringen (Internodialstrecken). Diese Form der Erregungsleitung kann wesentlich höhere Leitungsgeschwindigkeiten (als bei nichtmyelinisierten Axonen) von mehr als 100 m pro Sekunde erreichen.

Ersatzobjekt (engl. *substitute object*) → Handlung am Ersatzobjekt

X **Erythrozyten** (griech. *erythros* rot, *kytos* Bläschen, Zelle; engl. *erythrocyte, red blood cell*) Rote Blutkörperchen.

Hämoglobinhaltige Zellen im Blut von Wirbeltieren (Vertebraten), deren primäre Aufgabe der Transport von Sauerstoff mithilfe von Hämoglobin ist. Die Erythrozyten der Säuger haben keinen Zellkern. → Leukozyten

Escherichia coli, E. coli Bakterium des Kolons (Dickdarm).

Bestuntersuchter und meistverwendeter Mikroorganismus der Molekulargenetik. Sein ringförmiges Chromosom enthält etwa 4 Mbp. *E. coli* ist ein für den Menschen unschädlicher Bestandteil der Darmflora. Allerdings gibt es auch mit zusätzlichen Genen ausgestattete pathogene (krankmachende) Stämme dieses Bakteriums.

Estradiol (engl. *estradiol*) Ein → Steroidhormon. → Sexualhormone

Ethogramm (griech. *ethos* Gewohnheit, Sitte, *graphein* schreiben; engl. *ethogram*) Katalog aller beobachtbaren Verhaltensweisen eines Tieres bzw. einer Tierart, z. B. Brutpflege bei Stichlingen.

Ethologie (griech. *ethos* Sitte; engl. *ethology*) Wissenschaft vom Verhalten der Tiere und des Menschen; Verhaltensbiologie. Die Ethologie untersucht die Ursachen des Verhaltens (genetisch, erworben), seines biologischen Wertes und seiner stammesgeschichtlichen Entstehung und Entwicklung. Seit einigen Jahrzehnten erfolgt eine Ausweitung der Ethologie in die Bereiche der Physiologie, Biochemie, Genetik, Psychologie, Soziologie und Linguistik.

Euchromatin (griech. *eu* gut; engl. *euchromatin*) Teil des → Chromatins, das während der Interphase des Kerns anders als → Heterochromatin entspiralisiert vorliegt. Die meisten für Genprodukte codierenden Genloci liegen in diesem Bereich der DNS. → Chromosomenbänderung

Eukaryonten (griech. *eu* gut, *karyon* Kern; engl. *eukaryotes*) Häufig auch im Deutschen mit **Eukaryoten** bezeichnet. Alle Organismen (Einzeller oder Vielzeller), die einen echten Zellkern mit Kernmembran besitzen und sich durch geschlechtliche Vermehrung i. e. S. (= Meiose) fortpflanzen können. Die Zellteilung erfolgt durch Mitose. Eukaryonten haben Mitochondrien als Hauptenergieerzeuger. Taxonomische Einteilung in vier Reiche: Protoctista, Pilze, Tiere, Pflanzen.

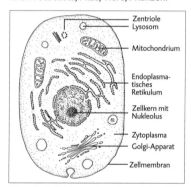

Schematische Zeichnung einer eukaryontischen (hier tierischen) Zelle

Eumetazoa → Metazoa

Euploidie, euploid (griech. *eu* gut, *plous* mehr; engl. *euploidy, euploid*) Normaler Chromosomensatz eines Individuums bzw. einer Spezies (z. B. Mensch 46,

XY). Gegenteil → Aneuploidie; → Polyploidie

eurypotent (griech. *eurys* breit; lat. *potens* fähig) Bezeichnet Arten oder Individuen mit großem Toleranzbereich für ein oder mehrere Merkmale. Der Mais wächst beispielsweise in einem Temperaturbereich von 10–40 °C. Gegenteil → stenopotent

eutroph, eutrophisch (griech. *eu* gut, *trophein* ernähren; engl. *eutrophic*) Eigenschaft nährstoffreicher Gewässer, wobei der Nährstoffgehalt jedoch geringer ist als in polyeutrophen Gewässern. Eutrophe Gewässer sind durch großen Artenreichtum mit hoher Individuenzahl charakterisiert.

Eutrophierung (griech. *eu* gut, *trophein* ernähren; engl. *eutrophication*) Allgemein die Anreicherung eines Ökosystems mit Nährstoffen; meist für stehende Gewässer verwendet, in die systemfremde Stoffe (wie Abwässer, Auswaschung) gelangen und ein übermäßiges Wachstum des Phytoplanktons bewirken.

Die ökologischen Folgen können pH-Wert-Verschiebungen, Massenentwicklung von Algen, Veränderung des Sauerstoffgehalts, Entstehung von Toxinen und Artenverarmung sein. Der Nährstoffgehalt von Gewässern wird nach den Begriffen oligotroph (*oligon* wenig), mesotroph (*meson* Mitte), eutroph und polyeutroph (*polys* viel) eingeteilt.

Evertebraten → Invertebraten

Evolution (lat. *evolvere* entwickeln; engl. *evolution*) Allmählich fortschreitende Entwicklung bei Lebewesen, von niederen, einfachen zu höheren, komplexeren Formen.

Erste schriftliche Grundgedanken teilte Darwin befreundeten Wissenschaftlern bereits 1844 mit, zögerte aber 14 Jahre lang, diese zu veröffentlichen. Dann publizierten Darwin und Wallace zeitgleich (1858) erstmals den konkret dargestellten Vorgang, bei dem sich alle Lebewesen unter dem Einfluss der natürlichen Auslese aus einer ursprünglichen Form entwickelt haben (→ Deszendenztheorie). Evolution ist auch bei anorganischer Materie und auf kultureller Ebene zu beobachten.

Im genetischen Sinne unterscheidet man eine (potenziell reversible) Änderung der Allelhäufigkeiten im → Genpool einer Population (Mikroevolution) und drei Formen der Makroevolution: (1) Irreversible Änderungen in Stammeslinien, phyletische oder auch → vertikale Evolution, (2) Aufspaltung in zwei Arten (→ Kladogenese), (3) Auftreten neuer Wesensmerkmale, woraus ein neues → Taxon entsteht.

Nach Darwin sind Überlebens- und Fortpflanzungsfähigkeit bei den Individuen am höchsten, deren genetisch bedingter Phänotyp am besten mit der Umwelt zurechtkommt (→ Überleben des Passendsten). Die bestadaptierten Allele überleben in einer Population, indem sie an die Nachkommen weitergegeben werden können, schlechtere sterben mit ihren Trägern (dem einzelnen Organismus) aus. Vor dem Darwinismus entstand der → Lamarckismus, nach dessen Vorstellung (wie auch um die Mitte des 20. Jhd. der Lysenkoismus) erworbene Merkmale vererbt werden. Die darwinistische Evolutionstheorie konnte bisher nicht widerlegt werden. Als gegenteilige Weltanschauung existiert der → Kreationismus.

Evolutionsfaktoren (engl. *evolutionary factors*) Mutation, Selektion, Migration und Drift.

Grundsätzlich bewegen Variation (→ Allel, → Polymorphismus) und Selektion die evolutive Entwicklung der Lebewesen: (1) Variation. Kein Individuum gleicht dem anderen. Neben den umweltbedingten Einflüssen auf den Phänotyp eines Organismus wirkt die genetische → Variabilität. Sie kommt zustande durch → **Mutation** und durch → Rekombination. Letztere beruht auf der → Meiose, in der die Genome neu zusammengestellt werden. Die

Verpaarung der durch die Rekombination genetisch individuellen Gameten ergibt eine weitere Steigerung der Variabilität. Da sich evolutive Vorgänge über Generationen erstrecken, lassen sie sich weniger am einzelnen Individuum als vielmehr auf Populationsebene beschreiben. Dementsprechend ist auch die → **Migration** (Genfluss) eine Art der Gametenneukombination. Als wesentlicher äußerer Faktor kommt zur Variation die (2) → **Selektion**, die natürliche oder künstliche Auslese, d. h. das Überleben der an die jeweiligen (Umwelt-)Bedingungen am besten angepassten Individuen. In einer solchen neuen Population findet man diejenigen Allele, welche unter den gegebenen (Umwelt-)Bedingungen die besten Überlebenschancen gewährleisten. Evolution ist demnach die langfristige Änderung der Allelhäufigkeiten einer Population. In großen Populationen geschieht dies i. d. R. langsam, in kleinen hingegen können Allele durch Zufall plötzlich verloren gehen (→ genetische **Drift**). Extremes Beispiel ist das Überleben eines einzigen Paares nach einer Umweltkatastrophe, wo alle Allele außer den maximal vier Allelen der „überlebenden" Genloci ausgelöscht sind.

Exkretion (lat. *ex* aus, *secernere* absondern; engl. *excretion*) Die Abgabe von unverwertbaren oder toxischen Substanzen wie Harn (z. B. bei höheren Tieren über die Nieren) und Kot. → Sekretion

exogen (griech. *exo* außen, *gennao* ich erzeuge; engl. *exogenous*) außenbürtig, außenstehend.

Ein exogenes Virus z. B. vermehrt sich in Zellen und wird nicht im Genom über die Gameten des Wirtsorganismus übertragen. Ein endogenes Virus baut seine DNS in das Wirtsgenom ein.

Exon (im Sinne von griech. *exo* nach außen; engl. *exon*) Teil eines Gens bei Eukaryonten, der nach der Transkription beim Prozessieren der primären RNS als mRNS ins Zytoplasma gelangt.

Exons sitzen grundsätzlich an drei bestimmten Regionen eines proteincodierenden Gens. Die erste Region wird nicht translatiert und kennzeichnet den Beginn der RNS-Transkription. Sie enthält Sequenzen, welche die mRNS mit den Ribosomen in Verbindung bringen (vor Beginn der Peptidsynthese). Die Exons der zweiten Region enthalten die Information, die in Aminosäuren des Peptids translatiert wird. Exons der dritten Region werden ebenfalls in mRNS transkribiert und signalisieren die Termination (Beendigung) der Translation sowie die Anheftung des poly-A-Schwanzes. → Intron, → Polyadenylierung

Exon-shuffling (engl. *shuffle* verschieben, Karten mischen, *exon-shuffling*) Erstellen neuer Gene (*gene rearrangement*), indem verschiedene codierende Sequenzen verbunden (ligiert) werden, die vorher unterschiedliche Proteine oder verschiedene Domänen desselben Proteins synthetisiert haben. → Immunglobulingene

Exonuklease (engl. *exonuclease*) Enzym, das einen DNS-Strang von den Enden her abbaut.

Exonuklease III, ein Enzym aus *E. coli*, z. B. verdaut die 3'-Enden (von beiden Seiten) der Doppelhelix; zusammen mit S1-Nuklease wird sie verwendet, um Deletionen in klonierten DNS-Molekülen zu erzeugen. Exonuklease IV baut spezifisch einzelsträngige DNS ab, wobei es die Hydrolyse (Abbau) an beiden Enden einleitet und so zu kleinen Oligonukleotiden führt.

Exozytose (griech. *exo* außen; engl. *exocytosis*) Ausschleusen von Zellmaterial aus einer Zelle durch reverse → Endozytose.

explizites Gedächtnis (engl. *explicit memory*) Diejenige Form der Informationsspeicherung, bei der dem Gehirn bewusst ein Zugriff möglich ist. Man bezeichnet dies auch als Faktenwissen. → implizites Gedächtnis

exponentielle Wachstumsphase (engl. *exponential growth phase*) Die

Wachstumsperiode einer Population (vor allem von Zellen), in der die Zellzahl exponentiell ansteigt. → logarithmisches Populationswachstum

Expression (lat. *exprimere* ausdrücken; engl. *expression*) → Genexpression

Expressionsvektor (lat. *vector* Träger; engl. *expression vector*) Rekombinantes DNS-Konstrukt, das alle notwendigen genetischen Elemente enthält, die eine funktionsfähige mRNS synthetisieren können.

Im Prinzip hat jedes Expressionssystem drei Hauptelemente: (1) Regulationssequenzen stromaufwärts, die oft kurz als Promotor bezeichnet werden, (2) das Strukturgen mit den Tripletts, die für die Aminosäuren codieren, und (3) Terminationssequenzen stromabwärts. → Strangbezeichnung

Alle drei Elemente können von unterschiedlichen Organismen stammen. So kann man ein Strukturgen mit einem besonders effektiven Promotor und einem anderen Terminationsfragment (= Expressionskassette) verbinden (ligieren), die es natürlicherweise in einem Genom nicht gibt. Eine solche Expressionskassette wird in einen Klonierungsvektor (ausgestattet mit einem → ori) eingebaut und in Bakterien übertragen (Bakterien werden transformiert). Dort vermehrt sich das Plasmid; gleichzeitig wird auch durch die Expressionskassette über die mRNS das entsprechende Protein synthetisiert. Die Synthese erfolgt nur, wenn Promotor und Terminationssequenzen bakterienspezifisch (bakterieller Expressionsvektor) gewählt wurden. Aber auch zur Vermehrung eines eukaryontischen Expressionsvektors benutzt man Bakterien und überträgt ein solches Konstrukt in die Zellen, damit es sich vermehrt und nach der Wachstumsphase der Bakterien geerntet werden kann. Das gereinigte Konstrukt kann nun für den Gentransfer in höhere Oganismen verwendet werden. → Gentechnik, → Gentechnologie

Expressivität (lat. *exprimere* ausdrücken; engl. *expressivity*) Spannbreite der Phänotypen, die von einem bestimmten Genotyp unter gegebenen Umweltbedingungen ausgeprägt werden.

Bei *Drosophila* z. B. verursacht das Allel „*eyeless*" im homozygoten Zustand Individuen, die keine Augen haben, bis hin zu solchen mit normalen (aber kleinen) Augen. → Penetranz

Extension (lat. *extendere*, erweitern; engl. *extension*) In der Extensionsphase einer → PCR werden die komplementären Stränge durch die Taq-Polymerase synthetisiert.

Extinktion (lat. *extinguere* auslöschen; engl. *extinction*) (1) Die Auslöschung eines bedingten Reflexes, also einer Verhaltensweise, die durch klassische Konditionierung erlernt wurde. (2) Aussterben einer evolutionären Linie (Art).

extrachromosomale Vererbung (engl. *extranuclear inheritance, cytoplasmic inheritance*) Nicht-mendelnder Erbgang einiger Merkmale, deren Information auf DNS-Molekülen außerhalb der chromosomalen DNS liegt.

Bei Prokaryonten können solche Merkmale auf kleinen ringförmigen DNS-Molekülen, den sog. Plasmiden, vorkommen. Bei Eukaryonten zeigt sich extrachromosomale Vererbung vor allem durch DNS-Moleküle in Zellorganellen (Mitochondrien, Chloroplasten) oder durch intrazelluläre Parasiten wie Viren; häufig auch als extranukleäre, zytoplasmatische oder maternale Vererbung bezeichnet. Von maternaler Vererbung spricht man deshalb, da derartige Zellorganellen und damit deren DNS primär durch die Eizellen und nicht über Spermien an die nächste Generation weitergegeben werden.

extranukleäre Vererbung → extrachromosomale Vererbung

extraterrestrische Lebensformen (lat. *extra* außerhalb, *terra* Erde; engl. *extra-terrestrial organisms*) Aufgrund des Alters und der Größe des Universums, den darin enthaltenen Galaxien, Sonnen und einer höchstwahrscheinlich entsprechend riesigen Anzahl an Planeten und Monden sowie einer für den gesamten Kosmos zutreffenden Allgemeingültigkeit der chemischen und physikalischen Gesetze geht die Mehrheit der Wissenschaftler davon aus, dass es außerhalb der Erde eine große Zahl anderer Welten gibt, auf denen → Leben entstanden ist. Wie der → Miller'sche Simulationsversuch zeigt, sind die Voraussetzungen für organisches Leben einfach zu schaffen, und Erkenntnisse aus der → Paläontologie deuten daraufhin, dass einfachste Lebensformen bereits wenige hundert Jahrmillionen nach der Entstehung der Erde existierten.

Selbst in unserem Sonnensystem gibt es neben der Erde bis zu 4 weitere Himmelskörper auf denen Leben denkbar wäre, da sie wahrscheinlich über die Grundvoraussetzung flüssigen → Wassers verfügen. Zum einen der Planet Mars, der ursprünglich große Wasservorkommen besaß, auf dem evtl. heute noch unterirdische Wasserreservoirs vorhanden sind, zum anderen drei der sog. Galilei'schen Monde (Europa, Ganymed und Callisto) des Planeten Jupiter. Alle 3 Monde haben festgefrorene Eisoberflächen, wobei Erkenntnisse von Raumsonden darauf hindeuten, dass sich zumindest unter den kilometerdicken Eiskrusten von Europa und Ganymed viele Kilometer tiefe Ozeane befinden könnten. Da diese Monde zur selben Zeit entstanden sind wie die Erde (vor ca. 4 530 Mio. Jahren) und man davon ausgehen muss, dass dort seither Wasser in flüssiger Form vorhanden ist, könnten auch sie Leben beherbergen.

extrinsische Faktoren (lat. *extrinsecus* von außen her; engl. *extrinsic factors*) Von außen auf ein System wirkende Faktoren. Alle physikalischen und chemischen Substanzen oder Kräfte der Umwelt, die einen Organismus beeinflussen. Sonnenlicht oder die Nahrung z. B. sind extrinsische Faktoren.

Exzisionsreparatur (lat. *excidere* verloren gehen; engl. *excision repair*) → semidiskontinuierliche Replikation, → semikonservative Replikation

exzitatorisches postsynaptisches Potenzial → EPSP

F

F (1) → Fertilitätsfaktor, (2) → Inzucht-koeffizient, (3) Fahrenheit (angelsäch-sische Einheit der → Temperatur).

F⁺-Zelle (engl. *F⁺ cell*) Bakterienzelle mit dem → Fertilitätsfaktor (F), der extra-chromosomal auf einem Plasmid lokali-siert ist.

Eine F⁺-Zelle kann den F-Faktor an eine F⁻-Zelle während der Konjugation (DNS-Übertagung zwischen Bakterien) weiter-geben. Wenn der F-Faktor in das bakteri-elle Chromosom integriert, wird die Zelle eine → Hfr, die chromosomale Gene trans-ferieren kann. F⁻-Zellen sind Empfänger (Rezipienten, „weiblich") des F-Faktors.

F₁-Generation (F von lat. *filia* Toch-ter; engl. *first filial generation*) Erste Toch-tergeneration; Nachkommen aus einem ersten Kreuzungsexperiment.

Die Elterngeneration, mit welcher der genetische Versuch beginnt, heißt Paren-talgeneration P. Die Nachkommen der F_1 (aus Selbstbefruchtung oder Kreuzung zwischen F_1-Individuen) werden F_2 ge-nannt.

F₂-Generation (engl. *second filial ge-neration*) Die aus Kreuzung der (hybriden) → F_1-Generation hervorgehende Nach-kommenschaft.

FAD (FADH₂), Flavinadenindinuk-leotid (engl. *flavin adenine dinucleotide*) Koenzym mit der Funktion, Elektronen hohen Potenzials zu übertragen.

Die oxidierte Form FAD kann aus der → Glykolyse, dem → Citratzyklus oder der → Fettsäureoxidation ein Paar Elektronen hohen Potenzials übernehmen, dabei zwei H^+ binden und so zum reduzierten $FADH_2$ werden. Dieses Elektronenpaar wird über die → oxidative Phosphorylierung schließ-lich auf O_2 übertragen. Dabei werden pro Oxidation eines $FADH_2$-Moleküls (wird wieder zu FAD) zwei Moleküle → ATP (aus ADP + P) erzeugt. → NAD^+

Faktenwissen → explizites Gedächt-nis

Familie (engl. *family*) Eine Kategorie der Systematik, die mehrere Gattungen umfasst.

Das Hausschaf z. B. gehört zur Familie der *Bovidae*: Eine Familie mit den Unterfa-milien Ducker *Cephalophinae*, Böckchen *Neotraginae*, Waldböcke *Tragelaphinae*, Rinder *Bovinae*, Kuhantilopen *Alcelaphi-nae*, Pferdeböcke *Hippotraginae*, Riedbö-cke *Reduncinae*, Gazellenartige *Antilopi-nae*, Saigaartige *Saiginae*, Ziegenartige *Caprinae*. *Caprinae*: Eine Unterfamilie mit den Gattungsgruppen Waldziegenantilo-pen *Nemorhaedini*, Rindergemsen *Budor-catini*, Gemsenartige *Rupicaprini*, Schaf-ochsen *Ovibovini*, Böcke *Caprini*. *Caprini*: Eine Gattungsgruppe mit den Gattungen Ziegen *Capra*, *Ammotragus*, *Hemitragus*, *Pseudois*, Schafe *Oves* bzw. *Ovis* (Schaf).

Klasse	*Mammalia* (Säugetiere)
Ordnung	*Artiodactyla* (Paarhufer)
Unter-ordnung	*Ruminantia* (Wiederkäuer)
Familie	*Bovidae* (Hornträger)
Unterfamilie	*Caprinae* (Ziegenartige)
Gattung	*Oves* (Schafe)
Art	z. B. *Ovis aries* (Hausschaf)
Rasse	z. B. Merinowollschaf, Heidschnucke, Bergschaf

Systematische Einordnung der Familie der Hornträger in die Klasse der Säugetiere

Familienselektion → Selektion

Farbenblindheit (engl. *color blind-ness*) Defektes Farbsehvermögen beim Menschen, hervorgerufen durch Abwe-senheit bzw. reduzierte Anzahl eines oder mehrerer der drei Sehpigmente.

Die Pigmente Chlorolabe, Erythrolabe und Cyanolabe absorbieren grünes, rotes bzw. blaues Licht. Die Pigmente bestehen aus drei verschiedenen → Opsinen in Ver-bindung mit Vitamin A-Aldehyd. Grün-blinde Patienten leiden an sog. Deutera-nopie und können kein Chlorolabe synthetisieren. Entsprechend stehen für Rotblindheit Protanopie und Tritanopie für Blaublindheit. Deuteranomalie, Protanomalie und Tritanomalie bezeichnen unzureichendes Farberkennungsvermögen, hervorgerufen durch minderzählige Sehpigmente der jeweiligen Farbe.

Die Protan- und Deuteran-Gene für Rot- und Grünblindheit sitzen beim Menschen an verschiedenen Genloci des X-Chromosoms, daher sind vor allem männliche Individuen von diesem Defekt betroffen (→ hemizygotes Gen). Blaublindheit ist sehr selten und scheint durch ein autosomales Gen bedingt zu sein.

Fc-Fragment (engl. *Fc-fragment*) Der kristallisierbare Teil (*fragment crystallizable*) eines Papain-verdauten Antikörpermoleküls, der nur Teile der schweren Ketten und keine Antigen-Bindungsstellen hat.

Ein Eiweiß-verdauendes Enzym (Papain) durchtrennt einen Y-förmigen Antikörper zweimal kurz nach der Y-Gabel. Der Stiel des Y ist das Fc-Fragment. Fc bindet das → Komplement und ist verantwortlich für die Reaktion des Immunoglobulins mit verschiedenen Zelltypen; diese Bindung ist jedoch im Gegensatz zu den Antigen-Bindungsstellen nicht Antigen-spezifisch. → Antikörper

Fc-Rezeptor (engl. *Fc-receptor*) Zelloberflächenmolekül vieler Zellen des Immunsystems, welches das Fc-Fragment eines Antikörpermoleküls bindet.

Feedback-Inhibition, Feedback-Hemmung (engl. *feedback inhibition, end product inhibition*) Regelmechanismus mit negativer Rückkopplung, d. h. das oder allgemein ein Endprodukt einer Reaktion wirkt sich bremsend (inhibierend) auf weitere derartige Reaktionen aus.

(1) Feedback-Inhibition findet sich z. B. im Stoffwechsel als sog. Endprodukthemmung (Endproduktrepression), wobei das Endprodukt einer enzymatischen Reaktion mit steigender Konzentration mehr und mehr das Enzym hemmt und dadurch

seine eigene Herstellung reguliert. Das erste Beispiel einer derartigen Regulation wurde bei Untersuchungen zur Biosynthese der Aminosäure Isoleucin beim Bakterium *E. coli* gefunden. Hier wird das Enzym Threonin-Desaminase, welches den ersten Schritt der Isoleucinsynthese aus der Aminosäure Threonin katalysiert, durch bereits vorhandenes Isoleucin gehemmt. → Genaktivierung (2) Kompliziertere, aber auf ähnlichem Prinzip basierende Mechanismen steuern die hormonellen Regelkreise. Prinzip des Schemas ist also, dass keine weitere Ausschüttung des Hormons erfolgt, wenn es eine bestimmte Konzentration erreicht hat (Beispiel für positive Rückkopplung siehe → Gen-Aktivierung). (3) In der Neurophysiologie versteht man unter Feedback-Inhibition einen inhibitorischen Schaltkreis, bei dem ein Neuron ein inhibitorisch wirkendes anderes Neuron anregt und dieses wiederum eine Feedback-Verbindung zurück zum Ausgangsneuron besitzt. So kommt es zu einer Art Selbstregulation.

Ferment → Enzym

Fermentation (lat. *fervere* brausen; engl. *fermentation*) Energieliefernder, enzymatischer Abbau von Zuckermolekülen in Bakterien und Hefen unter anaeroben Bedingungen (in Abwesenheit freien Sauerstoffs). → Gärung i. e. S.

In der Biotechnologie heute allgemein als Prozess verstanden, bei dem man in einer entsprechenden Apparatur, dem Fermenter oder Bioreaktor, Mikroorganismen oder mit diesen bestimmte Proteine (auch in sauerstoffhaltiger Atmosphäre) herstellt. → Atmung

Fertilisation → Befruchtung

Fertilität, Fruchtbarkeit, Produktivität (lat. *fertilis* fruchtbar; engl. *fertility, fecundity, productivity*) Fruchtbarkeit im Sinne der Zahl der lebens- und fortpflanzungsfähigen Nachkommen eines Individuums oder einer Population.

In der Humangenetik wird der Begriff **effektive** Fertilität (auch *reproduction* *probability*) verwendet: Es wird die durchschnittliche Nachkommenzahl von Frauen oder Männern mit einer Erbkrankheit mit der Nachkommenzahl von erbgesunden, aber sonst ähnlichen Personen verglichen. Die effektive Fertilität gibt also einen Hinweis auf den selektiven Nachteil dieser Erbkrankheit. Der englische Begriff *fecundity* beschreibt das Fruchtbarkeitspotenzial eines Individuums in Hinblick auf die Zahl der Gameten, die in einer bestimmten Zeit produziert werden.

Fertilitäts-, Fruchtbarkeits-, F-, Geschlechtsfaktor (engl. *fertility factor, F-factor*) → Plasmid mit der Bezeichnung „F", welches das „Geschlecht" eines Bakteriums bestimmt. Ist dieses Plasmid in einer Bakterienzelle vorhanden, fungiert sie als eine Art Männchen (dann mit F^+ bezeichnet). Der F-Faktor bewirkt die Bildung des → Sex-Pilus, eine Art Schlauch, durch den DNS während der Konjugation in ein „weibliches" Bakterium (mit F^- bezeichnet) transferiert wird. Nach Transfektion wird aus dem „weiblichen" Bakterium ein „männliches" F^+-Bakterium. → F^+-Zelle

Der F-Faktor ist ein zirkuläres DNS-Molekül mit einer Länge von 2–3 % des Chromosoms (bei *E. coli*). → Hfr-Stamm

Fett (engl. *fat*) Glycerolester der → Fettsäuren. Energiespeicherform des Körpers.

Fettsäuren (engl. *fatty acids*) Typ organischer Säuren, die in Lipiden (Fetten) vorkommen. Fettsäuren unterscheiden sich nach Zahl ihrer Kohlenstoffatome (C_2 bis C_{34}), nach Lage und Anzahl der Doppelbindungen (0 = gesättigte, 1 und mehr = ungesättigte Fettsäuren).

Fettsäureoxidation, β-Oxidation (engl. *oxidation of fatty acids*) Abbau von Fettsäuren unter Abspaltung von Bruchstücken mit jeweils 2 Kohlenstoffatomen.

Die unterschiedlich langen Kohlenwasserstoffketten der Fettsäuren liegen zum überwiegenden Teil im Körper mit Glycerin oder Phospholipiden verestert vor. Bei der Fettsäureoxidation werden Bruchstücke mit 2 Kohlenstoffatomen abgespalten, die als Acetyl-CoA in den → Citratzyklus eingehen und so schließlich ATP liefern. Die Fettsäureoxidation findet bei Eukaryonten in den Mitochondrien statt.

Fetus, Foetus, Fötus (lat. *fetus* Junges, schwanger, trächtig; engl. *fetus*) Entwicklungsphase nach dem Embryonalstadium bis zur Geburt. → Embryo

F-Faktor → Fertilitätsfaktor

Fibrin (lat. *fibra* Faser; engl. *fibrin*) → Blutgerinnung

Fibrinogen (engl. *fibrinogen*) → Blutgerinnung

Filamente → intermediäre Filamente

Filament-Gleit-Mechanismus → Gleitfilamenttheorie

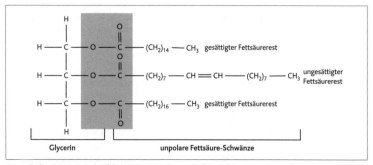

Beispielhafter Bau eines Fettmoleküls (Triacylglycerin), auch Neutralfett oder Triglycerid genannt: Grau hinterlegt sind die Esterbindungen der Fettsäuren mit dem Glycerinmolekül.

Filialgeneration → F_1, → F_2
FISH → *in situ*-Hybridisierung
Fitness (engl. *fitness*) (1) Die Fähigkeit eines Individuums zu überleben und seine Gene der nächsten Generation weiterzugeben. (2) Eignung; **direkte** Fitness ist der genetische Beitrag eines Individuums zur nächsten Generation durch eigene Fortpflanzung. Unter **indirekter** Fitness versteht man den Beitrag eines Individuums zur nächsten Generation, in dem es Verwandte und deren Nachkommen bei Fortpflanzung und Aufzucht unterstützt. Die Verwandten, etwa die Königin und neue Arbeiterinnen eines Bienenvolkes, können ohne diese Unterstützung nicht existieren. Indirekte und direkte Fitness zusammen ergeben die **Gesamt**fitness eines Individuums.

Fixativ (engl. *fixative*) Lösung für die Gewebepräparationen zu zytologischen oder histologischen Untersuchungen, die (vor allem abbauende) Enzyme denaturiert und so eine Autolyse (Selbstauflösung) verhindert. Ebenso werden Bakterien abgetötet und viele Zellbestandteile unlöslich gemacht. → Fixierung
Beispielsweise sind drei Teile Methanol und ein Teil Eisessig (99 %ige Essigsäure) das Fixativ für die Chromosomenpräparation.

Fixierung (lat. *fixus* fest, unabänderlich; engl. *fixation*) (1) Erster Schritt bei der Präparation von Geweben oder Zellen (z. B. für die Mikroskopie). Dabei müssen die Zellen unter geringstmöglicher Zerstörung von Strukturen abgetötet werden, sodass kein nachfolgender Zerfall einsetzt. (2) Unter genetischer Fixierung versteht man den Zustand eines Genlocus, an dem alle Individuen einer Population homo- oder hemizygot für ein gegebenes Allel sind. Dadurch ist dessen Frequenz (Häufigkeit) gleich 1,0. Alle anderen Allele dieses Genlocus sind der Population verloren gegangen; ihre Frequenz ist 0. Genetische Fixierung entsteht z. B. durch Inzucht oder → genetische Drift in

kleinen Populationen. (3) In der Fotografie bezeichnet die Fixierung das Entfernen der unveränderten, also unbelichteten, Schicht, nachdem das Bild entwickelt wurde. Dazu dient eine wässrige Natriumthiosulfatlösung als Fixativ.

Flavinadenindinukleotid → FAD
Fleischfresser (engl. *carnivor*) Der Begriff umfasst Tier und auch Pflanzen (z. B. Sonnentau), die sich ausschließlich oder überwiegend (bei Pflanzen: zusätzlich) von tierischer Kost ernähren. → Carnivor
fluid-mosaic-model → Lipiddoppelmembran

Fluktuationstest (engl. *fluctuation test*) Ein von Salvador Luria und Max Delbrück bereits 1943 entwickeltes Verfahren zur Überprüfung, ob Mutationen unabhängig vom Normalmilieu (ohne spezielle → Mutagene) und ungezielt erfolgen. Da Mutationen relativ selten auftreten, kann man nur durch entsprechend viele Experimente diese Fragestellung lösen. Eine Kultur von Bakterien enthält so viele Einzelorganismen (entspricht den Einzeltests), dass mit wenigen Experimenten eine Antwort möglich ist.

Luria und Delbrück verwendeten den Bakteriophagen T 1 und das Bakterium *Escherichia coli B*, welches in Kultur von dem Phagen abgetötet wird. *E. coli* kann jedoch durch eine Mutation von der tödlichen Infektion durch T 1 verschont bleiben (resistente *E. coli*). Für den Versuch wird eine Kultur von nicht-resistenten *E. coli* in zwei Teile geteilt: Der eine Teil (A) davon wird in viele weitere Kulturen aufgeteilt, der andere Teil (B) verbleibt als Gesamtkultur. Nach etwa 36-stündiger Kultivierung mit entsprechend vielen Zellteilungen werden all diese Kulturen in gleicher Zellzahl auf Agarböden aufgestrichen, mit dem Phagen T 1 versetzt und weiter kultiviert. Befindet sich nun ein Phagen-resistentes Bakterium zu Anfang auf einem der Agarböden, so bildet es nach Vermehrung eine deutlich sichtbare Kolonie (die Ansammlung ist als Punkt erkennbar). Jede Kolonie entstammt dabei einer einzigen, resistent gewordenen „Mutterzelle". Es zeigt sich nun bei jeder Wiederholung dieses Experimentes, dass die Anzahl an resistenten Kolonien bei den vielen aufgeteilten Einzelkulturen des Teils A starken Schwankungen (Fluktuationen) unterliegt, während die Kultur des Teils B stets annähernd dieselbe Zahl an resistenten Kolonien ergibt. Würde die Mutation „Phagen-Resistenz" erst durch den Kontakt mit dem Phagen hervorgerufen (induziert), so müssten in allen Kulturen (A und B) immer in etwa dieselben Anzahlen an resistenten Bakterien erzeugt werden. So aber werden durch die Aufteilungen des Teils A – statistisch gesehen – in ein Kulturgefäß zufällig einige bereits schon vorher zur Resistenz mutierte Bakterien gegeben (und dann vermehrt) und in ein anderes Kulturgefäß eben keine oder nur sehr wenige. Der Ausgang des Experimentes beweist, dass die Mutationen unabhängig vom Experiment (der Anwesenheit von Phagen) spontan erfolgt sind bzw. erfolgen.

Focus → Monolayer

Foetus, Fötus → Fetus

Follikel (lat. *folliculus* kleiner Schlauch, Bläschen; engl. *follicle*) In der Anatomie Bezeichnung für verschiedene Strukturen (z. B. Haarfollikel). Speziell verwendet für ein bläschenförmiges Gebilde im Ovar (Eierstock), welches die reifende Eizelle enthält und Östrogene absondert (sezerniert). → Oogenese

Follikel-stimulierendes Hormon → Gonadotropine

Fortpflanzung, Reproduktion (engl. *reproduction*). Vermehrung von Organismen. Man unterscheidet eine **asexuelle** (ungeschlechtliche) von einer **sexuellen** (geschlechtlichen) Reproduktion. Die asexuelle Fortpflanzung beruht auf mitotischer Zellteilung (Klone), geschlechtliche Lebewesen hingegen bilden in der → Meiose (mit Rekombination) Gameten (Spermium und Ei), die miteinander ver-

schmelzen müssen, bevor sich die → Zygote zu teilen beginnt und die → Ontogenese durchläuft.

Fossilien (lat. *fossa* Graben; engl. *fossils*) Überreste von Lebewesen meist ausgestorbener Arten oder deren Abdrücke, versteinerte Knochen, Schalen, Blätter, Fußspuren, auch Mikrofossilien.

Bekannte Fossilien sind die des *Archaeopteryx* (Urvogel), der Dinosaurier, der Ammoniten, des Urpferdchens oder die verschiedenen Schädel und Knochen der menschlichen Urformen wie die von „Lucy" (*Australopithecus afarensis*).

Fotolyse des Wassers (engl. *photolysis*) In der → Lichtreaktion des Fotosystems II der Chloroplasten werden Wassermoleküle gespalten. Dabei werden Protonen (Wasserstoffionen) und Elektronen freigesetzt. Der im Wassermolekül gebundene Sauerstoff wird als O_2 von den Pflanzen ausgeschieden. Man nimmt heute an, dass der gesamte atmosphärische Sauerstoff letztendlich der Fotolyse des Wassers entstammt:

$$2\,H_2O \xrightarrow{h \cdot \upsilon} 4\,H^+ + 4\,e^- + O_2 \uparrow$$

Fotometer → Spektrofotometer

Fotoperiodismus → Fotoperiodizität

Fotoperiodizität, Fotoperiodismus (griech. *phos* Licht; engl. *photoperiodism*) Reaktion/Verhalten von Organismen auf sich ändernde Licht/Dunkel-Perioden. Bei den Pflanzen wird die Blüte durch Fotoperiodizität ausgelöst, bei vielen Wildtieren die Brunftzeit im Herbst durch abnehmende Tageslichtlänge.

Fotophosphorylierung (engl. *photophosphorylation*) Der durch Lichtenergie in den Chloroplasten der Pflanzen ablaufende Prozess der Fotosynthese liefert neben Reduktionsäquivalenten (NADPH $+H^+$) auch den direkten „Energiespender" aller biologischen Vorgänge, das ATP. Die ATP-Synthese aus ADP (Phosphorylierung) mittels Lichtenergie (= Fotophosphorylierung) erfolgt überwiegend auf dem Wege der → nichtzyklischen

Fotophosphorylierung (dann nämlich, wenn genügend CO_2, NO_3^- oder SO_4^{2-} als Elektronenakzeptoren zur Verfügung stehen). → zyklische Fotophosphorylierung. → chemiosmotische Theorie

Fotorespiration → Lichtatmung

Fotosynthese (griech. *phos* Licht, *syntithemai* ich stelle zusammen; engl. *photosynthesis*) Enzymatische Umwandlung der Lichtenergie in chemische Energie in grünen Pflanzenzellen, wobei aus Kohlenstoffdioxid und Wasser Sauerstoff und Zucker (Kohlenhydrate) entstehen:

$$6\,CO_2 + 12\,H_2O \xrightarrow{h \cdot \upsilon} C_6H_{12}O_6 + 6\,H_2O + 6\,O_2$$

In grünen Pflanzen erfolgt die Fotosynthese durch 2 Arten von Lichtreaktionen in den → Fotosystemen I und II. → Lichtreaktionen. → Calvin-Zyklus

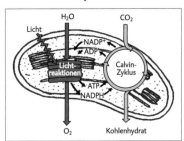

H₂O   CO₂
Licht
NADP⁺
ADP
Lichtreaktionen
Calvin-Zyklus
ATP
NADPH
O₂   Kohlenhydrat

Zusammenwirken von Lichtreaktion (dunkelgrau) und Calvin-Zyklus (hellgrau) bei der Fotosynthese in einem Chloroplasten

Fotosysteme (engl. *photosystems*) Die → Fotosynthese von Organismen, die Sauerstoff freisetzen (wie alle grünen Pflanzen), benutzt zwei voneinander abhängige Fotosysteme, I und II. Beide sitzen in den Thylakoidmembranen der → Chloroplasten.

Das aus einem komplizierten Molekülkomplex (u. a. → Chlorophylle) zusammengesetzte **Fotosystem I** wird von Licht mit einer Wellenlänge < 700 nm angetrieben und erzeugt energetisch hochwertige Elektronen, die bei der → nichtzyklischen Fotophosphorylierung in Form von → NADPH „gespeichert" werden (als

sog. Reduktionsäquivalente). Beim alternativen Weg der → zyklischen Fotophosphorylierung werden die Elektronen vom Fotosystem I ohne Beteiligung des Fotosystems II ausschließlich zur ATP-Bildung verwendet (jedoch ohne O_2-Freisetzung). Das ebenfalls sehr komplexe **Fotosystem II** benötigt Licht von einer Wellenlänge < 680 nm und erzeugt ein starkes Oxidationsmittel (Plastochinon), welches zur Freisetzung von Sauerstoff aus Wasser führt. Schließlich werden niederenergetische Elektronen von H_2O in 2 Schritten zuerst über Fotosystem II und dann Fotosystem I mittels Lichtenergie auf ein sehr energiereiches Niveau angehoben.

Zugleich wird durch die in den Thylakoidmembranen verankerten Fotosysteme ein transmembraneller Protonengradient aufgebaut (das Innere des Thylakoidmembransystems reichert vor allem aus der Spaltung von H_2O mit O_2-Freisetzung immer mehr H^+ an, sodass der pH-Wert sinkt). Dieser H^+-Gradient wird von membranständigen ATPasen zur ATP-Synthese genutzt. Der Umwandlungsprozess von Lichtenergie in energiereiche chemische Verbindungen ist letztendlich die Grundlage allen Lebens auf der Erde. → Lichtreaktionen, → Produzenten

Fototaxis → Taxis

fototroph (griech. *photos* Licht, *trophein* ernähren; engl. *phototrophic*) Organismen, die Licht als Energiequelle primär zur Synthese von → ATP nutzen, z. B. alle grünen Pflanzen sowie einige Bakterien (z. B. Cyanobakterien, früher als Blaualgen bezeichnet). Grüne Pflanzen bauen dabei aus CO_2 energetisch hochwertige Kohlenhydrate auf und werden deshalb als fotoautotroph bezeichnet, als ausschließlich auf Licht und anorganischen Kohlenstoff angewiesene Lebewesen.

Fototropismus → Tropismus

Fratizid → Infantizid

Fremdreflex (engl. *exogenous reflex*) → polysynaptischer Reflex, bei dem das Reiz empfangende Sinnesorgan vom Erfolgsorgan unterscheidbar ist.

Trifft beispielsweise ein Luftstrahl auf das Auge bzw. die sensiblen Nervenfasern in der Hornhaut, so wird die Muskulatur des Augenlides reflexartig aktiviert und führt zum Lidschluss. → Eigenreflex

Fruchtbarkeit → Fertilität

Fruchtfliege → *Drosophila*

Fructose, Lävulose (engl. *fructose*) Zuckermolekül; → Hexose

FSH → Gonadotropine

functional cloning → *positional cloning*

Fungi, Pilze (lat. *fungus* Pilz; engl. *fungi*) Eigene Abteilung eukaryontischer Organismen, die Sporen bilden, in keinem Stadium des Lebenszyklus *Flagellae* (Geißeln) aufweisen und meist von einer Zellwand umgeben sind.

Fungizide (lat. *caedere* töten; engl. *fungicides*) Substanzen, die Pilze abtöten. → Schädlingsbekämpfung

Furchung (engl. *cleavage*) Ablauf der frühen Embryonalentwicklung. So genannt, weil die Trennlinien der sich teilenden → Blastomeren im Mikroskop wie eine Furche aussehen.

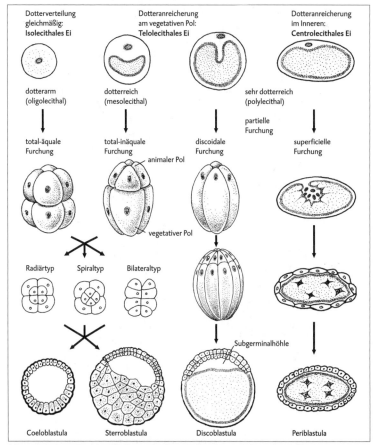

Schematische Darstellung des Ablaufes verschiedener Furchungstypen (Embryonalentwicklung)

80 ✦

G

g (1) Gramm, Einheit der Masse, (2) Fallbeschleunigung, Schwerkraft; diese beschreibt beispielsweise die Beschleunigungskräfte, die bei der Zentrifugation auftreten. 1 000 g bedeutet, dass z. B. ein 5 Gramm schweres Zentrifugenröhrchen

während der Zentrifugation einer Kraft von 5 kg ausgesetzt ist, also 5 kg wiegt.

G Guanin oder Guanosin. → Base → Nukleosid

G$_1$-, G$_2$-Phase → Zellzyklus

Gamet (griech. *gametis* Gatte; engl. *gamete*) Haploide Keimzelle mit einchromatidigem Chromosomensatz, z. B. bei

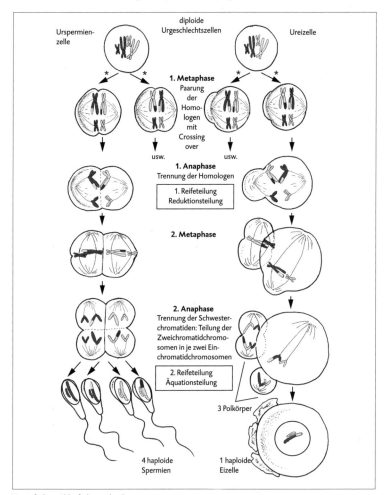

Vereinfachtes Ablaufschema der Gametogenese
*: zufällige Aufteilung/Durchmischung väterlicher (dunkelgrau) und mütterlicher (hellgrau) Chromosomen nach Crossing over

Tieren handelt es sich um Spermien und Eizellen und bei höheren Pflanzen stellen Pollen oder Mikrosporen die männlichen und Eizellen die weiblichen Gameten dar.

Gametogenese (griech. *gignomai* ich entstehe; engl. *gametogenesis*) Bildung, Entstehung der Gameten. → Oogenese, → Spermatogenese

Gametophyt (engl. *gametophyte, haplophyte*) Haploides Stadium im Lebenszyklus von Pflanzen mit → Generationswechsel, in dem die Gameten durch Mitose entstehen. → Diplohaplonten, → Spermatophyten

Gamogonie (griech. *gamos* Heirat, geschlechtlich, *gone* Erzeugung; engl. *gamogony*) Die geschlechtliche Fortpflanzung durch männlich und weiblich differenzierte → Gameten (Eizellen und Spermien).

Gamon (griech. *gamos* Heirat; engl. *gamone*) Chemische Verbindung, die von einem Gameten produziert wird, um die Befruchtung zu ermöglichen; „Befruchtungsstoff"; chemotaktische Stoffe, die vom Ei gebildet werden und die Bewegungsrichtung der männlichen Gameten selbst in hoher Verdünnung zu sich hinleiten.

Ganglion (griech. *ganglion* Knoten; engl. *ganglion*) Ansammlung von Nervenzellen.

Je nach Komplexität des Nervensystems der Tiere wird der Begriff für unterschiedliche Strukturen eingesetzt. (1) Bei Wirbellosen übernimmt ein Ganglion bzw. ein Ganglienpaar sogar die Funktion des Gehirnes (z. B. Cerebralganglion bei der Schnecke), während bei (2) Wirbeltieren Ganglien ausschließlich außerhalb des Gehirns auftretende Nervenzellenansammlungen darstellen. Ganglien sind dort Teil des → peripheren Nervensystems. (3) In der Chirurgie wird darunter ein sog. Überbein verstanden.

Gap Junction (engl. *gap junction*) Bei Ringelwürmern und Gliederfüßlern finden sich als Verbindung der sog. Riesennervenzellen im Bauchmark → Synapsen, die ohne Ausschüttung von Transmittermolekülen Nervenimpulse direkt von einer Nervenzelle auf die andere übertragen. Dies erfordert morphologisch – im Vergleich zu Synapsen, die chemische Transmitter benützen – unterschiedliche Synapsen, sog. elektrische Synapsen, bei denen der synaptische Spalt durch Verschmelzen der prä- und postsynaptischen Membran häufig völlig verschwunden ist. Diese Art der Verbindung heißt *Gap Junction*. → synaptischer Spalt

Gärung, Fermentation (engl. *fermentation*) Ein Stoffwechselprozess, bei dem durch den Abbau von Glucose ohne Beteiligung einer Elektronentransportkette ATP produziert wird und ein charakteristisches Endprodukt entsteht, etwa Alkohol oder Milchsäure.

Beispielsweise baut die Bierhefe *Saccharomyces cerevisiae* bei Sauerstoffmangel (daher keine Beteiligung der Elektronentransportkette, → Atmungskette) die Glucose mittels der → Glykolyse zu Pyruvat und dann nur bis zum Alkohol ab:

$$C_6H_{12}O_6 \longrightarrow 2\ C_2H_5OH + 2\ CO_2$$

Der Energiegewinn bei dieser **alkoholischen Gärung** ist dabei für die Hefe jedoch deutlich niedriger als bei der → Endoxidation von Sauerstoff zu Wasser.

Milchsäurebakterien bauen Zucker zu Milchsäure ab. Der Vorgang der **Milchsäuregärung** läuft unter anaeroben Bedingungen auch im arbeitenden Muskel ab. Der während der Glykolyse freigesetzte Wasserstoff wird auf Pyruvat übertragen und diese dadurch zu Milchsäure reduziert:

$$C_6H_{12}O_6 \longrightarrow 2\ CH_3–CHOH–COOH$$

Keine echte Gärung ist die **Essigsäuregärung**. Verschiedene Arten von Essigbakterien oxidieren Ethanol unter Anwesenheit von freiem Sauerstoff zur energieärmeren Essigsäure. Dieser Vorgang dient der Herstellung von Essigsäure und Speiseessig:

$$C_2H_5OH + O_2 \longrightarrow CH_3COOH + H_2O$$

Gastrula (engl. *gastrula*) Stadium der embryonalen Entwicklung, in dem die → Gastrulation abläuft.

Gastrulation (griech. *gaster* Magen; engl. *gastrulation*) Bildung der → Keimblätter durch Einstülpung der → Blastula. → Embryonalentwicklung

Komplexe Zellwanderung, bei der die Stammzellen, welche die künftigen Organe entwickeln, in ihre ungefähre Position im tierischen Embryo gelangen.

Gaußkurve → Normalverteilung

Gattung, Genus (engl. *genus*) Taxonomische Einheit (Tier- und Pflanzengattungen), die häufig mehrere verwandte Arten (Spezies) oder wie z. B. Genus *Homo* nur einen lebenden Vertreter mit der Art *H. sapiens* umfasst. Die Vertreter einer Gattung stammen von einer gemeinsamen Vorläuferart ab. → Familie

G-Bänderung (engl. *G-banding*) → Chromosomenbänderung

Gebärmutter → Uterus

Gedächtnis (engl. *memory*) Fähigkeit eines Nervensystems (bzw. seiner Teile), Informationen zu speichern und als solche wieder von diesem Speicher abrufen zu können.

Primitive Arten eines Gedächtnisses sind bei nahezu allen vielzelligen Tieren nachweisbar. Die Leistungen des Gedächtnisses nehmen jedoch mit zunehmender Komplexität des → Zentralnervensystems zu und gipfeln in der Leistungsfähigkeit des menschlichen Gehirns.

Beim menschlichen Gehirn sind drei Formen des Gedächtnisses unterscheidbar: Das **Kurzzeit**gedächtnis mit bis zu 25 sec Dauer, das **mittelfristige** Gedächtnis mit einer Dauer von Minuten bis Stunden und das **Langzeit**gedächtnis mit bis zu lebenslanger Dauer. Alle drei Formen sind funktionell eng miteinander verknüpft, denn über das Kurzzeitgedächtnis erfolgt die Langzeitspeicherung.

Ein Gedächtnis lässt sich selbst bei Organismen mit äußerst einfach gebautem Nervensystem und sogar an isolierten peripheren Nervenzellansammlungen, den Ganglien, nachweisen. So kann an einem Bruchstück des Brustsegmentes von Insekten mit einem → Ganglion gezeigt werden, dass selbst nur ein Bein in relativ kurzer Zeit „lernt", einen Elektroschock zu meiden. → explizites Gedächtnis, implizites Gedächtnis

Gefrierätzen (engl. *freeze-etching*) Technik zur Vorbereitung biologischen Materials für die Elektronenmikroskopie.

Lebende oder schon fixierte Proben werden in verflüssigtem Gas (etwa Stickstoff) tiefgefroren und in einem Balzer-Gerät in gefrorenem Zustand gebrochen. Das Eis der Bruchoberfläche wird teilweise absublimiert (unter Vakuum geht Eis unmittelbar in die Dampfphase über). So kommen die Strukturen wie z. B. Zellorganellen der Probe besser zum Vorschein. Die nun akzentuierte („geätzte") Oberfläche wird mit einem Metall, meist Platin, bedampft, sodass ein komplementärer Abdruck entsteht, der unter dem → Elektronenmikroskop betrachtet wird.

Präparationen dieser Art vermitteln ein räumliches Bild von der Anordnung der Zellstrukturen, etwa die Lage von Proteinstrukturen in der Zellmembran.

Gefrierbruch (engl. *freeze fracture*) Methode zur Präparation von Proben für die Elektronenmikroskopie. Die tiefgefrorene Probe wird mit einem Messer gebrochen, und von der Oberfläche ein Metallabdruck gegossen. → Gefrierätzen

gefriertrocknen, lyophilisieren (engl. *lyophilize*) Schonendes Verfahren zum Dehydrieren (Entwässern) von Zellen oder Lösungen nach schnellem Einfrieren. Das erstarrte Material wird im gefrorenen Zustand unter Vakuum gehalten, sodass das Eis sublimiert. (Unter Vakuum geht Eis unmittelbar in die Dampfphase über.)

Gehirn (engl. *brain*) Organ als Sitz aller geistigen Funktionen speziell bei allen Wirbeltieren.

Es ist eine je nach Tierart mehr oder

weniger große Ansammlung von Nervenzellen (aber auch anderer Zellen), meist deren größte Ansammlung im Körper überhaupt. Es wird in fünf Teile gegliedert: vom Rückenmark kommend Nach-, Klein-, Mittel-, Zwischen- und Vorderhirn, welches sich bei den Säugern zur Großhirnrinde entwickelte. → Gliazellen, → Neuron, → Synapse

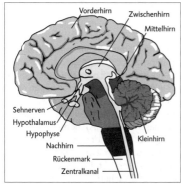

Übersicht über die fünf Teile des menschlichen Gehirns (in 5 Graustufen)

gekoppelte Gene → Kopplung
Gel → Elektrophorese
Gen (griech. *gennao* ich erzeuge; engl. *gene*) Der Begriff „Gen" wurde 1909 von dem dänischen Botaniker W. Johannsen geprägt, um die Vererbung von Eigenschaften nach den → Mendel'schen Gesetzen besser beschreiben zu können. Bei einem Gen handelt es sich um ein Stück Erbsubstanz (DNS), das für die Produktion einer → RNS verantwortlich ist. Das sind entweder rRNS oder tRNS, die als solche eine bestimmte Funktion haben, oder mRNS, aus deren Information die Ribosomen ein → Polypeptid synthetisieren können.

Ein Gen hat drei Hauptteile: (1) der Regulationsbereich mit Promotor und/oder Enhancer stromaufwärts (→ Strangbezeichnung), (2) das Strukturgen in der Mitte als der für das Polypeptid codierende Bereich und (3) der Terminationsbereich stromabwärts. Jedes Gen für sich unterliegt zahlreichen regulativen Elementen (→ Glucose-sensitive Operons) und seine Aktivierung richtet sich i. d. R. nach Bedarf.

Ein **Cistron** ist der DNS-Abschnitt, der für eine komplette reife tRNS, rRNS oder mRNS codiert. Ein Cistron umfasst auch die vor- und nachgeordneten Regionen (→ *leader*-Sequenz und → *trailer*-Sequenz, falls vorhanden) und → Introns (Abschnitte in Genen von Eukaryonten, die keine genetische Information enthalten). Ein **Muton** ist die kleinste DNS-Einheit, die im genetischen Code modifiziert (mutiert) werden kann, sodass eine andere Aminosäure-/RNS-Sequenz oder geänderte DNS-Bindungsstelle daraus resultiert. Ein **Recon** ist die kleinste DNS-Einheit, die rekombinieren kann.

Es gibt auch Gene, die nach bisherigem Wissen keine Funktion besitzen, sog. stumme Gene oder **Pseudogene**. Möglicherweise wurden sie im Lauf der Evolution durch „bessere" ersetzt und werden seither im Genom mitgeschleppt.

Ein Gen stellt die kleinste Einheit der Vererbung eines phänotypischen Merkmals (→ Phänotyp) dar. Jede Zelle hat eine arttypische Zahl an DNS-Fäden, die in Chromosomen verpackt (Mensch $2 \cdot 23$ Chromosomen) sind. Alle Chromosomen einer Zelle enthalten bei den Säugern etwa 2 (→ Diploidie) $\cdot 3 \cdot 10^9$ Nukleotidpaare (einchromatidig), von denen der größte Teil keine Funktion hat. Die lebensnotwendige Information befindet sich in den etwas mehr als 30 000 Genen, die nur 2–5 % der gesamten DNS einer Zelle ausmachen. Die Anleitung zum Bau eines Polypeptids (Protein, → Merkmal oder Teil eines Merkmals) liegt in einem Gen (Strukturgen) als eine spezifische Basenfolge vor, wobei jeweils drei Basen (= 1 Codon) einer Aminosäure entsprechen. Somit sind stets dreimal so viele Basen in einem Gen vorhanden wie Aminosäuren in dem entsprechenden Polypeptid.

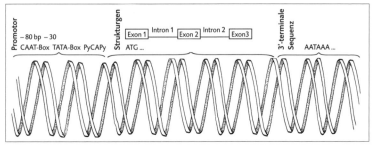

Schematischer Aufbau eines eukaryontischen Gens

Das Zusammenspiel aller Gene bewirkt, dass aus einer befruchteten Eizelle ein Individuum heranwächst, reift und altert. Gene werden von den Eltern ziemlich konstant an ihre Kinder (Filialgeneration) weitergegeben. Manchmal tritt infolge von Umwelteinflüssen in einem Gen eine Änderung der Basenfolge auf, sodass auch das entsprechende Peptid etwas anders geformt ist (→ Mutation). Im Lauf der Evolution sind viele solcher Merkmalsänderungen aufgetreten. Sie bewirken u. a. die genetische und phänotypische Vielfalt der Lebewesen. Die von Forschern als erste beschriebene Zustandsform eines Gens nennt man → Wildtyp, ebenso wie den entsprechenden Phänotyp. Jede andere Form nennt man → Allel. Der Einfachheit halber verwendet man den Begriff Allel für alle Varianten eines Gens, einschließlich des Wildtypgens.

Manche Gene kommen nur in einer Form vor, sie sind monomorph; andere mutieren häufig, sodass es entsprechend viele Allele gibt (das Gen ist polymorph). In einer Population können viele Allele vorhanden sein, in einem diploiden Individuum jedoch nur zwei je → Genlocus (→ Diploidie). Da die Anordnung der Gene auf den Chromosomen bzw. der DNS innerhalb einer Art sehr konstant ist, spricht man von einem Genlocus, dem Platz auf dem Chromosom/der DNS, wo sich der entsprechende DNS-Abschnitt befindet („Hausnummer in einer Straße").

Ein diploider Organismus enthält die Erbinformation in doppelter Ausfertigung (außer bei → hemizygoten Genen), die je für ein Polypeptid codieren. Sind diese beiden DNS-Abschnitte identisch, nennt man den Genlocus (bzw. das Individuum für diesen Genlocus) homozygot (reinerbig). Ist einer der beiden DNS-Abschnitte und damit manchmal auch das Polypeptid mutiert, ist der Genlocus heterozygot (mischerbig, zwei verschiedene Allele). In den diploiden Zellen eines Organismus liegen zwei → Genome vor (eines von der Mutter, eines vom Vater). Deren Gesamtheit heißt → Genotyp.

Genaktivierung (engl. *gene activation*) Auslösen der Transkription durch ein Induktionsmolekül (→ Inducer).

Da die Transkription von Genen energieaufwändig ist, werden viele Gene nur dann aktiviert, also transkribiert, wenn dafür ein Bedarf besteht. Zucker kann z. B., wenn er in genügender Menge in einem Nährmedium für Bakterien vorhanden ist, an ein Protein binden, welches an einer bestimmten Nukleotidsequenz, einem Operator, „festsitzt" und somit die Transkription des nachfolgenden Strukturgens verhindert. Ein solches Protein nennt man → Repressor. Der Repressor hat also zwei Bindungsstellen: eine für den Zucker und eine für eine bestimmte Nukleotidsequenz, den Operator (→ Operatorgen; dieses befindet sich vor dem → Strukturgen). Durch die Bindung des Zuckers än-

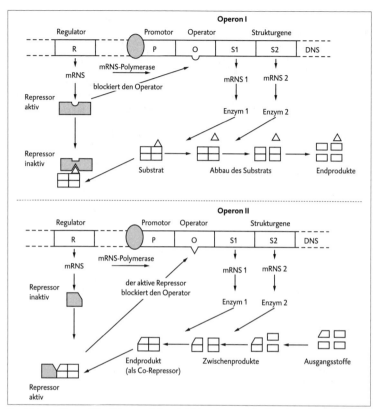

Genaktivierung, Genregulation: Schema zur Substratinduktion mit positiver Rückkopplung (oben) und Endproduktrepression mit negativer Rückkopplung (unten). Grau: Moleküle auf Proteinbasis.

dert der Repressor seine räumliche Struktur, passt dann nicht mehr auf den Operator und fällt ab. Danach kann die RNS-Polymerase an den Operator binden und das nachfolgende Strukturgen ablesen. Dieses Strukturgen codiert für ein Enzym, welches den entsprechenden Zucker abbauen und damit für die Zelle nutzbar machen kann. Damit führt der Zucker zur Aktivierung eines Enzymgens, welches seinerseits für den Zucker spezifisch ist (Substratinduktion). Diese Art der Interaktion nennt man positive Rückkopplung. → Jacob-Monod-Modell, → Feedback-Inhibition

Genaktivität → Transkription

Genamplifikation (lat. *amplus* umfangreich; engl. *gene amplification*) Vorgang, bei dem spezifische DNS-Sequenzen überproportional (hinsichtlich ihrer Präsenz im Genom) vervielfacht werden.

Während der Entwicklung eines Individuums werden einige Gene in bestimmten Geweben amplifiziert und aktiviert, z. B. ribosomale Gene während der Oogenese bei Amphibien. Genamplifikation kann in Zellkulturen künstlich mit Methotrexat ausgelöst werden.

Genbank, Genbibliothek (engl. *gene bank, genomic library*) Sammlung von

DNS-Fragmenten des Genoms einer Spezies oder eines Individuums, die in Plasmide (Phagen, Cosmide, → BAC, → YAC) eingefügt (insertiert) und in einem geeigneten Wirt (z. B. *Escherichia coli*, Hefezellen) kloniert d. h. vermehrt werden.

Dazu wird die DNS einer Spezies in Stücke von je mehreren tausend Basenpaaren gespalten (z. B. mit → Restriktionsendonukleasen) und dann jeweils in die ringförmige DNS eines Plasmids enzymatisch eingefügt (einligiert, insertiert). Mit diesen Plasmiden werden Wirtszellen infiziert, in denen sich die Plasmide und damit auch das entsprechende DNS-Fragment vermehren. Bedingt dadurch, dass in einer Wirtszelle nur ein DNS-Fragment von wenigen tausend Basenpaaren kloniert werden kann, ergibt sich insgesamt der Bedarf einer großen Anzahl von Klonen, damit das ganze Genom (je nach Spezies bis zu 3 Milliarden Basenpaare) in Form einer Genbank repräsentiert werden kann. → Shotgun-Experiment

Gencluster (engl. *gene cluster*) Satz von Genen (mehrere Gene mit ähnlicher Basensequenz), der aus einem „Ur"-Gen durch Duplikation und Variation (Mutationen) entstanden ist. Solche Gene können auf einem Chromosom ganz nahe beieinander liegen oder über mehrere Chromosomen verstreut sein, z. B. die Gene für Histone, die Proteinanteile der Hämoglobine, Antikörpergene, MHC, Chorion-Proteine, Dotterproteine usw. → Multigen-Familie

Gendosis (engl. *gene dosage*) Zahl der Allele im Zellkern und die davon abhängige Menge des Genprodukts.

Normalerweise ist ein Genlocus eines diploiden Organismus mit zwei Kopien oder (falls die beiden nicht homozygot, also identisch, sind) zwei Allelen eines Gens besetzt. Manche Genloci werden dosisreguliert, d. h. eines der Allele wird nicht exprimiert, etwa bei den Immunglobulinegenen. Im Falle des X-Chromosoms der Säuger wird im weiblichen Geschlecht (fast) das gesamte Chromosom inaktiviert, sodass die Allele dieses → Barr-Körperchens nicht exprimiert werden. Manche Genloci sind mehrfach vorhanden; so sind die Histongene mit vielen Genloci vertreten, um den großen Bedarf an Histonen in der kurzen Zeit der DNS-Synthese bewerkstelligen zu können. → Dosiskompensation

Genduplikation (engl. *gene duplication*) Auftreten einer Wiederholung (Verdoppelung) einer DNS-Sequenz (Gen); hervorgerufen durch ungleiches → Crossing over oder abnormale → Replikation.

Genealogie (griech. *genos* Geschlecht, Herkunft; engl. *genealogy*) Familien- oder Geschlechterkunde. Darstellung der Abstammung eines Individuums von seinen Vorfahren. → Stammbaum

generalisiert (engl. *generalized*) (1) Begriff der Evolutionstheorie, der ein nicht → spezialisiertes Merkmal (oder einen Zustand) beschreibt, das größere Entwicklungsmöglichkeiten als ein spezialisiertes. Einfache Merkmale sind gewöhnlich generalisiert. (2) In der Medizin bezeichnet der Begriff die Ausbreitung eines Phänomens (z. B. Erkrankung) auf ein ganzes Organ oder den ganzen Körper.

Generationsdimorphismus → Saisondimorphismus

Generationsintervall (engl. *generation interval*) (1) Die für einen vollständigen → Zellzyklus (Mitose, G_1, S, G_2, Mitose) erforderliche Zeit; Begriff aus der Zellkultur (engl. *doubling time*). (2) Zeitraum, zwischen zwei aufeinander folgenden Generationen (engl. *generation gap*); anders ausgedrückt: die durchschnittliche Zeit zwischen der Geburt eines Individuums und der Geburt seiner Nachkommen oder das durchschnittliche Alter der Eltern bei Geburt ihrer Nachkommen. Das Generationsintervall beim Menschen beträgt je nach Volksgruppe 20–30 Jahre; das des Rindes beträgt 5–7 Jahre, das von *Drosophila* 2 Wochen.

Generationswechsel (engl. *alternation of generations*) Verschiedene Fortpflanzungsmodi z. B. bei Pflanzen (Algen, Moose, Farne, Samenpflanzen), wobei auf eine geschlechtliche Generation (Gametophyt) eine ungeschlechtliche (Sporophyt) folgt. Der Generationswechsel ist eng aber nicht ganz korreliert mit dem → Kernphasenwechsel, dem Wechsel zwischen haploidem und diploidem Zustand. → Diplohaplonten

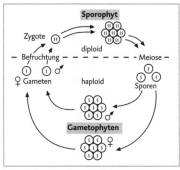

Vereinfachte Darstellung eines primären Generationswechsels (z. B. bei primitiven Farnen)

Generatorpotenzial, Rezeptorpotenzial (engl. *generator potential*) Ein → adäquater Reiz löst in einer → Sinneszelle (Rezeptor) bzw. deren Ausläufern, den → Dendriten, eine Änderung des → Membranpotenzials aus. Bei den meisten Sinneszellen kommt es dann zu einer geringfügigen → Depolarisation der gereizten Rezeptorregion (bei einigen Sinneszellen kann auch eine → Hyperpolarisation eintreten). Diese Depolarisation wird als Generatorpotenzial bezeichnet.

Es handelt sich im Gegensatz zur → Erregungsleitung (mit → Aktionspotenzial) um ein sog. lokales Potenzial, denn es nimmt mit zunehmender Entfernung vom Ort der Entstehung rasch ab. Die Art der Ausbreitung wird als passiv bezeichnet, da sie die Membraneigenschaften nicht ändert. Ferner ist die Höhe des Generatorpotenzials proportional zur Reizstärke.

Man spricht daher von einem graduierten Potenzial. Die entsprechende Sinneszelle wandelt bei einem genügend hohen Generatorpotenzial (→ Summation) dieses in einen Nervenimpuls (→ Aktionspotenzial) um und schickt diesen weiter. Ähnliches geschieht bei der Impulsweitergabe von Neuron zu Neuron.

Der Bereich, in dem ein Neuron Generatorpotenziale empfängt, wird Rezeptorregion genannt, welche primär den Bereich der Dendriten und den Zellkörper umfasst, nicht aber das → Axon und den axonalen Teil des Neurons.

gene rearrangement → Immunglobulingene, → Exon-shuffling

gene targeting Gentechnische Methode, ein bestimmtes Gen eines Organismus durch gezielten Einbau fremder DNS-Sequenzen zu ersetzen.

Dazu werden an den beiden Genflanken (am Beginn und Ende des zu übertragenden Gens) zusätzlich kurze Nukleotidsequenzen angehängt, die einem genomischen DNS-Abschnitt homolog sind. Wird das Fremdgen in die Zelle transferiert, so integriert es sich vornehmlich an der homologen Stelle durch Rekombination in das Chromosom. Damit soll die zufällige Integration, die andere Gene zerstören kann, vermieden werden.

genetic engineering → Gentechnik

Genetical Theory of Natural Selection Titel der grundlegenden populationsgenetischen Arbeit von R. A. Fisher, 1930. → Neo-Darwinismus

Genetics and the Origin of Species Titel der grundlegenden Arbeit über Evolution und Genetik von T. Dobzhansky, 1937.

Genetik (griech. *genna*o ich erzeuge; engl. *genetics*) Wissenschaft der Vererbung.

Der Begriff wurde 1902 von W. Bateson geprägt. Die Basis der Genetik im heutigen Sinne beruht auf den Arbeiten und speziell der 1865 veröffentlichten Abhandlung „Versuche über Pflanzenhybriden" von Gregor Mendel (1822–1884). Die Erkenntnisse fanden jedoch im 19. Jhd. keine Beachtung und wurden voneinander unabhängig von Tschermak, Correns und de Vries erst 1900 wiederentdeckt.

genetische Beratung (engl. *genetic counselling*) Analyse der Wahrscheinlichkeit, dass in einer Familie Erbfehler auftreten, sowie die Information über das Ergebnis, sodass mit verfügbaren Techniken mögliche Risiken gelindert oder vermieden werden können.

Primär erfolgt die genetische Beratung, wenn in der Verwandtschaft eines Paares bereits erbliche Defekte aufgetreten sind oder das Alter der potenziellen Mutter eine gewisse Grenze überschritten hat (z. B. häufigeres Auftreten des → Down-Syndroms bei Kindern von Spätgebärenden).

genetische Bürde (engl. *genetic load*) Durchschnittliche Zahl der Letalallele je Individuum in einer Population. Bei allen diploiden Organismen können solche Gene, die im homozygoten Zustand zum Absterben des Individuums führen, im Genom „mitgeschleppt" werden, solange das entsprechende Allel zu diesem Letalgen funktionstüchtig ist und somit das Überleben gewährleistet. Für den Menschen werden 5–8 Letalallele pro Individuum geschätzt. → Letalmutation

genetische Distanz (engl. *genetic distance*) Maß für die Zahl der Allele (Mutationen) je Genlocus, die während getrennt verlaufender Evolution zweier Populationen oder Spezies aufgetreten sind.

genetische Drift (engl. *genetic drift*) Umfassender Begriff für die Verschiebung von Allelhäufigkeiten innerhalb von Populationen (→ Genfrequenz).

Obwohl in allen Populationen möglich, werden die Auswirkungen besonders in kleinen Populationen deutlich. Eine Interpretation war oder ist noch die zufällige Fixierung von Allelen, die als solche jedoch keine evolutive Bedeutung hat. Eine extreme Position bezog S. Wright 1955,

nach der alle Evolution auf genetischer Drift beruht, während T. Dobzhansky 1951 die zufällige Fluktuation der Allelhäufigkeit hervorhebt, die in kleinen Populationen manifest wird.

Man kann nach E. Mayr (1967) fünf Kategorien der Drift unterscheiden: (1) Zufällige Fluktuationen, die zur Fixierung führen (*accidents of sampling*), die abhängig von der Eignung der Gene und von der effektiven Populationsgröße ist. (2) Fixierung durch den Gründereffekt. Im Extremfall ist es ein einziges Gründerpaar, das dann verantwortlich für die genetische und phänotypische Einheitlichkeit ist. (3) Fluktuation durch schnelle Änderung der Populationsgröße und die damit verbundene Verschiebung des Selektionsdruckes. Dieser nimmt ab bei Erweiterung der Population, und nimmt zu bei Verkleinerung, sodass Allele bevorzugt werden, die auch unter Bedingungen zunehmender Inzucht im Vorteil sind. (4) Korrelierte Wirkung kryptischer Selektion: Stetige, langsame Änderung des Phänotyps kann die korrelierte Antwort auf einen systematischen Selektionsdruck gegenüber dem Genotyp sein. Dies ist keine Drift. (5) Selektive Gleichwertigkeit von Genotypen. Es ist möglich, dass unterschiedliche Genotypen Phänotypen hervorbringen, die in gleicher Weise auf einen gegebenen Selektionsdruck reagieren.

genetische Fixierung (engl. *genetic fixation*) → Fixierung

genetische Homöostasie (griech. *homoios* gleich, *stasis* Stand; engl. *genetic homeostasis*) Tendenz einer Population, ihre genetische Zusammensetzung beizubehalten und plötzlichen Änderungen zu widerstehen. Allgemein beobachtetes Phänomen, das auf der Trägheit von Systemen beruht.

genetische Identität (engl. *genetic identity*) Maß für den Anteil der Allele, die in zwei Populationen identisch sind.

genetische Information (engl. *genetic information*) Informationsgehalt in der

Nukleotidsequenz von DNS und RNS, d. h. die Voraussetzung für Expression und Aminosäureabfolge.

genetischer Block (engl. *genetic block*) Unterbrechung einer biochemischen Reaktion, gewöhnlich verursacht durch eine Mutation, welche die Synthese eines essenziellen Enzyms verhindert oder ein defektes Enzym produziert. Eine solche Mutante wird "leck" (*leaky*) genannt.

Mäusezygoten der meisten Zuchtlinien z. B. teilen sich *in vitro* nur einmal (Zweizeller), während Zygoten aus der Linie C57 Bl diesen Entwicklungsblock nicht zeigen.

genetischer Code (engl. *genetic code*) Die aufeinander folgenden Nukleotid-Tripletts (Codons) in DNS und RNS, welche die Aminosäuresequenz bei der Proteinsynthese spezifizieren. Der Code ist **universell** für alle Organismen, jedoch gibt es Ausnahmen, z. B. im mitochondrialen System, bei einigen Bakterien und einzelligen Eukaryonten. → universaler Code

Konventionell wird immer die Sequenz der mRNS angegeben, in 5'–3'-Richtung, in der auch die Translation verläuft. Ein mRNS-Abschnitt 5'–CCU UGG AUG–3' spezifiziert demnach das Tripeptid Prolin-Tryptophan-Methionin; der zugehörige komplementäre *Template*-Abschnitt der DNS ist 3'–GGA ACC TAC–5'. → Strangbezeichnung

Der genetische Code heißt **degeneriert**, weil alle Aminosäuren mit Ausnahme von Methionin und Tryptophan durch mehrere Tripletts spezifiziert werden. Von den $4^3 = 64$ möglichen Basenkombinationen eines Basentripletts codieren drei für den Translationsstopp. Den anderen 61 Tripletts stehen 20 Aminosäuren gegenüber. Demzufolge codieren durchschnittlich drei verschiedene Tripletts für eine bestimmte Aminosäure. Hierbei ist die Spezifität des Nukleotids am 3'-Ende (die 3. Position in einem Codon) am geringsten (→ Wobble-Hypothese). → tRNS

Der Code wird von einem fixen Start-punkt aus ohne Interpunktion gelesen. In gewisser Hinsicht können jedoch → Introns als Kommata angesehen werden. → kommaloser genetischer Code

Das Start-Codon ist AUG; bei Bakterien entspricht dies einem Formyl-Methionin. Liegt AUG innerhalb einer Gensequenz, so codiert es für Methionin.

Die Code-Sonne gibt die Verschlüsselung der Aminosäuren auf der mRNS an. Abgelesen wird von innen nach außen (5'–3'): ● Stopp-Codons, ▲ Start-Codon

genetischer Fingerabdruck → DNS-Fingerprinting

genetischer Marker, Genmarker, Markergen (engl. *genetic marker*) Ein Gen, dessen phänotypische Expression leicht zu erkennen ist (z. B. ein Farbgen) und das deswegen zur Identifikation von Zellen bzw. eines Individuums oder als Sonde zur Kennzeichnung von Zellkernen, Chromosomen bzw. Genloci verwendet wird.

genetischer Polymorphismus (griech. *polys* viel, *morphe* Gestalt; engl. *genetic polymorphism*) Vorkommen von zwei oder mehr Allelen an einem Genlocus (oder mehreren Genloci) einer Population. → Polymorphismus

genetisches Gleichgewicht (engl. *genetic equilibrium*) Situation in einer geschlossenen Population, in der die Häufigkeiten von Allelen über Generationen konstant bleiben.

Dies ist der Fall bei der Panmixie (→ Zufallspaarung; Hardy und Weinberg, 1908), wenn Paarungen zufällig und ohne Einfluss durch allelisch bedingte Merkmale erfolgen. Dies gilt beim Menschen beispielsweise bezüglich der Blutgruppenmerkmale; anders ausgedrückt: Allele für Blutgruppenmerkmale haben keinen erkennbaren Einfluss auf die Paarbildungen der Menschen.

genetische Varianz → genotypische Varianz

Genexpression (engl. *gene expression*) Manifestation eines spezifischen Merkmals in Abhängigkeit von der genetischen Ausstattung eines Organismus. Die Expression auf DNS-Ebene entspricht der Transkription zu RNS; auf RNS-Ebene (bei mRNS) entspricht sie der Translation zu Polypeptiden. Expression auf physiologischer Ebene beinhaltet das Zusammenspiel mehrerer Genprodukte, was zu einem oder mehreren komplex zusammengesetzten Merkmalen, z. B. Körpergröße, führt.

Genfluss (engl. *gene flow*) Austausch von Allelen (Genen) zwischen verschiedenen Populationen (→ Migration), wodurch sich die Genfrequenzen des betreffenden Genpools (der Population) ändern. Genfluss geschieht z. B. durch Einkreuzen von meist wertvollen Tieren in eine (bislang geschlossene) Population.

Genfrequenz (engl. *gene frequency*) Prozentsatz aller gleichen Allele an einem gegebenen Genlocus in einer Population; besser: **Allelfrequenz** oder -**häufigkeit**. Aus den Allelfrequenzen können die Genotypenhäufigkeiten berechnet werden.

Am Genlocus des Wachstumshormons können beispielsweise zwei Allele vorhanden sein, die sich darin unterscheiden, dass in die eine Hormon-Polypeptidkette an einer bestimmten Stelle ein Valin, in die andere Kette ein Lysin eingebaut wird. Das L-Allel habe eine Frequenz von 0,9 (90 %), das V-Allel eine Frequenz von 0,1 (10 %). In dieser Population gibt es 81 %

(0,9 · 0,9) homozygote LL-Tiere (Genotypen), 18 % (2 · 0,9 · 0,1) heterozygote LV-Genotypen und 1 % (0,1 · 0,1) homozygote VV-Genotypen, entsprechend der Formel $(p + q)^2 = 1$, wobei p und q die Allelhäufigkeiten für L und V darstellen.

Geninduktion (engl. *genetic induction*) Vorgang der → Genaktivierung durch ein Inducermolekül (→ Inducer) mit dem Ergebnis der Transkription eines oder mehrerer Strukturgene.

Geninsertion (lat. *inserere* einfügen; engl. *gene insertion*) Hinzufügen eines oder mehrerer fremder Gene in das Genom eines Organismus durch Zellfusion, Transfektion bzw. Transformation oder Geninjektion. Man versteht darunter sowohl das Hinzufügen zusätzlichen DNS-Materials (→ Episom) als auch den Einbau neuen DNS-Materials in die DNS eines Genoms.

Beispielsweise führt eine Virusinfektion mit dem Grippeerreger (Influenzavirus) zur Insertion des viralen Genoms in zahlreiche Körperzellen. Dieses virale Genom liegt jedoch als autonom (nicht in Wirtschromosomen eingebaut) sich vermehrendes Erbgut in den Wirtszellen vor. Die Infektion einer Zelle mit einem Retrovirus kann in seltenen Fällen (meist verläuft die Insertion wie bei Influenza) zum Einbau der Virus-DNS in die Wirtszell-DNS führen (eigentlich Genintegration).

Genintegration → Integration

Geninteraktion, Epistasie (griech. *epistamai* stehe darüber; engl. *gene interaction, epistasis*) Wechselbeziehung zwischen Genloci innerhalb eines Genoms bei der Ausprägung (Manifestation) des betreffenden Phänotyps; Abweichungen vom zu erwartenden Merkmalsverhältnis können auftreten, weil ein Genlocus die Expression eines anderen maskiert.

Ein klassisches Beispiel ist die Vererbung der Aleuron-Farbe beim Mais. Zur Ausprägung der Kornfarbe müssen mindestens die zwei Genloci A und C vorhanden sein. Wenn, unabhängig vom Zygotiezustand, noch der R-Genlocus homozygot vorhanden ist, wird ein rotes Pigment gebildet. Zusätzlich verursacht ein bestimmtes Allel am P-Genlocus in Anwesenheit von A, C und R purpurrote Farbe. Alle Genloci liegen auf verschiedenen Chromosomen. So erscheinen nach Selbstbefruchtung des Genotyps Aa CC RR Pp folgende Farben: Purpur, Rot, und Weiß im Verhältnis 9 : 3 : 4; die klassische Aufspaltung in 9 : 3 : 3 : 1 ist nicht möglich, da in Abwesenheit von A P nicht exprimiert wird. In der Farbvererbung bei Säugern spielt der Tyrosinasegenlocus eine epistatische Rolle (→ Albinismus).

genische Balance (engl. *genic balance*) genisch: Adjektiv zu Gen. Mechanismus der Geschlechtsbestimmung, die vom Verhältnis X-Chromosomen zu Autosomen (A) abhängt. Erstmals bei der Taufliege *Drosophila* entdeckt. Bei einem Verhältnis von X : A = 0,5 oder weniger entstehen Männchen, Intersexe sind bei 0,5 bis 1,0 möglich; Weibchen entwickeln sich bei einem Verhältnis von $\geq$ 1,0.

Genkarte, Chromosomenkarte (engl. *gene map*) Lineare Darstellung der Genloci auf einem Chromosom, ermittelt aus → Zellhybridisierungsexperimenten, Rekombinationsexperimenten (→ Crossing over) oder → *in situ*-Hybridisierungsexperimenten. Eine Genkarte zeigt die Lage (Position), Reihenfolge und Distanz der Gene auf einem bestimmten Chromosom (besser: Chromatid). A. H. Sturtevant hat 1913 die erste (einfache) Genkarte bei *Drosophila* veröffentlicht.

Genkartierung (engl. *gene mapping*) Positionsanalyse eines Genlocus auf einem Chromosom bzw. Chromatid und/oder Bestimmung seines relativen Abstandes zu einem anderen Genlocus auf dem gleichen Chromosom/Chromatid. Erstellung einer → Genkarte.

Es gibt mehrere Methoden: (1) Familienanalyse, mithilfe von Stammbaum, Kopplung und Segregation, (2) Analyse mithilfe von Hybridzellen (→ Zellfusion), wobei nach Selektion eines Zellklons ein spezifisches Genprodukt einem bestimmten Chromosom zuordenbar wird, (3) *in situ*-Hybridisierung, wobei eine markierte Gensonde an den (in der Basensequenz komplementären) Genlocus eines Metaphasechromosoms bindet. (4) DNS-Sequenzierung mittels → Chromosomen-Abschreitens von einem bereits lokalisierten Genlocus aus.

Genlocus (lat. *locus* Ort, Plur. *loci*; engl. *gene locus*) Genort. Spezifische Position eines Gens auf einem Chromosom. In der Genetik meist vereinfacht **Locus** genannt. Analog der Hausnummer (Genlocus) in einer Straße (Chromosom).

Genmarker → genetischer Marker

Genmanipulation (engl. *gene manipulation*) → Gentechnik

Genom (engl. *genome*) Mit Ausnahme bestimmter Viren, bei denen das Genom aus → RNS besteht, verfügen alle Lebewesen in fast allen Zellen über einen oder mehrere → DNS-Doppelstränge (bei Eukaryonten in Form von Histon-assoziierten Chromosomen). In den haploiden Ei- und Spermienzellen diploider Organismen liegt die Erbsubstanz i. d. R. als ein Genom vor. Bei der Vereinigung von Ei- und Spermienzelle addieren sich die beiden Genome wieder zum diploiden Satz.

Das Genom der menschlichen Gameten besteht aus je 22 → Autosomen und einem Gonosom (X- oder Y-Chromosom) in Form jeweils eines Chromatids. Im konkreten Fall enthält ein Spermium 22 Autosomen und entweder ein X- oder ein Y-Chromatid (i. e. S.). Die Eizellen der Säuger enthalten neben den Autosomen immer ein X-Chromatid (i. e. S.) als Gonosom. Die beiden Genome einer diploiden tierischen Zelle in Form von zwei Chromosomensätzen einschließlich der mitochondrialen DNS bezeichnet man als → Genotyp. Bei Pflanzen kommt noch die Chloroplasten-DNS hinzu.

Der Begriff Genom wird auch in abstraktem Sinne verwendet. Er bezeichnet dann die arttypische Ausstattung an Genloci.

Genomaufbau (engl. *genome structure*) Das Genom der Eukaryonten besteht aus dem haploiden Chromosomensatz mit 10^7 bis 10^{11} Basenpaaren (bp).

Das Vogelgenom hat etwa 10^9, das Säugergenom etwa $3 \cdot 10^9$ bp. Ein Drittel davon sind Sequenzwiederholungen, die nicht transkribiert werden. Man teilt diese ein in (1) *short interspersed elements (sine)*, in denen eine bestimmte Nukleotidfolge sich nach etwa 300 bp wiederholt. (2) *long interspersed elements (line)*, in denen sich eine bestimmte Nukleotidfolge nach einigen kb wiederholt. (3) *variable number of tandem repeats (VNTR)*: Hier unterscheidet man Nukleotidfolgen benannt als sog. Minisatelliten (z. B.:

5'– GGCTTGCCAGGTCCGAAT …
      GGCTTGCCAGGTCCGAAT …
      GGCTTGCCAGGTCCGAAT …–3')

von den sog. Mikrosatelliten (z. B. :

5'–…CGCTGTGTGTGTGTGTGT
      GTGTCGGC…–3').

Die Wiederholungssequenz *(repeat)* eines Mikrosatelliten kann unterschiedlich lang sein. Ein Chromosom enthält z. B. die angegebene Nukleotidfolge mit 10 GT-Wiederholungen, während auf dem homologen Chromosom 12 oder 16 Wiederholungen vorhanden sein können. Man betrachtet die Mikrosatelliten als Genloci mit mehreren Allelen (sog. polymorphes System). Diese Eigenschaft der Mikrosatelliten kann genutzt werden, ein Individuum eindeutig zu charakterisieren, wie das etwa in der Kriminalistik, bei Vaterschaftsanalysen oder in der Tiergenetik angewandt wird. Dazu genügen einige wenige Genloci mit je 5–10 Allelen.

Zwei Drittel des eukaryontischen Genoms sind einzigartige (engl. *unique*) Sequenzen, die sich in nicht codierende und codierende Abschnitte einteilen lassen. In den codierenden Abschnitten befinden sich die eigentlichen Gene mit → Introns und → Exons, die zusammen etwa 1 % der gesamten DNS ausmachen. Der Rest hat bis auf wenige Ausnahmen keine bekannte Funktion und wird bei jeder Zellverdopplung „mitgeschleppt" (→ egoistische DNS, → Chromosom).

Die Genome von Prokaryonten weisen wesentlich weniger nicht-codierende Sequenzen auf und in ihren codierenden Abschnitten finden sich keine Introns.

Virale Genome zeigen das höchste Maß an Kompaktheit für codierende Abschnitte. Ihr Genom ist, durch ihren intrazellulären Parasitismus und die Größe der viralen Hüllstrukturen vorgeschrieben, so klein, dass sie es sich nicht „leisten" können, größere Abschnitte nicht-codierender Sequenzen zu besitzen. In einigen Fällen finden sich hier sogar überlappende Gene (Gene in Genen), die durch Verschiebung des → Leserasters entstehen.

genomische Formel (engl. *genomic formula*) Zahlenmäßige Darstellung der Chromosomen (in genomischen Einheiten) einer Zelle: N = haploid, 2 N = diploid, 3 N = triploid, 4 N = tetraploid, (2 N – 1) = monosom (in einem diploiden System fehlt ein Chromosom), (2 N+1) = trisom (in einem diploiden System ist 1 Chromosom zu viel); (2 N – 2) = nullisom.

Genopathie (griech. *pathos* Leiden; engl. *genopathy*) Durch genetischen Defekt verursachte Krankheit, z. B. → Phenylketonurie.

Genophor (griech. *phorein* tragen; engl. *genophore*) Chromosomenäquivalent in Viren und Prokaryonten. Genom wie bei den Eukaryonten aus Nukleinsäure, aber ohne die assoziierten → Histone („nackte" DNS).

Genotyp (engl. *genotype*) Gesamte genetische Ausstattung eines Organismus.

Bei Diploiden also die beiden Genome (von den Eltern) und die mitochondriale DNS (bzw. bei Pflanzen die DNS der Chloroplasten), die nur von dem weiblichen Elternteil des Individuums stammt (bei einigen Pflanzen können auch Pollen

Plastiden weitervererben). Oft wird Genotyp auf nur einen Genlocus und damit ein Merkmal bezogen. Der Genotyp ist mit dem physischen Erscheinungsbild ($\rightarrow$ Phänotyp) korreliert.

genotypische Varianz, genetische Varianz (engl. *genetic variance*) Streuung der Merkmalswerte, die vom Genotyp verursacht wird.

Die messtechnisch einfach zu erfassende phänotypische Varianz (V_p z. B. der Körpergröße) beinhaltet die Summe aus genetischer (V_g z. B. Wachstumshormon) und umweltbedingter (V_u z. B. Nahrungsmittel) Varianz: $V_p = V_g + V_u$. Die genetische Varianz lässt sich wieder aufgliedern in genische oder additive, dominanzbedingte und epistatische (Interaktions-) Varianz: $V_g = V_a + V_d + V_i$. $\rightarrow$ Varianz

Genotyp-Umwelt-Interaktion (engl. *genotype-environment interaction*) Wechselbeziehung zwischen Genotyp und Umwelt. Phänotypische Merkmale eines gegebenen Genotyps können in verschiedenen Umwelten jeweils andere Ausprägungen haben. $\rightarrow$ genotypische Varianz, $\rightarrow$ phänotypische Varianz

Genpool (engl. *gene pool*) Gesamte genetische Information (alle Allele) in den reproduktiven Individuen einer Population.

Angenommen, an jedem einzelnen Genlocus würden durchschnittlich drei Allele in der Population vorkommen, so umfasst der Genpool 3 n (Säuger haben etwa n = 30 000 Genloci, also 90 000 Allele). In einem einzigen diploiden Tier befinden sich maximal 2 n. $\rightarrow$ Genfrequenz

Genredundanz (engl. *gene redundancy*) Auftreten mehrerer oder vieler Kopien eines Gens (viele Genloci) auf einem Chromosom oder im Genom.

Bei *Drosophila* enthält der Nukleotid-Organizer hunderte von Genkopien von einem $\rightarrow$ Cistron, das für 18 S und 28 S rRNS codiert. Bei den Nagetieren (*Rodentia*) etwa ist bekannt, dass zwei Genloci für das Proteinhormon Insulin vorhanden sind, das den Blutzuckerspiegel reguliert.

Genregulation (engl. *gene regulation*) $\rightarrow$ Genaktivierung, $\rightarrow$ Genexpression

Gensonde $\rightarrow$ Sonde

Gensubstitution (engl. *gene substitution*) Ersetzen, Austausch eines Gens (Allels) durch ein anderes Allel, wobei das restliche Genom unverändert bleibt. $\rightarrow$ Gentherapie, $\rightarrow$ *gene targeting*

Gentechnik (engl. *recombinant DNA technology*) Methoden zur Verbindung zweier oder mehrerer heterologer DNS-Moleküle (DNS-Fragmente aus verschiedenen Organismen) meist durch eine Ligation *in vitro* (Verbinden im „Reagenzglas") und die Übertragung in einen Organismus (Gentransfer); z. B. die Insertion eines menschlichen Gens in ein Plasmid mit anschließender Transformation in Bakterien. $\rightarrow$ Transgen

Im Englischen als *recombinant DNA technology*, *gene splicing*, *molecular cloning* oder *genetic engineering* bezeichnet. Letzteres entspricht der $\rightarrow$ Gentechnologie.

gentechnisch veränderter Organismus, GVO (engl. *genetically modified organism, GMO*) Jeder Organismus, der das erfolgreiche Ergebnis eines Gentransfers ist ($\rightarrow$ Transgen).

Einem GVO wurde ein Genkonstrukt ($\rightarrow$ Plasmid, $\rightarrow$ Vektor) transferiert, das nun im neuen Genom einen entsprechenden Effekt hervorrufen soll (z. B. Synthese eines bestimmten Proteins). GVO können Bakterien, Hefen, Pflanzen oder Tiere sein. Da Gene artübergreifend funktionieren können und GVO deshalb unter bestimmten Umständen für Mensch und Umwelt gefährlich sein können, wurde in Deutschland 1992 das Gentechnikgesetz erlassen, das den Umgang mit GVO regelt.

Gentechnologie (engl. *genetic engineering*) Gesamtheit aller Techniken, mit denen der Mensch Gene oder Genom von Organismen verändert, z. B. Gentransfer, $\rightarrow$ *gene targeting*, $\rightarrow$ Gentherapie.

Unter Gentechnologie versteht man experimentelle oder industrielle Techniken zur Genomveränderung von Zellen oder Organismen, um mehr oder andere biochemische Verbindungen zu produzieren, als es das ursprüngliche Genom vermag (z. B. menschliches Insulin im Bakterium *Escherichia coli*), oder um neue Funktionen auszulösen. Manipulation der Gene bzw. des Genoms/Genotyps mit Methoden, die eine „normale" sexuelle oder asexuelle Vererbung umgehen.

Gentherapie (engl. *gene therapy*) Einbringen eines funktionierenden Gens (Genkonstrukt, auch → Expressionsvektor) in einzelne Zellen, Gewebe bzw. den ganzen Körper, um eine Erbkrankheit zu korrigieren. Bei der sog. **somatischen Gentherapie** werden nur die Körperzellen eines Organismus gentechnisch verändert, jedoch keine Keimbahnzellen. Das bedeutet, dass die genetische Veränderung nicht auf die Nachfolgegeneration(en) weitervererbt wird.

Gentransfer (engl. *gene transfer*) Genübertragung, → Gentechnik

Genus (lat. *genus* Gattung; engl. *genus*; Plur. Genera) → Gattung

geografische Isolation (engl. *geographic isolation*) Situation, in der bedingt durch geografische Barrieren (z. B. Gebirge, Inseln) Individuen einer (Teil-)Population oder Spezies keinen Individuen der anderen (Haupt-)Population oder Spezies begegnen oder sich nicht mit ihnen paaren. Durch eine derartige Isolation können neue Arten entstehen. → geografische Speziation

Darwin erkannte die evolutive Bedeutung der geografischen Isolation auf seiner Reise zu den Galapagos-Inseln.

geografische Speziation (engl. *geographic speciation*) Teilung einer Parentalspezies (elterliche Ausgangspopulation) in zwei oder mehr Tochterspezies, bedingt durch → geografische Isolation. Je länger eine Spezies in unterschiedlichen Umwelten geografisch getrennt existiert, desto größer wird die Wahrscheinlichkeit, dass sich durch Mutation und Selektion

aus dieser ursprünglichen Art zuerst neue Rassen und dann neue Arten entwickeln.

geografischer Polymorphismus → Polymorphismus

Geotropismus (griech. *gaia* Erde, *tropos* Ort, Richtung; engl. *geotropism*) Wachstumsbewegung einer Pflanze in Richtung Schwerkraft der Erde. Die Wurzel z. B. wächst nach unten. → Tropismus

gerichtete Selektion, progressive Selektion (engl. *directional selection*) → Selektion mit dem Ergebnis einer Verschiebung des Populationsdurchschnitts eines oder mehrerer Merkmale in die vom Züchter gewünschte Richtung.

Germinalzellen (lat. *germinare* keimen; engl. *germ cells*) Zellen, die sich zu → Gameten differenzieren; Urkeimzellen, primäre Oozyten bzw. Spermatozyten.

geschlechtliche Fortpflanzung → Fortpflanzung

Geschlechtsbestimmung (engl. *sex determination, sexing*) Art und Weise, wie das Geschlecht eines Individuums (durch oder nach der Befruchtung der Eizelle) festgelegt wird. In vielen Arten wird das Geschlecht durch das Spermium bestimmt.

Beim Säuger produzieren Y-Chromosom bzw. Y-Chromatid tragende Spermien (sog. Androspermien) männliche Zygoten, X-Chromatid tragende Spermien (sog. Gynospermien) weibliche Zygoten. Bei Vögeln ist das Ei (mit einem Z- oder W-Chromatid) geschlechtsbestimmend, da Spermien stets ein Z-Chromatid tragen (homogametisches Geschlecht). Die Geschlechtsbestimmung kann auch, z. B. bei Reptilien, durch Umwelteinflüsse, wie die Bruttemperatur für die Eier, erfolgen (*ESD, environmental sex determination*).

Den Geschlechtsbestimmungsmechanismus, bei dem aus befruchteten Eiern Weibchen und aus unbefruchteten Männchen entstehen (wie bei Bienen), nennt man **Arrhenotokie**.

Unter **Sexing** versteht man die künstliche Beeinflussung des Geschlechtsverhältnisses einer Population. Diagnostische Methoden (z. B. Y-Chromosom spezifische PCR), wie sie in der Praxis bei Milchrindern angewendet werden, erkennen das Geschlecht eines frühen Embryos, bevor er auf eine Empfängermutter transferiert wird. Eine andere Methode der Geschlechtsbestimmung ist die Spermientrennung (noch nicht praxisreif), bei der Andro- und Gynospermien in einem sog. Flowzytometer getrennt und danach zur künstlichen → Besamung eingesetzt werden.

Geschlechtschromatin → Barr-Körperchen

Geschlechtschromosomen, Gonosomen (engl. *sex chromosomes*) Die teilweise → homologen Chromosomen, die im heterogametischen Geschlecht unterschiedliches Aussehen haben und meist unterschiedliche Gene tragen. X und Y bei Säugern bzw. Z und W bei Vögeln genannt.

X-chromosomale Allele können sich in weiblichen Nachkommen dominant, intermediär oder rezessiv verhalten. In männlichen Nachkommen (der Säuger) sind sie → hemizygot und „schlagen" durch. Das Allel für → Hämophilie beispielsweise verhält sich rezessiv, weshalb normalerweise nur Männer mit einem hemizygoten „kranken" Allel Bluter sind. Viele Spezies (z. B. viele Reptilien) haben keine Geschlechtschromosomen. Hier wird das Geschlecht durch Umweltfaktoren (z. B. Temperatur) bestimmt.

Geschlechtsdifferenzierung (engl. *sexual differentiation*) Natürlicher Vorgang während der tierischen Embryogenese, bei dem die genetisch oder durch Umwelteinflüsse verursachte Geschlechtsbestimmung phänotypisch ausgeprägt wird. Entscheidend ist die Entstehung der primären Geschlechtsmerkmale (Eierstock oder Hoden), welche durch Hormonproduktion die sekundären Geschlechtsmerkmale (z. B. äußere Genitale, Körperbau, Haarwuchs) auslösen.

Auch bei Pflanzen sind Geschlechtsdifferenzierungen teils in sehr unterschiedlichen Formen ausgeprägt.

Geschlechtsdimorphismus, Sexualdimorphismus (griech. *di* zweifach, doppelt, *morphe* Gestalt; engl. *sexual dimorphism*) „Zweigestaltigkeit". Das Auftreten zweier unterschiedlicher Formen derselben Art bei Pflanzen und Tieren.

Bei vielen Tierarten unterscheiden sich Männchen und Weibchen hinsichtlich ihrer Größe, Färbung (Gefieder), Schmuck (Mähne, Geweih) oder Aktivität (Singen, Kampf). Hier handelt es sich um die unterschiedliche phänotypische Ausprägung sekundärer Geschlechtsmerkmale (primär verursacht durch die entsprechenden → Sexualhormone). Je stärker solche Eigenschaften wahrgenommen werden, desto größer ist die Paarungschance des Trägers, und damit auch die Wahrscheinlichkeit, dass seine Gene an die nächste Generation weitergegeben werden. Es gibt aber auch höhere Wirbeltiere, bei denen nahezu kein Sexualdimorphismus erkennbar ist, z. B. bei bestimmten Papageien.

Auch die Keimanlagen der sich geschlechtlich fortpflanzenden Arten, sowie die → Gonosomen (Geschlechtschromosomen) sind geschlechtsdimorph.

Geschlechtsfaktor → Fertilitätsfaktor

Geschlechtshormone (engl. *sex hormones*) → Sexualhormone

Geschlechtskoppelung (engl. *sex linkage*) → X-Kopplung

Geschlechtsverhältnis → primäres und → sekundäres Geschlechtsverhältnis

Geschlechtszellen → Gameten

geschlossener Leserahmen, geschlossenes Leseraster (engl. *blocked reading frame*) Ein mRNS-Segment mit einem oder mehreren, vorzeitigen Stopp-Codons, welche die weitere, vollständige Translation in eine Polypeptidkette verhindern. Die Translation wird abgebrochen mit dem Ergebnis eines verkürzten Polypeptids. → offener Leserahmen

Gestagene (lat. *gestatio* Schwangerschaft; engl. *gestagens*) → Steroidhormone, die primär der Entstehung und Erhaltung der Schwangerschaft dienen. Bekanntester Vertreter ist das natürlich vorkommende Gelbkörperhormon → Progesteron.

Nach einem Eisprung, der sog. → Ovulation, wandelt sich der Gewebeteil des → Ovars (Eierstock), in dem sich das Ei befand (→ Graaf'scher Follikel), in den Gelbkörper *(Corpus luteum)* um, der dann Progesteron sekretiert. Dieses Hormon unterstützt den Aufbau der Gebärmutterschleimhaut. Wird die Eizelle jedoch nicht befruchtet, bildet sich der Gelbkörper binnen zwei Wochen zurück und leitet damit die nächste → Menstruation ein. Bei einer Schwangerschaft, wenn sich also das befruchtete Ei in die Gebärmutterschleimhaut einnistet, bleibt beim Menschen der Gelbkörper bis zum 4. Schwangerschaftsmonat erhalten und produziert Progesteron. Im weiteren Verlauf der Schwangerschaft übernimmt die → Plazenta (Mutterkuchen) diese Funktion.

Gewebeunverträglichkeit → Inkompatibilität

Gewöhnungslernen → Habituation

gezielte Paarung (engl. *assortative mating*) Vom Menschen bewusst zugelassene Verpaarung selektierter Individuen.

Um in den Nachkommen die besten Allele zu vereinigen, werden Zuchttiere nach ihrer Leistung ausgewählt und nur die besten zur Fortpflanzung eingesetzt. Gegenteil → Zufallspaarung

Gibberelline (engl. *gibberellins*) → Phytohormone, die zahlreiche Vorgänge in Pflanzen regulieren.

So fördern sie u. a. eine bestimmte Art des Wachstums (Zwischenknoten- oder Internodialwachstum) und nehmen Einfluss auf die Blütenbildung bei der → Fotoperiodizität.

Gleichgewichtsdialyse → Dialyse

Gleichgewichtspopulation (engl. *equilibrium population*) Population, in der sich die Allelfrequenzen im gemeinsamen Genpool über Generationen nicht ändern.

Beispielsweise gibt es derzeit keinen Hinweis, dass sich die Allelfrequenzen des menschlichen ABO-Blutgruppensystems ändern, d. h. auf dieses Allelsystem wirkt kein spezifischer Selektionsdruck.

Das Gleichgewicht kann auch durch Selektion und Gegenselektion gehalten werden, indem → Evolutionsfaktoren (z. B. Mutationsdruck) aufgehoben werden.

gleichwarm → homoiotherm

Gleitfilamentmodell (engl. *sliding filament model*) Theorie, welche die Muskelkontraktion durch Veränderungen innerhalb des Sarkomers, also der Organisationseinheit innerhalb der Muskelfibrille (Myofibrille), erklärt.

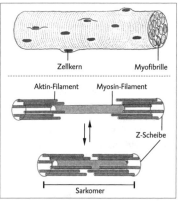

Oben: Schematische Darstellung eines kurzen Teils einer Skelettmuskelzelle oder Muskelfiber. Diese vielkernigen Zellen entstehen durch Zellfusion der Myoblasten; sie haben einen Durchmesser von 50 μm und können bis zu einem halben Meter lang werden.
Unten: Gleitfilament-Modell der Muskelkontraktion. In den Myofibrillen gleiten die dünnen Filamente über das dicke Filament, ohne sich selbst zu verkürzen.

Gibberellinsäure

Diese Theorie besagt, dass dünne → Aktin-Filamente über dicke → Myosin-Filamente hinweggleiten, wodurch sich das Sarkomer verkürzt. Durch die Verkürzung aller Sarkomere in einer Myofibrille kontrahiert die gesamte Myofibrille und damit der Muskel. → Muskelfaser

Gliazellen (griech. *glia* Leim; engl. *glia cells, gliocytes*) Das Nervengewebe der höheren Vielzeller besteht stets aus zwei Zelltypen: den Neuronen (Nervenzellen) und den Gliazellen. Im Zentralnervensystem der Wirbeltiere gibt es bis zu 50fach mehr Gliazellen als Neurone. Gliazellen treten in verschiedenen Formen auf und übernehmen Stützfunktionen, bilden die → Myelinscheiden um Axone und beseitigen abgestorbene Zellen. Eine wesentliche Funktion erfüllen sie im Stoffwechsel des Nervengewebes. So können sie durch ihre Anlagerung an Kapillaren (feinste Äderchen) diese durch Anschwellen ihres Zellkörpers verengen und damit die Durchströmung des Gehirns mit Sauerstoff und Nährstoffen regulieren.

Globin, Globulin (lat. *globus* Kugel, hier: kugelförmig; engl. *globin, globulin*) Proteintyp, unlöslich in destilliertem Wasser, löslich in Salzlösungen. → Albumin, → Immunglobulin, → Hämoglobin

Globulin → Globin

Gloger-Regel (engl. *Gloger's rule*) Gesetzmäßigkeit, nach der die geografisch variable Spezies in tropischen (feuchtwarmen) Gebieten gewöhnlich dunklere Haut- oder Haarfarben zeigen als eine Population in Wüstengebieten (warm, trocken); Subspezies in kalten, feuchten Regionen (alpin, arktisch) haben mehr fahle oder weiße Farben.

Glucagon (engl. *glucagon*) Polypeptidhormon aus den A-Zellen der Bauchspeicheldrüse. Es wird im Hungerzustand sekretiert, veranlasst in der Leber den Abbau gespeicherten Glykogens (führt dadurch zur Erhöhung des Blutzuckerspiegels) und hemmt die Glykogenneusynthese. Gegenspieler (Antagonist) des Insulins.

Glucocorticoide (engl. *glucocorticoids*) → Steroidhormone (Hormone, die sich chemisch von sog. Steroiden ableiten) der Nebennierenrinde, die zahlreiche Wirkungen auf verschiedene Körperbereiche ausüben. So stimulieren sie u. a. den Proteinabbau (→ Katabolismus) und führen zu einer erhöhten Zuckereinlagerung (Glykogenese) in der Leber.

Der bedeutendste natürliche Vertreter ist Cortisol und dessen Umwandlungsprodukt Cortison, die in entsprechend hohen Dosen, starke entzündungshemmende und antiallergische Eigenschaften zeigen.

Glucose (griech. *glykys* süß; engl. *glucose*) Zucker mit sechs Kohlenstoffatomen.

Weitverbreitet in Pflanzen, Mikroorganismen und im Tierreich mit zentraler Bedeutung im Stoffwechsel. Komponente der disacchariden Saccharose und in Polysacchariden in verschiedenen (anomeren) Zustandsformen vorhanden wie als α-D-Glucose bei → Stärke und → Glykogen oder als β-D-Glucose bei → Cellulose.

Sesselform der α-D-Glucose

Glucose-6-Phosphat-Dehydrogenase, G6PD(H) (engl. *glucose-6-phosphate dehydrogenase*) Ein Enzym zu Beginn des → Pentosephosphatzyklus, welches die Umwandlung von Glucose-6-Phosphat in 6-Phosphogluconolacton beschleunigt. Der Pentosephosphatzyklus stellt in Säugererythrozyten die einzige Möglichkeit der NADPH-Herstellung dar, da diese Zellen keine Mitochondrien besitzen.

G6PD(H) in den menschlichen Erythrozyten ist ein Dimer aus zwei identischen Untereinheiten mit einem Molekulargewicht von je 55 000 d. Es sind über 80 Varianten (Allele) dieses Enzyms bekannt, von denen die häufigsten sind: B (weltweit, 100 % Aktivität), A (Schwarzafrikaner, 90 %), A⁻ (Schwarzafrikaner, < 20 %), M (weiße Bevölkerung im Mittelmeerraum, < 7 %). **G6PD(H)-Mangel** (-Defizienz) ist die häufigste Erbkrankheit beim Menschen. Das codierende Gen liegt am Ende des langen Arms vom X-Chromosom. Durch zufällige X-Chromosomeninaktivierung (→ Dosiskompensation) haben heterozygote Frauen Erythrozyten mit normalem und defektem Enzym. Erythrozyten der hemizygoten Männer haben bei der M- und der A⁻-Form eine kürzere Lebenszeit. Medikamente gegen Malaria (Primaquin) z. B. verursachen bei diesen Genotypen eine lebensbedrohliche Hämolyse (Zerfall von Erythrozyten). Allerdings leisten mutierte Enzyme mit reduzierter Aktivität scheinbar auch einen Beitrag zu Malariaresistenz. Vermutlich können sich die Malariaerreger in derartigen Erythrozyten nicht richtig vermehren.

Glucose-sensitives Operon → lac-Operon

Glykogen (griech. *glykys* süß, *gignomai* ich entstehe; engl. *glycogen*) Tierische Stärke, vgl. pflanzliche → Stärke.

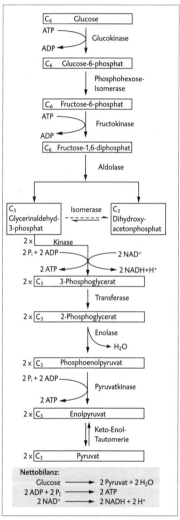

Glykogen besteht aus α-1,4- und α-1,6-glykosidisch verknüpften Glucosemolekülen.

Lösliches Polysaccharid (Kohlenhydrat) aus zahlreichen Glucosemolekülen α-1,4- und α-1,6-glykosidisch verknüpft. Bei Wirbeltieren werden Kohlenhydrate als Glykogen besonders in Leber und Muskeln gespeichert.

Glykolyse (griech. *lyo* ich löse; engl. *glycolysis*) Kohlenhydratabbau über eine Reihe von enzymatischen Reaktionen.

Vereinfachter Überblick über den Ablauf der Glykolyse und deren Nettobilanz

Im Allgemeinen versteht man unter Glykolyse den Abbau von Glucose zu Brenztraubensäure (Pyruvat), der ohne Beteiligung von Sauerstoff (also anaerob) abläuft. Der anaerobe Abbau liefert effektiv nur je 2 Moleküle ATP und NADH pro Glucosemolekül. → Atmung, → Gärung

Glykoprotein (engl. *glycoprotein*) Protein in kovalenter Verbindung mit Kohlenhydratmolekülen (meist weniger als 4 % Zuckeranteil am Gesamtmolekülgewicht).

Golgi-Apparat, Golgi-Komplex (engl. *Golgi apparatus*) Gesamtheit aller Dictyosomen, Zellorganellen aus dicht gepackten Zisternen und kleinen Vesikeln, die im Elektronenmikroskop zu erkennen sind. Im Unterschied zum → ER findet man im Golgi-Apparat Membranvesikel und keine Ribosomen. Das System sammelt, bearbeitet und schließt Moleküle ein, die vom ER synthetisiert werden. Benannt nach dem italienischen Pathologen C. Golgi (1843–1926).

Gonaden, Keimdrüsen (griech. *gone* Geschlecht, *aden* Drüse; engl. *gonads*) Die Gameten produzierenden Organe der Tiere, die primären Geschlechtsmerkmale. Beim Männchen sind dies die → Testes (Hoden) und beim Weibchen die → Ovarien (Eierstöcke). Die Gonaden sind jeweils paarig vorhanden (allerdings besitzen Hennen nur ein linkes Ovar).

Gonadotropine, gonadotrope Hormone (griech. *gone* Geschlecht, *tropos* Richtung; engl. *gonadotropins, gonadotrophic hormones*) Eiweißhormone, welche die Funktion der Gonaden (Hoden, Eierstock) und damit auch die Produktion der → Sexualhormone regulieren und stimulieren. Primärer Produzent ist die Hirnanhangdrüse (→ Hypophyse).

Bekannte Beispiele sind das Follikel-stimulierende Hormon (FSH, welches u. a. das Wachstum von Follikeln im Eierstock und die Produktion von → Östrogen anregt, sowie das → luteinisierende Hormon (LH), welches im weiblichen Geschlecht u. a. die Follikelreifung und den Follikel-

sprung (Platzen des Follikels mit Freisetzung des Eies) sowie die Entwicklung des Gelbkörpers mit daraus resultierender Sexualhormonproduktion bewirkt. Ein sekundärer Produzent ist der Mutterkuchen (Plazenta), der während der Schwangerschaft große Mengen an Gonadotropinen, z. B. humanes Choriongonadotropin (HCG), erzeugt. Im männlichen Geschlecht stimuliert LH das Wachstum bestimmter Zellen des Hodens und regt die Bildung von → Androgenen an.

Gonochorismus (griech. *gone* Geschlecht, *chorismos* Trennung; engl. *gonochorism*) Fortpflanzungs(Sexual-)system, in dem jedes Individuum entweder ein Männchen oder ein Weibchen ist. → Hermaphrodit, → Parthenogenese

gonosomaler Erbgang → Geschlechtschromosomen

Gonosomen → Geschlechtschromosomen

Graaf'scher Follikel (engl. *Graafian follicle*) Sprungreifer Tertiärfollikel. Flüssigkeitsgefülltes Vesikel (Bläschen) an der Oberfläche des Säugerovars (Eierstock) mit einer oder ganz selten zwei Eizellen. Dieses letzte Reifungsstadium kurz vor der Ovulation (Eisprung) ist nach dem Anatom R. de Graaf (1641–1673) benannt. → Oogenese

Gradient (lat. *gradi* schreiten; engl. *gradient*) Stufenweise oder kontinuierliche Veränderung in einer quantitativen Eigenschaft eines Systems über eine bestimmte Distanz.

Beispiel eines **Dichtegradienten**: Man kann in einem Reagenzglas mittels hochmolekularem Zucker (der keinen osmotischen Druck ausübt) einen Dichtegradienten erzeugen, indem am Boden des Reagenzglases eine sehr hohe Zuckerkonzentration und bis zu Oberfläche hin eine immer niedrigere Zuckerkonzentration eingegeben wird. Ein solcher Gradient bleibt über viele Stunden bestehen. Trägt man ein Gemisch von Zellen mit unterschiedlichen Dichteeigenschaften auf einen solchen Gradienten oben auf, so sinken die jeweiligen Zellpopulationen bis zu dem Bereich des Gradienten ab, der ihrer jeweiligen eigenen Dichte entspricht (z. B. angewandt bei Trennung von Blutzellen). Die Trennung (Sinkgeschwindigkeit) lässt sich durch Zentrifugation beschleunigen.

Gradualismus (lat. *gradi* schreiten; engl. *gradualism*) Theorie, dass sich die Evolution ständig in nicht wahrnehmbar kleinen, kumulativen Schritten vollzieht (und nicht in abrupten Sprüngen); gewöhnlich mit Darwinismus vereinbar. → Punktualismus, → Synthetische Theorie

Gram-Färbung (engl. *Gram's strain*) Färbetechnik für echte Bakterien (Eubakterien), die aufgrund eines unterschiedlichen Zellwandaufbaus eine Einteilung in **Gram-positive** und **Gram-negative** Bakterien ermöglicht. Benannt nach dem dänischen Bakteriologen H. Gram (1853–1938), der die Methode 1884 entdeckte.

Hauptbestandteil der bakteriellen Zellwand ist ein Heteropolymer (→ Polymer) aus Peptiden und Zuckerderivaten, Peptidoglykan oder **Murein** genannt. Diese Grundstruktur ist bei den einzelnen Bakteriengruppen unterschiedlich. Durch eine Färbung mit Kristallviolett und anschließender Iodfixierung entsteht in der Zellwand ein Farbkomplex, der sich nur bei Gram-negativen Bakterien mit Ethanol herauslösen lässt, in Gram-positiven jedoch als dunkelblaue Färbung verbleibt (Gram-negative Bakterien zeigen darüber hinaus einen komplexeren Zellwandaufbau als Gram-positive).

Granulozyten, polymorphkernige Leukozyten (lat. *granum* Korn; griech. *zyte* Zelle; engl. *granulocytes*) Gruppe weißer Blutzellen mit zytoplasmatischen Granula und mehrfach gelapptem Zellkern. Untergruppen: Basophile, eosinophile und neutrophile Granulozyten. → Allergie

Gravidität → Schwangerschaft

Grippe, Virusgrippe, Influenza (engl. *grip(pe)*, *influenza*, *flu*) I. e. S. eine Erkrankung, die durch das Influenza-Virus über Tröpfcheninfektion ausgelöst wird. Nicht zu verwechseln mit fieberhaften Allgemeinerkrankungen (sog. grippale Infekte), denen andere, unterschiedlichste Ursachen zugrunde liegen.

Das Influenza-Virus verfügt über 10 Gene auf 8 einzelsträngigen RNS-Molekülen unterschiedlicher Länge (0,3–2,3 kb). Es gibt verschiedene Grippevirustypen (A, B, C), die sich vor allem in ihren Oberflächenproteinen unterscheiden. Zwei dieser Proteine, das Hämagglutinin und die Neuraminidase, sind für die erfolgreiche Infektion von Wirtszellen und die Ausbreitung im Wirtsorganismus verantwortlich. Sie stellen zugleich die → Antigene dar, gegen die ihr Wirt → Antikörper entwickelt. Jedoch zeigt besonders das Gen für Hämagglutinin eine hohe Mutagenität, was zum einen erklärt, warum immer wieder Grippeepidemien (trotz Impfungen) ausbrechen. Zum anderen können Influenza-Viren außer Menschen auch Schweine, Pferde und Vögel infizieren. Kommt es dann z. B. in einem tierischen Wirt zur gleichzeitigen Infektion mit zwei verschiedenen Influenza-Viren, kann es durch zufällige Kombination der für ein Virus nötigen 8 RNS-Moleküle zu einem völlig neuen Virustyp kommen. Da dieses Virus noch nie auftrat, gibt es auch keine (bisherige) Immunität dagegen. Dies kann dann zu einer Pandemie (großflächige → Epidemie) führen, wie die „spanische Grippe" in den Jahren 1918–1920. An ihr erkrankten rund eine halbe Mrd. Menschen. Ingesamt forderte diese Pandemie mehr als 20 Mio. Menschenleben.

Gründereffekt (engl. *founder effect*) Tatsache, dass eine kleine Gruppe von Individuen aus einer großen Population nur einen Teil der Allelvielfalt der Elternpopulation mitnimmt, wenn sie zu einer neuen, isolierten Einheit wird. Die Evolutionspfade der Elternpopulation und der abgespaltenen Population(en) werden sich aufgrund der verschiedenen Selektionsdrücke unterscheiden. Die Populationen entwickeln sich genetisch auseinander und werden u. U. zu neuen Arten.

Grundumsatz (engl. *basal metabolic rate*) Die minimale Energiemenge (Einheit in Joule), die ein ruhender tierischer Organismus in einem bestimmten Zeitraum verbraucht, um die Körperfunktionen aufrecht zu erhalten. Beim erwachsenen Menschen rechnet man mit einem durchschnittlichen Grundumsatz von 5 800–7 500 kJ/Tag (1 400–1 800 kcal/Tag).

Gruppenselektion (engl. *group selection*) Selektionsmodus, wobei zwei oder mehr Individuen nach Merkmalen ausgelesen werden, die eher Vorteile für die Gruppe als für ein Individuum bringen. → Selektion

GT-AG-Regel (engl. *GT-AG rule*) Die Nukleotidsequenz eines Introns (einer nicht für Aminosäuren codierende Sequenz innerhalb eines Gens) beginnt mit GT und endet mit AG; GT wird *donor-*, AG wird *acceptor splicing site* genannt. → Spleißen

GTP → Guanosintriphosphat

Guanin, G (engl. *guanine*) Die stickstoffhaltige organische → Purin-Base ist sowohl ein Baustein der DNS als auch der RNS. In den Nukleinsäuren paart sie sich über drei Wasserstoffbrücken mit Cytosin. → Nukleosid

Guanin-7-Methyltransferase → methyliertes *Cap*

Guanosintriphosphat, GTP (engl. *guanosine triphosphate*) → Nukleosid mit drei gebundenen Phosphatresten.

Guttation (lat. *gutta* Tropfen; engl. *guttation*) Das Ausscheiden von Wassertröpfchen über die Blätter.

Ein kontinuierlicher Wasserstrom von den Wurzeln bis in die Blattspitzen sichert die Existenz der Landpflanzen. Der größte Teil des über die Wurzeln aufgenommenen Wassers verlässt das oberirdische Sprosssystem über die → Spaltöffnungen in Form von Wasserdampf (→ Transpiration). Dies gelingt der Pflanze jedoch nur, solange in der Atmosphäre keine Wasserdampfsättigung (hohe Luftfeuchtigkeit) eingetreten ist. Einige Pflanzen können aber unter dieser Bedingung Wassertröpfchen über bestimmte Stellen an ihren Blättern (Hydathoden) ausscheiden. Angetrieben wird dieser Prozess über den sog. Wurzeldruck, der auch im Frühjahr die nicht-belaubten Bäume und Sträucher mit Saft versorgt.

GVO → gentechnisch veränderter Organismus

Gymnospermae, Gymnospermophytina, Nacktsamer (griech. *gymnos* nackt; engl. *gymnosperms*) Die Unterabteilung der *Gymnospermae* unterscheidet sich von den anderen Unterabteilungen → *Angiospermae* (Bedecktsamer) und *Cycadophytina* (Fiederblättrige Nacktsamer) vor allem durch ihre „nackten" Samenanlagen, die nicht in Fruchtblätter und Narben eingeschlossen sind. Hierzu gehören u. a. die Nadelhölzer oder der Gingko.

Gynogenese (griech. *gyne* Frau, *gignomai* ich entstehe; engl. *gynogenesis*) Fortpflanzung auf eine Art der → Parthenogenese (Jungfernzeugung), die z. B. bei Fischen möglich ist. Die Eientwicklung wird durch die Penetration (= Eindringen in die Eizelle) des Spermiums angeregt, das Spermium bringt aber kein funktionsfähiges Genom ein. Statt dessen werden die Chromatiden des 2. Polkörpers zurückgehalten, sodass ein diploides, weibliches Individuum entsteht. Der Unterschied zur Parthenogenese besteht darin, dass dort gar kein Spermium erforderlich ist und die Entwicklung zu einem Weibchen spontan erfolgt. → Androgenese

Gynogenon (engl. *gynogenote*) Ein gynogenetisch entstandenes Individuum. → Androgenon

Gynospermien (engl. *X-(bearing) spermatozoa, gynospermatozoa*) I. d. R. die Hälfte aller Säuger-Spermien, die ein X-Chromosom/X-Chromatid tragen und damit die Entwicklung zum weiblichen Geschlecht bestimmen. → Androspermien

H

H (1) → Wasserstoff, (2) H → Heritabilität im weiteren Sinn, h² Heritabilität im engeren Sinn.

H-2-Komplex (engl. *H-2 complex*) Haupthistokompatibilitätsgenkomplex der Maus (Gencluster) auf Chromosom 17 mit einer Reihe polymorpher (unterschiedlicher) Genloci, die einen wesentlichen Teil des Immunsystems prägen. Der H-2-Komplex besteht aus fünf Regionen (K, I, S, G, D) mit den Genen für die klassischen Transplantationsantigene, den Ia-Antigenen und Komplement-Komponenten wie auch mit Genen für die Immunantwort. In der I-Region liegen mehrere Genloci. → MHC

Haarnadelschleife (engl. *hairpin loop*) Doppelsträngige Region einer DNS oder RNS, die durch komplementäre Basenpaarung zwischen benachbarten, invertierten Sequenzen des gleichen Stranges gebildet werden. Die tRNS z. B. weist mit ihrer Kleeblattstruktur drei solcher Haarnadelschleifen auf. → Palindrom

Habitat (lat. *habitare* wohnen; engl. *habitat*) Natürlicher Lebensraum eines Organismus oder einer Population.

Habituation (lat. *habitare* wohnen, etwas gewohnt sein; engl. *habituation*) Gewöhnungslernen.

Gewöhnung als reizspezifische Ermüdung, zentralnervöse Adaptation: Fähigkeit, sich an Reize zu gewöhnen, die weder schaden noch nützen. Habituation wird auch als eine einfache Form des → Lernens aufgefasst – allerdings wird hier nichts direkt Neues gelernt, sondern eine vorhandene Antwortbereitschaft abgebaut. Dabei tritt eine Gewöhnung an einen bestimmten, unschädlichen Reiz ein. Wird der Reiz in bestimmten Zeitabständen mit konstanter Reizstärke wiederholt, so werden die Reaktionen immer schwächer bis hin zur völligen Ignoranz. Seeanemonen z. B. zeigen auf einen mechanischen Reiz hin eine Krümmung ihrer

Tentakel in Richtung des Reizverursachers. Wird dieser Reiz immer wieder ausgeführt, ignoriert ihn die Seeanemone. Kommt der gleiche Reiz nach einiger Zeit erneut, reagiert das Tier wieder.

Die **Dishabituation** bezeichnet die Aufhebung einer Habituation (im Unterschied zur → Extinktion) durch eine längere Pause oder nach der Präsentation anderer Reize als Reaktion auf einen früheren Reiz.

Halbgeschwister-Paarung (engl. *half-sib mating*) Paarung zwischen einem Halbbruder und einer Halbschwester. Beide haben nur einen gemeinsamen Elternteil.

Der → Inzuchtkoeffizient eines Nachkommen von Halbgeschwistern ist 1/16, d. h. 6,25 % aller Genloci sind wegen des gemeinsamen Vorfahrens zusätzlich homozygot.

Halbschmarotzer → Hemiparasit

Halbwertszeit, HWZ (engl. *half life*) (1) Die biologische HWZ gibt an, nach welcher Zeit sich eine vom Körper aufgenommene oder gebildete Substanz auf die Hälfte vermindert hat (durch Stoffwechsel und/oder Ausscheidung). Beispielsweise hat das menschliche Wachstumshormon eine HWZ von 1 Stunde. 2 Stunden nach Verabreichung einer bestimmten Menge findet man im Blut ein Viertel, nach 3 Stunden noch ein Achtel usw. Derartige Kenntnisse bilden z. B. die Grundlage für die Überprüfung von → Doping im Leistungssport. (2) Physikalische HWZ: die Zeit, in der die Hälfte der Kerne eines Radionuklids zerfallen ist. Sie ist für jedes Element (Zerfallsgesetz) charakteristisch. Beispielsweise sind von einem Gramm ^{32}P nach 14,2 Tagen nurmehr 500 Milligramm ^{32}P übrig. → Anhang XIV (3) Effektive HWZ: Zeit, nach welcher die gemessene Radioaktivität in einem Organismus durch Zerfall (physik. HWZ) und Ausscheidung (biol. HWZ) auf die Hälfte gefallen ist, nach der Formel

$$T_{eff} = T_{biol} \cdot T_{phys} / T_{biol} + T_{phys}$$

Haldane-Gesetz (engl. *Haldane's rule*) Die Verallgemeinerung eines Phänomens, demzufolge bei hybriden Nachkommen zweier Spezies das heterogametische Geschlecht (bei Säugern also die Männchen) entweder fast ganz fehlt oder steril ist.

Beispiel: Das Maultier als Nachkomme einer Kreuzung zwischen Pferd und Esel oder das Beefalo als steriler Nachkomme einer Kreuzung zwischen Hausrind und Bison. Männliche Tiere sind hier immer unfruchtbar.

Häm, Häme (engl. *heme*) Eisenhaltiges Porphyrinmolekül; sauerstoffbindender Teil des roten Blutfarbstoffs → Hämoglobin.

Hämagglutinine (griech. *haima* Blut, lat. *agglutinare* zusammenkleben; engl. *hemagglutinins*) (1) Antikörper, die Erythrozyten aufgrund entsprechender Antigene an deren Oberfläche verklumpen (aggregieren) können (→ Blutgruppe); (2) Glykoproteine, die Erythrozyten auf der Oberfläche von virusinfizierten Zellen aggregieren können, und die auch aus der Oberfläche von manchen Virushüllen ragen; (3) **Lektine**: Eiweiße pflanzlichen und tierischen Ursprungs, die über ähnliche Bindungseigenschaften wie Antikörper verfügen.

Hamilton-Gesetz (engl. *Hamilton's genetical theory of social behavior*) Theorie des genetisch gesteuerten Sozialverhaltens. Erklärt, wie → Altruismus (das Gegenteil von Egoismus) sich entwickeln kann, wenn dadurch die Fitness von Verwandten gesteigert wird. Es wird postuliert, dass eine soziale Handlung durch die natürliche Selektion begünstigt wird, wenn sie die „Gesamtfitness" der Handelnden steigert. Diese besteht aus der eigenen Fitness und aus deren Auswirkung auf die Fitness jedes genetisch verwandten Nachbarn. Wichtiger als die Reproduktion der eigenen Merkmale ist die Weitergabe durch Verwandte, da sie unter gegebenen Umständen an mehr Nach-

kommen vererbt werden. Deswegen: → Selektion.

Eine Steigerung der Futterbeschaffung durch eine Arbeiterbiene etwa wird ihrer Königin und damit dem ganzen Volk zum Vorteil sein, auch wenn die einzelne Biene selbst hungert und kürzer lebt. Dadurch sinkt ihre eigene Fitness, die Gesamtfitness des Volkes aber steigt.

Hämoglobin, Hb (griech. *haima* Blut, lat. *globus* Kugel; engl. *hemoglobin*) Sauerstoff-transportierendes Molekül (64500 d) der Erythrozyten. Ein zusammengesetztes Protein aus vier Proteinmolekülen und vier eisenhaltigen Ringverbindungen (Häm-Gruppe, → Häm).

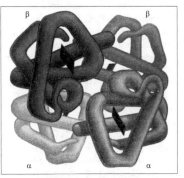

Modell des Hämoglobins eines Erwachsenen. Oben (dunkel- und mittelgrau) sind die beiden identischen β-Ketten und unten die beiden α-Ketten (hell- und mittelgrau) dargestellt. Die schwarzen Gebilde jeweils etwa im Zentrum dieser Untereinheiten zeigen die Lage der ringförmigen, eisenhaltigen Häm-Gruppen, an die je ein Sauerstoffmolekül gebunden werden kann.

Das adulte Hämoglobin (**HbA**) des Menschen besteht nach der Geburt aus zwei Proteinmolekülpaaren, ein Paar α-Ketten (je 141 Aminosäuren) und ein Paar β-Ketten (je 146 Aminosäuren). Daneben kommt eine kleinere Hämoglobinart vor (**A$_2$**) mit 2 α-Ketten und 2 σ-Ketten, welche zu 95 % mit den β-Ketten übereinstimmen. Das Hämoglobin des menschlichen Fetus (**HbF**) besteht aus 2 α- und 2 γ-Ketten, letztere mit ebenfalls 146 Aminosäuren. Die früheste embryonale

Hämoglobin-Form besteht aus 2 ζ- (ähnlich α) und 2 ε- (ähnlich β) Ketten. Diese Hämoglobinform wird etwa ab der 8. Schwangerschaftswoche durch α- und γ-Ketten ersetzt und unmittelbar vor Geburt werden die γ-Ketten durch β-Ketten ausgetauscht.

Der Grund für diese Veränderung des Hämoglobins vom embryonalen/fetalen Leben hin zum Neugeborenen liegt in der unterschiedlichen Stärke des Bindungsvermögens (Affinität) von Sauerstoff. Embryonales bzw. fetales Hämoglobin hat eine höhere Affinität (stärkeres Bindungsvermögen) für Sauerstoff als dasjenige Hämoglobin, das nach der Geburt vorliegt. Es erhält den Sauerstoff aus dem mütterlichen Blutkreislauf und muss daher in der Lage sein, diesen dem mütterlichen Hämoglobin zu „entreißen".

Hämoglobin S, HbS, Sichelzellenhämoglobin (engl. *hemoglobin S, sickle cell hemoglobin*) → Hämoglobin mit abnormaler β-Kette. Anstatt Valin steht Glutaminsäure an Position 6 der Aminosäurekette.

Diese Substitution beeinflusst die Löslichkeit des Moleküls bei niedriger Sauerstoffladung. Wenn die Sauerstoffkonzentration sinkt, bildet HbS Kristalle (Polymere), welche die Erythrozyten verformen. Die „Sichelzellen"-Gestalt ist der diagnostische Hinweis für → Sichelzellenanämie. HbC hat eine ähnliche Mutation an Position 6 und verursacht ebenfalls sichelförmige Erythrozyten.

Hämoglobingene (engl. *hemoglobin-genes*) Die Gene für die Proteinketten des menschlichen → Hämoglobins liegen auf den Chromosomen 11 und 16.

Hämophilie (griech. *haima* Blut, *philia* Neigung; engl. *hemophilia*) Bluterkrankheit.

Hämophilie A ist die klassische Art der Krankheit, bei der das Blut nicht gerinnen kann. Ursache ist das Fehlen des Faktors VIII (antihämophiles Globulin). Das entsprechende Gen HEMA liegt am Ende des langen Arms des X-Chromosoms. Die Frequenz der männlichen Genotypen ist 1 : 10 000. → Heterozygotentest

Hämophilie B (HEMB), auch „*Christmas disease*" genannt, liegt ebenfalls auf dem X-Chromosom. Bei diesem Defekt wird der Blutgerinnungsfaktor IX (*PTC = Plasma Thromboplastin Component*) nicht gebildet. Vorkommen: etwa 20 % der Häufigkeit von A (d. h. etwa 1 von 50 000 Männern erkrankt daran). → Geschlechtschromosomen, → Blutgerinnung

Halophyten (griech. *halos* Salz, *phytos* Pflanze; engl. *halophytes, salt tolerant plants*) Pflanzen, die in salzreichen Lebensräumen gedeihen (> 0,5 % Salzgehalt), etwa an Meeresküsten oder Salzpfannen in Trockengebieten. → Sukkulenten

Handlung am Ersatzobjekt (engl. *action against substitute object*) Gegenstand oder Individuum, an dem sich ein Individuum „abreagiert", an dem es also die Endhandlung versucht. Diese Ersatzhandlung stillt den zugrunde liegenden → Trieb nicht, beschwichtigt ihn aber meist.

Handlungsbereitschaft, Antrieb, Stimmung, Drang (engl. *motivation*) → Motivation

Handlungskette, Reaktionskette (engl. *action chain*) Programmartiger Verhaltensablauf, der aus einer Reihe von Einzelhandlungen mit weitgehend gleicher Abfolge besteht und meist mit einer Endhandlung endet.

Handlungsketten findet man z. B. bei der Balz (Balzkette, engl. *courtship chain*), beim → Kommentkampf, beim Honigsuchen der Biene oder beim Jagdverhalten vieler Arten.

haplo- (griech. *haplos* einfach) Präfix zur Beschreibung der chromosomalen Ausstattung einer Zelle oder eines Individuums.

Haplo-IV etwa bezeichnet das Fehlen eines Chromosoms vom 4. Paar bei der Taufliege *Drosophila* (Monosomie). Meist als Beschreibung des ganzen Chromosomensatzes gebraucht. Die haploide Chromosomenzahl (N) ist die Zahl der Chromosomen eines normalen Gameten. → polyploid

Haplodiploidie (engl. *haplodiploidy*) Genetisches System bei manchen Tieren beispielsweise bei Bienen, wo die Drohnen aus unbefruchteten Eiern entstehen und haploid sind, die Königinnen und Arbeiterinnen jedoch aus befruchteten, diploiden Eiern hervorgehen.

haploide Parthenogenese (engl. *haploid parthenogenesis*) Eientwicklung von unbefruchteten Eiern zu Drohnen (haploide, „fliegende Gameten"). Drohnen haben demzufolge bei der Erzeugung von Spermien nicht die Möglichkeit der genetischen Rekombination (kein Crossing over).

Haploidie (engl. *haploidy*) Chromosomaler bzw. genetischer Zustand eines Organismus oder einer Zelle, bei dem nur ein Chromosomensatz vorhanden ist, z. B. Drohnen, Keimzellen (= Gameten).

Haplophase (engl. *haplophase*) Haploides Stadium im Lebenszyklus von Spermien-/Eizellen, auch ganzen Organismen (z. B. Drohnen) oder der geschlechtlichen Generation (Gametophyt) der Pflanzen, von der Meiose bis zur Befruchtung.

Haplotyp (engl. *haplotype*) Ganz allgemein versteht man unter Haplotyp eine bestimmte Reihung von eng benachbarten Genloci oder Markern (z. B. Mikrosatelliten oder Punktmutationen) auf einem Chromatid (Chromosom).

Der Begriff ist eine Kontraktion aus haploid und Genotyp und beschreibt eine Gruppierung von Genloci, die so nahe auf einem Chromosom beisammen liegen, dass in der Meiose die Wahrscheinlichkeit für ein Crossing over-Ereignis innerhalb dieser Gengruppe äußerst niedrig ist. So wird diese Gengruppe fast immer als „Block" an die Nachkommen weitervererbt. Diese gemeinschaftliche Weitervererbung nach einem einfachen Mendel'schen Gesetz ergibt, wenn zumindest einige der Gene zahlreiche Allele aufweisen, eine permanente (über Generationen konstante) Kombination bestimmter Alleltypen der einzelnen Genloci. Es wird ein bestimmtes Genmuster – eben ein Haplotyp – weitervererbt.

Da diese Genkorrelationen (besser: Allelkorrelationen mehrerer Genloci) noch vor den modernen DNS-Technologien anhand der durch die Polyallelie bedingten Proteinpolymorphismen entdeckt wurden, bezieht sich der Begriff Haplotyp ursprünglich auf die entsprechenden Proteinpolymorphismen, z. B. die Zelloberflächenproteine des Histokompatibilitätsgenkomplexes (da sie bei Transplantationen eine Immunantwort hervorrufen, werden sie Transplantationsantigene genannt). Hier wird z. B. auf einem menschlichen Chromosom Allel Nr. 3 des HLA-A Genlocus zusammen mit dem Allel Nr. 7 des HLA-B Locus und dem Allel Nr. 1 des HLA-C Locus weitervererbt (sowie einige andere Allele anderer Genloci). Dieser Haplotyp heißt dann HLA-A3, B7, C1. → Histokompatibilität

Hapten (griech. *hapto* ich hafte; engl. *hapten(e)*) „Unvollständiges", da zu kleines → Antigen; Substanz, die alleine keine Antikörperreaktion im Organismus hervorruft. Wird sie an ein größeres Trägermolekül, sog. Carrier, gekoppelt (z. B. an ein Protein), werden → Antikörper sowohl gegen das Hapten als auch gegen Teile des Trägermoleküls gebildet.

Hardy-Weinberg-Gesetz (engl. *Hardy-Weinberg equilibrium*) Allelfrequenzen und Genotypenfrequenzen bleiben in einer (großen) Population von Generation zu Generation konstant, wenn weder Selektion, Migration noch Mutation stattfinden. Bei einer Häufigkeit von p für das Allel A und q für das Allel a eines Genlocus sind die Häufigkeiten der Genotypen $(p+q)^2 = p^2 (AA) + 2 pq (Aa) + q^2 (aa)$. G. Hardy und W. Weinberg publizierten 1908 unabhängig voneinander diese Zusammenhänge, die aber von Castle schon 1903 entdeckt worden waren.

Harlekin-Chromosom (engl. *harlequin chromosome*) Harlekin-Chromosomen haben zwei Replikationsrunden (Mitosen in Zellkultur) in Anwesenheit von Bromdesoxyuridin durchlaufen, welches das Thymidin im neu synthetisierten DNS-Strang ersetzt. Die Chromosomen werden dann mit einem fluoreszierenden Farbstoff und Giemsa gefärbt. Dies führt zu dem Harlekin-artigen Aussehen der Chromosomen, wobei das eine Genom mit zwei markierten Strängen dunkel erscheint und das andere wesentlich heller, weil nur ein Einzelstrang der DNS mit BUdR markiert ist. Die Darstellung ist ein Beweis für die → semikonservative Replikation der DNS.

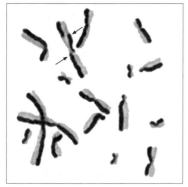

Harlekin-Chromosomen in einer Ovarienzelle. Pfeile zeigen einen Schwesterchromatid-Austausch. → SCE

HAT-Medium (engl. *HAT medium*) Zellkulturmedium (wässrige Lösung mit Nährstoffen, Aminosäuren, Salzen und Vitaminen) zusätzlich versehen mit **H**ypoxanthin, **A**minopterin und **T**hymidin.

Es findet Anwendung bei der Herstellung → monoklonaler Antikörper. Man fusioniert (verschmilzt) Antikörper-bildende B-Lymphozyten mit einer Krebszelllinie (Myelomzelle), die den B-Lymphozyten zur unbegrenzten Teilungs-/Vermehrungsfähigkeit verhilft. Damit nicht-fusionierte Krebszellen aber nicht allein (ohne Fusion mit B-Lymphozyten) weiterwachsen, wird eine mutierte Zelllinie verwendet, der das Enzym Hypoxanthin-Guanin-Phosphoribosyltransferase (HGPRT) fehlt. Mithilfe dieses Enzyms können normale Zellen über einen sog. → Salvage pathway bestimmte Nukleotide herstellen, wenn der eigentliche Hauptstoffwechselweg zur Herstellung inhibiert ist. Der Hauptweg wird durch Aminopterin im HAT-Medium blockiert. Nach einer Fusion vieler B-Lymphozyten mit Myelomzellen geschieht im HAT-Medium Folgendes: Es liegt eine Zellmischpopulation vor, die aus untereinander fusionierten und nicht-fusionierten Myelomzellen, (nicht-)fusionierten B-Lymphozyten und den fusionierten Zellhybriden (= **Hybridomzellen**) besteht. Da die (nicht-)fusionierten Myelomzellen wegen des HGPRT-Defektes absterben und die (nicht-)fusionierten B-Lymphozyten in Kultur ohnehin nur eine begrenzte Lebensdauer haben, bleiben die Hybridomzellen als Einzige am Leben. Bei ihnen ist zwar durch Aminopterin die Nukleotidhauptsynthese unterbrochen, aber die HGPRT der B-Lymphozyten kann zusammen mit dem Nukleotidvorläufer Hypoxanthin und dem Nukleosid Thymidin alle notwendigen Nukleotide bereitstellen. Die verbleibenden Hybridomzellen werden nach der Weitervermehrung getestet, ob sie die gewünschten monoklonalen Antikörper produzieren.

Hayflick-Limit (engl. *Hayflick limit*) Maximale Anzahl der Zellteilungen primärer (frisch isolierter) Zellkulturen.

Normale, gesunde, menschliche und Mäuse-Zellen teilen sich *in vitro* etwa 30–50-mal, bevor sie in eine Teilungskrise (*crisis period*) kommen und absterben. Benannt nach Leonard Hayflick.

Hb → Hämoglobin.

HbA steht beim Menschen für normales, adultes Hämoglobin, HbF für fetales, HbS für → Sichelzellenhämoglobin usw.

HeLa-Zellen (engl. *HeLa cells*) Etablierte Zelllinie aus aneuploiden menschlichen Epithelzellen.

Ausgangsmaterial war ein bösartiger Tumor des Gebärmuttermundes (Zervixkarzinom) der Patientin **Henrietta Lacks**. Die Zellen befinden sich seit 1951 in Kultur, haben sich inzwischen zu unzähligen Varianten entwickelt und dienen weltweit als Untersuchungsobjekt vor allem in der Krebsforschung.

Helfer-Virus (engl. *helper virus*) Ein Virus, das nach Eindringen in eine Zelle einem dort vorhandenen defekten Virus „hilft", sich zu vermehren. Das Helfer-Virus stellt dem defekten Virus diejenigen viralen Gene bzw. Genprodukte zur Verfügung, die ihm fehlen. In der Gentechnik nutzt man diesen Umstand zur Erzeugung von viralen Partikeln, die ein gewünschtes → Transgen tragen, und von der Wirtszelle (Helferzelle) als einmalig „infektiöses" Virus zusammengefügt worden sind.

Helicase (griech. *helix* Windung, *-ase* als Endung für Enzym; engl. *helicase*) Enzym, das den DNS-Doppelstrang (die → Helix) unter ATP-Verbrauch entspiralisiert, wonach die DNS-Polymerase replizieren kann; im Bakterium *E. coli* rep-Protein genannt.

Heliotropismus → Tropismus

Helix (griech. *helix* Windung; engl. *helix*) (1) Beschreibung für den schraubenartigen Verlauf der DNS (wegen der beiden, zueinander komplementären DNS-Einzelstränge → Doppelhelix genannt), deren molekulare Struktur 1953 von Watson und Crick entdeckt wurde. (2) Linus Pauling und Robert Corey entdeckten 1951 die Helixstruktur bei den Proteinen.

Hellin-Regel (engl. *Hellin's rule (of multiple births)*) Gesetzmäßigkeit, die eine Schätzung der Häufigkeit von Drillings-, Vierlingsgeburten usw. beim Menschen aufgrund der beobachteten Zwillingshäufigkeit zulässt.

Wenn die Zwillingshäufigkeit n ist (in Deutschland etwa 1,18 %), kann man n^2 Drillinge, n^3 Vierlingsgeburten usw. erwarten. Die Regel gilt nur für spontane, nicht für induzierte Mehrlingsgeburten

(induzierte Polyovulationen), wie sie nach Verwendung von Hormonen auftreten.

hemimetabol(isch) (griech. *hemi* halb, *metabole* Verwandlung; engl. *hemimetabolous*) Bezieht sich auf Insekten, bei denen die Metamorphose schrittweise verläuft (kein Puppenstadium). Die Flügel bilden sich während einer Wachstumsphase graduell mit mehreren Häutungen, beispielsweise bei Eintagsfliegen oder Heuschrecken. → holometabol(isch)

Hemiparasit, Halbschmarotzer (griech. *parasitein* mitessen; engl. *semiparasite, partial parasite*) Pflanzliche → Parasiten, die nur zum Teil auf Stoffe ihres Wirtes angewiesen sind. Ein bekanntes Beispiel sind die immergrünen Misteln (*Loranthaceae*), die selbst durch Fotosynthese Zucker bilden, von ihrem Wirtsbaum hingegen über wurzelartige Verbindungen Wasser und Nährstoffe beziehen. → Holoparasit

hemizygotes Gen (griech. *zygon* Vereintes, Zygote; engl. *hemizygous gene*) Genlocus, der nur als ein Allel im (sonst diploiden) Genotyp vorkommt.

Geschlechtsgebundene Gene sind im heterogametischen Geschlecht (bei Säugern also männlich) hemizygot, da weder X- noch Y-chromosomale Gene über entsprechende homologe Allelpartner verfügen. **Hemizygotie** liegt auch vor bei Defizienz eines Teils eines homologen Autosoms. → Heterozygotie

Hensen-Weinberg-Regel (engl. *Hensen-Weinberg rule*) Formel zur Schätzung der erwarteten Häufigkeit monozygoter Zwillinge (M) aufgrund der beobachteten Häufigkeit aller Zwillingsgeburten (T) und der dizygoten ungleichgeschlechtlichen Zwillinge (D): $M = T - 2 D$.

Herbivor, Pflanzenfresser (lat. *herba* Kraut, *vorare* fressen; engl. *herbivor*) Der Begriff umfasst Tiere, die sich ausschließlich oder überwiegend von pflanzlicher Kost ernähren.

Herbizide (lat. *herba* Kraut, *caedere* töten; engl. *herbicides*) Verschiedene Substanzen, die zur Unkrautbekämpfung dienen und auch militärisch als sog. Entlaubungsmittel (z. B. agent orange im Vietnamkrieg) eingesetzt wurden. → Schädlingsbekämpfung

Heritabilität (lat. *hereditarius* ererbt; engl. *heritability*) Erblichkeitsgrad; Parameter eines quantitativen Merkmals in einer Population, der angibt, welcher Prozentsatz der gesamten phänotypischen Variation durch genetische Variation bedingt ist. Im weiteren Sinne wird Heritabilität (H) ausgedrückt durch das Verhältnis von genetischer Varianz zur phänotypischen Varianz ($V_G : V_P$). Im engeren Sinn bezeichnet Heritabilität (h^2) den additiven Anteil (Zuchtwert) der genetischen Varianz an der phänotypischen Varianz ($V_A : V_P$). Dabei werden die anderen möglichen Arten der Genwirkung wie Dominanz und Epistasie (→ Geninteraktion) vernachlässigt. Heritabilitätsschätzungen werden meistens mittels Regressionsanalysen (Eltern-Nachkommen, Voll- oder Halbgeschwister), mittels Selektionswirkung oder Analyse der Varianzkomponenten vorgenommen. Merkmale mit hoher Heritabilität lassen sich leicht durch Selektion beeinflussen und umgekehrt.

Hermaphrodit (Zusammengesetzt aus griech. *Hermes* und *Aphrodite*; engl. *hermaphrodite*) **Zwitter**. Individuum mit männlichen und weiblichen Sexualorganen (auch als Missbildung; → Intersex).

Die sog. **simultanen** Hermaphroditen besitzen beide Sexualorgane ihr Leben lang. Ein **konsekutiver** oder sequenzieller Hermaphrodit entwickelt zuerst Eierstöcke (Protogynie), die später durch Hoden ersetzt werden, oder umgekehrt (Protandrie). → Zwicke

Heterochromatin (griech. *heteron* anders; engl. *heterochromatin*) Teil des → Chromatins, das anders als → Euchromatin auch während der Interphase des Kerns dicht gepackt vorliegt. Solche sog. kondensierten Chromosomenabschnitte nennt man auch → heteropyknotisch.

In heterochromatischen Abschnitten findet sich → repetitive DNS, die spät in der S-Phase repliziert und nicht transkribiert. Diese Abschnitte werden als **konstitutives** Heterochromatin bezeichnet. Bei weiblichen Säugetieren ist eines der beiden X-Chromosomen der diploiden Zellen während der Interphase dicht gepackt und inaktiviert. Solche Chromosomen enthalten sog. **fakultatives** Heterochromatin. → Chromosomenbänderung

Heteroduplex (griech. *heteron* anders; engl. *heteroduplex*) Ein DNS-DNS- oder DNS-RNS-Doppelstrang, der sich durch → Hybridisierung von Einzelsträngen verschiedener Herkunft bildet.

Wenn sich die beiden Einzelstränge unterscheiden, z. B. bei zwei verschieden langen Allelen (eines mit Deletion), entstehen Ausbuchtungen *(buckles)* oder Schleifen *(loops)* an der Heteroduplex, weil sich die beiden DNS-Einzelstränge nur an den komplementären nicht aber an den nicht komplementären Sequenzen verbinden (paaren). Wegen der *loops* oder *buckles* laufen sie im → Elektroporesegel anders als eine Homoduplex, deren Stränge genau komplementär sind. Man nutzt diese Eigenschaft, um unbekannte Allele in Populationen zu finden.

Heterokaryon (griech. *heteron* verschieden, *karyon* Kern; engl. *heterokaryon*) Zelle, die aus der Fusion zweier genetisch unterschiedlicher Zellen entstanden ist, wobei nur die Plasmamembranen und damit das Zytoplasma verschmelzen, nicht jedoch die Kerne. Diese teilen sich auch unabhängig und gleichzeitig voneinander, um neue Zellen zu bilden, wie z. B. in → Hyphen (fadenartige Zellverbände) der Pilze. → Zellfusion

heteropyknotisch (griech. *pyknos* fest, derb; engl. *heteropycnotic*) Beschreibt den Zustand des Chromatins bzw. der Chromosomen, die unterschiedlich dicht spiralisiert sind. Heteropyknotische Chromosomenabschnitte enthalten DNS ohne codierende Gene. → Heterochromatin

Heterosis (engl. *heterosis*) Phänotypische Überlegenheit eines heterozygoten Individuums gegenüber dem Elterndurchschnitt.

Vergleicht man Merkmale (Wachstum, Fruchtbarkeit) zweier (meist reinrassiger) Zuchtlinien und deren Nachkommen, so spricht man von Heterosis, wenn der Merkmalsmesswert der Nachkommen über dem Durchschnitt der Eltern liegt.

Beispiel: Die täglichen Gewichtszunahmen einer Rinderrasse A betragen 800 g, die der Rasse B 1 200 g. Die Kreuzungsnachkommen nehmen 1 100 g pro Tag zu. Daraus ergibt sich ein Mittelwert der Eltern von 1 000 g und eine Heterosis von 100 g. Liegt der Wert der Nachkommen bei 1 000 g, entspricht dies einer intermediären Vererbung.

Heterosis beruht auf Dominanz, und kann auch negativ sein. Stets ist aber eine Zunahme der → Heterozygotie mit Heterosis verbunden. Besonders genutzt wird die Heterosis beim Mais, wo Inzuchtlinien zur Herstellung des ertragreichen Saatgutes gekreuzt werden.

heterotroph (griech. *trophein* ernähren; engl. *heterotrophs*) Beschreibt Organismen, die energiereiche organische Moleküle wie Glucose oder Aminosäuren benötigen, um daraus Energie zu gewinnen und komplexe Makromoleküle aufzubauen (z. B. alle Tiere). Gegenteil → autotroph (z. B. Pflanzen, die aus Licht alle lebensnotwendige Energie beziehen)

Heterozygotie (griech. *heteron* anders, *zygon* Vereintes, Zygote; engl. *heterozygosity*) Mischerbigkeit.

Ein diploides oder polyploides Individuum, dem von seinen Eltern verschiedene → Allele an einem oder mehreren Genloci vererbt (weitergegeben) wurden, nennt man **heterozygot**. Die Eigenschaft kann sich also auf einen Genlocus, mehrere oder alle Genloci beziehen. → Homozygotie, → hemizygotes Gen

Heterozygotentest (engl. *heterozygosis test*) Test zum Nachweis → heterozygoter Träger einer rezessiven Erbkrankheit, beispielsweise X-chromosomale Trägerinnen, sog. Konduktorinnen, für die Bluterkrankheit oder Überträger der → Phenylketonurie.

Bei der Phenylketonurie weist der heterozygote Träger eine reduzierte Menge des Enzyms Phenylalanin-Hydroxylase auf, sodass Phenylalanin langsamer in Tyrosin umgewandelt wird. Mithilfe eines bakteriellen Tests (Guthrie-Test) können bei Heterozygoten auftretende erhöhte Phenylalaninwerte im Blut nachgewiesen werden.

Hexose (engl. *hexose*) Monosaccharid mit 6 C-Atomen. Zwei besonders häufig vorkommende Hexosen sind D-Glucose und D-Fructose.

Hfr-Stamm (engl. *Hfr strain*) Bakterienstamm von *Escherichia coli* mit hoher Rekombinationshäufigkeit (*high frequency of recombination*). → F⁺-Zelle, → Sex-Pilus

Hirnanhangdrüse → Hypophyse

Hirnventrikel (engl. *cerebral ventricle, ventricle of the brain*) Hirnkammern, Hirnhöhlen.

Im → Gehirn liegen vier Hohlräume, die mit Cerebrospinalflüssigkeit (Gehirn-Rückenmarksflüssigkeit) befüllt sind. Es handelt sich um die beiden Seitenventrikel sowie einen im Zwischenhirn und einen im Rautenhirn liegenden Ventrikel.

Histamin → Allergie

Histokompatibilität (griech. *histion* Gewebe; lat. *patibilis* erträglich; engl. *histocompatibility*) Gewebeverträglichkeit.

Der Begriff stammt aus der Transplantationsimmunologie. Er beschreibt das Phänomen, dass bei Transplantationen bestimmte (genetische) Gemeinsamkeiten zwischen Transplantatspender und -empfänger vorhanden sein müssen, damit das Transplantat nicht abgestoßen wird. Man sagt dann, das Transplantat ist **histokompatibel**. Die erforderlichen genetischen Gemeinsamkeiten liegen in den allermeisten Fällen nur selten bei sehr nahen Verwandten vor bzw. existieren vor allem in Inzuchtstämmen von Labortieren (genetisch identische Tiere).

Hauptverantwortlich für die Transplantatabstoßung bzw. -akzeptanz sind die Gene des Haupthistokompatibilitätsgenkomplexes (→ MHC), von denen die meisten eine ausgeprägte Polyallelie aufweisen (siehe → Haplotyp). Die Genprodukte (Zelloberflächenproteine) einiger dieser Genloci sind an immunologischen Erkennungsmechanismen beteiligt und führen daher, wenn sie bei Transplantationen nicht übereinstimmen, zu starken immunologischen Abstoßungsreaktionen (Histo**in**kompatibilität = Gewebe**un**verträglichkeit). Gegenteil → Inkompatibilität

Histone (engl. *histones*) 5 Typen basischer Proteine; evolutiv hochkonservative Proteine, die bei Eukaryonten mit der chromosomalen DNS in sog. Nukleosomen assoziiert vorliegen. Mehrere Histone lagern sich zu einem Nukleosom zusammen, um das sich der DNS-Faden zweimal windet (146 bp). → Chromatin, → Nukleosom

HIV, humanes Immundefizienz-Virus (engl. *human immunodeficiency virus*) Viraler Erreger und Ursache für AIDS (engl. *aquired immune deficiency syndrom*, erworbene oder sekundäre Immunmangel-Erkrankung).

Dieses → Retrovirus infiziert bevorzugt eine Subpopulation von T-Lymphozyten, die sog. T-Helferzellen, die für die Aktivierung einer Immunantwort verantwortlich sind. Vermehrt sich das HIV in diesen Zellen, so werden sie bei der Virusfreisetzung abgetötet. Mit der Dauer der HIV-Infektion schwindet die Zahl der T-Helferzellen zusehends, bis ein echter Immunmangel vorliegt. Patienten in diesem Stadium erkranken dann bei jeglicher anderen Infektion schwer (z. B. Lungenentzündung). → Immunmangel-Krankheiten

H-Kette, schwere Kette (engl. *H chain*) → Antikörper

HLA-System (engl. *HLA complex*) → MHC

Hoden → Testes

Hogness-Box (engl. *Hogness box*) Ein DNS-Abschnitt, etwa 25 Basenpaare stromaufwärts eines Strukturgens in Eukaryonten, an den die RNS-Polymerase II bindet und mit der Transkription beginnt. Der Abschnitt ist 7 Basenpaare lang und hat meist die Sequenz TATAAAA, daher auch **TATA-Box** genannt. Wichtiger Teil des Promotors. → Pribnow-Box

holandrisch (griech. *holos* ganz, *aner* Mann; engl. *holandric*) Beschreibt ein Merkmal, das vom Vater auf den Sohn vererbt wird, z. B. das Y-Chromosom und damit das (chromosomale) männliche Geschlecht. → hologyn

Holoenzym → Enzym

hologyn (griech. *gyne* Frau) Vererbung eines mütterlichen Merkmals auf die Töchter, z. B. bei *Drosophila*, wo das X-Chromosom durch eine Nondisjunction auf die weiblichen Nachkommen weitergegeben wird. → holandrisch

holometabol(isch) (griech. *holos* ganz, *metabole* Verwandlung; engl. *holometabolous*) Bezieht sich auf die Überordnung der Insekten mit denjenigen Arten, deren Individualentwicklung eine vollständige Metamorphose ist. Holometabol bedeutet also, dass die Entwicklung eines Embryos über das Larvenstadium und das Puppenstadium zum Erwachsenenstadium verläuft (z. B. Schmetterlinge und Bienen). → hemimetabol(isch)

Holoparasit, Vollschmarotzer (griech. *holos* ganz, *parasitein* mitessen; engl. *holoparasite*) → Parasiten, die alle Nährstoffe aus ihrem Wirt beziehen, so z. B. die meisten Krankheitserreger von Tier und Pflanze. Viele dieser Organismen parasitieren innerhalb der Zellen ihres Wirtes und man bezeichnet sie daher als intrazelluläre Parasiten (vor allem Viren).

Bei höheren Pflanzen betreibt beispielsweise die chlorophyllfreie, gelblichbraune Sommerwurz (*Orobanche minor*) keinerlei Fotosynthese und ist gänzlich auf die Nährstoffe ihrer Wirtspflanze angewiesen. → Hemiparasit

Hominide, Hominoide, Homo
→ Paläanthropologie, → Primaten

homoiotherm (griech. *homoios* ähnlich; *therme* Wärme) Gleichwarm; Säuger und Vögel sind homoiotherme Tiere, die in den meisten Fällen (Ausnahmen z. B. Kältestarre, Winterschlaf) ihre Körpertemperatur unabhängig von der Umgebungstemperatur stets gleichhalten, z. B. Säuger 36–39 °C oder Vögel 38–41 °C. → Allen'sche Regel, → Bergmann'sche Regel, → RGT-Regel, → poikilotherm

homologes Verhalten → Verhaltenshomologie

Homologie (griech. *homos* gleich, *logos* Wort; engl. *homology*) (1) Grundsätzliche Ähnlichkeit einer Struktur oder eines Vorgangs (→ Verhaltenshomologie) in verschiedenen Organismen aufgrund eines gemeinsamen Vorfahrens. Homologe Strukturen haben den gleichen evolutionären Ursprung, obwohl ihre Funktionen sehr unterschiedlich sein können. Delfinbrustflosse und Flügel der Fledermaus sind z. B. homologe Strukturen. (2) Homologe Chromosomen paaren sich während der Meiose; sie besitzen die gleiche Reihenfolge der Genloci, jedoch können sich ihre Gene in ihrer Basensequenz unterscheiden, was mit dem Begriff → Allel beschrieben wird. (3) In der Molekulargenetik vergleicht man Nukleotidsequenzen (Gene) oder Aminosäuresequenzen (Proteine) verschiedener Individuen und Arten und beschreibt ihren Homologiegrad in Prozent der identischen Nukleotide oder Aminosäuren. Der Prozentwert ist ein indirektes Maß für die genetische Verwandtschaft oder, negativ ausgedrückt, die genetische Divergenz zwischen zwei Arten oder Gattungen usw. Man kann aus dem Wert auf den Zeitpunkt schließen, an dem sich zwei Arten evolutiv getrennt haben.

Homöobox (engl. *homeobox*) Nukleotidsequenz von etwa 180 bp am 3'-Ende der Entwicklungsgene der Taufliege *Drosophila*. Es gibt mehrere Gene, die über eine solche Homöobox verfügen.

Homöobox-Sequenzen sind einander sehr ähnlich und codieren für Proteine, die im Zellkern lokalisiert sind und die Entwicklung kontrollieren. Sie binden an spezifische DNS-Sequenzen und wirken so als Verstärker (*enhancer*) oder Abschwächer (sog. *silencer*) für die Expression anderer Gene.

Mittlerweile wurden Homöobox-enthaltende Gene bei einer Vielzahl von Organismen, auch beim Menschen, gefunden. Ein Homöobox-Protein des Krallenfrosches ist in 59 seiner 60 Aminosäuren identisch mit dem sog. Antennapedia-Homöoboxprotein der Taufliege. Dieser geringe Unterschied – trotz evolutiv (d. h. auch zeitlich) großer Distanz zwischen beiden Organismen – deutet auf eine grundlegende und essentielle Funktion dieses Proteins hin.

Derzeit laufen zahlreiche Untersuchungen, welche die Funktion von Homöobox-Sequenzen bei der Entwicklung von Wirbeltieren klären sollen. → Consensussequenz

Homopolymer (griech. *homos* gleich, *polys* viel, *meros* Teil; engl. *homopolymer*) Eine funktionelle Moleküleinheit, die aus vielen gleichen Untereinheiten zusammengesetzt ist, z. B. poly A (→ Polyadenylierung) oder → Glykogen.

Homosexualität (griech. *homos* gleich; lat. *sexus* Geschlecht; engl. *homosexuality*) Die sexuelle Zuneigung zu Partnern des gleichen Geschlechts.

I. e. S. nur beim Menschen vorkommendes Geschlechtsempfinden, das bei Beziehungen unter Männern auch als Uranismus und unter Frauen als Sapphismus oder lesbische Liebe bezeichnet wird. Die Häufigkeit homosexueller Beziehungen dürfte in allen Kulturkreisen bei etwa 5–10 % der Erwachsenen liegen.

Homozygotie (griech. *homos* gleich, *zygon* Vereintes, Zygote; engl. *homozygosity*) Reinerbigkeit.

Ein Nachkomme der von seinen Eltern zwei identische Allele an einem oder mehreren Genloci vererbt bekommen hat, ist an diesem **homozygot** (engl. *homozygous*). → Heterozygotie

horizontale Evolution, Kladogenese, horizontale Speziation (engl. *horizontal evolution*) Vorgang der Artentstehung, wobei eine Population oder Art in zwei oder mehrere Untergruppen (Rassen, Subpopulationen) aufsplittert, aus denen im Laufe der Zeit neue Arten entstehen. Gegenteil → vertikale Evolution

horizontale Speziation → horizontale Evolution

horizontale Vererbung (engl. *horizontal transmission*) Die Übertragung von genetischem Material einer Zelle oder eines Organismus auf eine andere oder einen anderen Organismus durch einen infektionsähnlichen Vorgang (z. B. durch Viren), im Gegensatz zur → vertikalen Vererbung.

Hormon (griech. *hormao* ich treibe an; engl. *hormone*) Organische Verbindung, die in einem bestimmten Teil des Körpers endokrin (durch Drüsen mit innerer Sekretion ohne speziellen Drüsengang; → endokrines System) produziert wird und zu anderen, auch weit im Körper entfernten Zellen/Organen (bei Tieren z. B. meist über das Blut) transportiert wird, wo sie spezifische, auch lang anhaltende Reaktionen auslöst. Man unterscheidet → Peptid-, → Proteo- und → Steroidhormone.

Bsp.: → Wachstumshormon, → Insulin, → Phytohormone, → Sexualhormone

Hospitalismus (lat. *hospitalis* gastlich; engl. *hospitalism*) Sammelbezeichnung für alle in Heimen und Krankenhäusern erworbenen gesundheitlichen Schäden.

Man unterscheidet: (1) psychischer Hospitalismus (eigentlicher Hospitalismus), der aufgrund mangelnder individueller Zuwendung, besonders bei Kindern, entsteht. Charakteristisch sind stereotype, sich ständig wiederholende Bewegungen. (2) Der Infektions-Hospitalismus (engl. *nosocomial infection*), auch **nosokomiale Infektion** genannt, umfasst alle Infektionen, die während eines Krankenhausaufenthaltes erworben werden.

HPLC (engl. **h**igh **p**erformance *(pressure)* **l**iquid **c**hromatography Hochleistungs-Flüssigkeitschromatographie) Analysemethode zur qualitativen und quantitativen Bestimmung der Bestandteile eines Gemisches nach dem Prinzip der → Chromatographie.

Das Gemisch wird unter hohem Druck (bis 400 bar) und einer Geschwindigkeit von 0,1–5 ml/sec durch dünne Trennsäulen (3–50 mm) gepresst, die mit Kieselgel-Kügelchen *(beads)* gefüllt sind. Die Trennung der einzelnen Probenbestandteile (mobile Phase) beruht auf ihren unterschiedlichen Wanderungsgeschwindigkeiten durch das Kieselgel (stationäre Phase).

Humangenetik (lat. *humanus* menschlich; engl. *human genetics*) Wissenschaft, die sich mit der menschlichen Vererbungslehre befasst. Sie umfasst das Studium des gesamten menschlichen Genoms, seiner genetischen Vielfalt (→ Polymorphismen) und vor allem der Ursachen und Auswirkungen genetischer Defekte.

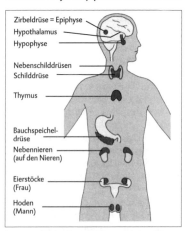

Zirbeldrüse = Epiphyse
Hypothalamus
Hypophyse

Nebenschilddrüsen
Schilddrüse

Thymus

Bauchspeicheldrüse
Nebennieren (auf den Nieren)

Eierstöcke (Frau)

Hoden (Mann)

Lage menschlicher Hormondrüsen; → Anhang XI

Eine praktische Anwendung findet die Humangenetik in der pränatalen Diagnostik, in der Kriminalistik, im Abstammungsnachweis und in der Transplantationsimmunologie. Die in früheren Jahren dafür genutzten, relativ groben, morphologischen Kriterien sind seit Etablierung der immunologischen und DNS-Technologien zusehends diesen höchst sensitiven und exakten, biochemischen Untersuchungsmethoden gewichen.

Humangenomprojekt (engl. *humane genome project, HUGO,* abgeleitet aus der für das Projekt zuständigen *Human-Genome-Organization*) Forschungsprogramm der US-Regierung (auch unter Beteiligung anderer Länder) seit 1990, das ursprünglich für 15 Jahre veranschlagt war, wegen der rasanten Fortschritte in der Analytik aber innerhalb von 10 Jahren fast beendet wurde.

Die erklärten Ziele waren: (1) Identifizierung aller Gene der menschlichen DNS (etwa 30 000), (2) Bestimmung der Basensequenz der gesamten menschlichen DNS (etwa 3 Milliarden bp), (3) Speicherung dieser Informationen in Datenbanken, (4) Verbesserung der Programme für die Datenanalyse, (5) Transfer der Technologien an die Privatwirtschaft und (6) Diskussion der ethischen, juristischen und sozialen Aspekte, die sich aus dem Gesamtprojekt ergeben können.

Im Februar 2001 wurde in den wissenschaftlichen Zeitschriften *Science* und *Nature* eine vorläufige Sequenz und Analyse des Projekts veröffentlicht.

Humanpocken → Pocken

humoral (lat. *humor* Flüssigkeit) Beschreibt Vorgänge bzw. Bestandteile in Körperflüssigkeiten.

So bezieht sich die humorale → Immunantwort primär auf die von den B-Lymphozyten produzierten und in die Körperflüssigkeiten abgegebenen Antikörper bzw. deren Wirkung.

Humus (lat. *humus* Erdboden; engl. *humus*) Chemisch uneinheitliche, dunkel gefärbte organische Substanz, die hauptsächlich aus dem mikrobiellen Abbau von Lignin (Holzbestandteil) und mikrobiell synthetisierten phenolischen Verbindungen entsteht. Humus fungiert als Nährstoff- und Wasserspeicher und ist daher ein bedeutender Faktor der Bodenfruchtbarkeit. → A,B,C-Boden

HWZ → Halbwertszeit

Hybride → Bastard

Hybridisierung (lat. *hybridus* Bastard; engl. *hybridization*) (1) Verpaarung von Individuen, die genetisch unterschiedlichen Populationen oder Arten angehören, wobei Heterozygote (→ Heterozygotie) entstehen. (2) In der klassischen Genetik die Verpaarung zweier unterschiedlicher → Geno- oder → Phänotypen der gleichen Spezies. (3) Die Renaturierung (Wiederanlagerung) komplementärer DNS-Stränge genetisch unterschiedlicher Herkunft zu einer Doppelhelix. Hybridisiert wird z. B. bei der Southern-Analyse (→ Southern Blot), wo eine einzelsträngige, markierte → Sonde den komplementären Strang eines Elektropherogramms (→ Elektrophorese) markiert. → Heteroduplex

Hybridomzelle → Hat-Medium

Hybridplasmid (engl. *hybrid plasmid*) → Plasmid

Hybridzelle → Zellfusion

Hydathoden → Guttation

Hydrolyse (griech. *hydor* Wasser, *lyo* ich löse; engl. *hydrolysis*) Aufspalten eines Moleküls in zwei kleinere unter Wasseraufnahme, z. B. der Abbau von Stärke in einfache Zucker. Enzyme, die diesen Abbau bewirken, heißen **Hydrolasen**. Nicht alle hydrolytisch aktiven Enzyme werden jedoch mit dieser Bezeichnung versehen. So verzichtet man beispielsweise bei den eiweiß- und nukleinsäureabbauenden Enzymen auf diesen Ausdruck (Peptidasen/Proteasen bzw. Nukleasen).

Die Hydrolyse stellt im Prinzip eine Umkehrung der Synthese vieler Makromoleküle wie Proteine, Nukleinsäuren oder polymeren Zuckern (z. B. → Stärke)

dar. Bei deren Bildung aus Monomeren wird bei jeder einzelnen (Ver-)Bindung (→ Peptidbindung, → Phosphodiester, glykosidische Bindung) ein Wassermolekül abgespalten. Die Synthese verbraucht im Gegensatz zur Hydrolyse zusätzlich Energie (z. B. ATP).

Hydrophyten, Wasserpflanzen (griech. *hydros* Wasser, *phyton* Pflanze; engl. *hydrophytes*) Zeitweise oder ständig im Wasser lebende Pflanzen. Man unterscheidet (ganz oder teilweise) unter Wasser lebende (submerse) Pflanzen und Pflanzen mit Schwimmblättern. Je stärker an das Wasser angepasst die jeweiligen Pflanzen sind, desto zarter sind häufig die Stängel und Blätter. Gas- und Nährstoffaustausch erfolgen bei submersen Pflanzen über die gesamte Oberfläche. Die großen, oft bandartigen Blätter (mit zentralem Stützgewebe, das die Festigkeit gegenüber strömendem Wasser erhöht) haben daher eine dünne Epidermis und häufig keine Cuticula. Spezielle Durchlüftungsgewebe (Aerenchyme) mit großen Interzellularen erhöhen den Gaswechsel innerhalb der Pflanze.

Hydrotropismus → Tropismus

Hygrophyten, Feuchtpflanzen (griech. *hygros* feucht, *phyton* Pflanze; engl. *hygrophytes*) Pflanzen feuchter Standorte, bei denen als besondere Anpassungen beispielsweise die → Spaltöffnungen zur Transpirationssteigerung erhöht angelegt sein können. Die Oberflächenvergrößerung wird weiterhin durch große, dünne Blätter mit lebenden Haaren verstärkt. Wurzeln und Wasserleitgewebe sind oft nur schwach ausgebildet.

Hyperpolarisation (griech. *hyper* über; engl. *hyperpolarization*) Überpolarisierung.

An einer Zellmembran liegt wegen ihres hohen elektrischen Widerstandes (Isolator) und durch die Konzentrationsunterschiede von Ladungsträgern zwischen intra- und extrazellulärem Raum ein elektrisches Potenzial vor, das durch Änderungen von Membranbestandteilen verändert werden kann. Bei einer Erhöhung der Permeabilität der Zellmembran für Chlorid- und Kaliumionen (durch → Ionenkanäle) kommt es zu einer Erhöhung des Membranpotenzials. Es wird kurzzeitig stärker negativ, da entsprechend dem Konzentrationsgradienten K^+-Ionen die Zelle verlassen (weniger positive Ladungen) und Cl^--Ionen in die Zelle strömen. Eine solche Hyperpolarisation an einer Zelle (z. B. Neuron) verhindert oder reduziert die Wahrscheinlichkeit für die Erzeugung eines → Aktionspotenzials (Nervenimpulses) dieser Zelle. Eine Hyperpolarisation wirkt daher inhibitorisch. → IPSP, → Summation

Hyphe (griech. *hyphae* Gewebe; engl. *hypha*) Fädiges, verzweigtes, aus vielen Zellen bestehendes Vegetationsorgan der Pilze. → Heterokaryon

Pilzzellen treten in zwei Hauptformen als einzelliger Organismus oder als Teil der mehrzelligen Hyphe auf. Eine Hyphe stellt einen Zusammenschluss zahlreicher Pilzzellen dar, die untereinander Moleküle oder sogar Organellen austauschen. Die Gesamtheit der Hyphen eines Pilzes wird als **Myzel** (Mycel) bezeichnet.

hypophysärer Zwergwuchs, hypophysärer Minderwuchs (griech. *hypo* unter, *phyomai* ich entstehe, wachse; engl. *pituitary dwarfism*) Verschiedene Formen des Zwergwuchses, die ihre Ursache in erworbenen oder ererbten (autosomal rezessiv) Störungen der → Hypophyse haben.

Ursachen von Wachstumsstörungen bei Wirbeltieren können sehr vielschichtig und komplex sein. Beim Menschen kommen die wichtigsten Wachstumsimpulse nach der Geburt von den Schilddrüsenhormonen (Aktivierung des Gesamtstoffwechsels), dem → Wachstumshormon (vor allem Knochenlängenwachstum und Aufbau von Körpereiweiß; → Anabolismus) und den männlichen Sexualhormonen (im Verlauf der Pupertät ebenfalls starke anabole Wirkung; → Geschlechtsdimorphismus).

Die Hypophyse schüttet das Wachstumshormon (Somatotropin, STH) nach Stimulation durch GHRH (*growth hormone releasing hormone*) des → Hypothalamus aus. Über den Blutstrom erreicht es vor allem die Leberzellen, an deren Oberfläche ein spezieller Rezeptor (STH-Rezeptor) das Hormon bindet und damit einen entsprechenden „Befehl" in die Leberzellen weiterleitet. Die Leberzellen produzieren hierauf den eigentlichen Wachstumsfaktor Somatomedin C, der wiederum an das Blut abgegeben wird.

Bei Ausfall eines dieser Proteine (Hormone oder Rezeptoren) durch einen Schaden der Hypophyse oder Vererbung eines defekten Gens von beiden Elternteilen (→ Homozygotie) kommt es zum Krankheitsbild des hypophysären Zwergwuchses. Je nach Art des Defektes kann heute beispielsweise mit Somatotropin oder Somatomedin C therapiert werden.

Hypolimnion → Epilimnion

Hypophyse, Hirnanhangdrüse (griech. *hypo* unter, *phyomai* ich wachse; engl. *pituitary gland*) Wichtige endokrine Drüse im → Gehirn aller Wirbeltiere.

Sie wird in einen Vorder-, Zwischen- und Hinterlappen unterteilt. Im Hypophysenvorderlappen werden u. a. das → Wachstumshormon, das Follikel-stimulierende Hormon und → luteinisierendes Hormon gebildet und ausgeschüttet. → Hormone, → Gonadotropine

Hypothalamus (griech. *hypo* unter, *thalamos* Raum, hier: unterhalb des Thalamus, einem Gehirnareal, gelegenes Areal; engl. *hypothalamus*) Teil des Zwischenhirns (→ Gehirn), in dem sich auch die dem → vegetativen Nervensystem übergeordneten Zentren befinden, die letztendlich u. a. für die Atmungs- und Wärmeregulation, sowie die Wach- und Schlafmechanismen zuständig sind. Zudem werden im Hypothalamus die Hormone gebildet, die die Hormonproduktion des Hypophysenvorderlappens steuern. → hypophysärer Zwergwuchs, → Hypophyse

I

I → Iod

ICSH (engl. *interstitial cell stimulating hormone*) → Interstitialzellen (Leydig'-sche Zwischenzellen) des Hodens stimulierendes Hormon. Identisch mit LH (→ luteinisierendes Hormon).

identische Zwillinge → monozygote Zwillinge

Idiogramm (griech. *idios* eigen, *graphein* schreiben; engl. *idiogram*) Synonym → Karyogramm.

Idiotyp (griech. *typos* Form, Muster; engl. *idiotype*) Antigene Determinante (→ Antigen) eines Antikörpermoleküls. Immunologischer Begriff.

Nahezu jede Molekülstruktur einer bestimmten Größe stellt für ein individuelles Immunsystem eine oder mehrere sog. antigene Determinanten dar und ruft die Bildung spezifischer → Antikörper hervor. Antikörper selbst sind relativ große Proteine, die natürlich ebenfalls eine räumliche Struktur aufweisen. Antikörper, die von einem individuellen Immunsystem „gebaut" werden, können daher unter bestimmten Umständen, wenn man sie in ein anderes Immunsystem überträgt (injiziert), dort wie ein Antigen wiederum die Produktion von Antikörpern veranlassen. Man spricht dann von Anti-Antikörpern.

Antikörper bestehen aus konstanten, d. h. in vielen Individuen einer Spezies identischen Proteinbereichen und den für die Antigenbindung verantwortlichen variablen Proteinteilen. Diese variablen Teile sind nur aufgrund der komplexen Genetik der Antikörpergene so extrem variabel, dass selbst bei genetisch identischen Individuen unterschiedliche Antikörper (je nach unterschiedlichem Antigenkontakt) auftreten können. Werden daher bestimmte Antikörper eines Individuums auf ein anderes, genetisch ähnliches bzw. identisches Individuum übertragen, so kann dieses Individuum Anti-Antikörper gegen die variablen Regionen entwickeln.

Die variablen Regionen der übertragenen Antikörper haben daher wie ein Antigen (antigene Determinante) gewirkt. Ein solches Antikörper-Antigen wird als Idiotyp bezeichnet; die Antikörper, die hiergegen gerichtet sind, bezeichnet man als **antiidiotypische Antikörper**.

Ig → Antikörper

Ikosaeder (griech. *eikosin* zwanzig; engl. *icosahedron*) Gleichmäßige Form aus 20 gleichseitigen Dreiecken mit 12 Ecken. Die Kapside (Hüllstrukturen) vieler kugelförmiger Viren, die eukaryontische Zellen infizieren, und Phagen sind so gestaltet.

Imaginalscheibe (lat. *imago* Bild, Ebenbild; engl. *imaginal disc*) Eine Gruppe undifferenzierter Zellen in einer Insektenlarve, die sich im Puppenstadium zu bestimmten Organen des erwachsenen Insektes (der Imago) entwickeln. Zuvor sind die ursprünglichen Larvenorgane im Puppenstadium zerfallen und wurden von Fresszellen beseitigt.

Immigration (lat. *immigrare* einwandern; engl. *immigration*) Einwanderung von Individuen. Teilvorgang der → Migration. Gegenteil → Emigration

Immission (lat. *in* hin, *mittere* schicken; engl. *immission*) Einwirkung (Belastung) von Schadstoffen auf Flora und Fauna. → Emission

Immunaffinitätschromatographie → Affinitätssäulenchromatographie

Immunantwort (lat. *in* im, *munus* Amt, im Sinne von unangreifbar; engl. *immune response*) Reaktion des Immunsystems eines Organismus auf antigene (fremde) Substanzen.

Es gibt **unspezifische** Immunantworten, etwa Fresszellen wie Makrophagen, die Substanzen „aufräumen", und 2 Arten **spezifischer** Reaktionen: zum einen die Bildung Antigen-spezifischer Antikörper durch die B-Lymphozyten, bezeichnet als **humorale** Immunantwort, zum anderen die sog. zellvermittelte Immunantwort (**zelluläre** Immunantwort), bei der die T-Lymphozyten auf verschiedene Art und Weise eine Immunantwort bewirken bzw. auslösen. In den meisten Fällen umfasst eine Immunantwort sowohl eine humorale wie eine zelluläre Immunreaktion.

Die Immunantwort ist hauptsächlich gegen körperfremde Substanzen gerichtet. Eine Immunantwort bedeutet die Aktivierung verschiedener Gene als Reaktion des Immunsystems auf ein oder mehrere → Antigene. Sie kann auch gegen körpereigenes, krankhaftes Geschehen (z. B. Krebszellen) vorgehen oder aber als eine Art Fehlsteuerung gegen körpereigene Substanzen aktiv werden (→ Autoim-

munerkrankung). Die an der Immunantwort beteiligten Zellen sind T- und B-Lymphozyten sowie Monozyten (vor allem Makrophagen). T-Lymphozyten produzieren Lymphokine, die wiederum die Aktivität anderer Zellen beeinflussen. B-Zellen produzieren nach einem Reifevorgang Immunglobuline (Antikörper), die mit den Antigenen reagieren. Makrophagen „modulieren" aufgenommene („gefressene") Antigene zu immunogenen Einheiten, die sie an ihrer Oberfläche den B-Lymphozyten „zeigen" und diese damit stimulieren, sodass sie sich zu Antikörper

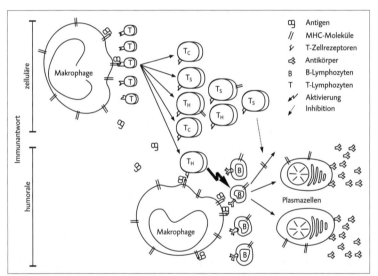

	Antigen
//	MHC-Moleküle
	T-Zellrezeptoren
	Antikörper
B	B-Lymphozyten
T	T-Lymphozyten
	Aktivierung
	Inhibition

Vereinfachtes Schema zur doppelten Natur des Immunsystems (ohne immunaktive lösliche Faktoren wie Lymphokine). Antigene (oder Teile davon) werden von Makrophagen in Kombination mit den eigenen MHC-Molekülen den B- und T-Lymphozyten „gezeigt". Aber nur diejenigen B- und T-Lymphozyten können die Antigene erkennen, die über den passenden Antikörper bzw. T-Zellrezeptor verfügen. Wenn der richtige T-Lymphozyt das Antigen zusammen mit einem körpereigenen MHC-Molekül erkennt, beginnt er sowohl sich selbst zu aktivieren als auch Einfluss auf andere Zellen auszuüben, wie z. B. ebenfalls auf dasselbe Antigen aufmerksam gewordene B-Lymphozyten. Der T-Lymphozyt kann dann mit dem gleichen T-Zellrezeptor ausgestattete T-Helferzellen (T_H), T-Killerzellen (T_C), und T-Suppressorzellen (T_S) aktivieren bzw. sich selbst zur Teilung anregen und entsprechen-

de Tochterzellen erzeugen. Diese aktivierten Zellen sind dann für die weiteren Aktivitäten des Immunsystems verantwortlich bzw. regulieren die Immunantwort. B-Lymphozyten werden durch den Antigenkontakt und die Stimulierung durch T-Helferzellen zur Zellvermehrung und -differenzierung von hohen Mengen an Antikörpern produzierenden Plasmazellen veranlasst. Verschwindet nach geraumer Zeit das Antigen (Infektion lässt nach), dann können Antigen-spezifische T-Suppressorzellen aktiv durch hemmende Einflussnahme z. B. auf die aktivierten B-Lymphozyten die Immunantwort wieder herunterfahren. Nach einer solchen Immunantwort verbleiben einige der B- und T-Lymphozyten in einem relativ inaktiven Zustand als sog. Gedächtniszellen. Bei einem erneutem Kontakt mit demselben Antigen können diese wesentlich rascher und effektiver eine Immunantwort starten.

sekretierenden Plasmazellen entwickeln. Andererseits stimulieren Makrophagen auch T-Zellen, Lymphokine zu sekretieren. T-Zellen wiederum können auch direkten Einfluss auf B-Lymphozyten haben. Ein weiterer Faktor der Immunantwort ist das → Komplement, eine Gruppe von Serumproteinen, die zur Wirksamkeit der Antikörper beitragen, indem sie durch die Antikörper-Antigen-Reaktion aktiviert werden.

Der erste Kontakt mit einem Antigen sensitiviert einen Organismus („macht ihn darauf aufmerksam"), was als **primäre** Immunantwort" bezeichnet wird. Weiterhin bestehender oder wiederholter Kontakt eines Antigens mit dem „sensitivierten" Organismus verursacht eine verstärkte Reaktion, **„sekundäre** Immunantwort" genannt (Booster- oder Anamnese-Reaktion), welche u. a. durch eine erhöhte Antikörperkonzentration im Blut nachgewiesen werden kann.

Immundefizienz (engl. *immune deficiency*) → Immunmangel-Krankheiten

Immundominanz (engl. *immunodominance*) Eigenschaft eines oder mehrerer bestimmter Teilbereiche in bzw. auf einem Immunogen (Antigenmolekül), welche die stärkste Immunantwort (Antikörper und/oder zelluläre Immunantwort) hervorruft. Der Grund hierfür ist, dass ein Immunogen meist über mehrere antigene Determinanten verfügt (→ Antigen). Modellmäßig lässt sich dies so erklären, dass einige Teilbereiche des Antigens für das entsprechende Immunsystem besonders „fremd" sind und das Immunsystem hiergegen bevorzugt reagiert. Weniger „fremde" Teilbereiche führen häufig zu keiner oder nur einer sehr geringen Immunantwort. Solche Teilbereiche eines Antigens (Immunogens) werden als **immunrezessiv** bezeichnet. Nicht zu verwechseln mit der Alleldominanz bzw. Allelrezessivität.

Immunelektrophorese (engl. *immunoelectrophoresis*) Verfahren, bei dem zunächst ein Molekülgemisch in einem Gel elektrophoretisch getrennt wird, wobei sich identische Moleküle bei ihrer „Wanderung" in Banden (strichförmige Bereiche) konzentrieren. Dann wird Antiserum (Serum mit einem spezifischen, markierten Antikörper, der an eines der aufgetrennten Moleküle bindet) zugegeben, wodurch das bestimmte Molekül in Form einer Bande identifiziert werden kann. Diese Nachweistechnologie bezeichnet man als Western Blot. Die Immunelektrophorese stellt eine sehr genaue Nachweismöglichkeit für Proteine dar. → Southern Blot

Immunfluoreszenz-Nachweis (engl. *immunofluorescence assay*) Methode zum Nachweis von Molekülen oder Molekülstrukturen, wobei an diese Strukturen spezifische → Antikörper (→ Antigen) binden. An die Antikörper wiederum wurde zuvor ein fluoreszierender Farbstoff kovalent gebunden, welcher dann bei Beleuchtung mit ultraviolettem Licht sein spezifisches Fluoreszenzlicht aussendet.

Es werden heute unterschiedliche Variationen dieser Methode in Labor und Diagnostik eingesetzt. Das Grundprinzip ist die Antigen-Antikörperreaktion. Ein Molekül (z. B. menschliches Interferon), welches man später mittels Immunfluoreszenz nachweisen will, wird zunächst hochgradig gereinigt einer Maus injiziert. Die Maus bildet gegen die für sie fremde Substanz Antikörper (hier: humaninterferonspezifische Antikörper). Diese (oder auch sog. → monoklonale Antikörper) werden aus dem Serum der Maus isoliert und mit einem Fluoreszenzfarbstoff chemisch verbunden. Will man nun in einem Gemisch menschlicher Zellen feststellen, welche Zellen z. B. Interferon produzieren, so wird das Zellgemisch fixiert und anschließend in den Antikörpern „gebadet". Sind Interferonmoleküle vorhanden, binden die Antikörper, und der an sie gekoppelte Farbstoff leuchtet im UV-Licht und identifiziert damit die gesuchten Zellen. Alle anderen, nicht interferonproduzierenden Zellen bleiben unauffällig.

Immungen (engl. *immunogene*) Jeder Genlocus, der an den immunologischen Eigenschaften eines Individuums beteiligt ist, etwa die Ig-Gene, MHC-Gene usw.

Immungenetik (engl. *immunogenetics*) Die Lehre von der Vererbung der Wirkungsmechanismen, welche das Immunsystem nutzt; z. B. die Gene für Antikörper, T-Zellrezeptoren, Histokompatibilitätsantigene. Wissenschaft zur Aufklärung von Struktur und Wirkung der Gene (durch eine Kombination immunologischer und genetischer Methoden), welche die immunologischen Eigenschaften von Individuen oder Arten hervorrufen.

Immunglobuline, Ig (engl. *immunoglobulins*) Synonym → Antikörper.

Immunglobulingene, Antikörpergene (engl. *immunoglobulin genes*) Gene, welche die leichten und schweren Ketten der Immunglobuline codieren.

Das Gencluster für die schweren Ketten liegt beim Menschen auf Chromosom 14. Der Genabschnitt für die leichte κ-Kette befindet sich auf Chromosom 2, der für die leichte λ-Kette auf Chromosom 22. Diese Gene werden in reifen B-Lymphozyten individuell aus „Genteilen" zusammengestellt (rearrangiert). Die leichten Ketten werden aus den Genfragmenten L, V, J und C zusammengestellt. L codiert für eine Leader-Sequenz (17–20 Aminosäuren). V (*variable* Region) codiert für die ersten 95 Aminosäuren der leichten Kette. C (*constant*) steht für die Aminosäuren 108–214 (→ Antikörper). J (*joining*) codiert für die Aminosäuren 96–107. Die Leadersequenz ermöglicht dem Molekül die Passage durch die Membran des ER (danach Sekretion) und wird später abgespalten. Es gibt etwa 300 L-V-Regionen für die leichten Ketten mit unterschiedlichen Basensequenzen. Im κ-Gen gibt es 6 verschiedene J-Regionen. Dazu kommt ein C-Segment. Auch das λ-Gen enthält etwa 300 L-V-Segmente; hier hat jedoch jedes

der 6 J-Segmente sein zugehöriges C-Segment. Die schwere Kette wird aus einem Gen gebildet, das ebenfalls rearrangiert wird: L-V-D-J und eines der C-Segmente (μ, δ, γ, α, ε). Hier gibt es wieder 300 L-V-Abschnitte, 10–50 D- und 4 J-Abschnitte auf dem DNS-Strang. Diese Kombinationsvielfalt bewirkt zusammen mit einer hohen Mutationsrate in bestimmten Bereichen der variablen Genregionen die ungeheuere Antikörpervielfalt in einem Individuum. Ein B-Lymphozyt kann von einer C-Klasse zur anderen wechseln (z. B. von IgM zu IgG), wobei die Antigen-Bindungsstelle gleich bleibt (der zusammengestellte L-V-D-J-Abschnitt wird an ein anderes C-Segment transloziert, der DNS-Abschnitt dazwischen geht verloren. → Exon-*shuffling*, → Gendosis

Immunisierung, Immunisation (engl. *immunization*) → Impfung, → Immunität

Immunität (lat. *in* im, *munus* Amt, im Sinne von unangreifbar; engl. *immunity*) (1) Spezifische Abwehrbereitschaft eines individuellen Immunsystems gegen eine meist fremde Substanz (ein oder mehrere Antigene). Diese fremde Substanz kann harmlos oder aber krankheitserregend sein (z. B. viele Viren, Bakterien, Pilze).

Immunität bedeutet in den meisten Fällen, dass ein Kontakt mit der fremden Substanz (Immunisierung) bereits mindestens einmal erfolgt ist. Dieser frühere Kontakt hinterlässt in einem Immunsystem eine Art Erinnerung, wodurch ein erneuter Kontakt zu einer schnelleren und wirkungsvolleren → Immunantwort führt. Die Erinnerung kann humoraler und/oder zellulärer Natur sein (durch sog. *memory*-B-Lymphozyten bzw. sog. *memory*-T-Lymphozyten = Gedächtniszellen). Das Erinnerungsprinzip macht sich der Mensch bei der Impfung zunutze. Eine harmlose Fremdsubstanz (z. B. abgeschwächte Polioviren, Erreger der Kinderlähmung) wird wiederholt Kleinkindern verabreicht. Das Immunsystem lernt die Fremdsubstanzen kennen, und die Gedächtniszellen speichern diese Erinnerung. Kommt es später zu einem Kontakt (Infektion) mit aktiven, krankheitsverursachenden Polioviren, dann kann das Immunsystem sofort und effektiv dagegen reagieren. Sowohl die abgeschwächte Form wie die krankheitsverursachenden Polioviren haben die gleichen → Antigene. Die betreffende Person wird in den meisten Fällen die Folgen der Impfung bzw. die Reaktionen des Immunsystems darauf gar nicht wahrnehmen. Kommt es jedoch zur Infektion mit einem anderen Virus, den das Immunsystem bisher noch nie „gesehen" hat, so liegt keine Immunität gegen dieses Virus vor. Immunität bedeutet also stets Schutz gegen ein ganz bestimmtes Agens.

Immunität ist ein erworbener (kein angeborener) Zustand höherer Wirbeltiere, unempfindlich gegen spezifische Krankheitserreger zu sein. Es gibt zwei Arten von Immunität: **Aktive** Immunität entsteht, wenn ein Individuum auf ein Antigen mit der Bildung von → Antikörpern reagiert. **Passive** „übertragene" Immunität wird durch Injektion von Antikörpern von einem anderen Individuum erworben. → Impfung

(2) Immunität beschreibt auch die Eigenschaft eines Prophagen, einen anderen Phagen des gleichen Typs an der Infektion der selben Bakterienzelle zu hindern. Phagenresistente Bakterien erhalten ihre Immunität durch das Fehlen der Oberflächenrezeptoren, an welche die spezifischen Phagen andocken können.

(3) Analog zu (2) wird der Begriff auch auf ein Plasmid angewendet, das die Transformation eines anderen Plasmids gleichen Typs in dieser Zelle verhindert (auch bei Transposons).

immunkompetente Zelle (engl. *immunocompetent cell*) Zelle, die nach Kontakt mit einem Antigen eine entsprechende Immunreaktion (mit-)bewirken kann, z. B. die Produktion von Antigenspezifischen Antikörpern.

Immunkomplexkrankheit (engl. *immune complex disease*) Bei der Reaktion (Bindung) relativ großer Mengen von löslichen Antigenen mit Antikörpern (Komplexbildung) im Körper kann es zu einer Entzündungsreaktion kommen, wenn bei diesem Vorgang auch noch → Komplement aktiviert wird.

Entscheidend für die Art der daraus resultierenden Erkrankung ist das Verhältnis zwischen den Mengen an Antigenen und Antikörpern. Bei Antikörperüberschuss werden die Komplexe unlöslich (sie präzipitieren). Diese als **Arthus-Reaktion** bezeichnete Immunkomplexkrankheit verbleibt weitgehend lokal in dem betroffenen Gewebe. Hingegen führt ein Antigenüberschuss zu löslichen Komplexen, die sich im Körper verteilen und erst nach Tagen in unterschiedlichsten Geweben wie in Haut, Gelenken und Nieren Reaktionen hervorrufen. Diese Immunkomplexkrankheit nennt man **Serumkrankheit**.

Immunmangel-Krankheiten (engl. *immune deficiency diseases*) Entsprechend der Komplexität des Immunsystems und dessen Reaktionen gibt es unterschiedlichste Formen von Krankheiten, die einen Immunmangel (Immundefekt) bewirken können. Man unterscheidet einen primären und einen sekundären Immunmangel. (1) Beim **primären** liegt in den meisten Fällen ein genetischer Defekt vor, sodass zu wenige B- oder T-Lymphozyten gebildet werden und so Funktionsstörungen des Thymus oder Störungen der Antikörpersynthese vorkommen. (2) Von einem **sekundären** Immunmangel spricht man, wenn das Immunsystem durch Faktoren von außen unterdrückt wird. Solche Faktoren können Röntgenstrahlen, bestimmte Medikamente oder immunsuppressiv wirkende Krankheitserreger sein. Der bekannteste dieser Erreger ist das → HIV.

Immunogen (griech. *gennao* ich erzeuge; engl. *immunogen*) Jede Substanz, die eine → Immunantwort hervorruft.

Körperfremde Proteine und Glykoproteine, d. h. mit anderer Aminosäuresequenz als die körpereigenen, sind sehr starke Immunogene. Sie wirken **immunogen.** → Antigen, → Immundominanz

Immunologie (engl. *immunology*) Wissenschaftszweig als Oberbegriff für die Teilgebiete Immunität, Teilbereiche der Serologie, Immunchemie, Immungenetik, Immunpathologie, Allergologie.

immunrezessiv → Immundominanz

Immunsystem (engl. *immune system*) Umfasst diejenigen Zellen, Organe und Moleküle, die dem Körper zur Bekämpfung schädlicher, meist fremder Substanzen bzw. Organismen dienen.

Das Immunsystem wird bei den Säugetieren aus Zellen des blutbildenden Knochenmarks gebildet. Hauptanteil haben die Lymphozyten: Die sog. B-Lymphozyten produzieren Antikörper und T-Lymphozyten sorgen für die zelluläre Immunabwehr (z. B. Killer-T-Lymphozyten, die auch Krebszellen bekämpfen). Die aus dem Knochenmark stammenden T-Lymphozyten wandern in den Thymus, eine Drüse oberhalb des Herzens, wo nur diejenigen T-Lymphozyten überleben und in den Körper zurückgeschickt werden, die „fremd" und damit „schädlich" erkennen. Auf diese Weise wird sichergestellt, dass das Immunsystem nicht den eigenen Körper bekämpft (→ Autoimmunerkrankung). Lymphozyten können aber auch immunstimulierende Faktoren (Proteine wie Interleukine) herstellen und sekretieren, die ebenfalls Einfluss auf die Immunantwort und Reaktionen anderer Körperzellen hervorrufen. Ein weiterer Bestandteil des Immunsystems sind die sog. unspezifischen Abwehrmechanismen, wie etwa die Monozyten. Die bekanntesten Vertreter davon sind die Makrophagen (Fresszellen). Die Zellen des Immunsystems halten sich nicht nur in den Blutbahnen auf. Sie können die Aderwände durchdringen und patrouillieren im Gewebe. Gewebe mit einer besonders hohen Zahl

an Immunzellen sind Lymphknoten und Milz. Bei Verletzungen oder Infektionen sind Immunzellen vor Ort aktiv, wobei die resultierende Entzündung (meist Rötung) die Aktivitäten der an dieser Stelle eingewanderten Immunzellen darstellt.

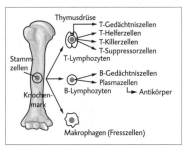

Einige wichtige Zellen des Immunsystems und ihre Funktion

Immuntoleranz (engl. *immunological tolerance*) Ausbleiben einer Immunantwort gegenüber einer Substanz, die normalerweise eine Immunantwort induziert. Toleranz gegen spezifische Antigene kann für ein Individuum herbeigeführt werden, wenn es im embryonalen oder neonatalen (kurz nach der Geburt) Stadium mit dem Antigen in Kontakt kommt. Im erwachsenen (adulten) Stadium wird eine Toleranz erreicht durch eine besondere Art von Antigen-Applikation oder durch Verabreichung (Applikation) von Substanzen, die die Vermehrung (Proliferation) der Immunzellen verhindern (sog. Immunsuppressiva). Auf diese Weise können auch histoinkompatible Transplantate zumindest zeitweise in einem Empfänger verbleiben. → Inkompatibilität

Impfstoff, Vakzine (lat. *vacca* Kuh; engl. *vaccine*) Unschädlich gemachte oder abgetötete Toxine oder Mikroorganismen, die einem Individuum meist wiederholt verabreicht werden, damit es eine Immunität gegen die aktive Form dieser Agenzien entwickelt.

Entdeckt und in ihrer Wirksamkeit bewiesen wurde die erste erfolgreiche Vakzination (Impfung) 1796 vom britischen Arzt Edward Jenner (1749–1823), der durch die Impfung von Vacciniavirus einen wirkungsvollen Schutz gegen Humanpocken *(Variola)* erzielte. → Immunität, → Impfung, → Pocken

Impfung, Schutzimpfung, Vakzination (engl. *vaccination*) Künstliche Herbeiführung einer → Immunität gegen eine Substanz (z. B. Gift) oder einen Krankheitserreger. → Impfstoff, → Idiotyp

Man unterscheidet zwischen aktiver und passiver Impfung. (1) Die **aktive** Impfung umfasst die Applikation (z. B. Injektion, Schlucken) eines → Antigens, um eine → Immunantwort gegen dieses Antigen in einem Individuum zu stimulieren. Der geimpfte Körper selbst produziert aufgrund des direkten Antigenkontaktes immune → T-Lymphozyten und seine → B-Lymphozyten setzen entsprechende → Antikörper frei. Der Schutz durch eine (zumeist wiederholte) aktive Immunisierung währt einige Jahre. Sog. T- und B-Gedächtniszellen *(memory cells)* „merken" sich den Antigenkontakt und können bei erneuter Konfrontation mit dem Antigen das Immunsystem sehr viel schneller aktivieren.

(2) Bei der **passiven** Impfung injiziert man einem Individuum Antikörper bzw. Antiserum (enthält viele verschiedene Antikörper), welche(s) von einem anderen Individuum/Spezies nach dessen Impfung mit dem entsprechenden Antigen gewonnen wurde. Man wendet das Verfahren in den Fällen an, in denen das Antigen selbst zu gesundheitsschädlich oder nicht genügend effektiv für eine aktive Impfung (des Menschen) ist (z. B. Schlangengift) oder aber der Zeitraum für eine aktive Impfung nicht mehr zur Verfügung steht (d. h. eine Erkrankung hat bereits eingesetzt, z. B. nach einem Schlangenbiss). Der Nachteil der passiven Impfung ist, dass das passiv geimpfte Individuum selbst nicht das Antigen (genügend) kennen lernt und damit keine eigene Immun-

antwort entwickelt. Die passive Impfung hält nur wenige Wochen an, da die fremden Antikörper abgebaut werden. Weiterhin besteht die Gefahr, dass die fremden injizierten Antikörper selbst als Antigene erkannt werden und bei einer erneuten passiven Impfung zu einem anaphylaktischen Schock (→ Anaphylaxie) führen.

(3) Als Impfung bzw. Animpfung bezeichnet man in der Mikrobiologie die Übertragung lebender Mikroorganismen auf oder in ein Nährmedium.

Implantat (engl. *implant*) Material, das künstlich in ein Gewebe oder Organ eines Individuums eingebracht wird, etwa ein Herzschrittmacher oder ein Hauttransplantat.

Implantation (lat. *plantare* pflanzen; engl. *implantation*) (1) **Nidation**. Einnisten (Anwachsen) eines Embryos in die Schleimhaut der Gebärmutter. (2) Einfügen eines fremden Gewebestücks oder anderen Fremdkörpers in einen Organismus.

implizites Gedächtnis (engl. *implicit, procedural memory*) Unbewusst aus dem Gehirn abrufbare Informationen wie etwa Gewohnheiten, Bewegungsvorgänge oder → Konditionierungen. → explizites Gedächtnis

Imponierverhalten, Imponiergehabe (lat. *imponere* herausstellen; engl. *display behaviour, impressive behaviour*) Um einen Gegner oder Geschlechtspartner zu beeindrucken, benutzen viele Tiere optische und/oder akustische Signale wie etwa eine Vergrößerung der Körpersilhouette durch Breitseitstellung (z. B. Rind), durch zur Schaustellung von Schmuckfedern (z. B. Pfau) oder durch Fauchen (z. B. viele Raubkatzen). Eine spezielle Funktion erfüllt das Imponieren beim → Drohverhalten.

Imprägnation (lat. *in* hinein, *praegnans* schwanger; engl. *impregnation*) Das Eindringen des Spermiums in ein reifes Ei. Der Vorgang an sich stellt die eigentliche → Befruchtung dar.

Imprinting (engl. *imprinting*) (1) → Prägung eines jungen Tieres auf ein bestimmtes Verhaltensmuster während einer begrenzten Entwicklungsperiode.

(2) Phänomen, dass die Expression eines Allels von seiner Herkunft abhängt (von Vater oder Mutter).

Bekanntes Beispiel ist die Vererbung des Veitstanzes (engl. *Huntington disease*). Wenn ein Nachkomme das dominante krankmachende Allel vom Vater erhalten hat, zeigen sich die Symptome schon in der Jugend. Hat er das Allel von der Mutter, tritt die Krankheit erst im mittleren Alter auf. Als Ursache nimmt man an, dass während der Gametogenese (Entwicklung von Spermium oder Eizelle) in den beiden Geschlechtern unterschiedliche Methylierungsmuster an der DNS entstehen (→ DNS-Methylierung). In Oozyten können so die Kontrollregionen bestimmter Gene methyliert werden, in Spermatozyten hingegen nicht. Nach der Befruchtung der Eizelle enthalten die Zellen des neuen Organismus – je nachdem von wem er es vererbt bekommt – das inaktive, spät krankmachende Allel von der Mutter oder das aktive und damit früh krankmachende vom Vater. Damit sich ein solches System über Generationen erhalten kann, muss die Methylierung reversibel sein. Wenn die Gametogenese beginnt, muss ein männlicher Nachkomme die methylierten Allele demethylieren und ein weiblicher beide Allele methylieren.

Individualselektion → Selektion

Inducer (lat. *inducere* veranlassen; engl. *inducer*) Ein kleines Molekül, das eine Zelle/ein Gen veranlasst, eine größere Menge eines Polypeptids (Enzym) zu produzieren; Inducer sind eine Gruppe von → Effektormolekülen. → Gen-Aktivierung

Induktion (lat. *inducere* bewirken; engl. *induction*) (1) Festlegung der Entwicklungsrichtung einer oder mehrerer Zellen durch andere. (2) Stimulation eines Bakteriums im lysogenen Stadium, infektiöse Phagen zu produzieren. (3) Stimulation der Expression eines bestimmten Enzyms (Proteins) durch einen spezifischen → Inducer.

Industriemelanismus (griech. *melas* schwarz; engl. *industrial melanism*) Häufiges Auftreten von dunklen Exemplaren verschiedener Tierarten in Industrieregionen. Die Farbe wird durch Pigmente (Melanin) hervorgerufen, etwa bei Motten. Die Überlebenschance dunkler Individuen ist durch Anpassung an verschmutzten Untergrund höher. → Mimikry

Infantilismus (lat. *infans* Kind; engl. *infantilism*) Auftreten von kindlichen Verhaltensweisen bei erwachsenen Individuen, z. B. bei der Balz das Mund-zu-Mund-Füttern einiger Vogelarten.

Infantizid (lat. *infans* Kind, *caedere* töten; engl. *infanticide, infant killing*) Kindsmord, Kindstötung, Babymord.

Bei schlechten Umweltbedingungen töten manche Vögel ihre Jungen (bekannt bei einer Häherart). Oft beobachtet ist der Kindsmord durch fremde Männchen, die einen Harem übernehmen. Der biologische Sinn dieser Art von Infantizid liegt darin, die Weibchen und Mütter durch Abbruch der → Laktation wieder in → Östrus zu bringen, damit sie nach Verpaarung die eigenen Kinder des Haremsbesitzers austragen (z. B. Löwe, manche Primaten). Werden die Jungen gefressen (selten bei Schweinen oder Kaninchen), spricht man von **Kronismus** (Kronos hat der Sage nach alle seine Kinder, u. a. Zeus, verschlungen). Werden jüngere Wurfgeschwister der Kümmerer getötet, spricht man von **Fratizid** (lat. *frater* Bruder), z. B. bei Raubvögeln.

Infektion (lat. *inficere* anstecken; engl. *infection*) Befall des gesamten Körpers oder Teilen davon (z. B. Wunden) mit krankheitserregenden Organismen, die sich dort weitervermehren.

Zu diesen gehören Viren (z. B. Hepatitis-Virus), Rickettsien (zellwandlose Bakterien), Bakterien (z. B. *Salmonella typhi* – der Erreger des Typhus), Pilze (z. B. *Can-*

dida albicans), Einzeller (z. B. *Plasmodium falciparum* – der Erreger der Malaria) und auch Würmer (z. B. Bandwurm).

Die meisten Infektionen im Laufe eines Lebens werden durch das Immunsystem erfolgreich bekämpft. Bei chronischen Infektionen, d. h. lang andauernden mikrobiellen Erkrankungen, hält das Immunsystem die Infektion nur in Schach und es gelingt ihm ohne therapeutische Maßnahmen nicht, die Infektion völlig zu überwinden (häufig z. B. bei Tuberkulose).

Influenza → Grippe

Inhibition (lat. *inhibere* hindern; engl. *inhibition*) → Feedback-Inhibition, → laterale Hemmung

Inhibitoren (lat. *inhibere* hemmen, hindern; engl. *inhibitors*) Moleküle, die eine bestimmte Reaktion verhindern. Enzyminhibitoren z. B. verhindern die Aktivität der entsprechenden Enzyme. → Feedback-Inhibition

inhibitorisch (engl. *inhibitory, inhibitive* hemmend) → Feedback-Inhibition, → laterale Hemmung

inhibitorisches postsynaptisches Potenzial → IPSP

Initiation → Translation

Initiationscodon (lat. *initium* Anfang; engl. *initiation codon*) → Start-Codon

Inkompatibilität, Histoinkompatibilität (lat. *in-* un-, *patibilis* erträglich; engl. *incompatibility*) Unverträglichkeit, Gewebeunverträglichkeit.

(1) In der Immunologie die abstoßenden Reaktionen bei der Übertragung (Transplantation) von Zellen oder Geweben eines inkompatiblen Spenders auf einen Empfänger (eigentliche Histoinkompatibilität). Maßgeblich für die Verträglichkeit bzw. Unverträglichkeit sind dabei Eiweiße an der Oberfläche von Zellen, welche durch Gene der MHC-Region codiert werden. Beim Menschen wird diese Genregion HLA, bei der Maus H-2 genannt. Die MHC-Region beinhaltet zahlreiche Gene, die eine starke Polyallelie aufweisen. Dadurch entsteht eine Fülle von → Haplotypen, die alle unterschiedliche antigene Eigenschaften haben. Diese Polyallelie ist die Hauptursache für die Transplantationsprobleme speziell beim Menschen. So geht man davon aus, dass die Wahrscheinlichkeit bei 1 zu mehreren Millionen liegt, dass zwei Nichtverwandte über die gleichen → MHC-Gene (HLA-Gene) verfügen und damit für eine Transplantation untereinander nahezu uneingeschränkt geeignet (kompatibel) sind. Aufgrund dieser niedrigen Wahrscheinlichkeit nimmt man mehr oder weniger inkompatible Spender in Kauf und unterdrückt medikamentös die Transplantatabstoßungsreaktion (allerdings auf die Gefahr hin, eine → Immunmangel-Krankheit hervorzurufen).

Im Gegensatz zum Menschen hat man in Inzuchtstämmen von Labortieren die Polyallelie ausgezüchtet, sodass hier Transplantationen ohne Probleme möglich sind. → Immuntoleranz

(2) In der Pharmakologie bezeichnet Inkompatibilität das Phänomen, dass die Mischung von Substanzen durch gegenseitige Wechselwirkungen zur Unwirksamkeit oder zu toxischen Effekten führt.

Insektizide (lat. *insectus* mit Einschnitt, hier im Sinne von Tieren mit „Wespentaille", *caedere* töten; engl. *insecticides*) Substanzen unterschiedlichen Ursprungs, die zur Bekämpfung von Insekten eingesetzt werden. → Schädlingsbekämpfung

Insertion → Geninsertion

in situ (lat. *situs* Lage, Stellung; engl. *in situ*) In natürlicher Lage. → in situ-Hybridisierung, → in vitro

in situ-Hybridisierung (lat. *situs* Lage, Stellung; engl. *in situ hybridization*) Methode zur Lokalisierung von Genen auf intakten Chromosomen oder Nukleinsäuren in Zellen. Eine → Hybridisierung „an Ort und Stelle" oder „an der ursprünglichen" Lage mit einer markierten → DNS-Sonde.

Man gebraucht diese Technik, um das passende Gegenstück der Sonde (komplementäres Gegenstück) auf einem Chromosom oder in einer Zelle (eukaryontisch oder prokaryontisch) zu lokalisieren. Um bestimmte DNS-Sequenzen aufzufinden, wird die zu testende Probe denaturiert (→ DNS), sodass die DNS-Stränge einzeln vorliegen. Wenn dann die markierten Sonden-Moleküle (ebenfalls als DNS-Einzelstränge) zur denaturierten Chromosomen-DNS (z. B. Metaphasechromosomen) gegeben werden, binden die komplementären (die „sich entsprechenden", passenden) Sequenzen und können aufgrund der Markierung der Sonden-DNS erkannt (detektiert) werden. Ähnlich können auch RNS-Moleküle in Zellen lokalisiert werden. Sind die Sonden mit einem radioaktiven Isotop markiert, detektiert man mithilfe eines Autoradiogramms (Negativfilm, fotografischer Film); sind sie mit einem Fluoreszenz-Marker gekoppelt, kann man die Hybridisierungsstellen unter dem Fluoreszenzmikroskop sehen. Die Technik mit den fluoreszierenden Markern hat in den letzten Jahren besonders bei der → Genkartierung breite Anwendung gefunden und wird mit dem Kürzel FISH (*fluorescent in situ hybridization*) bezeichnet.

Die *in situ*-Hybridisierungstechnik wird auch zur Identifikation transformierter Bakterien benutzt (→ Colony-Hybridisierung).

Instinkt (lat. *instinguere* anstacheln, antreiben; engl. *instinct*) Nicht angelerntes, also vererbtes, arttypische Verhalten auf bestimmte Reize inneren oder äußeren Ursprungs. Das gesamte Verhalten ist von vorneherein im Zentralnervensystem festgelegt und bedarf keines Lernvorganges.

Instinkthandlung → Erbkoordination

Instinktverhalten (engl. *instinctive behaviour*) Abfolge bestimmter Verhaltensmuster.

Der Ablauf eines Instinktverhaltens lässt sich häufig in drei aufeinander folgende Abschnitte untergliedern: (1) Das als **ungerichtetes** → **Appetenzverhalten** beschriebene, oft unruhige Suchen nach einem Antriebsziel, z. B. Nahrung oder einen Geschlechtspartner. (2) Mit dem **gerichteten Appetenzverhalten** nähert sich das Tier einem entdeckten Antriebsziel an. (3) Nach Erreichen des Ziels beginnt die → **Endhandlung** wie etwa Begattung oder Fressen.

Insulin (lat. *insula* Insel; engl. *insulin*) Polypeptidhormon (Proteinhormon aus zwei Untereinheiten), das in den β-Zellen der Langerhans'schen Inseln der Bauchspeicheldrüse gebildet wird.

Insulin verursacht eine Erhöhung der Zuckeraufnahme der Zellen und damit einen Abfall der Blutzuckerkonzentration. Unterproduktion oder Fehlen des Hormons bewirken die Symptome der Zuckerkrankheit (Diabetes). Die Aminosäuresequenz wurde zuerst beim Rinderinsulin bestimmt. Es besteht aus 21 Aminosäuren in der A-Kette und 30 Aminosäuren in der B-Kette, die über 2 Disulfidbrücken verbunden sind. Das Insulingen des Menschen ist dem des Rindes ähnlich und liegt auf dem kurzen Arm von Chromosom 11.

Integration (lat. *integrare* wiederherstellen, erneuern; engl. *integration*) Natürlicher oder künstlicher Einbau (Neukombination) einer viralen oder einer anderen DNS-Sequenz in ein Wirtsgenom, wodurch ein neuer Genlocus entsteht. Der Integrationsort im Genom (auf welchem Chromosom und wo auf dem Chromosom) ist mehr oder weniger zufällig. Experimentell wird daran gearbeitet, den Ort gezielt zu wählen. → *gene targeting*

integrierter Pflanzenschutz → Schädlingsbekämpfung

Interferenz (lat. *inter* zwischen, *ferre* tragen, im Sinne von Dazwischenfallen, Pause; engl. *interference*) (1) Interferenzfilter erzeugen durch Überlagerung von Lichtwellen monochromatisches Licht, d. h. Licht einer Wellenlänge. Im Interferenzmikroskop können, ähnlich wie unter Phasenkontrast, transparente Strukturen besser gesehen werden. Aufgrund der relativen Verzögerung des Lichts durch verschiedene Strukturen sind quantitative Messungen (Trockenmasse pro Flächeneinheit, Schichtdicke) möglich. (2) Positive Interferenz bezeichnet die Interaktion zwischen → Crossing over. Das Auftreten eines Crossing over zwischen zwei homologen Chromosomen „vermindert" die Wahrscheinlichkeit eines zweiten Crossing over in dessen Nähe. Bei negativer Interferenz ist die Wahrscheinlichkeit erhöht, dass nahe neben einem Crossing over ein anderes auftritt. (3) Hemmung einer Virusinfektion bei doppelter oder mehrfacher Infektion mit anderen Viren der/des gleichen Zelle/Organismus durch Bildung von → Interferonen.

Interferone (engl. *interferons*, IFNs) Familie kleiner Glykoproteine aus Säugerzellen, die meist in Verbindung mit einer viralen Infektion produziert werden und regulativ auf das → Immunsystem wirken. Typ 1-Interferone sind monomere Proteine (aus einem Polypeptid), produziert von einer Vielzahl virusinfizierter Zellen. Diese Proteine hemmen u. a. die Vermehrung von Viren. Typ 2-Interferone bestehen aus Dimeren. Sie werden von T-Lymphozyten und und sog. NK-Zellen (*natural killer cells*) synthetisiert. Sie zerstören Krebszellen oder Zellen, die von intrazellulären Parasiten befallen sind.

interkalierende Agenzien (lat. *intercalaris* eingeschaltet, eingeschoben; engl. *intercalating agents*) Substanzen (etwa Ethidiumbromid, Acridine), die sich zwischen die Basen eines DNS-Moleküls einlagern und Störungen des Doppelstranges verursachen. So können Nukleotidaddditionen oder -deletionen und als deren Folge Verschiebungen des → Leserasters entstehen.

Interkinese (griech. *kinesis* Bewegung; engl. *interkinesis*) Verkürzte Interphase zwischen der ersten und zweiten meiotischen Teilung. Anders als bei der prämitotischen Interphase findet hier keine DNS-

Replikation statt. → Zellzyklus

Interleukine (engl. *interleukins*) Eine Gruppe von wenigstens 18 wasserlöslichen Proteinen, von denen die meisten von Leukozyten sekretiert werden. Ihre Aufgabe ist die Wachstumsstimulierung und Differenzierung der Zellen vor allem des Immunsystems. Die unterschiedlichen Interleukine werden IL1, IL2, IL3 usw. bezeichnet, entsprechend der Reihenfolge ihrer Entdeckung. Die meisten sind direkte Produkte einzelner Gene.

intermediär (engl. *intermediate*) In der Mitte liegend. → kodominant, → Semidominanz

intermediäre Filamente (engl. *intermediate filaments*) Gerüstproteine im Zytoplasma von 8–12 nm Stärke. Bezeichnung für eine heterogene Klasse des → Zytoskeletts.

Grundsätzlich hat jede Zelle eine bestimmte Klasse dieser Filamente. Keratinfilamente sind charakteristisch für Epithelzellen, Neurofilamente für Neuronen, Vimentinfilamente für Fibroblasten usw.

intermediärer Erbgang (engl. *intermediate hereditary path*) Ausprägung eines Merkmals mit gleichen phänotypischen Anteilen der beiden Allele. → kodominant

intermediärer Metabolismus (engl. *intermediary metabolism*) Biochemische Reaktionen in einer Zelle, welche die aufgenommenen Nährstoffe in niedermolekulare Moleküle umwandeln, die für die Bildung höhermolekularer Substanzen benötigt werden, z. B. Abzweigen von Substanzen des → Citratzyklus für die Synthese von Aminosäuren und deren Aufbau zu Proteinen.

Interphase (engl. *interphase*) Periode des → Zellzyklus zwischen zwei Mitosen.

Intersex (engl. *intersex*) Individuum einer normalerweise bisexuellen Spezies (bestehend aus männlichen und weiblichen Individuen) mit Zwischenformen der sexuellen Merkmale, z. B. Zwicke. → Hermaphrodit

interspezifische Kompetition
→ Kompetition

Interstitialzellen (lat. *interstitium* Zwischenraum; engl. *interstitial cells*) Die Zellen zwischen den Tubuli der Hoden (Leydig'sche Zwischenzellen), die z. B. bei Wirbeltieren das männliche Sexualhormon Testosteron sekretieren. Die Tubuli sind gangähnliche Strukturen, in denen die Spermien produziert werden. → luteinisierendes Hormon

intervenierende Sequenz (engl. *intervening sequence*) → Intron

interzellulär (engl. *intercellular*) Raum zwischen den Zellen.

intrachromosomale Rekombination (lat. *intra* innerhalb; engl. *intrachromosomal recombination*) (1) Änderung der Nukleotidabfolge innerhalb eines Chromatids bzw. Chromosoms durch Inversion, Deletion oder Duplikation. (2) Bei einem Schwesterchromatidaustausch (→ SCE) durch Crossing over handelt es sich ebenfalls um eine intrachromosomale Rekombination, die jedoch keine Veränderung der Nukleotidabfolge ergibt, da die beiden Schwester-Chromatiden identisch sind.

intragene Rekombination (lat. *intra* innerhalb; engl. *intragenic recombination*) Neuordnung zwischen → Mutons eines Cistrons (Gen, das für eine komplette RNS codiert). Diese Art Rekombination zeigt negative → Interferenz.

intraspezifische Konkurrenz
→ Kompetition

intrinsische Faktoren (lat. *intrinsecus* im Innern; engl. *intrinsic factors*) Alle Substanzen und Einflüsse eines Organismus oder Systems, die in seinem Innern entstehen oder wirken. Gene z. B. sind intrinsische Faktoren. → extrinsische Faktoren

Introgression (lat. *intro* hinein, *gredi* schreiten; engl. *introgression*) Eindringen von Genen einer Spezies in den → Genpool einer anderen. Wenn sich die Lebensräume zweier Spezies überlappen und fertile Hybriden erzeugt werden, be-

steht die Tendenz zu → Rückkreuzungen. So gibt es Individuen mit vorwiegend ursprünglichem Phänotyp, aber auch Merkmalen der anderen Art. → Migration

Intron, intervenierende Sequenz (lat. *intra* innerhalb; engl. *intron*) Teil eines Gens, der wie ein Exon (für ein Protein codierende Sequenz) in primäre RNS transkribiert, danach aber in einem Spleißvorgang aus der Nukleotidkette der primären RNS entfernt und degradiert wird. Die meisten eukaryontischen Gene sowie mitochondriale und manche Chloroplastengene enthalten Introns. Ihre Zahl je Gen variiert beträchtlich (1 bis > 50). Ihre Länge schwankt zwischen 100 und 10 000 bp. Sequenzhomologien zwischen Introns verschiedener Individuen sind gering. Jedoch sind zwei Nukleotide an jedem Ende identisch bei allen Introns. Sie sind am Spleißvorgang beteiligt. → GT-AG-Regel

Inversion (lat. *invertere* drehen; engl. *inversion*) Drehung eines Chromosomenabschnitts um 180°, sodass seine Nukleotidsequenz gegenläufig zum Rest des Chromosoms ist.

Inversionen können das Zentromer einschließen (perizentrisch) oder ausschließen (parazentrisch). Letztere sind häufiger. Inversionen scheinen Crossing over zu unterdrücken. Inversions-Heterozygote sind Individuen, bei denen ein homologes Chromosom eine Inversion und das andere die ursprüngliche Gensequenz aufweist. → Chromosomenaberration

Invertebraten, Evertebraten (lat. *e-*, *in-* ohne, *vertebra* Wirbel; engl. *invertebrates*) Metazoa (Vielzeller) ohne Wirbelsäule; wirbellose Tiere, **Wirbellose**.

Inverted Repeats, IR (engl. *inverted repeats*) Zwei mehr oder weniger weit voneinander entfernt liegende Kopien derselben Nukleotidsequenz, aber mit gegenläufiger Orientierung (mit spiegelverkehrter Basenabfolge) im gleichen DNS-Molekül. IR-Sequenzen kommen an den Enden von → Transposons oder → Proviren vor. → Palindrom, → transposable Elemente

Inverted Terminal Repeats (engl. *inverted terminal repeats*) Kurze, identische Nukleotidsequenzen mit gegenläufiger Orientierung an den Enden mancher → Transposons.

in vitro (lat. *vitrum* Glas) Im Reagenzglas. Gegenteil → in vivo

Bezeichnet ein biologisches Experiment, das isoliert vom lebenden Organismus durchgeführt wird, z. B. Zellkultur oder Enzym-Substrat-Reaktionen.

in vitro-Befruchtung, IVF (engl. *in vitro fertilization*) Vereinigung von Eizellen und Spermien außerhalb des weiblichen Körpers im Reagenzglas.

Beim Menschen wird die Methode u. a. therapeutisch angewendet, wenn ein Eileiterverschluss vorliegt oder bei bestimmten Spermienanomalien. Der *in vitro* bis maximal zur Blastozyste entwickelte Embryo kann durch den Muttermund in die Gebärmutter transferiert werden, wo er in die Gebärmutterschleimhaut implantiert. Vgl. → künstliche Besamung

Bei Nutztieren steht die IVF noch im Experimentierstadium. Ziel ist die Ausnutzung des Ovarpotenzials (Gewinnung möglichst vieler Eizellen von einem speziellen Tier), um von Hochleistungstieren große (Vollgeschwister-)Nachkommengruppen zu erstellen. Bevorzugt wird hier die unipare Spezies Rind (pro Geburt nur 1 Kalb), die normalerweise nur 3 Kälber je Lebenszeit einer Kuh hervorbringt. Da beim Rind pro Eierstock ca. 100 000 Oogonien reifen können, sind theoretisch mittels IVF einige Tausend Nachkommen von einer Kuh denkbar.

in vitro-Mutagenese (engl. *in vitro mutagenesis*) Experimente, bei denen DNS *in vitro* mit Reagenzien behandelt wird, die eine chemische Veränderung des Moleküls bewirken. Die Fähigkeit des mutierten Moleküls, zu replizieren und zu transkribieren, wird anschließend in einem zellfreien System oder in Zellkultur

getestet, nachdem das DNS-Fragment in ein Plasmid ligiert (eingebaut) und in Zellen transfiziert wurde. Ziel ist die Erzeugung von Proteinen mit veränderten Eigenschaften (*protein engineering*).

in vivo (lat. *vivus* lebendig) Im lebenden Organismus. Gegenteil → in vitro

Inzucht (engl. *inbreeding*) Paarung verwandter Tiere oder Pflanzen.

Inzuchtdepression (engl. *inbreeding depression*) Verminderte Lebenstüchtigkeit (Wachstum, Überlebensrate, Fruchtbarkeit u. a.) nach einer oder mehreren Generationen Inzucht.

Die Jahresmilchleistung von Kühen z. B. vermindert sich um 30 kg je Prozent Inzucht.

Inzuchtkoeffizient F (engl. *Wright's inbreeding coefficient*) Die Wahrscheinlichkeit, dass die zwei Allele eines Genlocus in einer diploiden Zygote und damit in einem Individuum identisch sind. Das bedeutet, dass die beiden Allele von einem gemeinsamen Vorfahren stammen und über beide Eltern weitervererbt wurden. F beschreibt also den Anteil der Genloci eines Individuums, die homozygot (von gleichen Allelen) besetzt sind. Die theoretischen Arbeiten zur → Inzucht stammen von S. Wright (1930).

Inzucht-Stamm (engl. *inbred strain*) Population (Gruppe) von Individuen, die so hoch (lange) ingezüchtet sind, dass sie als genetisch identisch anzusehen sind, ausgenommen geschlechtsbezogene Merkmale. → Geschlechtsdimorphismus, → hemizygotes Gen

Iod, I (griech. *ioeides* veilchenfarben; engl. *iodine*) biologisches Spurenelement; Ordnungszahl 53; Atomgewicht 129,9; Wertigkeit in biologischen Systemen 1–; häufigstes Isotop ist ^{127}I; radioaktive Isotope sind ^{125}I (→ Halbwertszeit 60 d) und ^{131}I (Halbwertszeit 8 d), die häufig bei → Radioimmunoassays eingesetzt werden. Als wichtiger Bestandteil von Schilddrüsenhormonen für die Regulation des Stoffwechsels essenziell.

Ionenbindung (engl. *ionic bond(ing)*)
Die Ionenbindung ist eine Art der chemischen Bindung, die auf der starken und ungerichteten Anziehungskraft zwischen entgegengesetzt geladenen Ionen beruht. Bekannteste Vertreter mit Ionenbindung sind die Halogenide der Alkali- und Erdalkalimetalle (z. B. NaCl). → kovalente Bindung, → Anhang III

Ionenkanal (engl. *ionic channel*) Viele Zellen verfügen über transmembranale Proteine (Eiweiße oder Eiweißkomplexe, die in die Plasmamembran eingebaut sind und aus dieser auf beiden Seiten herausragen), die einen → passiven Transport von Ionen ihrem Konzentrationsgradienten folgend durch die Zellmembran hindurch ermöglichen.

Diese Ionenkanäle können in drei verschiedenen Funktionszuständen vorliegen: Entweder **aktiv**, dann fließen Ionen hindurch, **ruhend**, d. h. geschlossen und aktivierbar, oder aber **refraktär**, d. h. sie sind geschlossen und nicht aktivierbar.

Die meisten Ionenkanäle lassen entweder negativ geladene oder positiv geladene Ionen selektiv hindurchtreten. Bei Nervenzellen sind derartige Ionenkanäle für die Änderungen des Membranpotenzials verantwortlich. → spannungsgesteuerter Ionenkanal, → transmittergesteuerter Ionenkanal

IPSP, inhibitorisches postsynaptisches Potenzial (engl. *inhibitory postsynaptic potential*) Bei Synapsen (sog. chemischen Synapsen), die Signale mittels Transmittermolekülen (z. B. Acetylcholin) auf die postsynaptische Membran übertragen, können zwei Arten von postsynaptischen Potenzialen (Reaktionen) hervorgerufen werden. Bei der einen Art kommt es zur Erhöhung der Permeabilität (Durchlässigkeit) der postsynaptischen Membran für Chlorid- und/oder Kaliumionen. Den Konzentrationsgradienten entsprechend strömen K^+-Ionen aus der Zelle und Cl^--Ionen in die Zelle. Dadurch wird das ohnehin intrazellulär negative Membranpotenzial noch negativer. Dies führt zur → Hyperpolarisation des Membranpotenzials und kann deshalb zur Inhibition (Hemmung) einer Nervenzelle führen, an der gleichzeitig über andere Synapsen ein → Aktionspotenzial ausgelöst wird. Darum bezeichnet man diese hyperpolarisierende synaptische Form der Signalweitergabe als IPSP. Die zweite depolarisierende Form führt zur Erzeugung eines Signals (→ EPSP). Eine einzelne Synapse kann entweder nur EPSP oder nur IPSP auslösen. → Summation

I-Region (engl. *I region*) Einer der zentralen Abschnitte des Haupthistokompatibilitätsgenkomplexes der Maus (H-2). Er enthält Gene für Ia-Antigene und für die Kontrolle der verschiedenen Immunantworten. Die fünf Unterabschnitte (A, B, J, E, C) entsprechen der D/DR-Region des humanen MHC. → H-2-Komplex

Isoantikörper (griech. *isos* gleich; engl. *isoantibodies*) Antikörper, die als Reaktion auf die Immunisierung mit Gewebebestandteilen eines anderen Individuums der gleichen Spezies entstehen.

Isoenzym → Isozym

isoelektrischer Punkt (engl. *isoelectric point*) pH-Wert, bei dem die negative und positive Nettoladung z. B. einer Aminosäure gleich Null ist, wenn also bei einer neutralen Aminosäure sowohl das H^+ von der Carboxylgruppe dissoziiert ist (COO^-) als auch die Aminogruppe ein Proton aufgenommen hat (NH_3^+).

Isogamie (griech. *isos* gleich, *gamos* Hochzeit; engl. *isogamy*) Art der sexuellen Reproduktion, bei der eine Zygote aus Geschlechtszellen gleicher Größe und Morphologie entsteht (z. B. bei Monocytis). → Anisogamie

Isolationsmechanismen (lat. *solus* allein; engl. *isolating mechanisms*) Physiologische, zytologische, anatomische, verhaltensbiologische oder ökologische Unterschiede (oder auch geografische und zeitliche Barrieren) zwischen Individuen verschiedener Arten, wodurch eine erfolgreiche Paarung und letztlich eine → Bastardisierung verhindert wird.

Einteilung erfolgt nach Mayr (1967): **(1) Progame Isolationsmechanismen:** Verhinderung interspezifischer Kreuzung **vor der Paarung**, a) bei der ökologischen Isolation begegnen sich potenzielle Partner nicht (Jahreszeit, Biotop), b) potenzielle Partner paaren sich nicht (ethologische Isolation), c) Paarungsversuch ohne Spermaübertragung (mechanische Isolation). **(2) Metagame Isolationsmechanismen:** Erfolg interspezifischer Paarung wird **nach der Paarung** reduziert: a) Besamung ohne Befruchtung (gametische Mortalität), b) Zygote stirbt nach Befruchtung (zygotische Mortalität), c) Totgeburt, Abort, verminderte Vitalität der F_1 (Bastard-Lebensuntüchtigkeit), d) Bastard ist zwar vital, aber ganz oder teilweise steril (Bastard-Sterilität).

isopyknisch (griech. *pyknos* dicht; engl. *isopycnic*) Von gleicher Dichte, bezieht sich auf Zellbestandteile mit ähnlichem Schwebeverhalten (z. B. in einem → Gradienten).

isopyknotisch (engl. *isopycnotic*) Beschreibt Chromosomenregionen (oder ganze Chromosomen), die nicht heteropyknotisch sind. → Heterochromatin

Isoschizomere (griech. *schizo* ich spalte; engl. *isoschizomers*) Benennung für zwei oder mehr → Restriktionsendonukleasen verschiedener Herkunft, die DNS-Moleküle an den gleichen Zielsequenzen schneiden, z. B. Hind III und Hsu I in der Sequenz A/ AGCTT.

isotone Lösung (griech. *isos* gleich, *tonos* Spannung; engl. *isotonic solution*) Eine Lösung mit dem gleichen osmotischen Druck (mit der gleichen Konzentration an gelösten Stoffen) wie eine andere, mit der sie verglichen wird. → physiologische Salzlösung

Isotop (griech. *isos* gleich, *topos* Ort, Stelle; engl. *isotope*) Eine der verschiedenen physikalischen Formen eines chemischen Elements.

An der gleichen Stelle des Periodensystems, also chemisch gleiche Atome (mit gleicher Elektronenhülle), jedoch mit unterschiedlicher Masse, also einer unterschiedlichen Zahl an Neutronen, während die Protonenzahl gleich ist.

Viele Isotope sind instabil und zerfallen in andere chemische Elemente unter Freisetzung von radioaktiver Strahlung. Diese Strahlung kann relativ leicht nachgewiesen werden, weshalb man Moleküle mit Isotopen markiert und (beinhalten), zum Nachweis für beispielsweise biochemische Umwandlungen einsetzt. → Anhang XIV

Isotypen (griech. *typos* Form, Muster; engl. *isotypes*) Genetisch bedingte Unterschiede bei Proteinen, die alle Individuen einer Spezies zeigen, nicht aber Individuen anderer Spezies.

Bekanntes Beispiel sind Strukturvarianten in den konstanten Regionen der → Antikörper, die mit Antiseren erkannt werden, welche aus Individuen einer anderen Spezies gewonnen wurden.

Isozym, Isoenzym (engl. *isozyme*) Enzym, das in mehreren Formen vorkommt.

Isozyme eines Enzyms katalysieren dieselbe Reaktion, unterscheiden sich aber hinsichtlich ihrer Optimalfunktion bei einem bestimmten pH-Wert oder der Substratkonzentration.

Isozyme sind häufig komplexe Proteine aus paarigen Polypeptiden. Laktatdehydrogenasen etwa sind Tetramere mit zwei Einheiten (A und B). Aufgrund der Tetramerstruktur sind fünf Isozyme möglich: AAAA, AAAB, AABB, ABBB und BBBB. Bei unterschiedlichem isoelektrischen Punkt können sie elektrophoretisch getrennt werden. Die Monomere A und B werden von verschiedenen Genloci synthetisiert. Im Unterschied dazu bezeichnet der Begriff → Allozym Proteinvarianten von Allelen des gleichen Genlocus.

IVF → in vitro-Befruchtung

IVS, intervenierende Sequenz → Intron

J

J (1) Abkürzung für Joule, die physikalische Einheit der Arbeit, Energie und Wärme. 1 J = 1 Nm (Newtonmeter) = 1 VAs (Volt · Ampere · Sekunde) = 1 Ws (Wattsekunde) = $6{,}24 \cdot 10^{18}$ eV (Elektronenvolt). J ist auch die Einheit des chemischen Nährwertes (früher cal, Kalorie): 1 J = 0,239 cal. (2) Jod; alte Schreibweise für → Iod

Jacob-Monod-Modell (engl. *Jacob Monod model*) Prinzip des Operonmodells, erstmals beschrieben am System der Regulation des Lactose-Operons in Bakterien.

Das Gen I produziert ständig Repressormoleküle, die sich an den Operator binden und so die RNS-Polymerase blockieren. Die stromabwärts folgenden Gene können deshalb nicht transkribiert werden. Ist jedoch Lactose vorhanden, bindet sie an den Repressor und verändert dessen Struktur, sodass er den Operator nicht mehr blockiert. Jetzt kann die Polymerase die Gene Z, Y und A transkribieren, und die entsprechenden Enzyme werden synthetisiert. Francoise Jacob und Jacques L. Monod beschrieben dieses grundlegende Schema einer negativen Expressionskontrolle von Genen erstmals 1961. → Genaktivierung, → lac-Operon

J-Gene (engl. *J genes*) Serie von 4 oder 5 ähnlichen Nukleotidsequenzen, die für einen Teil der hypervariablen Region (Antigen-Bindungsstelle) der leichten und schweren Antikörper-Ketten codieren (Mensch, Maus).

Benannt nach ihrer Funktion (join), weil sie eines der Gene für die variable Region mit einem der konstanten Gene verbinden und so auch zur Diversität (Vielfalt) der Antikörper beitragen. → Immunglobulingene

JH → Juvenilhormon

Jordan'sche Regel (engl. *Jordan's rule*) Ökologisches Prinzip, wonach die Verbreitungsgebiete eng verwandter Spezies (Subspezies) grundsätzlich nahe beieinander liegen, aber doch durch irgendeine Art Barriere voneinander getrennt sind.

Joule → J

jumping genes → transposable Elemente

Jungfernzeugung → Parthenogenese

Juvenilhormon, JH (engl. *juvenile hormon, allatum hormone*) Bei Arthropoden (Gliederfüßler, u. a. Insekten) produzieren die *Corpora allata* (neurosekretorische Zellen des Gehirns) das Juvenilhormon, welches in Abhängigkeit von → Ecdyson über die Art der Häutung (Abstreifen der alten Außenhülle) entscheidet.

Bei hohen JH-Konzentrationen führt die Häutung zu einem weiteren Larvenstadium, bei niedrigen JH-Konzentrationen wird die Metamorphose zum geschlechtsreifen Insekt induziert. Durch künstliche Implantation von *Corpora allata* in das letzte Larvenstadium eines Schmetterlings können so „Riesenschmetterlinge" erzeugt werden.

K

K (1) → Kalium, (2) Temperatureinheit Kelvin (0 K = absoluter Nullpunkt, entspricht −273,15 °C).

Kalium, K (engl. *potassium*) Element, das in kleinen Mengen in allen Geweben vorhanden ist; bei einem Menschen mit 70 kg Körpergewicht insgesamt ca. 140 g K^+. Ordnungszahl 19, Atomgewicht 39,10, Wertigkeit in biologischen Systemen 1+.

K^+-Unterschiede an den Plasmamembranen (intrazellulär höher) sind für die Aufrechterhaltung des → Membranpotenzials verantwortlich. Neben Na^+ wesentlicher Faktor für die Osmolarität der Körperflüssigkeiten (→ Osmoregulation).

Kanal (engl. *channel*) → Ionenkanal, → spannungsgesteuerter Ionenkanal, → transmittergesteuerter Ionenkanal

Kanalisation (engl. *canalization*) Existenz von Entwicklungspfaden während der → Ontogenese, wodurch ein Standard-Phänotyp (normaler Phänotyp) entsteht trotz genetischer oder umweltbedingter Störungen.

kanalisierende Selektion (engl. *canalizing selection*) Auslöschen (Elimination) von Genotypen, die ein sich entwickelndes Individuum übersensitiv gegen Umweltschwankungen machen.

kanalisiertes Merkmal (engl. *canalized character*) Merkmal, dessen Variabilität in engen Grenzen gehalten wird, trotz mutagener oder umweltbedingter Einflüsse auf den Organismus (z. B. Anzahl der Augen und Extremitäten bei Wirbeltieren).

Kapillare (lat. *capillus* Haar; engl. *capillary*) (1) Haargefäß, Blutgefäß mit geringstem Durchmesser, sodass nur noch einzelne Blutzellen passieren können. (2) Bei Pflanzen sind kapillare Gefäße (Röhren) am Wasser- und Nährstofftransport maßgeblich beteiligt. Insbesonders die physikalischen Eigenschaften von Kapillaren ermöglichen Wassertransporte bis in die Spitzen von Bäumen.

Kapsid (engl. *capsid*) → Nukleokapsid

Kapsomer (engl. *capsomere*) Eine der Untereinheiten, aus denen sich die feste Virushülle zusammensetzt. Kapsomere können verschiedene Polypeptidketten enthalten. Die Hülle wird durch Anhäufung von Kapsomeren nach streng geometrischen Mustern geformt. → Ikosaeder

Kartierung (engl. *mapping*) Suche und Auffinden eines Genlocus auf einem → Chromosom.

Es gibt verschiedene Methoden: die Familienanalyse, die Kartierung mithilfe von Hybridzellen (Zellkartierung; → Zellfusion) und die molekulargenetische Analyse mit → *in situ*-Hybridisierung (z. B. → Mikrosatelliten).

Als erstes Gen wurde die Ursache des Geschlechts kartiert: Auf dem Y-Chromosom muss ein Gen (oder mehrere) liegen, das für die Ausprägung des männlichen Geschlechts verantwortlich ist. Heute ist die Nukleotidsequenz des sog. SRY-Gens bekannt, das die Bildung der Hoden (Testes) veranlasst.

Durch die Kartierung entsteht eine Genkarte, ähnlich einer Straßenkarte, bei der die Hausnummern (Genloci) hintereinander aufgereiht sind. Zur genaueren Ortsbestimmung sind die Chromosomen in Unterabschnitte eingeteilt, die sich nach dem → Zentromer richten. Der kürzere Arm heißt p, der längere q. Weitere Unterteilungen werden durch Zahlen gekennzeichnet. So liegt das Gen für das menschliche Insulin auf dem X-Chromosom mit der „Hausnummer" q 13 (Xq13).

Kartierungseinheit (engl. *map unit, crossing-over unit*) Maß für den Abstand zweier gekoppelter Gene.

Der Abstand beträgt 1 cM (Zentimorgan, ein hundertstel Morgan, → Morgan-Einheit), wenn die Rekombinationshäufigkeit 1 % beträgt. Das heißt, dass bei 1 % der elterlichen Gameten ein Crossing over zwischen den beiden gekoppelten (auf einem DNS-Strang/Chromosom liegenden) Genen stattgefunden hat. Dies kann in bestimmten Fällen an den Nachkommen beobachtet werden. 1 cM entspricht physisch 10^6 Basenpaaren (bp). → Kopplung

Kartierungsfunktion (engl. *mapping function*) Mathematische Gleichung von J. B. S. Haldane, die den Abstand von Genloci auf einer Genkarte zur Rekombinationshäufigkeit der beiden Genloci in Beziehung setzt.

Je weiter 2 Genloci auf einem Chromosom und damit auch auf den homologen Chromosomen auseinander liegen, desto größer ist die Wahrscheinlichkeit für ein Rekombinationsereignis oder Crossing over zwischen ihnen.

Karyogramm, Idiogramm (griech. *karyon* Kern, *graphein* schreiben; engl. *karyogram*) Schematische Darstellung des → Karyotyps eines Organismus.

Karyoplasma, Nukleoplasma (griech. *plasma* Geformtes; lat. *nucleus* Kern; engl. *karyoplasm*) Inhalt des Zellkerns mit Chromatin und allen anderen Substanzen. → Protoplasma

Karyotyp (griech. *karyon* Kern; engl. *karyotype*) Der Chromosomensatz einer somatischen Zelle eines Individuums oder einer Art. Alle Individuen einer Art haben eine typische Anzahl und in ihrer Struktur jeweils formgleiche Chromosomen. Bei diploiden Organismen wird die Zahl mit 2 N (N = haploider Chromosomensatz) angegeben, die aus den zwei Genomen bei der Befruchtung der Eizelle durch das Spermium entsteht.

Der Begriff bezieht sich auf das fotografische Bild von Metaphasechromosomen (→ Chromosom), die in einer standardisierten Anordnung dargestellt werden (→ Karyogramm). Der Karyotyp des Menschen präsentiert sich in 46 Chromosomen (2 N), von denen 44 als Autosomen bezeichnet werden. Dazu kommen zwei X- oder ein X- und ein Y-Chromosom. Allgemein dargestellt als AA (autosomale Sätze plus XX oder XY). Es kommen auch abnormale Karyotypen vor. So sind bei Menschen mit → Down-Syndrom

nicht zwei sondern drei Chromosomen Nr. 21 vorhanden, insgesamt also 47. → Chromosomenaberrationen

Karzinom (griech. *karkinos* Krebs; engl. *carcinoma*) Bösartiger → Tumor, der sich aus dem → Epithel bildet.

Kassette → Vektor

Katabolismus (griech. *kataballein* hinabwerfen; engl. *catabolism*) Abbaustoffwechsel, besonders Abbau der körpereigenen Proteine. → Dissimilation; Gegenteil → Anabolismus

Katalyse, Katalysator → Enzym

Katharobiont Gegenteil zu → Saprobiont

KB → künstliche Besamung

Keimbahn (engl. *germ line*) Bezeichnet die Zellpopulation, aus welcher die Gameten entstehen. Keimbahnzellen, also Gameten, „leben" im Gegensatz zu somatischen Zellen in der nächsten Generation in Form der übertragenen Erbsubstanz weiter, wenn sie an einer Befruchtung beteiligt waren.

Keimblätter (engl. *germ layers*) Teilweise differenzierte Zelllinien eines Embryos, die sich bei der Gastrulation, dem Stadium nach der → Blastozyste, bilden.

Aus dem → **Ektoderm** (äußeres Keimblatt) entstehen hauptsächlich die Epithelzellen (z. B. Haut), Nervenzellen, Gehirn, Rückenmark u. a. Aus dem → **Entoderm**, dem inneren Keimblatt, bilden sich im Wesentlichen der Verdauungstrakt, Leber, Pankreas, Lunge, Schilddrüse. Das → **Mesoderm** (mittleres Keimblatt) entwickelt sich zu Skelett, Muskulatur, Nieren und dem größten Teil des Kreislaufsystems.

Keimdrüsen → Gonaden

Keimentwicklung → Embryonalentwicklung

Keimzelle (engl. *germ cell*) Gamet oder Geschlechtszelle, also Eizelle bzw. Spermium oder Spermatozoon.

Reproduktive Zelle, die bei der Befruchtung mit einer Keimzelle des anderen Geschlechts fusioniert und eine → Zygote bildet.

Kernkörperchen → Nukleolus

Kernphasenwechsel (engl. *phase changes in nucleus, alternation of nuclear phases*) Wechsel zwischen haploidem und diploidem Zustand hauptsächlich bei Pflanzen. Dieser ist eng korreliert mit dem → Generationswechsel der Pflanzen, der Aufeinanderfolge von geschlechtlicher und ungeschlechtlicher Generation.

Bei den Samenpflanzen beispielsweise erstreckt sich die Haplophase von den einkernigen Pollenkörnern bzw. Embryosäcken bis zu den Geschlechtszellen, während die Diplophase bei der Zygote beginnt und bis zu den Pollen- bzw. Embryosack-Mutterzellen andauert. → Diplohaplonten

Kernspindel → Mikrotubuli

Kerntransfer, Klonen, Klonierung (engl. *nuclear transfer*) Die Übertragung (Injektion) eines diploiden somatischen Zellkerns, z. B. aus einer Zellkultur, in ein enukleiertes Ei (eine Eizelle, deren Kern mikrochirurgisch entfernt wurde). Der sich entwickelnde Embryo hat nun den Genotyp des Kernspenders.

Zuerst in den 50er-Jahren mit Froscheiern gezeigt, war es lange Zeit beim Säuger nicht möglich, dass sich nach einem derartigen Transfer die somatischen Kerne normal teilen und die embryonale Entwicklung erneut durchlaufen. Erste Erfolge zeigten sich mit Zellkernen aus → Blastomeren. 1996 wurde ein Lamm (namens Dolly) geboren, dessen Kern aus einer kultivierten Euterzelle stammte.

Entscheidend für die Fähigkeit des Kerns, totipotent (→ Totipotenz) zu werden, ist der Transfer zum richtigen Zeitpunkt im Teilungszyklus der Spenderzelle. Da die Zellen einer Zellkultur genetisch identisch sind, ist es zumindest theoretisch möglich, beliebig viele identische Nachkommen aus einem Spendertier zu erhalten, dieses also zu klonieren. Siehe auch → Klon. → monozygote Zwillinge, → therapeutisches Klonen

Killerzellen → T-Lymphozyt

Kindchenschema (engl. *baby schema, child schema*) Kindliche Körpermerkmale und Verhaltensweisen bei Mensch und Tier, deren Wahrnehmung beim Betrachter ein Fürsorgeverhalten dem Kind oder Jungen gegenüber auslöst.

Genmutter

Eizellmutter

Entnahme von Euterzellen

Entnahme von unbefruchteten Eizellen

Isolierung des Zellkerns

Entfernung des Zellkerns

Injektion des Zellkerns in das enukleierte Ei

Kultivierung im Brutschrank

Einpflanzung des Embryos

Leihmutter

geklontes Lamm, genetisch fast identisch mit seiner Genmutter. Die mitochondrialen Gene kommen von der Eizellmutter.

Schema zum Kerntransfer am Beispiel des Schafes Dolly

Merkmale des Kindchenschema: Die Kopfproportionen junger Lebewesen (relativ großer Kopf, vorgewölbte Stirn und abgerundeter Hinterkopf, kleiner Gesichtsschädel mit Pausbacken, weit auseinander liegende und große Augen) im Vergleich zu den kantigen und eher länglichen Gesichtern von Erwachsenen.

Kinetochor (griech. *kinesis* Bewegung, *chora* Platz, Ort; engl. *kinetochore*) → Chromosom

Kladogenese (griech. *klados* Zweig, *gennao* ich erzeuge; engl. *cladogenesis*) Horizontale Evolution (→ vertikale Evolution). Evolutive Aufspaltung einer Linie in zwei oder mehrere neue. → Speziation; Gegenteil → Anagenese

Kladogramm (griech. *klados* Zweig, *graphein* schreiben; engl. *cladogram*) Eine schematische, grafische Darstellung der phylogenetischen Verwandtschaftsverhältnisse zwischen Taxa (→ Taxon). Die Darstellung basiert auf einer Merkmalsanalyse, z. B. auf dem Vergleich der Nukleotidsequenz eines bestimmten Gens.

Die Bezeichnungen Kladogramm, Dendrogramm und Stammbaum (Pedigree) werden heute oft auch gleichbedeutend gebraucht, was für die phylogenetische Systematik unerheblich ist.

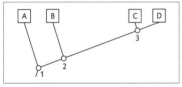

A, B, C und D sind verschiedene Arten und 1, 2 und 3 stellen die Abspaltungsereignisse zwischen zwei Arten (Speziation) dar. C und D haben demnach mehr Gemeinsamkeiten (d. h. weniger Unterschiede) miteinander, sind phylogenetisch näher verwandt als mit B oder A. Im Kladogramm sind die Abstände zwischen den Verzweigungspunkten relativ im Gegensatz zu einem → Stammbaum, der eine Zeitachse hat, bei dem also der Zeitpunkt der Speziation bekannt ist.

Klasse (engl. *class*) Taxonomische Gruppierung. Ihr übergeordnet steht ein → Phylum. Klassen sind in Ordnungen unterteilt.

Klassifikation → Taxonomie

klassische Konditionierung → assoziatives Lernen, → Konditionierung

Klimax (engl. *climax*) Höhepunkt. Endzustand einer → Sukzession, wenn eine Lebensgemeinschaft einen stabilen Zustand erreicht hat.

Klinefelter Syndrom (engl. *Klinefelter's syndrom*) Genetisch bedingte Krankheit (→ Chromosomenaberration), bei der ein X-Chromosom überzählig ist. Benannt nach H. F. Klinefelter (1942):

Männliche Individuen mit kleinen Hoden, die keine Spermien produzieren und deshalb steril sind. Die Krankheit geht manchmal mit geistiger → Retardierung einher. Ursache ist der → Karyotyp AA XXY (oder 47, XXY; seltener auch 48, XXXY; 49, XXXXY oder XXXYY). Häufigkeit für 47, XXY liegt bei 1 von 590 lebend geborenen Buben. → Poly-X-Männer

Klon (griech. *klon* Ast, Zweig; engl. *clone*) (1) Gruppe genetisch identischer Zellen oder Organismen (→ Kerntransfer), die alle aus einer gemeinsamen Gründerzelle oder einem -organismus hervorgegangen sind. Das Hauptprinzip ist die mitotische Kernteilung (keine Rekombination) bei Eukaryonten und die Zweiteilung (binäre Fission) bei Prokaryonten. Es handelt sich in beiden Fällen um einen ungeschlechtlichen Vermehrungsmodus. Technisch auch als Klonen/Klonierung bezeichnet. (2) In der Gentechnik bezeichnet man damit Kopien eines DNS-Stückes. → klonierte DNS

klonale Selektionstheorie → Klon-Selektionstheorie

Klonanalyse (engl. *clonal analysis*) Die Verwendung von künstlich erzeugten → Mosaiken oder → Chimären, um die Zelldifferenzierung zu verfolgen. Dazu werden zelltypische genetische Marker (z. B. Farbgene) benutzt, sodass die Differenzierungsweg der Ausgangszellen eines Embryos in die betreffenden Gewebe analysiert werden kann. Damit lässt sich erkennen, aus welchen Embryonalzellen Organe und andere Gewebe hervorgehen.

Klonen → Kerntransfer

klonierte DNS, Passagier-DNS (engl. *cloned DNA*) DNS-Stück, das sich in einem Wirtsorganismus (meist Bakterien) repliziert, nachdem es in ein Vektorplasmid eingebunden (ligiert) worden ist.

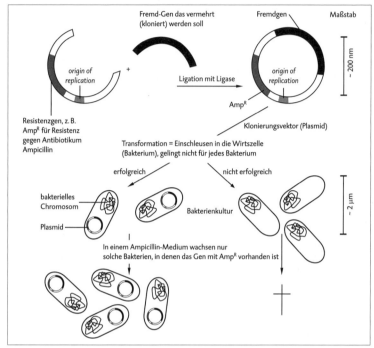

origin of replication

Fremd-Gen das vermehrt (kloniert) werden soll

Fremdgen

Maßstab

~ 200 nm

Ligation mit Ligase

Amp^R

origin of replication

Resistenzgen, z. B. Amp^R für Resistenz gegen Antibiotikum Ampicillin

Klonierungsvektor (Plasmid)

Transformation = Einschleusen in die Wirtszelle (Bakterium), gelingt nicht für jedes Bakterium

erfolgreich

nicht erfolgreich

bakterielles Chromosom

Bakterienkultur

~ 2 μm

Plasmid

In einem Ampicillin-Medium wachsen nur solche Bakterien, in denen das Gen mit Amp^R vorhanden ist

Vermehrung eines Fremdgens in Bakterien mithilfe eines Plasmids

Klonierung (engl. *cloning, nuclear transfer*) → Kerntransfer, → Klon

Klonierungsvektor (engl. *cloning vector*) → Plasmid

Klon-Selektionstheorie, klonale Selektionstheorie (engl. *clonal-selection theory*) Theorie zur Erklärung der Funktionsweise des Immunsystems, bei der die vielfältige Antigen-Erkennungspotenz der verschiedenen Lymphozyten von Anfang an schon besteht, bevor sie einem Antigen ausgesetzt sind. Der Kontakt mit einem Antigen veranlasst die entsprechenden Zellen (B- und T-Lymphozyten) zu einer klonalen Proliferation (Zellvermehrung).

Knockout (engl. *knockout*) Umgangssprachlicher Begriff für die Erzeugung eines mutanten Organismus (meist bei der Labormaus) mit einem → Nullallel am untersuchten Genlocus. Mithilfe des Gen-

transfers wird ein bestimmter DNS-Abschnitt, der ein (Wildtyp-)Allel enthält, beispielsweie durch eine Insertion verändert und damit funktionslos gemacht. Auf diese Weise kann die Wirkung und Bedeutung dieses Gens untersucht werden. → *gene targeting*

Knöllchenbakterien, Rhizobien (griech. *rhiza* Wurzel; engl. *nodular (root) bacteria, rhizobia*) Bodenbakterien, die bei Mangel an im Boden gebundenen Stickstoff (NH_4^+ oder NO_3^-) über einen komplizierten Prozess Wurzeln ihrer Wirtspflanze infizieren und diese zu knöllchenartigen Auswüchsen veranlassen.

Die Bakterien leben in diesen Knöllchen (sie werden dort nach einer Umwandlung als **Bacteroide** bezeichnet) und fixieren mit ihrem Enzym Nitrogenase atmosphärischen Stickstoff, den sie zum größten

Teil an die Wirtspflanze weitergeben. Die Pflanze ihrerseits versorgt die Bacteroide mit Zuckern und organischen Säuren. Die unterschiedlichen Rhizobienarten haben verschiedene Wirtspflanzen, mit denen sie symbiontisch leben können.

Die Symbiose zwischen Rhizobien und ihren Wirtspflanzen wird als → Mutualismus bezeichnet. Entsprechende Pflanzen, wie der Klee, können daher selbst auf sehr mageren (NH_4^+- oder NO_3^--armen) Böden gedeihen. → Stickstoff-Fixierung

Knospung (engl. *budding*) (1) Der Vorgang bei Pflanzen (engl. *gemmation*), Hefen, Bakterien u. a., bei dem eine Knospe entsteht, aus der nach Abschnürung vom Mutterorganismus genetisch identische Nachkommen entstehen. Der/die Mutterorganismus/-zelle bleibt dabei bestehen. Eine Form der ungeschlechtlichen Fortpflanzung (→ Agamogonie). Synonym **Sprossung**. (2) Bei einigen Viren wie Influenza der Vorgang des Ausschleusens neuer Viruspartikel aus der Wirtszelle, indem ein Stück der Zellmembran zusammen mit viralen Proteinen Teil der neuen Virushülle wird. Die Virushülle enthält virale, keine zellulären Proteine.

Koadaptation (lat. *cum* mit, *aptare* anpassen; engl. *coadaptation*) Selektionsvorgang, durch den harmonisch interagierende, sich ergänzende Allele verschiedener Genloci im Genpool einer Population angehäuft werden.

Anpassungen, die aufgrund von Wechselwirkungen entstanden sind, beispielsweise die auf vielen verschiedenen Genloci basierenden Verteidigungsstrategien bestimmter Nachtfalter (Hörorgan für Ultraschall, Behaarung) gegenüber ihren Fressfeinden, den Fledermäusen. → Koevolution

Koagulation → Blutgerinnung

kodominant, codominant, intermediär, semidominant, partiell dominant (engl. *codominant*) Beschreibt einen Genlocus eines Heterozygoten, dessen zwei (verschiedene) Allele vollstän-

dig und gleichwertig exprimiert werden.

Beispielsweise ergibt beim Gartenlöwenmäulchen (*Anthrrhinum majus*) ein Allel für rote Blütenfarbe und ein Allel für weiße Blütenfarbe bei kodominanter Vererbung rosa.

Koenzym → prosthetische Gruppe

Koenzym Q → Ubichinon

Koevolution (lat. *cum* mit, *evolvere* entwickeln; engl. *coevolution*) Die gleichzeitige Evolution von Eigenschaften einer (oder mehrerer) Art(en) und einer anderen Art infolge ihrer Abhängigkeit voneinander.

Eine solche „reziproke adaptive Evolution" prägt z. B. das Verhältnis zwischen Wirtspflanzen und Insekten. Auch Parasiten entwickeln sich oft zusammen (evolvieren) mit ihren Wirten. → Koadaptation

Koexistenz (lat. *cum* mit, *existere* bestehen; engl. *coexistence*) Zusammenleben von zwei oder mehr Arten im gleichen Habitat (Lebensraum) ohne → Konkurrenz, da sie unterschiedliche Ressourcen nutzen.

Kofaktor (engl. *cofactor*) → prosthetische Gruppe

kohäsive Enden (lat. *cohaerere* zusammenhängen; engl. *cohesive ends*, → *sticky ends*) → Restriktionsenzyme

Kohlenhydrate, Saccharide (engl. *carbohydrates*) Allgemein auch als **Zucker** bezeichnet. Neben den Proteinen, Nukleinsäuren und Lipiden bilden sie die vierte große Gruppe der biologisch bedeutsamen Substanzen. Es handelt sich chemisch gesehen um Aldehyde oder Ketone mit vielen Hydroxylgruppen. Je nach Zusammensetzung unterscheidet man Monosaccharide (z. B. → Glucose), Disaccharide (z. B. Saccharose, Lactose), Oligosaccharide (z. B. Maltotriose) und Polysaccharide (z. B. → Glykogen, Cellulose).

Kohlenhydrate lassen sich funktionell in 4 Gruppen einteilen: (1) Energieträger in Form von Speichern (z. B. Polysaccharide wie Glykogen), Brennstoffe (z. B. Glucose) und Metaboliten (z. B. Ribose in

ATP). (2) Als Polysaccaride bilden sie die Hauptkomponenten der Zellwände von Bakterien, Pilzen und Pflanzen, sowie die Außenskelette der Gliederfüßler (u. a. Krebse und Insekten). Die Cellulose der Pflanzen ist die häufigste organische Verbindung auf der Erde. (3) Die Monosaccharide Ribose und Desoxyribose bilden (zusammen mit Phosphat) die Stützstruktur („Rückgrat") der RNS und DNS. (4) Kohlenhydrate liegen in mannigfaltigen Formen verbunden mit Proteinen (Glykoproteine) und Lipiden (Glykolipide) vor.

Kohlenstoff, C (lat. *carbo* Kohle; engl. *carbon*) Grundelement der organischen Chemie und aller Lebensformen. Dritthäufigstes Element im menschlichen Organismus. Ein 70 kg schwerer Mensch besteht aus etwa 12,5 kg Kohlenstoff. Ordnungszahl 6, Atomgewicht 12,01, Wertigkeit in biologischen Systemen 4+; häufigstes Isotop ^{12}C; Radioisotop ^{14}C mit einer Halbwertszeit von 5 730 Jahren; wird zur Altersdatierung organischer Materials verwendet. → Radiokarbonmethode

Kohlenstoffkreislauf → Stoffkreislauf

Koitus → Paarung

Kollagen (griech. *kolla* Leim, *gennao* ich erzeuge; engl. *collagen*) Meistverbreitetes Protein bei Säugern z. B. in der Haut, den Knochen, Sehnen oder Knorpeln, mit etwa 25 % des gesamten Körperproteins. Längstes bekanntes Protein, das aus einer Dreifachhelix besteht, 300 nm lang ist und 1,5 nm Durchmesser hat.

Es gibt 5 Kollagentypen mit Unterschieden in der Aminosäuresequenz bei 3 Polypeptidketten. Bei manchen Kollagenmolekülen sind die 3 Ketten identisch, bei anderen sind 2 Ketten identisch, während eine hinsichtlich der Aminosäuresequenz variiert. Die einzelnen Ketten werden als Vorläufer (*precursor*) translatiert und später mit Hydroxylgruppen und Zuckerresten gekoppelt (→ posttranslationelle Modifikation). Eine Dreifachhelix wird nach ihrer Synthese in den interzellulären Raum sekretiert. Spezifische Enzyme mo-

difizieren (hier: verkürzen) die Enden jeder Helix. Es gibt eine Mutation nahe dem Ende des Gens für die α-2-Polypeptidkette, durch welche das Ende der Kette nicht gekürzt wird. Das Ergebnis sind extreme Dehnbarkeit der Haut und lockere Gelenke (Ehlers-Danlos-Syndrom).

Kolloid → Dispersion

Koloniehybridisierung → Colony-Hybridisierung

kommaloser genetischer Code (engl. *genetic code*) Die Codons (je drei Nukleotide oder die Tripletts einer DNS oder RNS) folgen unmittelbar aufeinander und sind nicht durch irgendwelche nicht codierenden Basengruppen getrennt.

Prokaryontische Gene enthalten keine → Introns, weswegen die Aminosäuresequenz eines Polypeptids kolinear (d. h. unmittelbar entsprechend) der Codonsequenz des Gens ist. Eukaryontische Gene haben codierende Regionen (→ Exons), die durch nicht codierende Regionen (Introns) unterbrochen sind. In diesem Fall kann man sagen, der Code enthalte Kommata (= Introns). → genetischer Code

Kommensalismus (lat. *cum* mit, *mensa* Tisch, hier Mitesser; engl. *commensalism*) Eine Form der → Symbiose, von welcher der Symbiont als „Mitesser" profitiert, während der Wirt weder Nutzen noch Schaden davonträgt. So können im menschlichen Darm vorhandene, nicht pathogene (harmlose) Bakterienstämme von *Escherichia coli* als Kommensalen betrachtet werden.

Kommentkampf, Turnierkampf (engl. *ritualized fight*) Harmlose Kampfform, die im Gegensatz zum → Beschädigungskampf nach festen Regeln abläuft. Der Kommentkampf dient zur Ermittlung der → Rangordnung in einer Herde oder zum Verdrängen von Rivalen. → Drohverhalten

Kommissur → Strickleiternervensystem

Kompartimentierung (engl. *compartmentalization*) Alle eukaryontischen

Zellen sind durch Lipiddoppelmembranen in verschiedene Bereiche (Kompartimente) innerhalb des Zytoplasmas untergliedert, die verschiedene Aufgaben nur durch derartige Abtrennungen erfüllen können (Zellkern, Mitochondrien, Endoplasmatisches Retikulum usw.).

kompatibel (lat. *compatibilis* verträglich; engl. *compatible*) Verträglich; meist in Zusammenhang mit Gewebetransplantation. → Inkompatibilität

Kompensationsebene → Nährschicht

Kompetenz (lat. *competere* fähig sein; engl. *competence*) (1) Zustand eines Teils des Embryos, der ihm ermöglicht, auf einen morphogenetischen Stimulus (Anschalten von Genen, die z. B. die Bildung von Extremitäten bewirken) zu reagieren, sodass die Differenzierung in eine bestimmte Richtung erfolgt. (2) Bei Bakterien beschreibt Kompetenz einen Zustand während des Lebenszyklus, in dem die Zelle natürlicherweise exogene DNS binden und aufnehmen kann (→ Transformation).

Kompetition (lat. *competitor* Mitbewerber; engl. *competition*) (1) Sich gegenseitig ausschließende Besitzansprüche auf dieselben limitierten Ressourcen (Futter, Lebensraum usw.) durch zwei oder mehr Organismen sowohl innerhalb einer Art (intraspezifisch) wie auch zwischen Arten (interspezifisch). (2) Sich gegenseitig ausschließende Bindung zweier verschiedener Moleküle an dieselbe Bindungsstelle eines dritten Moleküls.

So kompetitieren („wetteifern") z. B. Folsäure und Aminopterin um bestimmte Bindungsstellen an verschiedenen Folsäure-abhängigen Enzymen. Sauerstoff und Kohlenstoffmonooxid (CO) konkurrieren um die gleiche Bindungsstelle im Häm-Molekül. Befindet sich zuviel CO in der Atemluft, erstickt man, weil CO etwa 300fach besser an Hämoglobin bindet als O_2. Dadurch verdrängt CO den Sauerstoff vom Hämoglobin und vermindert so die O_2-Transportkapazität des Blutes (zusätz-

lich hemmt CO die → Atmungskette). Auch beim Kompetitions-Enzymimmunassay bzw. → Radioimmunassay wird das Prinzip der Kompetition genutzt.

Komplement (lat. *complere* ausfüllen, ergänzen; engl. *complement*) Gruppe von 9 Proteinen/Proteinkomplexen (C1, C2, …) im Blutserum von Wirbeltieren, die vor allem durch Antikörper der Klassen IgG oder IgM aktiviert werden. Die Aktivierung des Systems erfolgt in aufeinander folgenden Umwandlungen von Proenzymen in Enzyme ähnlich der Bildung von Fibrin bei der → Blutgerinnung.

Manche aktivierten Komplementkomponenten verstärken die Phagozytose von Fresszellen, wie z. B. bei Makrophagen, manche veranlassen die Bindung von Antigen-Antikörperkomplexen an endotheliale Gewebs- oder Blutzellen, manche verursachen die Freisetzung von vasoaktiven (gefäßerweiternden) Aminen aus basophilen → Granulozyten oder → Mastzellen (→ Allergie), manche verursachen die Auflösung von Bakterien (Bakteriolyse). → Antikörper

komplementäre Basensequenz (engl. *complementary base sequence*) Lineare Folge von Nukleotiden (Basensequenz) eines einzelsträngigen Nukleinsäurestranges, der zu anderen Nukleinsäuresträngen nach den Regeln der Basenpaarung komplementär ist. Zu der Folge 5' – ATGC – 3' eines DNS-Stranges ist die Sequenz 3' – TACG – 5' eines anderen DNS-Stranges bzw. 3' – UACG – 5' eines RNS-Stranges komplementär. Eine gegebene Sequenz definiert stets ihre komplementäre Sequenz. → DNS-Replikation, → Hybridisierung

komplementäre DNS → cDNS

komplementäre Gene (engl. *complementary genes*) Nichtallelische, unterschiedliche Gene (verschiedener Genloci), die einander ergänzen.

Bei dominanter Komplementarität sind die dominaten Allele zweier (oder mehr) Genloci für die Expression eines Merkmals notwendig. Bei rezessiver Komplementarität unterdrückt das dominante Allel eines Genlocus die Expression des entsprechenden Merkmals, d. h. nur der homozygot doppelt (oder mehrfach) rezessive zeigt das Merkmal.

komplementäre RNS, cRNS (engl. *complementary RNA, cRNA*) Synthetisches Transkript eines spezifischen DNS-Moleküls aus DNS-Fragments durch ein *in vitro*-Transkriptionssystem. Diese cRNS kann mit radioaktivem Uracil markiert und als → Sonde verwendet werden.

Komplementarität (lat. *complementum* Ergänzung; engl. *complementarity*) Natürliches Phänomen des Ausgleichs, das auf nahezu allen Ebenen der belebten und unbelebten Welt zu beobachten ist. Teils gegensätzlich, teils als ergänzend zu verstehen. Biologische Beispiele: (1) Die DNS besteht aus zwei sich ergänzenden Strängen, wobei jeder der beiden als Vorlage/Matrize für die Synthese des anderen dienen kann. (2) Die Produkte der Gene (DNS) sind beispielsweise Enzyme, die sich evolutiv spezifisch für ein Substrat entwickelt haben. Die Enzyme sind komplementär zu ihrem jeweiligen Substrat bzw. umgekehrt. (3) Auch Antikörper sind komplementär, also passgenau nach dem Schlüssel-Schloss-Prinzip, für die jeweiligen Antigene.

Komplementationsgruppe (engl. *complementation group*) Mutationen, die im selben Cistron (→ Gen) liegen. Besser würden sie „Mutationen nicht komplementärer DNS-Abschnitte in einem Cistron" genannt werden.

Komplementationskarte (engl. *complementation map*) Diagrammatische Darstellung des Komplementationsmusters einer Serie von Mutationen innerhalb eines kurzen Chromosomensegments.

K-Karten sind linear und stimmen gewöhnlich mit der entsprechenden Genkarte überein. K-Karten werden angelegt, um die Stellen zu verdeutlichen, wo Veränderungen in Polypeptidketten vorkommen, die von den in Frage kommenden DNS-Segmenten codiert werden.

komplexer Locus, komplexer Genlocus (engl. *complex locus*) Eng gekoppelte Anhäufung (Cluster) von funktionell verwandten Genen, z. B. der Hämoglobin-Genkomplex des Menschen, bei dem die Gene für die verschiedenen Proteinketten des Hämoglobins nahe beieinander liegen.

konditionelle Mutation (lat. *conditio* Zustand; engl. *conditional mutation*) Mutation, die den wilden Phänotyp unter bestimmten (permissiven) Umweltverhältnissen ausprägt, die aber den mutanten Phänotyp unter anderen Verhältnissen (restriktiv) zeigt.

Bei einer Linie von *Drosophila* z. B. sind heterozygote Tiere bei 20 °C normal (permissive Bedingung), sterben aber, wenn die Temperatur auf 30 °C erhöht wird (restriktive Bedingung).

Konditionierung (engl. *conditioning*) Erwerb einer Verhaltensweise (Reaktion) durch bestimmte experimentelle Bedingungen. (1) Bei der **klassischen** Konditionierung wird ein natürlicher Reiz mit einem künstlichen, zunächst indifferenten Signal verbunden (z. B. Futter und Glockenton). Nach einigen gemeinsamen Darbietungen vermag der Signalreiz allein die zugehörige Reaktion auszulösen, was als bedingter Reflex bezeichnet wird. Das Tier lernt passiv (bedingte Reaktion, → assoziatives Lernen). (2) Die **instrumentelle** oder → **operante** Konditionierung benutzt keinen neuen Reiz, sondern eine spontane Bewegung, auf die eine Bedürfnisminderung folgt, wie das Stillen des Hungers. Erhält das Tier z. B. auf das zu Beginn zufällige Drücken einer Hebeltaste eine „Belohnung" (Futter), so werden beide eigentlich unabhängigen Ereignisse vom Tier in Zusammenhang gebracht und die betreffende Bewegung in entsprechender Situation (Hunger) vermehrt ausgeführt. Das Labyrinth oder die Skinnerbox z. B. sind als Versuchsdesign für die experimentelle Konditionierung entworfen worden, die auch als → **Dressur** bezeichnet wird.

Generell spielen sich beide Lernvorgänge auch in der Natur ab, etwa bei Nahrungssuche oder Nestbau, wo jedes Tier seine Erfahrungen sammeln muss. Man spricht dann vom „Versuch und Irrtum"-Lernen oder vom „Lernen am Objekt". → Lernen

Konduktor (lat. *conducere* zusammenführen; engl. *conductor*) → Heterozygotentest

Konfliktverhalten (lat. *conflictus* Zusammenstoß; engl. *conflict behaviour*) Handlungsablauf, der auftritt, wenn in einem Tier oder auch Menschen zwei Motivationssysteme (z. B. Furcht und Hunger) aktiviert sind.

Konjugation (lat. *coniugatio* Verbindung; engl. *conjugation*) Temporäre Vereinigung zweier einzelliger Organismen, bei der wenigstens einer der beiden genetisches Material vom anderen erhält.

Bei Bakterien geht der Austausch in eine Richtung, wobei das „Männchen" sein ganzes Chromosom oder Teile davon über einen → Sex-Pilus (eine schlauchförmige Verbindung) in den „weiblichen" Rezipienten bringt (→ F-Faktor). Bei Protozoen werden ganze Kerne ausgetauscht (Kernfusion und mitotische Teilung). Bei Pilzen kommt Konjugation ebenfalls vor, wobei ein → Heterokaryon entsteht.

Konkatemer (engl. *concatemer*) Durch Verkettung (Aneinanderreihung)

von gleich großen Komponenten geformte Struktur. Bestimmte Proteine oder Nukleinsäuren, wie z. B. lineare, ursprünglich ringförmige Plasmide, hängen sich aneinander und bilden so ein Molekül aus mehreren gleichen Teilen.

konkordant (lat. *concors* einig; engl. *concordant*) Zwillinge werden in Bezug auf gemeinsame Merkmale konkordant genannt, d. h. sie stimmen in diesen Merkmalen völlig überein (z. B. Haar- und Augenfarbe). Gegenteil → diskordant

Konkurrenz (lat. *concurrere* zusammenstoßen; engl. *competition*) → Kompetition

Konkurrenzausschlussprinzip (engl. *competitive exclusion (displacement) principle*) Wenn zwei Arten von Organismen um bestimmte Ressourcen (z. B. Nahrung, Licht) konkurrieren, wird eine dieser Arten die Ressourcen effektiver nutzen und daher einen Reproduktionsvorteil haben (sich stärker vermehren), der schließlich zur Eliminierung (Aussterben) der anderen Population in dem entsprechenden Ökosystem führt.

Konnektiv (lat. *conexus* verbunden) → Strickleiternervensystem

Konsanguinität (lat. *cum* mit, *sanguis* Blut; engl. *consanguinity*) Blutsverwandtschaft, genetische Verwandtschaft. Verwandte Individuen haben mindestens einen gemeinsamen Vorfahren. Je weniger Generationen zum gemeinsamen Vorfahren bestehen, desto enger sind die Individuen verwandt. → Inzucht

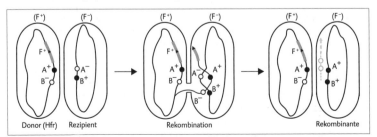

| Donor (Hfr) | Rezipient | Rekombination | Rekombinante |

Konjugation bei Bakterien am Beispiel eine Hfr-Stammes (mit integriertem F-Faktor). Die nach Rekombination „überzähligen" Gene A⁻ und B⁻ werden in der Rekombinante abgebaut (hellgrauer DNS-Strang). → F⁺-Zelle

konsekutive Geschlechtsausprägung (lat. *consequiri* unmittelbar nachfolgen; engl. *consecutive sexuality*) Phänomen, bei dem die meisten Individuen einer Spezies im Jugendstadium funktionelle Männchen und später funktionelle Weibchen sind (→ Protandrie). Häufig bei Schnecken. → Hermaphrodit

konservative Replikation (engl. *conservative replication*) Veraltetes Modell der DNS-Replikation, nach der beide Stränge der Tochterhelix neu synthetisiert werden und beide Matrizenstränge des parentalen Moleküls ihre ursprüngliche Zusammensetzung/Verbindung behalten.

Das Modell wurde durch das berühmt gewordene Experiment von Meselson und Stahl 1958 widerlegt. → semikonservative Replikation

konservative Substitution (engl. *conservative substitution*) Ersetzen einer Aminosäure eines Polypeptids durch eine mit ähnlichen Eigenschaften. Solche Substitutionen sind „harmlose" Mutationen und ändern Gestalt und Eigenschaft einer Polypeptidkette nur geringfügig.

konstante Region (engl. *constant region*) Teil der leichten und schweren Ketten der → Antikörper, der innerhalb der jeweiligen Antikörperklassen im Gegensatz zur → variablen Domäne nur geringfügige bzw. keine variablen Aminosäuresequenzen aufweist. Die konstante Region ist auch nicht an der Antigenbindung beteiligt.

konstitutives Enzym (lat. *constituere* festsetzen; engl. *constitutive enzyme*) Ein Enzym, das ständig und unabhängig von Umweltbedingungen produziert wird, beispielsweise die Lactatdehydrogenase bei höheren Eukaryonten.

konstitutives Gen (engl. *constitutive gene*) Ein Gen, welches ständig, scheinbar ohne Regulation exprimiert wird.

Konstriktion (lat. *constringere* zusammenschnüren; engl. *constriction*) Zusammengeschnürte Region eines Metaphasechromosoms. (1) Als primäre **Konstrik-**

tion synonym mit → Zentromer. Hier liegen Nukleolus und zeitweise das Kinetochor. (2) **Sekundärkonstriktion:** → Satellit.

Konstrukt (lat. *constructio* Bau; engl. *construct*) Bezeichnung für ein aus verschiedenen DNS-Abschnitten „zusammengebautes" DNS-Molekül. → Vektor

Konsumenten (lat. *consumere* verbrauchen; engl. *consumers*) Individuen, die sich von anderen Organismen ernähren. Man teilt die Konsumenten in verschiedene Ebenen (→ Trophiestufen) ein, worin die Pflanzenfresser die **Primär**konsumenten bilden. **Sekundär**konsumenten sind die Fleischfresser 1. Ordnung, die sich von Pflanzenfressern ernähren. Danach folgen die **Tertiär**konsumenten, die Fleischfresser 2. Ordnung, die vor allem Sekundärkonsumenten als Nahrung zu sich nehmen. Diese Reihung kann sich auf bis zu vier oder fünf Ebenen fortsetzen. → Nahrungkette

Kontiguität (lat. *contiguus* benachbart; engl. *contiguity*) Beschreibt die Nachbarschaft zweier oder mehrerer Genloci auf einer DNS-Doppelhelix.

Das Krankheitsbild des sog. *contiguous gene syndrome* entsteht dadurch, dass ein DNS-Abschnitt deletiert wurde (verloren gegangen ist), der Teile benachbarter Gene enthält, also zwei oder mehr defekte Gene betrifft.

kontinuierliche Erregungsleitung → Erregungsleitung

kontinuierliche Verteilung (lat. *continuus* zusammenhängend; engl. *continuous distribution*) Eine Sammlung von Daten mit einem stetigen Spektrum von Werten. Messungen von Körpergewichten oder -größen z. B. ergeben fließende Werte bis zu mehreren Dezimalstellen. Misst man die Körpergröße vieler Individuen einer Population, so ergibt sich eine kontinuierliche Verteilung zwischen den Extremwerten, die gleichzeitig die kontinuierliche → Variation darstellt. → Normalverteilung

Kontrollelemente (engl. *controlling elements*) Gruppe von genetischen Elementen, die Targetgene (die Gene, die von den Kontrollelementen beeinflusst werden) extrem veränderbar (unstabil hypermutabel) machen, wie im sog. Dissoziations-Aktivator-System beim Mais.

Dazu gehören Rezeptoren und Regulatoren. Das Rezeptorelement ist ein mobiles genetisches Element, das ein Zielgen inaktiviert, wenn es dort eingebaut (insertiert) ist. Das Regulatorgen hält die mutationelle Instabilität (Veränderung durch häufige Mutationen) des Targetgens aufrecht, vermutlich durch seine Fähigkeit, das Rezeptorelement wieder aus dem Targetgen auszuschließen, sodass dieser Genlocus seine normale Funktion zurückerhält. → transposable Elemente

Kontrollgen (engl. *controlling gene*) DNS-Segment, das ein Cistron an- und abschalten kann. → Regulatorgen

Konvergenz (lat. *cum* zusammen, *vergere* gerichtet sein; engl. *convergence*) Unabhängige Evolution ähnlicher Merkmale unverwandter Spezies in ähnlichen adaptiven Lebensräumen, wobei sich Körperstrukturen entwickeln, die sich oberflächlich gleichen, z. B. die Flügel von Vögeln und Fledermäusen. → Analogie; Gegenteil → Divergenz

Kooperation (lat. *cooperare* zusammenarbeiten; engl. *cooperation*) Gegenseitige Hilfeleistung, bei der alle beteiligten Individuen einen Nutzen (alle Vorteile des Soziallebens) geniesen, ohne dass damit Kosten (alle Nachteile des Soziallebens) verbunden wären, beispielsweise die Bildung von Herden oder Schwärmen als Schutzmechanismus oder auch zur gemeinsamen Jagd.

koordinierte Enzyme (lat. *ordo* Reihenfolge; engl. *coordinated enzymes*) Enzyme, deren Produktionsraten einander ergänzen.

In *E. coli* z. B. bewirkt die Zugabe von Lactose in das Kulturmedium eine abgestimmte Induktion von β-Galactosidpermease **und** β-Galactosidase. Diese beiden Proteine gewährleisten die Aufnahme und Spaltung von Lactose. Solche Enzyme werden von Cistrons desselben Operons codiert. → lac-Operon

Kopierfehler (engl. *copy error*) Mutation, die aus einem Fehler bei der DNS-Replikation entsteht.

Kopplung (engl. *linkage*) Zwei oder mehr Gene (DNS-Abschnitte, Genloci) nennt man gekoppelt, wenn sie in der gleichen Reihenfolge von einem Elternteil auf den oder die Nachkommen vererbt werden. Gene sind z. B. gekoppelt, weil sie auf einem Chromosom liegen.

Bei der asexuellen Vermehrung werden alle Genloci normalerweise gekoppelt vererbt (mitotische Zellteilung). Bei der sexuellen Fortpflanzung jedoch durchlaufen die Keimzellen die Meiose, deren wichtigste Funktion der Austausch von homologen Chromosomenabschnitten durch Crossing over ist. Kopplung oder Nicht-Kopplung (= Segregration) werden nur beobachtet, wenn in den betreffenden Chromosomenabschnitten →Heterozygotie vorliegt (d. h. verschiedene Allele auf den homologen Chromosomen). → Rekombination, → Haplotyp

Kopplungsanalyse → Kopplungsstudie

Kopplungsgruppe (engl. *linkage group*) Eine Reihe von Genen, die so nahe auf einem Chromosom beieinander liegen, dass die Chance für ein Crossing over zwischen ihnen sehr gering ist. Diese Genloci bzw. die Allele auf diesen Genloci werden meist zusammen weitervererbt. → Haplotyp

Kopplungsstudie, Kopplungsanalyse (engl. *linkage analysis*) Analyse der → Rekombinationshäufigkeit.

Untersuchung von Kopplungsverhältnissen zwischen Genloci, also wie weit zwei beobachtete Genloci auf einem Chromosom voneinander entfernt sind. Bei (starker) Kopplung liegen zwei Genloci so nahe beieinander, dass sie nur ex-

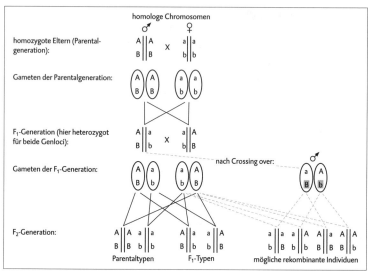

Schema einer Kopplungsstudie mit Beispiel eines Crossing over bei den männlichen Gameten: A bzw. a und B bzw. b stellen Allele zweier gekoppelter Genloci dar.

trem selten durch eine → Rekombination (→ Crossing over) während der Meiose getrennt werden, d. h. dass ein Genlocus A mit Allel A immer zusammen mit dem Genlocus B mit Allel B (oder auch Genlocus A mit Allel a zusammen mit Allel b des Genlocus B) vererbt wird.

Durch eine Kreuzung mit einem rezessiven Individuum (aa/bb) können Rekombinationen leicht festgestellt werden. Findet man 1 % rekombinante Individuen (und 99 % nicht rekombinante), wird der relative Abstand beider Genloci mit einem Zentimorgan angegeben (→ Morgan Einheit). Treten keine (bzw. extrem selten) Rekombinanten auf, liegt eine enge Kopplung zwischen beiden Genloci vor, d. h. sie liegen nahe beisammen.

Koprophagie (griech. *kopros* Kot, *phagein* essen; engl. *coprophagy*) Fressen von Kot, z. B. bei einigen Insektenlarven.

Kopulation (lat. *copulatio* Verbindung; engl. *copulation*) → Paarung

Korrelation (lat. *cum* mit, *referre* sich beziehen; engl. *correlation*) Rein rechnerischer Zusammenhang zwischen statistischen Ergebnissen, die durch Wahrscheinlichkeitsrechnung ermittelt werden. Die Maßzahl heißt Korrelationskoeffizient r. Er kann zwischen 0 (kein Zusammenhang) und 1 (vollständiger Zusammenhang) kontinuierlich variieren.

Eine hohe Korrelation sagt nicht unbedingt etwas über den kausalen Zusammenhang aus, wie das bekannte Beispiel Geburtenrückgang und gleichzeitig rückläufige Zahl der Störche in Deutschland zeigt.

kovalente Bindung, Atombindung, Elektronenpaarbindung (engl. *covalent bond*) Chemische Bindung, welche die Art des Zusammenhaltes von zwei Nichtmetallatomen in einem Molekül beschreibt. Jedes der beiden Nichtmetallatome stellt für diesen Bindungstyp ein oder mehrere Elektronen zur Verfügung. Die bindenden Elektronenpaare sind zwischen den Atomen so gut verteilt, dass entweder keine Polarisierung auftritt (also kein Atom das Elektronenpaar stärker zu sich zieht) oder

eine nur sehr schwache (z. B. H_2O). →
Anhang III

Kovalente Bindungen bestehen nicht
aus Ionen und leiten daher auch elektrischen Strom nicht. → Ionenbindung

Die reine Form der Atombindung liegt
vor in Molekülen wie H_2, Cl_2, CH_4 und
vielen organischen Verbindungen.

Kovarianz (lat. *cum* mit, *varius* verschieden; engl. *covariance*) Gemeinsame
Varianz; statistischer Ausdruck bei der Berechnung des Korrelationskoeffizienten
zwischen zwei Variablen.

Kreationismus (lat. *creator* Schöpfer;
engl. *creationism*) Erklärungsmodell zur
Entstehung der Artenvielfalt.

Der Glaube, dass die Welt und die Lebewesen erschaffen wurden, wie die Bibel
beschreibt. Im Gegensatz dazu steht die
Evolutionstheorie nach Darwin und Wallace (→ Evolution).

Krebs, Tumor (lat. *tumor* Geschwulst;
engl. *cancer, tumo(u)r*) Entartung von Zellen jeglichen Ursprungs aus ihrer normalen Funktion, was in vielen Fällen letztendlich zu einem unkontrollierten Wachstum
führt. → Leukämie

Gutartige **(benigne)** Tumoren, wie etwa viele Warzen, sind harmlos für den
Organismus. Bösartige **(maligne)** Tumoren (im eigentlichen Sinne Krebs) stören
die Physiologie und streuen Zellen, die
sich ausbreiten, an anderen Körperstellen
festsetzen, weiter wachsen (Metastasen)
und so den Organismus zerstören.

Die Ursachen sind äußerst vielfältig,
lassen sich aber häufig auf eine (auch vererbte) Veränderung auf DNS-Ebene (Mutation) zurückführen. Auslöser dafür können völlig unterschiedlicher Natur sein,
z. B. bestimmte Strahlung, mutagene Chemikalien, manche Viren etc. oder auch
Metaboliten des normalen Zellstoffwechsels (Radikale, Fehler bei Replikation
usw.). Derartige Mutationen finden ständig statt, jedoch verfügen Körper bzw.
Zellen über verschiedene Mechanismen,
solche Mutationen zu korrigieren, z. B.

über enzymatische Reparatursysteme der
DNS oder T-Lymphozyten, die Tumorzellen erkennen und zerstören. Mit zunehmendem Alter eines Individuums addieren sich die negativen Effekte nicht reparierter Mutationen und zudem wird das
Immunsystem immer schwächer, sodass
sich Chancen für Tumoren ständig erhöhen. Krebs ist daher primär eine altersabhängige Erkrankung. → Zytostatika

Krebszyklus → Citratzyklus

Kreuzhybridisierung (engl. *cross hybridization*) Hybridisierung einer → Sonde
an eine Nukleotidsequenz, die weniger als
100 % komplementär zur Sequenz der
Sonde ist. → Heteroduplex

**Kreuzreaktion, kreuzreagierende
Antikörper** (engl. *crossreaction, crossreacting antibodies*) Ein bestimmter Antikörper bindet bevorzugt an eine bestimmte,
für ihn spezifische antigene Determinante
(→ Antigen). Die Determinante existiert
gewöhnlich nur auf einem bestimmten
Antigen und dadurch ist die Bindung des
Antikörpers spezifisch für das Antigen.
Jedoch kann diese oder eine sehr ähnliche
antigene Determinante „zufällig" auch auf
einem ganz anderen Molekül oder Mikroorganismus vorhanden sein und dadurch
auch dort den Antikörper binden. Bei
einem solchen Phänomen spricht man
von Kreuzreaktion.

Kreuzung (engl. *crossing, hybridization*) Bei höheren Organismen die Verpaarung zwischen einem männlichen und einem weiblichen Individuum, die genetische Unterschiede (Allele) aufweisen.
Bei Mikroorganismen werden genetische
Kreuzungen erzielt, indem z. B. Bakterien
unterschiedlicher Paarungstypen zur →
Konjugation zusammengebracht werden.
Bei Viren ist eine Infektion der Wirtszelle
mit viralen Partikeln verschiedener Genotypen erforderlich.

Der Zweck einer experimentellen
(oder Gebrauchs-)Kreuzung sind Nachkommen mit neuen Kombinationen der
elterlichen Allele, wie in der Nutztier-

zucht praktiziert. → reziproke Kreuzung

Kreuzungszucht (engl. *crossbreeding*) Auszucht; Kreuzungen von genetisch nicht verwandten Individuen. Gegenteil zu → Inzucht

kritische Periode (engl. *crisis period*) Zeitspanne nach einer Reihe von Zellteilungen in einer Primärzellkultur (frisch aus einem Organismus entnommene Zellen, die *in vitro* wachsen), in der die meisten Zellen absterben, obwohl die Kulturbedingungen so sind, dass frisch angelegte Zellen gut wachsen. → Hayflick-Limit

kritische Phase → sensible Phase

Kronismus → Infantizid

K-Strategie (engl. *K strategy*) → r und K Selektionstheorie

künstliche Besamung, KB (engl. *artificial insemination, AI*) Biotechnik der Fortpflanzung. Künstliche Übertragung des Spermas (→ Samen) in den weiblichen Genitaltrakt. Vgl. → *in vitro*-Befruchtung

Beim Menschen wird die künstliche Besamung bei bestimmten Formen von Fertilitätsstörungen eingesetzt. Hauptsächlich wird sie jedoch bei landwirtschaftlichen Nutztieren angewendet. In Deutschland wurde etwa Mitte des 20. Jahrhunderts mit der künstliche Besamung begonnen, um die damals häufigen Deckseuchen des Rindes zu bekämpfen. Da für eine erfolgreiche Befruchtung des Eies nur 1–20 Millionen Spermien in den Uterus gelangen (inseminiert werden) müssen, kann man z. B. ein Ejakulat eines Stieres (mehrere Milliarden Spermien) in einige 100 Besamungsportionen aufteilen. Aus populationsgenetischer Sicht wird so die Selektionsintensität und damit der Zuchtfortschritt beträchtlich erhöht, da nur wenige Vatertiere mit den gewünschten Eigenschaften benötigt werden. Rindersperma kann tiefgefroren in so genannten Pailletten über Jahre gelagert und leicht transportiert werden.

Kuru (engl. *kuru*) Chronische, progressiv verlaufende Zerstörung des zentralen Nervensystems, die bei den Eingeborenen Papua-Neuguineas beobachtet wurde.

Die Krankheit gehört zu den übertragbaren spongiformen Enzephalopathien (TSE) und wird vermutlich durch → Prionen verursacht. Der Übertragungsmodus wurde in Zusammenhang mit Kannibalismus gesehen. Das traditionelle Hantieren mit und der Verzehr von infektiösem Material (Hirngewebe) wird für das gehäufte Auftreten in der Region verantwortlich gemacht. Seit Verbot des Kannibalismus wurde ein starker Rückgang der Erkrankungsfälle verzeichnet. → BSE, → Creutzfeldt-Jakob-Krankheit, → Scrapie

Kurztagspflanzen (engl. *short-day plants*) Pflanzen, deren Blüteperiode durch eine Tageslichtlänge (Beleuchtung) von weniger als 12 Stunden angeregt wird. → Fotoperiodismus, → Phytochrom; Gegenteil → Langtagspflanzen

Kutikula → Sukkulenten

Kybernetik (griech. *kybernetes* Steuermann; engl. *cybernetics*) Wissenschaft der Informationsübertragung und -kontrolle im Gehirn, Nervensystem und in Maschinen (Regelkreise).

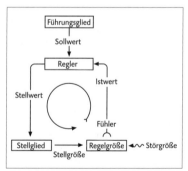

Allgemeine Darstellung eines einfachen Regelkreises im Blockschaltbild

L

L (1) Liter (meist l) (2) Zuchtlinie (3) Optische Eigenschaft: linksdrehend (z. B. Aminosäuren)

lac-Operon (engl. *lac operon*) Ein etwa 6 kb langer DNS-Abschnitt des *E. coli*-Genoms, welcher ein Operator-Gen und die Strukturgene lac Z, lac Y und lac A enthält. Die Strukturgene codieren für β-Galactosidase (Enzym essentiell für die Hydrolyse von → Lactose in Glucose und Galactose), für β-Galactosid-Permease (Enzym essentiell für den Transport von Lactose durch die bakterielle Zellmembran) bzw. für Thiogalactosid-Transacetylase (für den Lactosestoffwechsel nicht essentielles Enzym). → koordinierte Enzyme

Die drei Strukturgene werden von einem Promotor aus, der stromaufwärts (von der Transkriptionsrichtung der Struk-turgene aus gesehen also davor) des Operators liegt, in einen mRNS-Strang überschrieben. Diese mRNS wird nur gebildet, wenn kein Repressorprotein an den Operator gebunden vorliegt. Das entsprechende Repressorprotein wiederum wird von dem Regulatorgen lac i codiert, das stromaufwärts vom lac-Promotor liegt.

Steht den Bakterien Lactose zur Verfügung, bindet diese (bzw. ein Umwandlungsprodukt Allolactose) an den Repressor und entfernt ihn somit von der Bindungsstelle am Operon. Damit kann die RNS-Polymerase die mRNS für die drei Enzyme ablesen und somit den Abbau der vorhandenen Lactose einleiten.

Dieses grundlegende Expressionssystem wurde 1961 von Jacob und Monod entdeckt. → Genaktivierung

Lactat (lat. *lac* Milch; engl. *lactate*) Salz der Milchsäure.

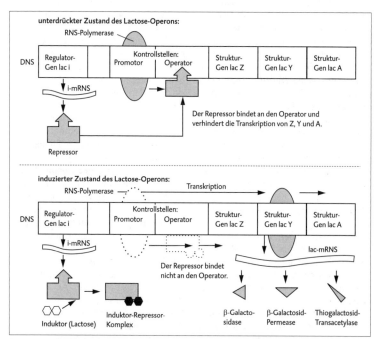

Expressionssystem des lac-Operons. Grau: Moleküle auf Proteinbasis.

Lactatdehydrogenase, LDH (engl. *lactate dehydrogenase*) Enzym, das die Umwandlung (Reduktion, Hydrierung) des Pyruvats in Lactat vermittelt (katalysiert). Dazu ist ein Koenzym nötig ($\rightarrow$ NAD$^+$).

Lactose (lat. *lac* Milch; engl. *lactose*) Milchzucker, ein Disaccharid aus Galactose und Glucose. Lactose ist in der Säugermilch als wichtigstes Kohlenhydrat enthalten, z. B. in Muttermilch 6 g/100 ml und in Kuhmilch 4 g/100 ml.

Das Enzym Lactase spaltet das Disaccharid und macht damit die Zucker (Monosaccharide) für den Körper nutzbar. Bei den meisten Säugern ist die Aktivität der Lactase in der Darmschleimhaut (Darmmukosa) bei Geburt besonders hoch, reduziert sich dann in der Kindheit nach und nach und gelangt im Erwachsenenalter auf ein sehr niedriges Niveau.

Milch spielt für Erwachsene unter (im stammesgeschichtlichen Sinne) natürlichen Bedingungen keine Rolle als Nahrung und deswegen dürften die Gene für Lactase inaktiviert und kein Enzym mehr gebildet werden. Da sie die Lactose nicht mehr aufnehmen können, vertragen viele Erwachsene keine Milch/Milchprodukte (Verdauungsprobleme). Dieses Phänomen wird als eine Form der Milch-Unverträglichkeit oder **Lactose-Intoleranz** bezeichnet. In einigen menschlichen Populationen bleibt ein hoher Lactasespiegel auch im Erwachsenenalter erhalten. Dies ist besonders bei Bevölkerungsgruppen der Fall, die bereits seit langer Zeit Ackerbau und Viehzucht betrieben und so auf Milch als Nahrungsmittel auch im Erwachsenenalter angewiesen waren. Derartige Bevölkerungsgruppen wurden über die Generationen entsprechend selektiert ($\rightarrow$ Selektion). Jäger- und Sammlerkulturen, wie die Buschleute, zeigen einen hohen Prozentsatz Lactose-Intoleranter im Erwachsenenalter.

lagging Strang (engl. *lagging strand*) DNS-Strang, der diskontinuierlich repliziert wird. $\rightarrow$ Strangbezeichnung

Laktation (lat. *lac* Milch; engl. *lactation*) Milchbildung in den weiblichen Brustdrüsen der Säugetiere nach Geburt ihrer Nachkommen.

Der Zeitraum, in dem Milch produziert wird, heißt Laktationsperiode. Die Laktation ist ein sehr komplexer Vorgang. Man unterscheidet: (1) Mammogenese, Entwicklung und Aufbau der Milchdrüse unter dem Einfluss der Ovarialhormone (von den Eierstöcken produzierte Hormone). (2) Lactogenese, Milchbildung unter Einfluss des Prolaktins (von Hypophyse gebildet). (3) Galactopoiese, Aufrechterhaltung der bestehenden Laktation durch Saugreiz und das Hormon Ocytocin (von Hypophyse gebildet). (4) Galactokinese, Milchfluss durch Saugreiz und Ocytocin. (5) Lactationsamenorrhoe (Laktationsanöstrus), Ausbleiben der Regel, d. h. der Ovulation, während der Zeit des Stillens.

Lamarckismus (engl. *Lamarckism*) Evolutionstheorie, benannt nach J.-B. de M. Lamarck (1744–1829), die historisch zwar bedeutend, wissenschaftlich aber nicht haltbar ist. Sie besagt, dass Individuen ihre durch Umwelteinflüsse erworbenen Merkmale vererben. Arten verändern sich demnach graduell in neue Arten durch kumulative Effekte von Gebrauch oder Nichtgebrauch von Körperteilen.

In der Sowjetunion erlebte der Lamarckismus unter T. Lysenko eine neue Blüte (Lysenkoismus 1932–1965).

Lampenbürstenchromosom (engl. *lampbrush chromosome*) In den primären Eizellen (Oozyten) von Wirbeltieren (Vertebraten) findet man Chromosomen, die bei geringer Vergrößerung unter dem Mikroskop wie eine Lampenbürste aussehen. Ihr Erscheinungsbild kommt durch hunderte von Schleifen des DNS-Stranges zustande, die seitlich von der Chromosomenachse abstehen. An ihnen findet RNS-Synthese (Transkription) statt. Die Lampenbürstenchromosomen der Salamander-Primäroozyten sind die optisch größten bekannten Chromosomen.

Langdon-Down-Syndrom Eigentlich Morbus Langdon-Down; → Down-Syndrom

Längenmaße → Anhang XIII

Landpflanzen → Embryophyten

Langtagspflanzen (engl. *long-day plants*) Pflanzen, deren Blüteperiode durch eine Tageslichtlänge (Beleuchtung) von mehr als 12 Stunden angeregt wird. → Fotoperiodismus, → Phytochrom; Gegenteil → Kurztagspflanzen

Laplace'sche Kurve → Normalverteilung

laterale Hemmung, laterale Inhibition (engl. *lateral inhibition*) In der Neurophysiologie die spezielle Verschaltung von Nervenzellen, wobei die Aktivierung eines Neurons gleichzeitig zur Hemmung der Nachbarneurone führt. Eine derartige laterale Hemmung beispielsweise bei den Fotorezeptoren (→ Sinneszelle) nach geschalteten Neuronen führt zu einer erheblichen Verstärkung des Bildkontrastes.

laterale Inhibition → laterale Hemmung

LCR → *ligase chain reaction*

LDH → Lactatdehydrogenase

Leader-Peptid, Signal-Peptid (engl. *leader sequence peptide, signal peptide*) 16–20 Aminosäuren am Aminoende von Proteinen, die für die Sekretion, das Endoplasmatische Retikulum, den Golgi-Apparat, Lysosomen oder die Plasmamembran bestimmt sind. Dieser Abschnitt vermittelt den Transport der Proteine aus dem Zytoplasma (ihrem Herstellungsort an den Ribosomen) durch die Membran des → Endoplasmatischen Retikulums (ER) in dessen Innenraum, wo sie weiter bearbeitet werden (→ posttranslationale Modifikation). Die hydrophoben Aminosäuren des Leadersequenz-Peptids werden in die Lipidmembran eingebettet und bringen die nachfolgende Polypeptidkette (das Protein) zu einem Rezeptorprotein, das Teil einer Pore in der ER-Membran ist. Wenn die Polypeptidkette im Innenraum (Lumen) des ER angelangt ist, wird das Leadersegment abgespalten. Damit liegt die Polypeptidkette frei innerhalb des ER vor. Viele dieser Proteine werden über Vesikelbildung vom ER nach außen (extrazellulär) abgegeben (sekretiert).

Leader-Sequenz, Signal-Sequenz (engl. *leader sequence*) Der untranslatierte Abschnitt der mRNS von seinem 5'-Ende bis zum Start-Codon. Er enthält Regulationssequenzen (z. B. Attenuator-Region) und/oder Ribosomen-Bindungsstellen.

leading Strang (engl. *leading strand*) DNS-Strang, der kontinuierlich repliziert wird. → Strangbezeichnung

Leben (engl. *life*) Die entscheidenden Eigenschaften, die Leben bzw. einen lebenden Organismus charakterisieren, sind Stoffwechsel (Aufnahme → Assimilation, → Dissimilation und Ausscheidung von Substanzen), Wachstum und Vermehrung (inkl. Vererbung). Vor allem bei tierischen Organismen rechnet man noch die Reizbarkeit und Bewegungsfähigkeit hinzu. All diese Eigenschaften benötigen als minimale Organisationsstufe die → Zelle. Demnach verfügen → Viren, die selbst lebende Zellen für Stoffwechsel, Wachstum und Vermehrung benötigen, nicht über ein eigenes Leben.

lebende Fossilien → Stasis

Lebensgemeinschaft, Biozönose (engl. *bioc(o)enosis*) Die Gesamtheit aller Organismen, die in einem bestimmten Gebiet leben.

Eine Ansammlung von Populationen verschiedener Arten, die nahe genug beisammen leben, um miteinander direkt oder über andere dort vorhandene Arten in Wechselbeziehung treten zu können.

Lebenszyklus (griech. *kyklos* Kreis; engl. *life cycle*) Das Werden und Vergehen eines Organismus, von der Befruchtung der Eizelle über die Reproduktionsphase bis zu seinem Tod. Die Ontogenese ist Teil des Lebenszyklus, vom Ei bis zur Reproduktion.

Aufeinanderfolge von mehr oder weniger scharf abgrenzbaren Zuständen oder

Funktionen eines Organismus oder einer Zelle. Mit der Befruchtung der Eizelle durch die Spermien- bzw. Pollenzelle beginnt jedes Leben, wächst und reift, durchläuft die Reproduktionsphase, altert und stirbt. Während das Individuum mit dem Tod endet, wird sein Genom (ein Chromatidensatz) an ein neues Individuum weitergegeben, sofern es sich fortgepflanzt hat. Einzelne Zellen (Prokaryonten und Eukaryonten im Zellverband) teilen sich innerhalb einer bestimmten Zeit, womit zunächst das Leben ununterbrochen weitergeht. Sie können aber als Zelle zu Tode kommen etwa durch äußere Einflüsse (z. B. Gift, Strahlung) oder, bei Mehrzellern (→ Metazoa), durch → Apoptose, den programmierten Zelltod.

Der Fortbestand des Lebens liegt also einerseits in der sexuellen Fortpflanzung mithilfe der Gameten und andererseits in der ungestörten Zellteilung.

Leerlaufhandlung (engl. *vacuum activity*) Spontan auftretende Verhaltensweise, die normalerweise durch Außenreize hervorgerufen wird. Leerlaufhandlungen folgen auf → Schwellenwerterniedrigungen. Allerdings sind in der Praxis so schwache Reize, die eine Leerlaufhandlung auslösen, schwer festzustellen. Bekanntes Beispiel sind die Webervögel, welche die Nestbaubewegung manchmal auch ohne Nestbaumaterial ausführen.

Leibeshöhle (engl. *coelom, body cavity*) → Coelom

leichte Kette → Antikörper

Lektine → Hämagglutinine

Leptotän → Meiose

Lernen (engl. *learning*) Verhalten, das nicht wie → Instinkthandlungen durch ein festgelegtes genetisches Programm „vorgeschrieben" ist, sondern individuell durch bereits erfolgte, frühere Erfahrungen gesteuert wird. Lernen setzt demzufolge ein → Gedächtnis voraus.

Einfachste Lernvorgänge werden als sog. Gewöhnungslernen (→ Habituation) bezeichnet. Eine höhere Form des Lernens ist die → Konditionierung.

Lernen stellt evolutiv gesehen einen bedeutenden Vorteil für die Lebewesen dar, denn es ermöglicht den Organismen vorteilhaft auf Situationen zu reagieren, für deren Bewältigung sie genetisch eigentlich nicht „programmiert" waren. Nicht zuletzt aufgrund seiner überragenden Fähigkeit zu lernen entwickelte sich die Gattung Mensch zu dem, was sie heute ist (mit allen positiven und negativen Aspekten).

Die Frage nach der Art und Weise, wie Lernen bzw. Gedächtnis molekularbiologisch funktionieren, wird intensiv untersucht. Nach einer gängigen Theorie kommt es durch wiederholte Erfahrungen (Eindrücke/Reize) zur Festigung (Etablierung, Verbesserung) bestimmter Nervenbahnen, Neuronen bzw. Synapsen, wodurch sich eine Art Schaltkreis (wie in der Elektronik) ergibt. Die etwa 10^{11} → Neurone des menschlichen Gehirns mit ihren 10^{14} synaptischen Verbindungen (→ Synapse) lassen erahnen, welche Möglichkeiten dieses neuronalen Netzwerks für das Gedächtnis und für das Lernen vorhanden und auch nutzbar sind.

Lernen durch Einsicht (engl. *insight learning*) Die Fähigkeit eines höheren tierischen Organismus, in einer neuartigen Situation beim ersten Versuch durch Erfassen der Zusammenhänge das richtige/passende Verhalten zu zeigen. → Lernen

Leseraster (engl. *reading frame*) Nukleotidsequenz, die mit einem Start-Codon (AUG) beginnt, im folgenden Nukleotidtripletts (Codons) enthält und mit einem Terminations-Codon (z. B. UAG) endet. Die Sequenz zwischen dem Start- und dem Stopp-Codon wird auch → offener Leserahmen genannt (*open reading frame, ORF*). Entsteht durch Mutation ein Stopp-Codon kurz hinter dem Start-Codon, spricht man von einem blockierten Leserahmen. Eine entsprechende Polypeptidkette (Protein) enthält also nur wenige Aminosäuren und ist deshalb nicht (voll) funktionsfähig.

Letalgen → Letalmutation, → rezessives Letalgen

Letalmutation (lat. *letalis* tödlich; engl. *lethal mutation*) Mutation, die den frühzeitigen Tod ihres Trägers bewirkt.

Beispielsweise kann eine Punktmutation ein Stopp-Codon innerhalb der codierenden Region eines Gens verursachen, dessen Eiweiß eine wichtige Rolle im Stoffwechsel spielt. Der Ausfall dieses Schlüsselproteins führt zum Versagen lebenswichtiger biochemischer Reaktionen. Dominante Letalallele sind tödlich für heterozygote Träger, rezessive nur für homozygote (→ rezessives Letalgen). Nach ihrer → Penetranz können sie in absolute Letalfaktoren (100 %), in Semiletalfaktoren (bis 50 %) und Subvitalfaktoren (weniger als 50 %) unterteilt werden.

Leukämie (griech. *leukos* weiß, *haima* Blut; engl. *leukemia*) Blutkrebs, Überproduktion von weißen Blutzellen (Leukozyten). → Krebs

Je nach Typus der überproduzierten Zellen existieren sehr unterschiedliche Arten von Leukämien, mit teilweise unterschiedlichem Verlauf, ohne Behandlung jedoch mit stets tödlichem Ausgang. Kommt bei einer Reihe von Säugern und Vögeln vor. → Philadelphia Chromosom

Leukozyten (griech. *leukos* weiß, *zytos* Zelle; engl. *leukocytes*) Weiße Blutzellen. Im Gegensatz zu den roten Blutzellen (Erythrozyten) zeigen isolierte Leukozyten eine weiße Färbung (daher der Name). Leukozyten ist der Oberbegriff für eine heterogene Gruppe an Blutzellen, die → Lymphozyten, → Granulozyten und → Monozyten umfasst. All diese Zellen sind Teil des → Immunsystems. → Allergie

Leydig'sche Zwischenzellen → Interstitialzellen

LH → luteinisierendes Hormon

Lichtatmung, Fotorespiration (lat. *spirare* atmen; engl. *photorespiration*) Bei vielen Pflanzen gibt es unter hoher Temperatur, hoher Lichteinstrahlung und verminderter Wasserzufuhr Stoffwechselprozesse, bei denen molekularer Sauerstoff aufgenommen und Kohlenstoffdioxid ausgeschieden wird. Wegen der Ähnlichkeit dieser Reaktion mit der eigentlichen Dunkelatmung der Pflanzen (in der Dunkelheit „atmen" Pflanzen O_2 ein und CO_2 aus), bezeichnet man dies als Lichtatmung. Die zugrunde liegenden Prozesse stehen jedoch im Zusammenhang mit der Fotosynthese und sind mit dem Stickstoffmetabolismus verbunden. Die eigentliche Erklärung für die biologische Funktion der Fotorespiration steht noch aus.

Lichtmikroskop, Mikroskop (griech. *mikros* klein, *skopeo* ich sehe; engl. *microscope*) Die Erfindung des Mikroskops wird dem Niederländer Zacharias Jansen etwa für das Jahr 1610 zugeschrieben. Antony van Leeuwenhoek (1632–1723) hat dann mit selbstgebauten Mikroskopen die **Mikroskopie** begründet. Er sah 1683 als erster Mensch Bakterien.

Heutige Lichtmikroskope bestehen vereinfacht ausgedrückt aus drei Teilen: Einem Mikroskopfuß mit Beleuchtungseinrichtung (Lichtquelle, Filter, Kondensor), dem Objekttisch, auf dem das zu betrachtende Objekt auf dem Objektträger fixiert wird, und dem Tubus mit einem dem Betrachter zugewandten Okular und dem Objekt zugewandten Objektiv. Okular und Objektiv enthalten die Linsen(-systeme), die bei Wellenlängen des sichtbaren Lichtes eine etwa 1 200fache Vergrößerung erlauben. Mittels Computer unterstützter Bildbearbeitung können heute sogar räumliche Darstellungen erzielt werden. → Elektronenmikroskop

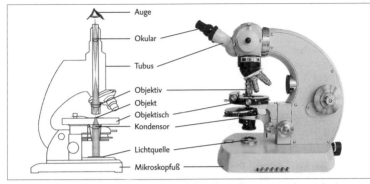

- Auge
- Okular
- Tubus
- Objektiv
- Objekt
- Objektisch
- Kondensor
- Lichtquelle
- Mikroskopfuß

Schematischer Querschnitt durch ein Lichtmikroskop (links) und Darstellung eines Forschungsmikroskops (rechts).

Lichtreaktionen (engl. *photosynthetic electron-transfer reaction, light reaction*) In dem Prozess der Fotosynthese wird Lichtenergie durch Pigmente, wie z.B. Chlorophyll, aufgenommen und in chemisch gebundene Energie überführt. Die Fotosynthese kann in zwei Abschnitte eingeteilt werden: Lichtreaktionen und → Dunkelreaktionen.

Die Lichtreaktionen bei höheren Pflanzen laufen in zwei großen Molekülkomplexen (→ Fotosysteme I und II, bestehend aus zahlreichen Proteinen und einigen hundert Chlorophyllmolekülen) ab, die sich in einer bestimmten räumlichen Anordnung in speziellen Membranen (Thylakoidmembranen) der Chloroplasten befinden. Hier wird die absorbierte (aufgenommene) Lichtenergie dazu verwendet, Wasser in Wasserstoff und Sauerstoff zu trennen (Fotolyse des Wassers) und die dabei anfallenden Wasserstoffatome und Elektronen in eine energiereiche Bindung an ein geeignetes Molekül (→ NADP$^+$) zu

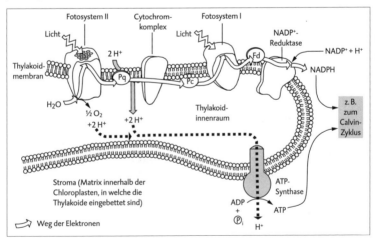

Vereinfachtes Modell des Thylakoidmembranbaues (Querschnitt) und des Elektronenflusses bei den Lichtreaktionen. Pq, Pc und Fd: Elektronen weiterleitende Moleküle der Thylakoidmembran.

überführen. Der frei werdende Sauerstoff wird als O_2 von den Pflanzen „ausgeatmet". Durch die hohe Produktion von H^+ aus der Fotolyse des Wassers steigt die H^+-Konzentration innerhalb des Thylakoidlumens auf einen pH-Wert von 4,5. Dies entspricht in etwa der 3 000fach höheren H^+-Konzentration als außerhalb (im Stroma des Chloroplasten herrscht ein pH-Wert von 8,0). Dieser H^+-Gradient treibt die in der Thylakoidmembran verankerte ATPase zur ATP-Synthese im Stroma des Chloroplasten an ($\rightarrow$ Fotophosphorylierung, $\rightarrow$ chemiosmotische Theorie).

Ligand (lat. *ligare* binden, verbinden; engl. *ligand*) Ein Atom oder Molekül, das an eine passende (oft komplementäre) Struktur eines anderen Moleküls binden kann. Sauerstoff etwa ist ein Ligand für das Hämoglobin.

ligandengesteuerter Ionenkanal $\rightarrow$ transmittergesteuerter Ionenkanal

Ligase $\rightarrow$ DNS-Ligase

ligase chain reaction, LCR Ligase Kettenreaktion. Eine molekulargenetische Methode zum Erkennen von Mutationen (Basensubstitutionen) in einem kurzen DNS-Abschnitt.

Die Methodik gleicht der $\rightarrow$ PCR; entscheidend jedoch sind zwei Primer, die so konstruiert sind, dass sie tandemartig an einen Strang binden, wobei eine Lücke zwischen ihnen verbleibt. Diese Lücke kann durch die Ligase geschlossen werden. Geschieht das, sind der ursprüngliche DNS-Strang und die Primer komplementär. Kann die Lücke nicht geschlossen werden, was am elektrophoretischen Laufverhalten der DNS-Stücke beurteilt werden kann, liegt eine Punktmutation (Basenaustausch) vor.

Ligation (engl. *ligation*) Bildung einer Phosphodiesterbindung ($\rightarrow$ Phosphodiester), durch welche zwei Nukleotidmoleküle verknüpft werden. Diese Reaktion wird durch das Enzym Ligase katalysiert.

limnisch (griech. *limne* See, Teich; engl. *limnic*) Bezieht sich auf die Gewässer des Binnenlandes und die dort lebenden Arten. $\rightarrow$ aquatisch, $\rightarrow$ marin

Linie (engl. *line, strain*) Durch $\rightarrow$ Reinzucht entstandene weitgehend homozygote Population, die sich phänotypisch von anderen Populationen einer Art unterscheidet.

Eine Art (Spezies) kann nach Unterarten, diese nach Populationen, diese nach Rassen, diese nach Linien (Schläge, Typen), bei Labormäusen oft Stämme genannt, und schließlich Individuen unterschieden werden.

Linné, Linnaeus $\rightarrow$ binäre Nomenklatur, $\rightarrow$ *Systema Naturae*

Lipid (griech. *lipos* Fett; engl. *lipid*) Gruppe biochemischer Verbindungen, die in organischen Lösungsmitteln (z. B. Alkohole, Chloroform) gut löslich, in wässrigen dagegen nicht löslich sind, wie z. B. Fett, Öle, Wachse, Sterole, Phospholipide, Glykolipide. Einige davon, wie die Phospholipide, sind die Hauptbestandteile aller $\rightarrow$ Lipiddoppelmembranen.

Lipiddoppelmembran, -schicht, biologische Membran (engl. *lipid bilayer*) Sie besteht hauptsächlich aus Lipiden (vor allem Phospholipide) und Proteinen. Die einzelnen Membranbestandteile sind nicht starr miteinander verbunden („*fluid mosaic model*").

Alle lebenden biologischen Systeme besitzen derartige Membranen, die sie von der Umgebung abgrenzen und das Zytoplasma „zusammenhalten". Die Membranen sind keine vollständigen Barrieren, zudem verfügen sie über Pumpen und Kanäle an Proteinen, die den selektiven Stoffaustausch mit der Außenwelt ermöglichen. Daher werden sie als semipermeabel ($\rightarrow$ selektive Permeabilität) bezeichnet. Eukaryontische Lebewesen haben darüber hinaus Zellkompartimente (abgegrenzte Bereiche wie Endoplasmatisches Retikulum, Mitochondrien, Chloroplasten, Zellkern usw.), die ebenfalls von einer oder zwei Doppelmembranen umgeben sind.

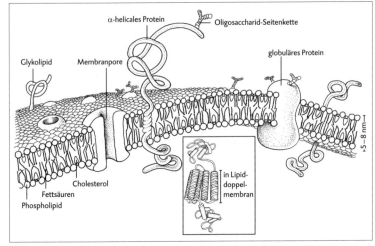

α-helicales Protein

Oligosaccharid-Seitenkette

globuläres Protein

Glykolipid　Membranpore

~5 – 8 nm→

Cholesterol
Fettsäuren
Phospholipid

in Lipid-
doppel-
membran

Schematische Darstellung einer biologischen Membran und der Detailstruktur (Bildeinschub) eines Transmem-
bran-Proteins, das mit fünf helikalen Bereichen in der Membran verankert ist.

Liposomen (griech. *lipos* Fett, *soma* Körper; engl. *liposomes*) Sehr kleine, künstliche Lipidvesikel (Bläschen), die mit einer wässrigen Phase gefüllt sind und in einer wässrigen Außenphase schweben. Zu ihrer Bildung sind sog. membranbildende Lipide erforderlich. Diese können natürlichen Ursprungs oder synthetisch sein. In der Regel wird das in allen Zellmembranen vorkommende Phosphatidylcholin (= reines Lecithin) verwendet, das aus Eidotter oder Sojabohne isoliert wird. Werden solche Lipide in Wasser fein verteilt (dispergiert), bilden sie spontan sog. Lipiddoppelschichten, die unter Energieeintrag die Form einer Hohlkugel annehmen (= Liposom). Der Durchmesser von Liposomen bewegt sich zwischen 30 nm und 20 μm. Bestimmte, vor allem kleine Liposomen sind biologischen → Vesikeln ähnlich, wie z. B. den Neurotransmitter übertragenden Vesikeln der → Synapsen.

Durch die Ähnlichkeit der Lippiddoppelschicht eines Liposoms (= Liposomenmembran) mit biologischen Zellmembranen werden diese als Membranmodelle in der Forschung eingesetzt. Die kosme-

tische und pharmazeutische Industrie machen sich zu Nutze, dass wasserlösliche Wirkstoffe „liposomal verkapselt", wasserunlösliche in die Liposomenmembran integriert und damit in eine quasi wasserlösliche Form überführt werden können. Eine liposomale Darreichungsform führt häufig zur Effektivitätssteigerung einer Wirksubstanz bei gleichzeitiger Reduktion der Nebenwirkungen. Erste liposomale Arzneimittel sind bereits im Handel, ihre Anzahl nimmt rasch zu.

Litoral (lat. *litus* Küste, Ufer; engl. *littoral*) Uferzone eines Sees. → Benthal

L-Kette, leichte Kette (engl. *light chain*) → Antikörper

Locus (engl. *locus*) → Genlocus

logarithmisches Populationswachstum (engl. *logarithmic population growth*) Ein Modell des Populationswachstums, in dem sich das Wachstum Null nähert, wenn sich die Populationsgröße der Tragfähigkeit (Kapazität K) der Umwelt (z. B. Reviergröße, Futterangebot) annähert. → exponentielles Wachstum

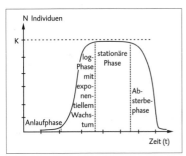

Verlauf des Wachstums am Beispiel einer Bakterienkultur mit exponentieller Wachstumsphase (log-Phase) bis zu einem Punkt K, an dem die Populationsdichte und limitierte Nahrungsressourcen kein weiteres Wachstum zulassen (stationäre Phase). Fehlendes Nahrungsangebot beispielsweise führt dann zur Absterbephase.

Lumen (lat. *lumen* Licht; engl. *lumen*) Lichte Weite röhrenartiger Körperorgane und Hohlräume in einem Körper. Eine Eizelle z. B. bewegt sich nach der Ovulation im Lumen des Eileiters (Ovidukts) in Richtung Gebärmutter.

luteinisierendes Hormon, LH, ICSH (lat. *luteus* gelb; engl. *luteinizing hormone*) Glycoprotein, welches die → Ovulation, das Wachstum des Gelbkörpers und die Bildung von Östrogen bewirkt. Im männlichen Geschlecht regt das Hormon das Wachstum der → Interstitialzellen des Hodens an. Diese Zellen produzieren dann die männlichen → Sexualhormone. LH wird in der Adenohypophyse (Hypophysenvorderlappen, → Hypophyse) synthetisiert.

lymphatisches Gewebe, lymphatische Organe (engl. *lymphatic tissue*) Gewebe, in denen sich → Lymphozyten in größerer Zahl aufhalten. Zu ihnen gehören u. a. der Thymus, die Milz, die Lymphknoten und -gefäße, bei den Vögeln auch die → Bursa fabricii.

Lymphe (lat. *limpidus* klar, hell; engl. *lymph*) Gelblich-transparente Flüssigkeit des Lymphsystems bestehend aus Lymphplasma und Lymphozyten. Die Lymphe entsteht durch Austritt von Blutplasma aus den Kapillaren ins Gewebe, wird in den Lymphgefäßen gesammelt und dem Blutkreislauf wieder zugeführt.

Lymphokine (griech. *kinesis* Bewegung; engl. *lymphokines*) Eine Gruppe unterschiedlicher → Glykoproteine mit einem Molekulargewicht zwischen 10 000 und 200 000 d. Viele verschiedene Körperzellen können unter bestimmten Umständen diese Substanzen sekretieren. Nachdem beispielsweise ein T-Lymphozyt ein → Antigen erkannt hat, sekretiert er Lymphokine, die nun über einen hormonähnlichen Mechanismus andere Zellen für die Immunabwehr aktivieren.

Hauptfunktionen der Lymphokine sind: (1) Aktivierung unreifer T-Zellen, (2) T-Zellen und Makrophagen zum Ort der Antigen-Antikörper-Reaktion zu bringen, (3) Vermehrung der aktivierten T-Zellen, (4) Aktivierung der Zellen am Infektionsherd zur Produktion von weiteren Lymphokinen, (5) zytotoxische Lyse von Zellen, die das Antigen bereits tragen (einschließlich Fremdzellen und Krebszellen).

Lymphozyten (engl. *lymphocytes*) Zellen des → Immunsystems. Sie kommen im Serum, der Lymphe und in den Geweben vor und umfassen zwei Hauptgruppen: Zum einen die Antikörper produzierenden B-Lymphozyten und zum anderen die für die zelluläre Immunantwort verantwortlichen T-Lymphozyten. Sie sind Teil der → Leukozyten.

Lyon-Hypothese, -Theorie (engl. *Lyon hypothesis*) → Dosis-Kompensation

lyophilisieren → gefriertrocknen

Lyse, Lysis (griech. *lyo* ich löse; engl. *lysis*) → Zelllysis

lysogene Bakteriophagen (griech. *gennao* ich erzeuge; engl. *lysogenic bacteriophages*) → Bakteriophagen, die ihr Genom in das Bakterienchromosom integrieren (lysogene Infektion). → lytische Bakteriophagen

Lysozym (engl. *lysozyme*) Enzym, das Mukopolysaccharide (vor allem solche, aus denen bakterielle Zellwände bestehen)

spaltet (hydrolysiert), die aus Zuckern und Zuckerabkömmlingen zusammengesetzt sind.

Lysozyme mit derartig bakteriozider (Bakterien tötender) Wirkung findet man z. B. in Tränenflüssigkeit oder im Eiklar.

Bakteriophagen produzieren Lysozyme, um ihre Nachkommen aus der Bakterienzelle freizusetzen.

lytische Bakteriophagen (engl. *lytic bacteriophages*) → Bakteriophagen, die nach Infektion eines Bakteriums ihr Erbmaterial vervielfachen (replizieren), ihre Gene transkribieren und translatieren und dann die Wirtszelle aufbrechen (lysieren), damit die neu gebildeten Bakteriophagen freigesetzt werden können.

Ein bekanntes Beispiel ist der Bakteriophage λ (griech. *lamda*), der bei einer lytischen Infektion seiner bakteriellen Wirtszelle *E. coli* jeweils mehrere hundert Kopien von sich erstellt und dann freisetzt.

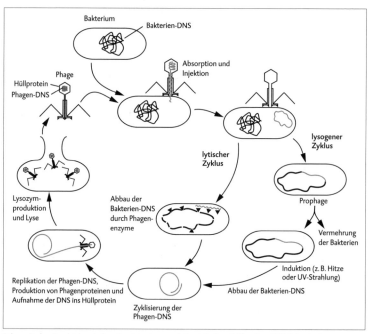

Schematischer Vergleich zwischen dem lysogenen und dem lytischen Zyklus eines DNS-Bakteriophagen. Im lysogenen Zyklus kann es über viele Generationen zu einer Vermehrung der mit integrierten Prophagen ausgestatteten Bakterien kommen, ohne dass eine Phagenvermehrung mit lytischem Zyklus eintritt.

M

M → Morgan-Einheit

Magnesium, Mg (engl. *magnesium*) Element, das in geringen Mengen in allen Geweben vorhanden ist; bei einem Menschen mit 70 kg Körpergewicht insgesamt etwa 35 g, Ordnungszahl 12, Atomgewicht 24,31, Wertigkeit in biologischen Systemen 2+.

Wichtig für die Stabilisierung von → Ribosomen und → Kofaktor einiger Enzyme. In Pflanzen und einigen → fototrophen Bakterien essentieller Bestandteil von → Chlorophyllen.

Magnoliophytinae → Angiospermae

Makrophage (griech. *makros* groß, *phagein* fressen; engl. *macrophage*) Großer, phagozytischer, mononukleärer → Leukozyt.

Makrophagen stammen von den Monozyten im Blut ab und wandern auch in die Gewebe. Im Bindegewebe heißen ähnliche Fresszellen Histiozyten, in der Leber Kupffer'sche Sternzellen, in der Haut Leydig'sche Zellen, Mikroglia im Nervengewebe und Alveolarmakrophagen in der Lunge.

Um eine → Immunantwort auszulösen, müssen die meisten → Antigene von den Makrophagen erst einmal aufgenommen und abgebaut werden. Teile des Antigens werden dann an der Zelloberfläche der Makrophagen zusammen mit Proteinen des → MHC präsentiert, wo sie von T-Lymphozyten erkannt werden. Diese leiten dann die Immunantwort ein.

maligner Tumor → Krebs, Tumor

Marfan-Syndrom (engl. *Marfan syndrome*) Menschliche Erbkrankheit mit autosomal dominantem Erbgang. Ursache ist eine Mutation des Fibrillin-Gens auf Chromosom 15. Das Gen erstreckt sich über 110 kb und hat 65 → Exons. Fibrillin ist Bestandteil des Bindegewebes.

Marfan-Patienten sterben häufig wegen eines Risses der Aorta (Hauptschlagader des Herzens), weil hier die Gefäßwände besonders stark belastet werden. Ein defektes Fibrillin, das normalerweise zusammen mit Elastin wesentliche Stützfunktion in der Gefäßwand hat, kann direkt für diesen Bruch verantwortlich gemacht werden. Häufigkeit des Marfan-Syndroms ist 1 : 10 000. → Pleiotropie

marin (lat. *mare* Meer; engl. *marine*) Bezieht sich auf das Meer (Ozeane) und die im Meer lebenden Arten. → aquatisch, → limnisch

Marker (engl. *marker*) (1) Gen (oder eine bestimmte DNS-Sequenz) mit bekannter Position auf einem Chromosom, das als Referenz zu einem leicht erkennbaren phänotypischen Merkmal in Verbindung gebracht wird, um dessen (noch unbekannnten) genetischen Hintergrund zu analysieren. Findet im → *positional cloning* Anwendung, mit dem die Mehrzahl aller Gene auf den Chromosomen kartiert wurde. (2) Antigene Marker sind Proteine auf Zelloberflächen, die zur Unterscheidung verschiedener Zelltypen dienen. Thy-1-Moleküle z. B. befinden sich auf T-Lymphozyten, aber nicht auf B-Lymphozyten. (3) Marker-DNS, Marker-RNS oder Proteine von bekannter Größe und/oder Eigenschaft, die als Referenz oder Standard (engl. *ladder* Leiter) bei der Gelelektrophorese verwendet werden. (4) In der medizinischen Diagnostik spricht man von Markern, wenn bestimmte Substanzen in Körperflüssigkeiten oder Geweben im Gegensatz zum gesunden Status (erhöht) auftreten und dadurch einen anormalen, möglicherweise kranken Zustand erkennen lassen (z. B. so genannt Tumormarker).

Markergen → genetischer Marker

Mastzellen (engl. *mast cells*) Mastzellen finden sich in Lymphknoten, Milz, Knochenmark, Bindegewebe und Haut und entsprechen dort den basophilen Granulozyten in Blut und Lymphe.

Das Zytoplasma der Mastzellen enthält zahlreiche Vesikel mit Heparin, → Serotonin und Histamin. Auf ihrer Oberfläche haben sie IgE-Antikörpermoleküle. Wenn das entsprechende Antigen an diese Antikörper bindet, erfolgt ein Signal in das Zellinnere, wodurch die Inhalte der Vesikel freigesetzt werden. Dies führt dann zu den allergischen Reaktionen. → Allergie

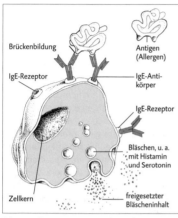

Brückenbildung

Antigen (Allergen)

IgE-Rezeptor

IgE-Antikörper

IgE-Rezeptor

Bläschen, u. a. mit Histamin und Serotonin

Zellkern

freigesetzter Bläscheninhalt

Schematischer Bau einer Mastzelle: Antikörper, Antigen, IgE-Rezeptor sowie die Bläschen sind überproportional vergrößert dargestellt.

maternale Vererbung (lat. *mater* Mutter; engl. *maternal inheritance*) Phänotypische Unterschiede bei den Nachkommen, hervorgerufen durch Gene der Mitochondrien, Chloroplasten oder auch Viren im Zytoplasma des weiblichen Elters. Es handelt sich um eine → extrachromosomale, uniparentale oder zytoplasmatische Vererbung. → matrokline Vererbung

maternaler Effekt (engl. *maternal effect*) Nicht erblicher Einfluss des mütterlichen Phänotyps auf die direkten Nachkommen. Die phänotypischen Effekte sind eine Art Mitgift, die vom mütterlichen Ovar gebildet und im Ei abgelagert werden, z. B. maternal gebildete RNS mit Translation im Embryo.

Der bekannteste maternale Effekt ist an Nachkommen einer Paarung zwischen Esel und Pferd zu beobachten. Das Maultier hat eine Pferdestute als Mutter und erreicht Pferdegröße, der Maulesel hat eine Eselstute als Mutter und ist entsprechend kleiner.

Matrix (lat. *mater* Mutter; hier: Ursprung; engl. *matrix*; Plur. Matrizen) (1) Keimschicht, z. B. bei der Zwiebel, (2) Chromosomenhülle, (3) auch im Zusammenhang mit Lösungen, in die Zellbestandteile oder ganze Zellen eingebettet sind, (4) rechteckiges Schema von Zahlen, für das bestimmte Rechenregeln gelten.

matrokline Vererbung (engl. *matroclinous inheritance, matrocliny*) Art der Vererbung, bei der die Nachkommen mehr der Mutter als dem Vater ähneln. → patrokline Vererbung

Mehrzeller → Metazoa

Meiose, Reifeteilung, Reduktionsteilung (griech. *meion* weniger; engl. *meiosis*) Die sexuelle Reproduktion beruht u. a. auf der Vereinigung (Zeugung) zweier Gameten, die jeweils den halben Chromosomensatz der Zygote tragen. Den Vorgang, wie es zu dieser Reduktion auf den halben Chromosomensatz kommt, bezeichnet man als Meiose.

In der Regel sind Eizellen und Spermien haploid (N), die Zygote und alle anderen aus ihr entstehenden Körperzellen diploid (2 N). Die Reduzierung der Chromosomenzahl auf N für die Bereitstellung von Gameten in einem diploiden Organismus wird nach einer einmaligen Chromatidenverdopplung während der sog. Synthesephase in den Gametogonien (bei Tieren) und Sporogonien (bei Pflanzen) durch zwei aufeinander folgende Kernteilungen erreicht. Die Meiose umfasst zwei charakteristische Prozesse: die Halbierung der (doppelten) Chromosomenzahl und den Austausch von Chromosomenabschnitten, die sog. Rekombination = → Crossing over, deren Folge eine größere genetische Vielfalt ist.

Die Meiose ähnelt im Prinzip der → Mitose, jedoch ist ihre Prophase viel länger und wird eingeteilt in das Leptotän, Zygotän, Pachytän, Diplotän und die Diakinese.

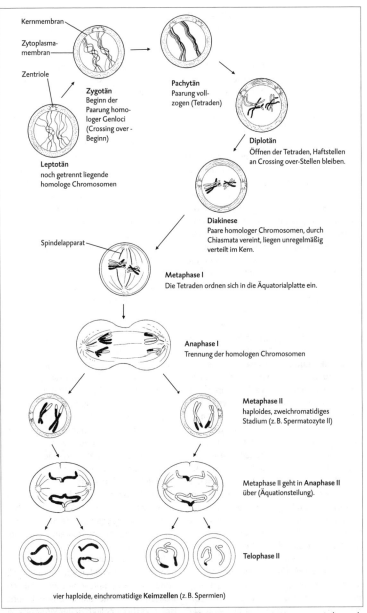

Schematischer Ablauf der Meiose am Beispiel von nur zwei Chromosomenpaaren, einem metazentrischen und einem submetazentrischen (dunkel väterliches, hell mütterliches Chromosom).

Während des **Leptotäns** (griech. *leptos* dünn; engl. *leptotene stage* oder *leptonema*) erscheinen die Chromosomen im Mikroskop als dünne Fäden mit klar sichtbaren → Chromomeren. Eines oder beide → Telomere (Enden der Chromosomen) haben meist Kontakt mit der Kernmembran, sodass eine sog. Bouquet-Konfiguration entsteht. Jedes Chromosom besteht aus zwei Chromatiden, die jedoch bis in das Pachytänstadium nicht genug kondensiert (verdichtet) und damit nicht erkennbar sind. Die → DNS-Replikation, die zur Chromatidenverdopplung führt, hat also schon vor dem Leptotän stattgefunden. Im **Zygotän** (engl. *zygonema*) beginnt die Aneinanderlagerung der Homologen (Synapsis) mit der Ausbildung des sog. synaptonemalen Komplexes. Im **Pachytän** (engl. *pachynema*) werden die Schwesterchromatiden unter dem Mikroskop sichtbar (mit Ausnahme der Zentromerregion), je Chromosom zwei, also 4 Chromatiden je Paar homologer Chromosomen, die nun parallel nebeneinander liegen und Tetrade (= Bivalent) genannt werden. In diesem Stadium kommt es zum Austausch von DNS-Abschnitten zwischen den Chromatiden, dem Crossing over (Rekombination). Mehrere Enzyme trennen dabei die Chromatidenstränge der homologen Chromosomen an gleicher Stelle und verbinden die Schnittstellen der verschiedenen Chromatiden. Dadurch entstehen neu zusammengestellte Chromatiden, die nun Abschnitte des väterlichen und mütterlichen Chromosoms enthalten. Während des **Diplotäns** (engl. *diplonema*) trennen sich die Chromatidenpaare, jedoch hängen sie noch an den Rekombinationsstellen zusammen, sodass sie im Mikroskop gekreuzt erscheinen. Eine solche Struktur heißt Chiasma (Plur. Chiasmata). Die Kreuzungspunkte wandern in Richtung Telomer (Chromosomenende), ein Vorgang den man Terminalisation nennt. Er erstreckt sich über die Diakinesephase,

bis alle Chromosomen wieder separat liegen. Während der **Diakinese** (engl. *diakinesis*) windet sich das Chromatin wieder zusammen, die Chromosomen verdicken sich und liegen als kompakte Tetraden im Kern, oft nahe der Kernmembran. Die Terminalisation ist beendet, der → Nukleolus wird sichtbar. Die Kernhülle löst sich auf und die Tetraden werden durch den Spindelapparat in einer Reihe geordnet (Metaphase I). Nun trennen sich die homologen Chromosomen, je ein Satz wandert in die neue Zelle (Anaphase I). Die erste Teilung ergibt also zwei sekundäre Gametozyten mit Dyaden (ein Chromosom mit zwei Chromatiden), die von der Kernmembran umgeben sind (Reduktionsteilung).

Die zweite Kernteilung beginnt nach einer kurzen Interphase, wobei die Chromosomen kompakt bleiben. Die Kernmembran löst sich wieder auf und die Dyaden ordnen sich in der Mitte der Zelle. Die Chromatiden einer jeden Dyade sind identisch mit Ausnahme der beim Crossing over ausgetauschten Abschnitte. Nun teilt sich das Zentromer, wodurch jedes einzelne Chromatid in die neu entstehende Zelle wandern kann. Bei tierischen Organismen entstehen durch die Meiose vier → Spermatiden oder → ootide Kerne, die nun Monaden enthalten (insgesamt ein haploider, einchromatidiger Chromosomensatz = → Genom). → Oogenese, → Spermatogenese

Melanin (griech. *melas* schwarz; engl. *melanin*) → Albinismus

Membran (lat. *membrana* Häutchen; engl. *membrane*) → Lipiddoppelmembran

Membranpotenzial (engl. *membrane potential*) Spannungszustand der Zellmembranen.

Biologische Membranen (→ Lipiddoppelmembranen) bilden vor allem für geladene Moleküle und Ionen eine Barriere. Zudem haben sie die Eigenschaft eines Isolators (hoher elektrischer Widerstand). In die Membranen (vor allem Plasmamembran) integrierte Ionenpumpen (→ Natrium-Kalium-Pumpe) führen zu einem Ungleichgewicht der Ionen zwischen innen und außen. Diese sog. Potenzialdifferenz (da es sich um Ladungsträger handelt, kann man sie als elektrisches Potenzial in mV messen) erzeugt zusammen mit den Konzentrationsgefällen der einzelnen Ionenarten ein elektrochemisches Potenzial (eine Kraft) an der Zellmembran, welches Zellen nutzen, um z. B. mithilfe spezieller Membranproteine bestimmte andere Moleküle selektiv durch die Membran zu transportieren.

Nervenzellen nutzen diese Eigenschaft zur Erregungsleitung. → Ruhemembranpotenzial

Mendel Begründer der → Genetik.

Mendel(isti)sches Merkmal (engl. *Mendelian character*) Ein → phänotypisches Merkmal, das nach den → Mendel'schen Gesetzen vererbt wird (z. B. die → Blutgruppen).

Mendel'sche Gesetze (engl. *Mendel's laws*) (1) **Gesetz der Uniformität** (unter Einschluss der Reziprozität): Kreuzt man zwei reinerbige Rassen (gleichgültig von welcher Rasse Vater oder Mutter sind), die sich an einem oder mehreren Genloci unterscheiden, haben alle F_1-Nachkommen (Hybriden) den gleichen Genotyp (z. B. eine Anlage für weiße Blüte und eine Anlage für rote Blüte) und den gleichen Phänotyp (rosa beim intermediären Erbgang des Löwenmäulchens oder rot beim dominanten Erbgang der Erbse). (2) **Spaltungsgesetz:** Kreuzt man Monohybride (F_1-Nachkommen, deren Eltern sich an einem Genlocus unterscheiden), so spaltet die F_2-Generation auf. Da jeder Elter ein weiß-Allel und ein rot-Allel trägt, kommen die in der nachfolgenden Tabelle angegebenen Allelkombinationen in den F_2-Nachkommen zustande. In der F_2 findet man also reinerbige weiß/weiß, mischerbige weiß/rot bzw. rot/weiß und reinerbige rot/rot Nachkommen im Verhältnis 1 : 2 : 1 (25 % + 50 % + 25 %). Wenn

das Allel rot dominant über weiß ist, sind phänotypisch 75 % der Nachkommen rot und 25 % weiß (3 : 1).

		Allele von der Mutter	
		weiß	rot
Allele vom Vater	weiß	weiß/weiß 25 %	weiß/rot 25 %
	rot	rot/weiß 25 %	rot/rot 25 %

Allelkombinationen der F_2-Nachkommen

(3) **Gesetz der unabhängigen Verteilung** oder **der freien Kombinierbarkeit:** Die Allele verschiedener Genloci verteilen sich während der Meiose unabhängig voneinander in die Gameten (Eizellen oder Spermien), vorausgesetzt, sie liegen auf unterschiedlichen Chromosomen. Mendel gelangte zu dieser Erkenntnis nach Kreuzung zweier Erbsenlinien, die sich in zwei Merkmalspaaren (heute: Allele zweier Genloci auf verschiedenen Chromosomen) unterscheiden. Die eine Linie bildete grüne, runzelige Samen, die andere gelbe, glatte. Die F_1 besaß ausschließlich gelbe, glatte Samen (beides dominante Merkmale). Die F_2 spaltete dann in vier verschiedene Phänotypen im Verhältnis 9 : 3 : 3 : 1 auf (gelb/glatt : grün/glatt : gelb/runzelig : grün/runzelig), wobei zwei neue Phänotypen auftraten.

mendeln (engl. *mendelize*) Vererbung von Merkmalen nach den → Mendel'schen Gesetzen. Gilt für chromosomal bedingte Eigenschaften, im Gegensatz zu → maternalen Effekten, → extrachromosomaler Vererbung.

Menstruation, Menses (lat. *menstruus* monatlich; engl. *menstruation*) Regelblutung, Periode.

Bei einigen Säugetieren und dem Menschen wird während des fortpflanzungsfähigen Alters die Gebärmutterschleimhaut in regelmäßigen Abständen unter Blutungen abgestoßen (→ Gestagene). Dieser als Menstruation beschriebene zyklische Vorgang (beim Menschen etwa alle 28 Tage) während der Fortpflanzungsperiode einer Frau setzt unter normalen Bedingungen nur während einer Schwangerschaft und teilweise während der folgenden → Laktation aus.

Merogonie → Androgenese

Merkmal (engl. *trait, character*) Eine erkennbare phänotypische Eigenschaft eines Organismus. Merkmale sind unterschiedlich komplex und werden von vielen Genloci (wie Körpergröße), von einigen wenigen Genloci (etwa Hautfarbe) oder nur einem → Genlocus (z. B. AB0-Blutgruppe) verursacht. Je mehr Genloci beteiligt sind, desto mehr spielt auch der Umwelteinfluss bei der Ausprägung des Merkmals eine Rolle.

Mesoderm (griech. *meso* zwischen, *derma* Haut) Mittelschicht embryonaler Zellen zwischen dem → Ektoderm und dem → Entoderm.

Aus dem Mesoderm entstehen u. a. die Muskeln, das Bindegewebe, die Blutzellen, die Lymphzellen, die Epithelzellen aller Körperhöhlen, der größte Teil des Kreislaufsystems, die Nieren, die Gonaden und der Genitaltrakt.

Mesozoa (griech. *mesos* mitten; engl. *mesozoan*) Mehrzellige Tiere mit parasitischer Lebensform.

Sie gehören zu den → Metazoa, sind jedoch noch ohne klar strukturierte Gewebe, die aus einem lose aneinander liegenden Zellverband (Somatoderm) und den darin enthaltenen Geschlechtszellen bestehen, z. B. *Dicyema*.

Metabolismus (griech. *metaballein* verändern; engl. *metabolism*) (1) Allgemein: Umwandlung, Veränderung. (2) In der Medizin und Biologie: **Stoffwechsel**. Die Gesamtheit aller physikalischen und chemischen Prozesse, die im lebenden Organismus ablaufen und durch die Energie für diesen bereitgestellt wird. → Anabolismus, → Katabolismus

metagam → Isolationsmechanismen

Metallothioneine (griech. *theion* Schwefel; engl. *metallothioneins*) Kleine schwefelhaltige Proteine, die Schwermetalle binden und so die Zelle vor Vergiftung schützen. Die Metallothioneingene werden durch die gleichen Metallionen aktiviert, deren Produkte (Proteine) diese Metalle binden.

Metamorphose (griech. *meta* um, *morphe* Gestalt; engl. *metamorphosis*) Übergang vom Larvenstadium in das Erwachsenenstadium. → hemimetabol, → holometabol

Metaphase → Mitose

Metaphase-Chromosom (engl. *metaphase chromosome*) Stark kondensiertes (zusammengezogenes) → Chromosom während der Metaphase (Abb. → Turner-Syndrom). Für Beobachtungen mit dem Mikroskop geeignet. → Mitose

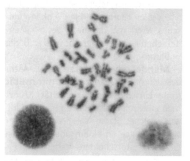

Metaphase des Kaninchens (44 Chromosomen). Links unten ein gefärbter Zellkern in der Interphase.

Metastase → Krebs

metazentrisch (engl. *metacentric*) Bezieht sich auf ein → Chromosom mit gleich langen Armen; das Zentromer liegt in der Mitte.

Metazoa, Vielzeller, Mehrzeller (griech. *meta* nach, *zoon* Lebewesen; engl. *metazoan*) Die vielzelligen Tiere bauen sich im Unterschied zu den einzelligen → Protozoa aus mehreren bis vielen Zellen auf, und zwar aus verschiedenen Körperzellen und den Keimzellen. Zu dieser Unterabteilung des Tierreiches gehören die → Eumetazoa (Gewebe-Tiere), die → Mesozoa und die → Parazoa.

methyliertes Cap (engl. *methylated cap*) Natürlicher Vorgang, bei dem ein modifiziertes Guaninnukleotid nach der Transkription an das 5'-Ende des mRNS-Stranges und eine Methylgruppe ($-CH_3$) an Position des Kohlenstoffs Nr. 7 des Guanins geheftet wird. Die Reaktion wird katalysiert durch die Enzyme Guanyltransferase und Guanin-7-Methyltransferase. → nukleäre RNS-Prozessierung

Einzellige Eukaryonten haben nur eine einzelne Methylgruppe (*Cap* 0). Die vorherrschende Form des *Cap* in vielzelligen Eukaryonten (*Cap* 1) hat eine weitere Methylgruppe an der 2. Base. Das → *capping* erfolgt unmittelbar nach Transkriptionsbeginn noch vor dem → Spleißen. Das *capping* schützt eventuell die mRNS vor Abbau durch Nukleasen und fungiert als → Ribosomenbindungsstelle.

Methylierung → DNS-Methylierung

Mg → Magnesium

MG → Molekulargewicht

MHC (*major histocompatibility (gene) complex*) Haupthistokompatibilitätsgenkomplex.

Eine große Gengruppe, deren Produkte die MHC-Moleküle (Transplantationsantigene) sind. Eines der wichtigen „Erkennungssysteme" des Immunsystems. Beim Menschen liegt die große Gengruppe (ca. 3 000 kb lang) auf dem Chromosom 6.

Der MHC codiert drei Klassen: (1) Proteine der Klasse I, die vor allem zytotoxischen T-Zellen (Klasse I-Moleküle treten zusammen mit einem kleinen Protein β_2-Mikroglobulin an den Zelloberflächen auf) fremde antigene Determinanten (→ Antigen) präsentieren, (2) Proteine der Klasse II, die den Helfer-T-Zellen fremde antigene Determinanten präsentieren, und die (3) Proteine der Klasse III (u. a. Komponenten des → Komplements). Die Genloci des MHC sind sehr polymorph (es gibt sehr viele Allele).

Im Gegensatz zu Antikörpern und T-Zellrezeptoren liegt die Aufgabe der MHC-Moleküle nicht im Erkennen von Antigenen sondern in der Präsentation von Antigenen bzw. -bruchstücken an der Zelloberfläche. T-Lymphozyten erkennen die an die MHC-Moleküle gekoppelten Antigene bzw. deren Bruchstücke. Die MHC-Moleküle ermöglichen also die zelluläre Immunabwehr. Zu ihren wichtigsten Aufgaben gehört die Markierung virusinfizierter Zellen oder das Auslösen der Abstoßungsreaktion von transplantiertem Fremdgewebe. Fremdgewebe hat in den meisten Fällen dem jeweiligen Empfänger-Immunsystem gegenüber fremde MHC-Moleküle und diese werden wie Antigen-beladene eigene MHC-Moleküle bekämpft. Dies erklärt, weswegen das Immunsystem überhaupt auf eine derartig „unnatürliche" Aufgabe, wie die Abstoßung von Fremdtransplantaten, vorbereitet ist.

Der MHC heißt beim Menschen HLA (*human leukozyte antigene*), bei der Maus H-2, beim Rind BoLA und beim Schwein SuLA. → Haplotyp

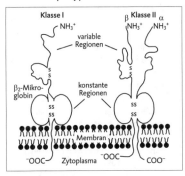

Proteine des MHC

Michaelis-Menten   L. Michaelis (1875–1949) und M. Menten (1879–1960) untersuchten die Geschwindigkeit der Substratumwandlung durch → Enzyme. 1913 beschrieben sie, dass bei dieser Katalyse kurzzeitig ein spezieller **Enzym-Substrat-Komplex** auftreten muss, der dann in das Produkt/die Produkte und das freie, unveränderte Enzymmolekül zerfällt.

Die Umwandlungsgeschwindigkeit bei konstanter Enzymmenge hängt von der Substratkonzentration ab. Bei hoher Substratkonzentration nähert sich die Reaktionsgeschwindigkeit einer Maximalgeschwindigkeit (v_{max}) asymptotisch an. Der entsprechende hyperbolische Kurvenverlauf kann mit der sog. **Michaelis-Menten-Gleichung** beschrieben werden. Diejenige Substratkonzentration, bei welcher die halbmaximale Geschwindigkeit der Substratumwandlung erreicht wird, bezeichnet man als **Michaelis-Menten-Konstante** (K_M).

Migration (lat. *migrare* wandern; engl. *migration*) (1) Tierwanderungen: Alle regelmäßigen oder gelegentlichen Ortsbewegungen von Tieren, die durch biotische (wie Überbevölkerung oder Nahrungsmangel z. B. bei Lemmingen oder Wanderheuschrecken) oder abiotische Faktoren (wie Kälte oder Trockenheit z. B. bei Zugvögeln oder Wüstentieren) oder durch endogene Faktoren (z. B. die Laichwanderungen von Amphibien) ausgelöst werden. (2) Begriff der Populationsgenetik, der die Zuwanderung (Immigration, Introgression) oder Abwanderung (Emigration) von Individuen einer Population in eine andere bedeutet, worauf der → Genfluss beruht. Das Verhältnis zu-/abgewanderter Allele zu den vorhandenen Allelen wird **Migrationskoeffizient** genannt. Die Migration ist neben Mutation, Selektion und Drift der vierte evolutionsbestimmende Faktor.

Eine Einkreuzung von wertvollen Zuchttieren in eine bestehende Population ist eine vom Menschen bestimmte Migration (z. B. Araberhengste x Haflingerstuten).

Mikroben → Mikroorganismen

Mikroevolution (griech. *mikros* klein; engl. *microevolution*) Evolutionsmuster, das während einer relativ kurzen Zeit abläuft und deshalb beobachtet werden kann, wie etwa die Änderung der Genfre-

quenzen in einer Population (z. B. Industriemelanismus). → Evolution

Mikroorganismen, Mikroben (griech. *mikros* klein; engl. *microorganisms*) Lebewesen, die man nicht mit bloßem Auge beobachten kann, z. B. → Bakterien, → Protozoa, viele Pilze (→ Fungi), einzellige Algen und Viren (→ Virus).

Mikrosatelliten (lat. *satelles* Begleiter; engl. *microsatellites*) Nukleotidwiederholungen (*tandem repeats*) der DNS unterschiedlicher Länge, die über das ganze Genom verteilt sind. Es gibt **Minisatelliten** mit etwa 10–30 Nukleotiden, die in mehreren Kopien hintereinander im Chromosom vorliegen und **Mikrosatelliten** mit zwei (oder wenig mehr) Nukleotidwiederholungen (z. B. …GTGTGTGTGT GT…). Solche Repeats kann man als → Genloci betrachten, die z. T. sehr polymorph (viele Allele) sind, von denen aber keine RNS und kein Protein gebildet wird.

Die Allele unterscheiden sich durch die Zahl der Wiederholungen. Beispielsweise kann ein Allel 1 $(GT)_{20}$ und ein Allel 2 $(GT)_{22}$ Nukleotide haben. Deswegen heißen sie auch VNTR (*variable number of tandem repeats*). Sie können relativ leicht identifiziert und auf dem Chromosom lokalisiert werden und sind so zu einem wichtigen Merkmal bei der Genkartierung geworden. → Genomaufbau, → *positional cloning*

Mikrosatelliten eignen sich auch für populationsgenetische Untersuchungen (genetische Distanzen, evolutive Verwandtschaft usw.). Etwa 1/3 des gesamten Säugergenoms besteht aus Sequenzwiederholungen. → egoistische DNS

Mikroskop → Lichtmikroskop

Mikrotom (griech. *tomein* schneiden; engl. *microtome*) Apparat zum Schneiden von dünnen (1–10 μm) Scheiben von Gewebeproben, die in Paraffin eingebettet wurden. Nach dem Schneiden werden die Scheibchen angefärbt und können unter dem Mikroskop betrachtet werden. → Ultramikrotom

Mikrotubuli (lat. *tubulus* Röhrchen; engl. *microtubules*) Lange, zylinderförmige Zellorganellen mit einem äußeren Durchmesser von 24 nm und einem Lumen von 15 nm. Ihre Länge beträgt einige μm.

Die Bausteine der Mikrotubuli sind Filamente, lange Fäden, die aus großen Proteinen zusammengesetzt sind. Ein solches Protein besteht wiederum aus zwei Untereinheiten, dem α- und dem β-Tubulin.

Bei der Zellteilung z. B. „wachsen" die Mikrotubuli von den Zentriolen (an den Zellpolen) als Kernspindel in Richtung Zelläquator, wo sie auf die Kinetochore der Metaphasechromosomen treffen und diese in die neu entstehenden Tochterzellen ziehen. Das Gift der Herbstzeitlose, Kolchizin, verhindert die Synthese der Mikrotubuli. Man gibt z. B. Kolchizin in eine Zellkultur, um so die Zellteilung zu verhindern und möglichst viele Zellen in ihrer Metaphase zu „fixieren". Dadurch können Metaphasechromosomen leichter präpariert werden. → Karyotyp

Mikrotubuli organisierendes Zentrum, MOC (engl. *microtubule organizing center*) Zellorganelle, welche die Mikrotubuli steuert und arrangiert.

Zentriolen und Kinetosomen (Basalkörper von Cilien und Flagellen) sind solche MOC in manchen Organismen. Bei anderen bestehen sie aus granulofibrillärem Material. MOC enthalten RNS, die zu ihrer Vermehrung beiträgt.

Miller'scher Simulationsversuch (engl. *Miller experiments*) In vitro durchgeführtes Experiment zum Beweis, dass sich aus anorganischen Molekülen unter Energiezufuhr organische Verbindungen wie Aminosäuren (und Nukleinsäurebasen in späteren Experimenten) bilden können.

Stanley Miller hat 1953 erstmals gezeigt, wie aus einer Art von Uratmosphäre der Erde, die mit Methan (CH_4), Ammoniak (NH_3) und Wasserdampf gesättigt war sowie Wasserstoff (H_2) enthielt und in der ständig elektrische Entladungen (Blitze) stattfanden, die Grundbausteine für Leben entstehen konnten. In einem Versuchsgefäß wurden die anorganischen Verbindungen elektrischen Ladungen ausgesetzt. Bereits nach wenigen Tagen bildete sich eine Vielfalt organischer Moleküle, die die grundlegenden Eigenschaften des Lebendigen ermöglichen (z. B. Aminosäuren).

Mit weiterentwickelten Versuchsanordnungen wurden in den darauf folgenden Jahren selbst Grundbausteine der DNS und RNS wie Adenin, Guanin, Cytosin und Uracil sowie Zucker hergestellt. Lebendige Strukturen konnten jedoch bis heute nicht *de novo* („aus dem Nichts") erzeugt werden. → Astrobiologie, → extraterrestrische Lebensformen

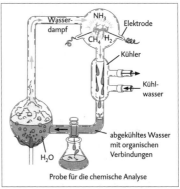

Simulationsversuch zur Entstehung organischer Verbindungen in einer Art von Uratmosphäre

Mimese (griech. *mimeomai* ich ahme nach; engl. *mimesis*) Erwerb eines → Phänotyps, besonders hinsichtlich Gestalt und Färbung, mit dem sich Tiere ihrer Umgebung (belebten oder unbelebten Formen) anpassen (z. B. Stabheuschrecke). → Mimikry

Mimikry (griech. *mimeomai* ich ahme nach; engl. *mimicry*) Nachahmung von Signalen zweier Arten, wodurch die eine Art oder beide vor Räubern geschützt sind.

Man unterscheidet (1) die Bates'sche

Mimikry (eine von zwei Arten ist wehrhaft, z. B. Hornissen und Hornissenschwärmer; durch die Ähnlichkeit mit der wehrhaften Art ergibt sich der Schutz vor Fraßräubern; (2) die Müller'sche Mimikry (beide Arten sind wehrhaft, sodass ein gegenseitiger Schutz vor Fraßräubern entsteht, z. B. Korallenschlangen und deren Nachahmer); (3) die Peckham'sche Mimikry (der Räuber täuscht Aussehen oder Verhalten der anderen Art vor; z. b. bei Glühwürmchen) und (4) die Merten'sche Mimikry, bei der eine Spezies leicht giftig und die andere sehr giftig ist (z. B. bei Schlangen), sodass der Räuber nur lernen kann, wenn er eine Begegnung mit der leicht giftigen Art überlebt.

Mineralisierung (engl. *mineralisation*) Umwandlung von organischer in anorganische Substanz unter Mithilfe von Bakterien und Pilzen.

Minimumgesetz (engl. *Liebig's law, law of the minimum*) Die Beobachtung von Justus Freiherr v. Liebig (1803–1873), dass die Vitalität eines Organismus von dem Faktor bestimmt wird, der am wenigsten verfügbar ist (vergleichbar mit dem schwächsten Glied einer Kette). Einzelne Faktoren können sich dabei in begrenztem Maße ersetzen, ohne die Vitalität zu verändern.

Minisatelliten → Mikrosatelliten

mismatch repair Enzymatischer Reparaturmechanismus der Zelle, wobei während der DNS-Replikation falsch eingebaute (engl. *mismatch*) Nukleotide durch die richtigen ersetzt werden.

mispairing Fehlpaarung bei der DNS-Hybridisierung; Vorkommen eines nicht komplementären Nukleotids in einem Strang der Doppelhelix in Bezug auf den anderen, z. B. die Fehlpaarung A–G. Anstelle des Guanins müsste ein Thymidin stehen (bzw. C statt A).

Diese spezifischen Fehlpaarungen entstehen beispielsweise durch alkylierende Substanzen (Mutagene), die eine Base chemisch verändern.

missense Mutation Durch ein verändertes Codon wird eine andere Aminosäure in eine Polypeptidkette eingebaut, sodass daraus ein weniger oder nicht aktives oder instabiles Protein (z. B. Enzym) resultiert. → Stopp-Codon

missing link Fehlendes Bindeglied. Unbekannte oder vermutete Lebensform (en) in der evolutiven Reihe von Fossilien, auf die schon Darwin hingewiesen hat.

Bekanntestes Beispiel für ein früheres missing link ist der etwa 150 Mio. Jahre alte „Urvogel" Archaeopteryx, dessen versteinerte Abdrücke erstmals 1861 im Jura-Gestein bei Solnhofen (Bayern) gefunden wurden. Er stellt nach heutiger Einschätzung eine Übergangsform (*connecting link*, **Bindeglied**) zwischen den Raubsauriern aus der Linie der Theropoden und den Vögeln dar. Die Vogelmerkmale sind Federn und das für die Flugfähigkeit wichtige Gabelbein an der Brust, Merkmale, welche die eigentlichen Dinosaurier bis zu diesem Zeitpunkt nicht entwickelt hatten. Die überwiegenden anderen Merkmale des Skelettes sowie die Bezahnung des „Schnabels" deuten auf eine sehr nahe Verwandtschaft mit den Theropoden hin.

Diese unterschiedliche Entwicklungsgeschwindigkeit von einzelnen Organstrukturen nennt man **Mosaikevolution**, d. h. dass jede Art sowohl stammesgeschichtlich alte wie auch neue Merkmale trägt.

mitochondriale DNS, mtDNS (engl. *mitochondrial DNA, mtDNA*) Die → Mitochondrien eukaryontischer Zellen enthalten ein eigenes Genom in Form einer zirkulären Doppelhelix (DNS), wovon 5–10 Kopien je Mitochondrium vorliegen.

Die mtDNS-Moleküle der Säugetiere bestehen aus ca. 16 000 bp und sind somit 10^5-mal kleiner als das nukleäre Genom. Der genetische Code des mitochondrialen Genoms unterscheidet sich leicht vom universellen Code. Neben 22 tRNS-Genen sind die Gene für die Atmungsketten-Enzyme vorhanden (Cyto-chrome). Von den beiden Gameten steu-ern vorwiegend die Eizellen Mitochondri-en für das neue Individuum bei, sodass mtDNS nur maternal, also in der Mutter-linie, vererbt wird. → universaler Code

Mitochondrium (griech. *mitos* Faden, *chondros* Korn; engl. *mitochondrion*) Eine selbstreproduzierende Organelle im Zy-toplasma aller Eukaryonten. Jedes Mito-chondrium ist von einer Doppelmembran umgeben. Die innere Membran ist stark eingebuchtet und bildet kammerartige Räume (Cristae). In den Mitochondrien befinden sich die Enzyme des → Citrat-zyklus, die Molekülkomplexe der → At-mungskette und dort findet neben der Fettsäureoxidation vor allem die → oxida-tive Phosphorylierung statt, deren Ergeb-nis die Synthese des → ATP ist (→ chemi-osmotische Theorie). Mitochondrien sind daher die Kraftwerke der Zelle.

Mitochondrien können jedoch nicht für sich alleine funktionieren. Vielmehr müssen alle von mtDNS nicht codierten, also fehlenden Enzyme aus dem Zytoplas-ma in die Mitochondrien transportiert werden. Man nimmt an, dass Mitochon-drien aus aeroben Bakterien (Bakterien, die Sauerstoff benötigen) entstanden sind, die eine Symbiose mit den frühen primitiven Vorfahren der Eukaryonten eingegangen sind.

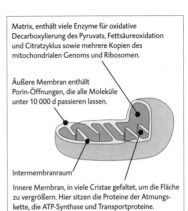

Matrix, enthält viele Enzyme für oxidative Decarboxylierung des Pyruvats, Fettsäureoxidation und Citratzyklus sowie mehrere Kopien des mitochondrialen Genoms und Ribosomen.

Äußere Membran enthält Porin-Öffnungen, die alle Moleküle unter 10 000 d passieren lassen.

Intermembranraum

Innere Membran, in viele Cristae gefaltet, um die Fläche zu vergrößern. Hier sitzen die Proteine der Atmungs-kette, die ATP-Synthase und Transportproteine.

Schematische Darstellung der „Aufgabenteilung" der verschiedenen mitochondrialen Strukturen

Mitogen (griech. *gennao* ich erzeuge; engl. *mitogen*) Eine chemische Substanz, die eine Zelle zur → Mitose anregt.

Phytohämagglutinin oder Concanavalin A aus der Bohne z. B. stimulieren Lympho-zyten *in vitro* zur Zellteilung.

Mitose, M-Phase (griech. *mitos* Fa-den; engl. *mitosis*) Kernteilung. Einer der vier Abschnitte eines → Zellzyklus. Die Mitose wird wiederum in vier Phasen unterteilen: Prophase, Metaphase, Ana-phase, Telophase. Das Ergebnis einer Mitose (und der folgenden Zytoplasma-teilung) sind zwei Tochterzellen mit ge-nau der gleichen Chromosomen-/Chro-matidenzahl und somit den gleichen Alle-len wie die Mutterzelle.

In der **Prophase** teilt sich die Zentriole und die Tochterzentriolen wandern zu den Polen. Die Chromosomen werden unter dem Mikroskop sichtbar, da sich das Chromatin sehr dicht zusammenrollt (kondensiert). Jedes Chromosom besteht aus zwei Chromatiden mit identischen DNS-Strängen, die am Zentromer zusam-menhängen. Der Nukleolus und die Kern-membran lösen sich auf. In der **Meta-phase** wandern die Chromosomen in den Mittelbereich der Zelle (Äquatorialplat-te). Die zwei Chromatiden jedes Chromo-

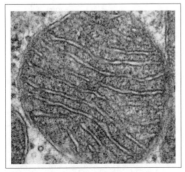

Elektronenmikroskopische Aufnahme vom Quer-schnitt durch ein Mitochondrium

soms werden getrennt voneinander von den Mikrotubuli zu den Spindelpolen gezogen (Äquationsteilung). In der **Anaphase** bewegen sich die Chromatiden (je eines von einem homologen Chromosomenpaar) in Richtung Pol. Sie sind nun eigenständige Chromosomen. In der **Telophase** löst sich der Spindelapparat auf. Die Bildung der neuen Kernmembranen beginnt. Der Nukleolus wird wieder sichtbar. Nun teilt sich noch das Zytoplasma in zwei gleiche Teile (Zytokinese), wobei die neu arrangierte Zellmembran die zwei Tochterzellen trennt.

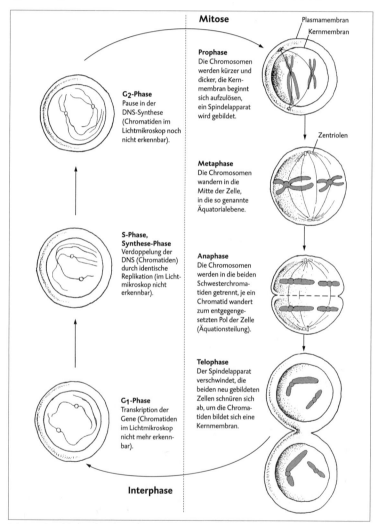

Mitose

Plasmamembran
Kernmembran

Prophase
Die Chromosomen werden kürzer und dicker, die Kernmembran beginnt sich aufzulösen, ein Spindelapparat wird gebildet.

G₂-Phase
Pause in der DNS-Synthese (Chromatiden im Lichtmikroskop noch nicht erkennbar).

Zentriolen

Metaphase
Die Chromosomen wandern in die Mitte der Zelle, in die so genannte Äquatorialebene.

S-Phase, Synthese-Phase
Verdoppelung der DNS (Chromatiden) durch identische Replikation (im Lichtmikroskop nicht erkennbar).

Anaphase
Die Chromosomen werden in die beiden Schwesterchromatiden getrennt, je ein Chromatid wandert zum entgegengesetzten Pol der Zelle (Äquationsteilung).

Telophase
Der Spindelapparat verschwindet, die beiden neu gebildeten Zellen schnüren sich ab, um die Chromatiden bildet sich eine Kernmembran.

G₁-Phase
Transkription der Gene (Chromatiden im Lichtmikroskop nicht mehr erkennbar).

Interphase

Schematischer Ablauf der Mitose (nur 2 nicht homologe Chromosomen gezeigt); Kerne übergroß dargestellt

Mitosegift (engl. *mitotic poison*) Verbindung, welche die Mitose beispielsweise durch Störung des Spindelapparates verhindert (z. B. Kolchizin, Mercaptoethanol). → Mikrotubuli

Mitoseindex (engl. *mitotic index*) Prozentsatz an Zellen einer gegebenen Zellzahl (z. B. in Zellkultur), der sich in der Mitose (Teilung) befindet.

mitotische Rekombination → somatisches Crossing over

MOC → Mikrotubuli organisierendes Zentrum

Modifikation (engl. *modification*) (1) Nicht erbliche Veränderungen an einem Individuum bedingt durch Umwelteinflüsse. (2) Jede Veränderung an DNS- oder RNS-Nukleotiden (bei RNS siehe → nukleäre RNS-Prozessierung) die keine Änderung der Nukleotidsequenz zur Folge hat, z. B. Methylierung (Anhängen einer Methylgruppe), Desaminierung oder Formylierung.

Ähnliche Modifikationen gibt es auch an Aminosäuren, die in eine Polypeptidkette (Eiweiß = Protein) eingebaut sind. → posttranslationale Modifikation, → Variabilität

Modifizierungsmethylasen (engl. *modification methylases*) Bakterielle Enzyme, die an entsprechende (durch Basensequenz vorgegebene) DNS-Stellen binden. Hier fügen sie Methylgruppen an bestimmte Basen an. Dieses Methylierungsmuster ist spezifisch und schützt den jeweiligen Bakterienstamm vor seinen eigenen → Restriktionsenzymen, die er zum Schutz vor eindringender Virus-DNS entwickelt hat. → Imprinting

Mol (engl. *mol(e)*) 1 Mol entspricht der Anzahl von $6,024 \cdot 10^{23}$ Teilchen, also Atome oder Moleküle der gleichen Art, beispielsweise Silicium (Si) oder Wasser (H_2O).

Bezugspunkt für diese sog. Avogadro'sche oder Loschmidt'sche Zahl (N) ist die Zahl an Kohlenstoffatomen (^{12}C), die sich in 12 g reinem Kohlenstoff befinden.

Ein Mol irgendeiner Substanz entspricht also der gleichen Anzahl an Atomen oder Molekülen eines Mols einer beliebigen anderen Substanz. Jedoch wiegt 1 Mol Wasserstoff (H_2) 2 g (Atomgewicht 1) und dagegen 1 Mol DNS mit 1 000 → Basenpaaren (bp) Länge bereits 660 000 g bzw. 660 kg (pro Basenpaar 660 g/mol – die 2 Desoxyribosen, 2 Phosphate und 2 Basen zusammengerechnet; da es sich bei einem DNS-Molekül um ein einziges Molekül handelt, wird mit der Anzahl an Basenpaaren (hier also 1 000 bp) multipliziert). Ein durchschnittliches Chromatid, das ein einziges Molekül DNS (ohne Histone betrachtet) darstellt, hat eine Länge von 150 000 000 Basenpaaren (→ Chromosom) und damit wiegt 1 Mol dieses Moleküls $9,9 \cdot 10^9$ g oder 9 900 Tonnen. → Molekulargewicht

Das Verhältnis Gewicht – Teilchenanzahl kann man beispielsweise nutzen, um relativ einfach zu ermitteln, wie viele DNS-Moleküle mit bekannter Zahl an Basenpaaren sich in einer bestimmten Menge an DNS befinden.

molekulare Klonierung Im engl. Sprachgebrauch als *molecular cloning* benützter Begriff für die → Gentechnik.

Molekulargenetik (engl. *molecular genetics*) Teilgebiet der Genetik, das Struktur und Funktion von Genen auf molekularer Ebene erforscht.

Molekulargewicht, MG (engl. *molecular weight, MW*) Die Summe der Atomgewichte aller Atome in einem gegebenen Molekül. → Mol

Das MG von Traubenzucker $C_6H_{12}O_6$ ist $6 \cdot 12 + 12 \cdot 1 + 6 \cdot 16 = 180$ g/mol.

Mongolismus (engl. *mongolism*) Veraltete Bezeichnung für das → Down-Syndrom.

Monogamie (griech. *monos* allein, nur; *gamein* heiraten; engl. *monogamy*) Reproduktionsstrategie im Tierreich, bei der sich ausschließlich ein Männchen und ein Weibchen während der Reproduktionszeit (Saison, Leben) miteinander paaren. Gegenteil → Polygamie

monogenes Merkmal (engl. *monogenic character*) Phänotypisches Merkmal, das von einem einzelnen Genlocus (der mehrere Allele haben kann) verursacht wird; z. B. die verschiedenen Blutgruppen. → polygenes Merkmal

Monohybrid (engl. *monohybrid*) Individuum, das an einem gegebenen (dem beobachteten) Genlocus heterozygot ist, z. B. mit den Allelen A und a.

monohybride Kreuzung (lat. *hybridus* Bastard; engl. *monohybrid cross*) Verpaarung zweier Individuen, die beide an einem bestimmten Genlocus heterozygot sind; Aa x Aa, woraus 25 % der Nachkommen die Allele AA, 50 % Aa und 25 % aa tragen. Definiert im Spaltungsgesetz der → Mendel'schen Gesetze.

monoklonale Antikörper (engl. *monoclonal antibodies*) Künstlich vermehrte Antikörper mit einer einzigen Bindungsspezifität.

Das Immunsystem der höheren Wirbeltiere ist in der Lage, viele Millionen verschiedener Antikörper zu produzieren, wobei eine Antikörper produzierende Zelle stets nur einen einzigen Typ von Antikörpern synthetisieren kann. Jedoch ergibt die Vermehrung einer solchen Zelle einen ganzen (Zell-)Klon, dessen Einzelzellen alle den gleichen Antikörper bilden. Diesen nennt man monoklonal.

Das Problem für eine großtechnische Herstellung monoklonaler Antikörper bestand lange Zeit darin, dass eine Antikörper produzierende Zelle nur eine limitierte Zahl an Zellteilungen durchläuft und dann abstirbt. Mithilfe von Zellhybridisierungen (Fusion Antikörper produzierender B-Lymphozyt mit einer speziellen Krebszelle) gelingt es, sich ständig vermehrende Zellhybriden (Hybridomzellen) herzustellen, die jeweils einen monoklonalen Antikörper bestimmter Antigenspezifität in nahezu beliebigen Mengen produzieren (→ HAT-Medium).

Monoklonale Antikörper haben eine breite Anwendung als Nachweisreagenzien in Naturwissenschaft und Medizin.

Monokultur (engl. *monoculture*) Das Bestellen großer Agrarflächen mit einer einzigen Pflanzenart/-sorte.

Monolayer (engl. *monolayer*) Einlagige Schicht von Zellen (Zellrasen), die auf einer Fläche, meist einer Petrischale oder Kulturflasche, wachsen.

Wenn Zellen einzeln in einer Petrischale ausgesät werden, wachsen sie bis zur Kontaktinhibition, d. h. sie teilen sich nicht mehr weiter, wenn jede Zelle Kontakt mit ihren Nachbarzellen hat. Verschiedene Krebszellen jedoch können auch nach oben (mehrlagig) wachsen, wobei sie einen sog. Focus bilden.

Monolepsis (engl. *monolepsis*) Vererbung eines Merkmals von nur einem Elternteil auf die Nachkommen, wobei der andere Elternteil beispielsweise nur ein nicht funktionsfähiges Allel beisteuert.

Monomer → Multimer

Monomorphismus (griech. *monos* allein, *morphae* Gestalt; engl. *monomorphism*) Einheitliche Merkmalsausprägung in einer Population, wobei eine Verschiedenartigkeit (verschiedene Allele) möglich wäre. Hintergrund ist Homozygotie, die ihrerseits durch monomorphe Gene bedingt ist. Gegenteil → Polymorphismus

monophyletische Gruppe (griech. *phylon* Stamm; engl. *monophyletic group*) Systematische Einheit (natürliches → Taxon), die sich aus zwei oder mehr Arten zusammensetzt. Sie enthält ursprüngliche Arten (bekannt oder vermutet) und alle aus ihnen entstandenen Arten.

Die Mitglieder einer monophyletischen Gruppe sind Schwester-Spezies, z. B. die durch Darwin berühmt gewordene Finkenpopulation auf den Galapagos-Inseln (→ adaptive Radiation). Gegenteil → polyphyletische Gruppe

monoploid (1) Die Basiszahl an Chromosomen eines polyploiden Chromosomensatzes, (2) eine somatische Zelle oder ein Individuum das nur einen Chromosomensatz besitzt (ähnlich dem haploiden, jedoch einchromatidigen Chromosomensatz der Gameten). Gegenteil → polyploid

Monosaccharid (engl. *monosaccharide*) → Kohlenhydrate

Monosom (griech. *soma* Körper; engl. *monosome*) Ein Chromosom ohne das homologe (zweite) Chromosom, meist auf Diploidie bezogen.

Monosomie (engl. *monosomy*) Fehlen eines Chromosoms eines homologen Paares.

Eine monosome diploide Zelle (oder auch Organismus) hat ein Chromosom weniger als die normale diploide Chromosomenzahl (2 N–1). Ein weibliches Individuum mit dem X0-Turner-Syndrom ist monosom für die Geschlechtschromosomen (Gonosomen). → Polysomie, → Turner-Syndrom

Monospermie (engl. *monospermy*) Befruchtung einer Eizelle durch ein einziges Spermium. Gegenteil → Polyspermie

monosynaptischer Reflex (griech. *monos* nur, *synhaptein* verbinden; engl. *monosynaptic reflex*) Eine Art der Muskelkontraktion unter Beteiligung einer einzigen Synapse.

Wird ein Skelettmuskel (ein Muskel, der für die Bewegung von Knochen zuständig ist) gedehnt, so kommt es zu einer Muskelkontraktion (Zusammenziehen), Muskeleigenreflex genannt. Dabei registrieren Muskelspindeln als Rezeptoren (→ Sinneszelle) den Dehnungsreiz und leiten die Information direkt an die denselben Muskel versorgenden → Motoneurone. Diese Nervenzellen wiederum geben dem Muskel den Befehl zu kontrahieren.

Der → Reflexbogen umfasst also die Aktivitäten von nur zwei über eine einzige synaptische Verbindung zusammengeschalteten Neuronen, einem sensiblen Neuron mit seinen in die Muskelspindeln reichenden sensorischen Nervenendingungen und einem Motoneuron im Rückenmark, dessen Ausläufer über seine motorischen Endplatten die Muskelkontraktion

herbeiführt. → Eigenreflex, → polysynaptischer Reflex

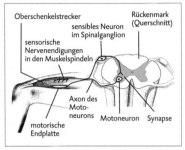

Schaltschema bei einem monosynaptischen Reflex

monotok → multipar

monözisch (griech. *monos* allein, *oikos* Haus; engl. *monoecious*) Einhäusig.

Bei den Samenpflanzen (→ Spermatophyten) werden diejenigen Arten als monözisch bezeichnet, bei denen sich männliche und weibliche Fortpflanzungsorgane (Pollenschlauch und Embryosack) gleichzeitig auf einem gemischtgeschlechtlichen Individuum befinden (z. B. Kiefer, Haselstrauch). → diözisch

monozygote Zwillinge (engl. *monozygotic twins*) → Zwillinge, die durch Teilung des frühen Embryos entstehen. Da die zwei neuen Embryonen von einer einzigen → Zygote abstammen, haben alle Zellen die gleichen Allele. Die Embryonen und demzufolge auch alle älteren Stadien sind genetisch identisch. Der Teilungsgrund ist weitgehend unbekannt.

Die Teilung ist eine Form der asexuellen Reproduktion, weil sie nur mitotisch abläuft (also nicht meiotisch), und somit keine Rekombination im Spiel ist. Die Häufigkeit monozygoter Zwillingsgeburten liegt beim Menschen zwischen 0,1 und 0,6 % und ist abhängig von Alter und → Rasse (Ethnie) der Mutter.

Manche Tierarten bringen regelmäßig monozygote Mehrlinge zur Welt, wie das mittelamerikanische Neunbindengürteltier *Dasypus novemcinctus*, das i. d. R. Vierlinge gebiert. → Klon, → dizygote Zwillinge

Monozyten (engl. *monocytes*) Zu den weißen Blutzellen (Leukozyten) gehörende Zellpopulation mit relativ großem Zellkern, aus denen sich die → Makrophagen entwickeln können.

Morgan Einheit, M (engl. *Morgan unit*) Genetische Einheit zur Beschreibung des relativen Abstandes zwischen (beliebigen) Genloci auf einem Chromosom.

Ein M entspricht einem Crossing over-Wert von 100 %, d. h. die Wahrscheinlichkeit für ein Crossing over zweier Genloci liegt bei 1. Entsprechend sind ein Crossing over-Wert von 10 % ein Dezimorgan (dM) und 1 % ein Zentimorgan (cM). In Basenpaaren ausgedrückt entspricht ein cM 10^6 bp. Benannt nach Thomas Hunt Morgan (1866–1945). → Kartierung

Morphe (griech. *morphe* Gestalt; engl. *morph*) Ein bestimmtes, durch eine oder mehrere Besonderheiten charakteristisches Exemplar einer Population. Ein Individuum einer polymorphen Population, auch eine phänotypische oder genotypische Variante.

Morphogene (engl. *morphogenes*) Gene, die direkt oder indirekt am Wachstum und der → Morphogenese eines Individuums beteiligt sind, z. B. Hormongene, oder Gene, die den Zellzyklus beeinflussen.

Morphogenese (griech. *morphe* Gestalt, *gennao* ich erzeuge; engl. *morphogenesis*) Entwicklungsprozess eines Individuums, der schließlich zum äußeren Erscheinungsbild eines reifen Organismus führt. Gilt auch für Teile des Organismus (Extremitäten). → Ontogenese, → Entwicklung, → Differenzierung

Morphologie (engl. *morphology*) Wissenschaftsrichtung, die sich mit den sichtbaren Strukturen von Organismen beschäftigt, sowie mit der Entwicklung und dem evolutionären Hintergrund dieser Strukturen.

Morula (lat. *morum* Maulbeere; engl.

morula) Ein Embryo, der aus einem Haufen (sich teilender) → Blastomeren besteht. Das Stadium vor der → Blastula oder → Blastozyste. Eine Säugermorula enthält zwischen 16 und 64 Zellen und misst etwa 80–100 µm im Durchmesser.

Hier beginnen die ersten wichtigen Differenzierungsvorgänge. Die ersten Gene werden angeschaltet. Die Blastomeren einer Morula sind noch weitgehend totipotent (→ Totipotenz) oder → pluripotent, d. h. sie haben noch die Fähigkeit, sich in alle möglichen Gewebe zu differenzieren.

Mosaik (griech. *mouseios* den Musen geweiht, künstlerisch, bezieht sich auf kunstvolle Einlegearbeiten; engl. *mosaic*) Ein Individuum mit zwei oder mehr Zelllinien, in denen unterschiedliche Gene oder Chromosomen vorhanden bzw. aktiv sind, die jedoch von einer Zygote abstammen.

Beispielsweise kann es durch Störungen bei der Zellteilung in der Embryonalphase dazu kommen, dass einige Zellpopulationen oder Gewebe eine Trisomie 21 zeigen. Je nach Anteil dieser Zellen am Gesamtkörper ergibt sich bei diesem Mosaik für Trisomie 21 eine unterschiedlich starke Ausprägung des Krankheitsbildes → Down-Syndrom. → Transgene Tiere (→ Transgen) z. B. sind oft Mosaike, da das Transgen nicht in allen Zellen präsent ist. → Chimäre

Mosaikevolution → missing link

Motivation (engl. *motivation*) Innerer Zwang, Handlungen auszuführen, die Wohlbefinden hervorrufen. Die Bereitschaft eines Tieres zur Ausführung einer bestimmten Handlung, die durch eine Reihe innerer und äußerer Faktoren aufgebaut wird.

Die Motivation jeder Verhaltensweise hat zu einem gegebenen Zeitpunkt einen bestimmten Wert, deren Extreme die → Habituation und eine maximale Reaktion auf einfache, inadäquate Reize sind. → Leerlaufhandlung

Durch Versuche mit ins Gehirn implantierten Elektroden wurde an Versuchstieren (und auch an Patienten) festgestellt, dass diese bei Aktivierung der Elektrode (geringer Stromfluss) durch Selbstbetätigung eines Hebels – je nach Sitz der Elektrode im Gehirn – entweder diesen Hebel immer wieder betätigen oder aber eine weitere Betätigung vermeiden. Wenn der Hebel immer wieder von den Tieren betätigt wird, „belohnen" sie sich damit. Sie motivieren sich immer mehr zu dieser Aktion, vergessen sogar zu trinken und zu fressen, bis sie zusammenbrechen.

Ein derartiges Motivationssystem im Gehirn ist natürlicherweise für die Befriedigung körperlicher Bedürfnisse wie Hunger, Durst und Geschlechtstrieb verantwortlich.

Motoneuron (lat. *movere* bewegen; engl. *motoneuron, motor neuron*) Nervenzelle, die über die sog. motorischen → Endplatten (spezielle, → neuromuskuläre Synapsen) Muskelzellen innerviert. Damit überträgt sie die Information „Bewegung" auf die Muskulatur. → Neuron

motorische Endplatte (engl. *motorial endplate*) → Endplatte

M-Phase, die → Mitose

mRNS, messenger-RNS, Boten-RNS (engl. mRNA, *messenger ribonucleic acid*) Ein RNS-Einzelstrang, der von einem → Strukturgen abgeschrieben wird und für die → Translation als Matrize dient.

Bei den Eukaryonten wird ein DNS-Abschnitt mithilfe eines Enzyms, der → RNS-Polymerase, in das → Primärtranskript (prä-mRNS) synthetisiert, das im Zellkern zur mRNS umgewandelt (prozessiert) wird, dann den Kern verlässt und zu den Ribosomen gelangt, wo es den Aminosäureneinbau das entsprechende (Poly-)Peptid in richtiger Abfolge bestimmt. Die mRNS hat am 5'-Ende ein → Cap und am 3'-Ende den Poly-A-Schwanz (→ *trailer sequence*). → nukleäre RNS-Prozessierung

mtDNS → mitochondriale DNS

multi copy-Plasmide → single copy-Plasmide

Multigen-Familie (engl. *multigene family*) Ein Satz von Genen, die durch Duplikation oder Variation aus einem bzw. wenigen anzestralen (evolutiv ursprünglichen) Genen abstammen und sich auch durch Mutationen weiterentwickel(te)n. Diese Gene können in einer Gruppe auf einem oder verschiedenen Chromosomen liegen. Beispiele solcher Multigen-Familien sind die Gene der → Histone, → des MHC und die → Immunglobulingene.

Multimer (griech. *meros* Teil; engl. *multimer*) Ein Proteinmolekül, das aus mehreren Polypeptidketten besteht, die ihrerseits **Monomere** heißen.

Die Begriffe Di-, Tri-, Tetra-, Pentamer usw. werden gebraucht, wenn die genaue Zahl der Monomere angegeben werden soll (2, 3, 4, 5 usw.). Der Globulinanteil, d. h. Eiweißanteil, des Hämoglobinmoleküls, besteht aus $2 \cdot 2$ verschiedenen Proteinen (α- und β-Ketten); es ist damit ein Tetramer. Sind die Teile identisch, spricht man von einem Homomer, sind sie unterschiedlich von einem Heteromer.

multipar (lat. *multum* viel, *parere* gebären; engl. *multiparous*) Vielgebärend.

Multipare Tiere gebären mehrere Junge auf einmal (z. B. Schwein, Hund). Unipare Tiere gebären nur ein Junges nach der Trächtigkeit. Aus dem Griechischen stammen die analogen Begriffe polytok (*polys* viel, *tokein* gebären, vielgebärend) und monotok (*monon* einzig, eingebärend).

Beim Menschen, bei dem i. d. R. auch nur ein Kind geboren wird, bezieht sich der Begriff meist auf die Anzahl der Geburten einer Frau. Eine Multipara hat mehr als fünf Geburten, eine Pluripara hat mehrmals, eine Primipara erstmals und eine Nullipara hat noch nicht geboren.

multiple Allelie (engl. *multiple allelism*) → Allel

Murein → Gram-Färbung

Muskelfaser (engl. *muscle fibre*) Ein aus zahlreichen Zellfusionen (→ Synzytium) hervorgegangener, langgestreckter Zellverband, der häufig so lang ist, wie der

Muskel selbst. Innerhalb einer Muskelfaser befindet sich eine Anzahl längsverlaufender Fibrillen, welche wiederum aus den kontraktilen Proteinen (u. a. → Aktin und → Myosin) bestehen. Das sog. → Gleitfilamentmodell erklärt, wie die Muskelkontraktion auf molekularer Ebene funktioniert. Im Skelettmuskel liegen die Muskelfasern parallel zueinander und können so bei Kontraktion die Kräfte der Einzelfasern addieren.

Mutagen (lat. *mutare* verändern; griech. *gennao* ich erzeuge; engl. *mutagene*) Physikalisches oder chemisches Agens, das die Häufigkeit der → Mutationen über die Spontanrate hinaus erhöht (z. B. Röntgenstrahlen, Senfgas).

mutagen (engl. *mutagenic*) Eine Mutation verursachend.

Mutante (engl. *mutant*) Organismus/Individuum, der zumindest ein mutiertes Gen enthält und dies je nach Art der Mutation auch phänotypisch zeigt.

Mutation (lat. *mutare* verändern; engl. *mutation*) Vorgang, bei dem die Nukleotidfolge eines Gens verändert wird (Basenaustausche, Insertionen, Deletionen, Duplikationen usw., die sich auch auf Chromosomen- bzw. Genomebene ereignen können). Die Wahrscheinlichkeit, dass an einem gegebenen Genlocus ein Basenaustausch unter natürlichen Bedingungen erfolgt, beträgt bei Eukaryonten etwa 10^{-10}. Je nach Genom ist z. B. mit einer Mutationsrate von 10^{-2} pro Generation zu rechnen, oder anders ausgedrückt: Pro 100 Individuen einer Generation weist durchschnittlich ein Individuum eine Mutation auf.

Mutationsereignis (engl. *mutation event*) Der tatsächliche Zeitpunkt einer Mutation, im Unterschied zur phänotypischen Manifestation eines solchen Ereignisses, die erst Generationen später stattfinden kann. → Päadaptation

Mutein (engl. *mutein*) Ein mutiertes Protein, ein gegenüber der ursprünglichen Aminosäuresequenz verändertes Protein.

Muton (engl. *muton*) Die kleinste Einheit der DNS, die sich unter dem Einfluss eines Mutagens verändern kann (ein einzelnes Nukleotid).

Mutualismus (lat. *mutuus* gegenseitig; engl. *mutualism*) Eine symbiontische Beziehung, bei der das Zusammenleben von zwei Arten für beide vorteilhaft und essentiell (lebensnotwendig) ist.

Ein Beispiel ist die Lebensgemeinschaft der → Mykorrhiza, bei der Pilze Nährsalze und Wasser zusätzlich aus der Pflanze liefern, die im Gegenzug das Pilzgeflecht mit Stoffwechselprodukten versorgt. Ein anderes Beispiel sind die → Knöllchenbakterien und ihre Wirtspflanzen.

Myelinscheide (griech. *myelos* Mark; engl. *myelin sheath (of neuron)*) Markscheide der peripheren Nerven.

Die Ausläufer der Nervenzellen, die Axone, welche die Nervenimpulse weiterleiten, sind vor allem bei Säugetieren und Vögeln von einer Isolierschicht aus Lipidmembranen (Lipiden und Proteinen) umgeben. Sie werden aus der Plasmamembran der → Gliazellen hergestellt: bei zentral gelegenen Nervenzellen durch die Oligodendrozyten und bei peripheren Nervenzellen durch die so genannten → Schwann'schen Zellen (ebenfalls Gliazellen). → Erregungsleitung, → Ranvier'sche Schnürringe

Mykorrhiza (griech. *mykes* Pilz, *rhiza* Wurzel; engl. *mycorrhiza*) Lebensgemeinschaft von Pflanzen und Pilzen (→ Fungi), die an deren Wurzeln haften.

Bei einem solchen → Mutualismus nutzen die Pilze Stoffwechselprodukte der Pflanzen, während diese im Gegenzug Wasser und Nährsalze von den Pilzen erhalten.

Myoglobin (griech. *myon* Muskel; engl. *myoglobin*) Einheit (Monomer) des roten Muskelfarbstoffes der Vertebraten (Wirbeltiere). Es besteht im Gegensatz zum → Hämoglobin nur aus einem Proteinanteil mit einem zweiwertigen Eisenatom.

Myoglobin hat ein höheres Sauerstoffbindungsvermögen als Hämoglobin und kann daher den Sauerstoff aus dem Blut übernehmen. Das menschliche Myoglobin besteht aus 152 Aminosäuren. Das Myoglobingen enthält vier → Exons und drei → Introns.

Myosin (engl. *myosin*) Großes Protein in fast allen Zellen der Vertebraten (Wirbeltiere). Ein Myosinmolekül besteht aus zwei schweren Polypeptiden mit je etwa 2 000 Aminosäuren und vier leichten Ketten (je zwei mit 170 und je zwei mit 190 Aminosäuren) an einem Ende der schweren (langen) Ketten. Sein Durchmesser beträgt 2 nm, seine Länge 150 nm.

Zusammen mit dem Aktin gehört es zum kontraktilen Apparat der Muskelzelle, der die Kontraktion ermöglicht. → Muskelfaser, → Gleitfilamentmodell

Myzel, Mycel → Hyphe

N

N (1) → Stickstoff, (2) Zahl der Chromosomen des haploiden Satzes einer Spezies, (3) Avogadro'sche Zahl. → Mol

Na → Natrium

Nachkommenschaft (engl. *progeny, offspring*) Die Jungen eines Paares. Mitglieder der gleichen biologischen Familie mit demselben Vater und derselben Mutter, also Geschwister.

Nachkommenschaftstest (engl. *progeny test*) Schätzung des genotypischen Wertes (des genetischen Leistungsvermögens) eines Elternteils oder der Vorfahren durch Erfassen von Leistungsmerkmalen der Nachkommen unter kontrollierten Bedingungen.

Landwirtschaftliche Nutztiere wie Rinder, Schweine u. a. werden auf Versuchsstationen systematisch „geprüft", d. h. die Merkmale der Nachkommen werden erfasst und der Zuchtwert des Probanden unter Berücksichtigung der Verwandtschaftsverhältnisse ermittelt.

Nachpotenzial (engl. *after potential*) Am Ende eines → Aktionspotenzials folgt, bevor das Ausgangspotenzial der Nervenzellmembran wieder erreicht ist, die Phase des Nachpotenzials. Es handelt sich dabei um eine schwache → Hyperpolarisation, wenn eine → Depolarisation der Nervenzelle vorausgegangen ist, bzw. eine schwache Depolarisation, wenn der Nervenimpuls über eine Hyperpolarisation weitergetragen wurde. → EPSP, → IPSP

Nacktsamer → Gymnospermae

NAD⁺ (NADH), Nicotinamidadenindinukleotid (engl. *nicotinamide adenine dinucleotide*) Koenzym mit der Funktion, Elektronen hohen Potenzials zu übertragen.

Die oxidierte Form NAD⁺ kann aus der → Glykolyse, der → Fettsäureoxidation oder dem → Citratzyklus ein Paar Elektronen hohen Potenzials übernehmen, dann ein H⁺ binden und wird dabei zum reduzierten NADH. Dieses Elektronenpaar

wird über die → oxidative Phosphorylierung letztendlich auf O_2 (bzw. 1/2 O_2 wird zu O^{2-}) übertragen. Dabei werden pro Oxidation eines NADH-Moleküls (wird wieder zu NAD⁺) drei Moleküle → ATP (aus ADP + P) erzeugt. → FAD

NADP⁺ (NADPH), Nicotinamidadenindinukleotidphosphat (engl. *nicotinamide adenine dinucleotide phosphate*) Koenzym mit der Funktion als Elektronenüberträger (-donor) bei vielen → Redoxreaktionen und zur Energiespeicherung aus dem → Fotosystem I.

Das NADP⁺ kann Elektronen hohen Potenzials aufnehmen und wird dabei zur reduzierten Form des NADPH. Im Gegensatz zu → NADH dienen diese Elektronen nicht der ATP-Erzeugung in der → Atmungskette, sondern NADPH fungiert als Elektronendonor bei biochemischen Synthesen, in denen reduzierende Schritte erforderlich sind, wie z. B. in der Fettsäuresynthese.

Nährschicht, euphotische Schicht (engl. *euphotic zone*) Sie bezeichnet den oberflächennahen Bereich eines Binnengewässers (Sees), in dem fotosynthetisch aktive Organismen (z. B. Pflanzen) Nährstoffe synthetisieren und damit letztendlich alle anderen Lebewesen des Gewässers mit Nahrung versorgen. Unterhalb dieser trophogenen (Nahrung erzeugenden) Schicht befindet sich die **Zehrschicht** (tropholytische oder aphotische Schicht), in der aufgrund mangelnder Energie-/Lichteintrages nur → heterotrophe Organismen leben können.

Zwischen beiden Schichten liegt die sog. **Kompensationsebene**, in der sich die fotoautotrophe Nährstoffsynthese (→ autotroph) und heterotropher Stoffabbau in etwa ausgleichen.

Nahrungskette (engl. *food chain*) Die Arten eines Ökosystems befinden sich aufgrund ihrer Nahrungsbedürfnisse in bestimmten Beziehungen zueinander. Ordnet man diese in sog. → Trophiestufen nach der Art der Nahrung, so bilden die Pflanzen und bestimmte (→ autotrophe) Bakterien die Basis. Sie stellen die Primärproduzenten dar, da sie ihre Energie aus Licht bzw. anorganischen Substanzen beziehen. Alle darüber befindlichen Trophiestufen sind von der durch die Primärproduzenten gewonnenen Energie abhängig. Sie konsumieren („fressen") die Primärproduzenten. Die wiederum niedrigste Stufe der Konsumenten stellen die Pflanzenfresser (Primärkonsumenten) dar. Darüber finden sich die Fleischfresser 1., 2., oder weiterer Ordnungen, die sich von den Pflanzenfressern und selbst wiederum von Fleischfressern niedrigerer Ordnung(en) ernähren.

Da die Primärproduzenten die Basis für alle weiteren Trophiestufen darstellen, bilden sie auch die quantitativ umfangreichste Gruppe. Mit zunehmender Höhe der Trophiestufe verringert sich die Anzahl der darin enthaltenen Individuen bzw. der entsprechenden Biomasse um etwa 90 %. Schichtet man bildlich die Biomassen der Trophiestufen entsprechend der Nahrungskette übereinander, ergibt sich eine sog. **Nahrungspyramide.**

Eine Sonderstellung in der Nahrungskette nehmen die → Destruenten (Zerstörer) wie zahlreiche Bakterien und Pilze ein, die Nahrung aus allen Trophieebenen beziehen.

Nahrungsnetz (engl. *food web, nutritional network*) Die komplizierten, untereinander vernetzten Nahrungsbeziehungen innerhalb eines Ökosystems.

Na⁺-K⁺-ATPase → Natrium-Kalium-Pumpe

Nastie (griech. *nassein* stampfen; engl. *nastic response (movement), nasty*) Bewegungen von Organen festgewachsener Pflanzen, verursacht durch einen Reiz. Die Bewegungsrichtung ist unabhängig von der Reizquelle anatomisch vorgegeben.

Beispiele sind die aktiven Bewegungen von Pflanzenteilen nach einem Stoß oder einer Erschütterung, besonders das Zusammenklappen von Blättern der Mimosen bzw. des Sonnentaus, oder Schlaf- und Öffnungs- bzw. Schließbewegungen bei Blüten und → Spaltöffnungen.

nativ (lat. *natus* geboren; engl. *native*) Eingeboren, einheimisch, unverändert, autochthon. Eine native Spezies ist nicht durch menschliche Eingriffe beeinflusst, weder beabsichtigt noch unbeabsichtigt.

In der Molekularbiologie spricht man z. B. von einem nativen Protein (das analysiert wird), wenn es durch Probenahme oder Behandlung nicht denaturiert oder inaktiviert wird oder worden ist.

Natrium, Na (engl. *sodium*) Element (Ordnungszahl 11, Atomgewicht von 22,98, Wertigkeit in biologischen Systemen 1+), das in allen Geweben vorkommt; bei einem Menschen mit 70 kg Körpergewicht insgesamt etwa 105 g.

Na^+-Konzentrationsunterschiede an den Plasmamembranen (extrazellulär höher) sind wesentlich für die Aufrechterhaltung des → Membranpotenzials verantwortlich. Neben K^+ wesentlicher Faktor für die Osmolarität der Körperflüssigkeiten (→ Osmoregulation).

Natrium-Kalium-Pumpe, Na⁺-K⁺-ATPase (engl. *sodium-potassium pump*) Die meisten tierischen Zellen weisen im Zellinneren eine höhere Kalium- und niedrigere Natriumionenkonzentration als im Milieu außerhalb der Plasmamembran auf. Diese Ionenkonzentrationsdifferenz (Ionengradient) wird durch einen in der Plasmamembran verankerten Molekülkomplex unter Energieaufwand (ATP) aufrechterhalten, indem K^+ aktiv in die bzw. Na^+ aus der Zelle geschleust wird. Dafür benötigt diese sog. Natrium-Kalium-Pumpe in vielen Fällen etwas mehr als ein Drittel des gesamten ATP, das eine Zelle im Ruhezustand umsetzt.

Der erzeugte Ionengradient dient zur Regulation des Zellvolumens, bei Nerven- und Muskelzellen darüber hinaus der elektrischen Erregbarkeit und betreibt den → aktiven Transport von Aminosäuren und Zuckern durch die Plasmamembran.

natürliche Selektion (engl. *natural selection*) Die unterschiedliche Fortpflanzungsfähigkeit (ohne Eingriff des Menschen) zwischen Geschlechtspartnern einer Spezies mit anpassungsfähigen Merkmalen und solchen ohne diese Merkmale in Wechselwirkung mit der Umwelt.

Das fundamentale Theorem der natürlichen Selektion wurde von R. A. Fisher entwickelt und besagt, dass der Fitnessanstieg einer Population zu einer gegebenen Zeit direkt proportional zu der genetischen Varianz der Individuen ist. → Selektion, → Neo-Darwinismus

Nebennieren (engl. *adrenal glands, subrenal glands*) Auf jeder Niere aufsitzende Hormondrüsen, die sich in das Nebennierenmark (NNM) und die Nebennierenrinde (NNR) gliedern und zusammen mehr als 40 Hormone produzieren. Beispielsweise sekretiert das NNM → Glucocorticoide und die NNR → Adrenalin. Die Hormonausschüttung wird primär über die Hirnanhangdrüse (Hypophyse) gesteuert. → ACTH, → Stress

Nebenwirt → Zwischenwirt

negativ assortative Paarung → assortative Paarung

negative Rückkopplung → Feedback-Hemmung

Negativ-Färbung (engl. *negative staining*) Eine Färbetechnik für hochauflösende Elektronenmikroskopie beispielsweise von Viren.

Eine Virussuspension wird mit einer sauren Phosphor-Wolfram-Lösung gemischt und auf ein Gitternetz gesprüht, das mit Kohlenstoff beschichtet ist. Die Phosphor-Wolfram-Säure dringt in die Hüllen der Viren ein, wodurch sie im Elektronenstrahl abgebildet werden können.

Nekton (griech. *neo* ich schwimme; engl. *necton, nekton*) Alle größeren Organismen des Freiwassers (→ Pelagial), die eine deutliche Eigenbewegung ausführen (z. B. Fische). Gegenteil → Plankton

Neo-Darwinismus (engl. *neo-Darwinism*) Theorie, die erklärt, dass die Arten durch natürliche Selektion aufgrund ihres anpassungsfähigen Genotyps evolvieren (sich im Verlauf der Zeiten entwickeln). Der Genotyp wiederum ist durch Mutationen der Gene entstanden. Zu Darwins Zeiten war der Genbegriff noch nicht bekannt, weshalb die natürliche Selektion allgemeiner beschrieben wurde. Das Wesen der → Gene entdeckte Gregor Mendel (1865) zwar kurz nach Veröffentlichung der Darwin'schen Theorie, jedoch blieb diese Vorstellung bis 1900 unbemerkt, bis de Vries, Correns und Tschermak die Vererbungsgesetze neu und unabhängig voneinander veröffentlichten.

R. A. Fisher gilt als der Begründer des Neo-Darwinismus mit seinem Werk „*The Genetical Theory of Natural Selection*" von 1930, in dem er das Konzept der Darwin'-schen Auslese mit dem der partikulären Natur der Gene verband und die → Populationsgenetik entwickelte. → natürliche Selektion

neomorph (griech. *neos* neu, *morphe* Gestalt; engl. *neomorph, neomorphic*) Eine Mutation in einem Gen, die neue, qualitative Auswirkungen zeigt, die von normalen (den bisher bekannten) Allelen nicht erzeugt werden.

Neotenie (griech. *neos* neu; lat. *tenere* festhalten; engl. *neoteny*) Erreichen der Fortpflanzungsfähigkeit im Larvenstadium. Ein Beispiel ist der Lurch Axolotl.

Nervensystem (engl. *nervous system*) Gesamtheit aller Nervenzellen, die aus einer Steuerzentrale, dem Zentralen Nervensystem (Gehirn und Rückenmark), und vielen Nerven(strängen) besteht.

Man unterscheidet speziell bei Wirbeltieren eine anatomische und eine funktionelle Einteilung. **Anatomisch** (also von der Lage her) wird in → Zentralnervensystem und → peripheres Nervensystem aufgespalten. **Funktionell** trennt man das → animale vom → vegetativen Nervensystem. Eine eigentliche Trennung der Bereiche existiert nicht. Sie wird lediglich aus didaktischen Gründen vollzogen. So findet sich z. B. ein Großteil der Aufgaben des vegetativen Nervensystems (Innervierung der Organe) sowie dessen zelluläre Strukturen (→ z. B. sympatische und → parasympatische Nerven) im peripheren Nervensystem.

Nettoprimärproduktion (engl. *net primary production, NPP*) Die Differenz zwischen der Bruttoprimärproduktion (Gesamtproduktion der Primärproduzenten) und der von den Produzenten eines Ökosystems für die eigene Zellatmung verbrauchten Energie. Die Nettoprimärproduktion gibt die Menge wieder, die den Konsumenten zur Verfügung steht. → Nahrungskette, → Primärproduktion

Neurit (engl. *neurite*) → Axon

neuromuskuläre Synapse (griech. *neuron* Nerv, *synhaptein* verbinden; engl. *neuromuscular synapsis*) Kontaktstelle, mit der ein → Motoneuron eine Muskelzelle an der motorischen → Endplatte innerviert (die Verbindung mit einem Nervenfortsatz herstellt). Der Überträgerstoff (Transmitter) ist hierbei Acetylcholin. → Acetylcholinesterase, → cholinerge Übertragung, → Synapse

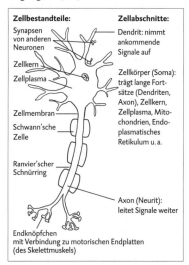

Zellbestandteile:
Synapsen von anderen Neuronen
Zellkern
Zellplasma
Zellmembran
Schwann'sche Zelle
Ranvier'scher Schnürring
Endknöpfchen mit Verbindung zu motorischen Endplatten (des Skelettmuskels)

Zellabschnitte:
Dendrit: nimmt ankommende Signale auf
Zellkörper (Soma): trägt lange Fortsätze (Dendriten, Axon), Zellkern, Zellplasma, Mitochondrien, Endoplasmatisches Retikulum u. a.
Axon (Neurit): leitet Signale weiter

Schemazeichnung eines Motoneurons

Neuron (engl. *neuron(e)*) Nervenzelle. Hochspezialisierte Zelle der meisten Metazoa (Vielzeller) für die Übertragung von elektrochemischen Reizen.

Nervenzellen haben einen Zellkörper, in dem sich der Zellkern befindet, und gewöhnlich ein Axon, das bis zu einem Meter lang sein kann und sich an seinem Ende wieder verzweigt, sowie mehrere Dendriten. Über das Axon gelangen die Signale der Zelle in andere Zellen, über die Dendriten kommen Signale von anderen Zellen in das Neuron.

Neurotransmitter (engl. *neurotransmitter, neural transmitter*) Nervensignale werden in den Synapsen von Zelle zu Zelle übertragen, wobei bestimmte chemische Übertragermoleküle den Synapsenspalt überbrücken. Diese Neurotransmitter werden von der Nervenzellendigung freigesetzt und binden an Rezeptoren der postsynaptischen Zellmembran.

Die bekanntesten Transmittermoleküle sind Acetylcholin und Glutamat für eine schnelle Erregung, sowie GABA (Gammaaminobuttersäure) und Glycin für eine schnelle Hemmung.

Neurula (griech. *neuron* Nerv; engl. *neurula*) Stadium der → Embryonalentwicklung der Wirbeltiere, in dem sich durch eine längliche Einstülpung der Rückenfläche als erster Entwicklungsschritt des Zentralnervensystems das Neuralrohr ausbildet, und die Gewebedifferenzierung (Anlage der Organe) massiv einsetzt.

neutrale Mutation (engl. *neutral mutation*) (1) Genetische Veränderung (der DNS), deren phänotypische Expression keine Auswirkung auf die Anpassungsfähigkeit oder Überlebensfähigkeit des Organismus unter den gegebenen Umweltbedingungen hat. (2) Eine Mutation, die keine messbaren phänotypischen Auswirkungen im Untersuchungszeitraum hat. Möglicherweise können in längeren Zeiträumen solche Veränderungen in Verbindung mit anderen Mutationen durchschlagen.

N-Formylmethionin (engl. *n-formyl-methionine*) Ein modifiziertes Methionin-molekül, das eine → Formylgruppe an der endständigen Aminogruppe besitzt. Dies ist immer die erste Aminosäure aller bak-teriellen Polypeptide. → Ribosom

nicht repetitive DNS (engl. *nonrepetitive DNA*) Enthält keine ausgeprägten Nukleotidsequenzwiederholungen. Sie umfasst etwa 2/3 des Säugergenoms. Gegenteil → repetitive DNS

nichtbasische chromosomale Proteine (engl. *non-alkaline chromosomal proteins*) Saure oder neutrale Proteine, also keine → Histone, die sich an den DNS-Strang binden können; z. B. Enzyme, wie die → DNS-Polymerase.

nichtzyklische Fotophosphorylierung (engl. *noncyclic photophosphorylation*) Beim energieliefernden, fotochemischen Prozess der → Lichtreaktionen der Fotosynthese wird ADP zu ATP phosphoryliert. Da dies nur bei Lichtzufuhr geschieht und im Gegensatz zur → oxidativen Phosphorylierung (= Zellatmung) hier weder O_2 gebraucht noch energiereiche, organische Stoffe verbraucht werden, bezeichnet man diese Art der ATP-Erzeugung als Fotophosphorylierung. Zudem werden bei der Fotosynthese durch die Lichtenergie die Elektronen des im Wasser gebundenen Wasserstoffes von einem sehr niedrigen Energieniveau auf ein sehr hohes Niveau in dem Molekül →

NADPH + H^+ gehoben und bilden sog. Reduktionsäquivalente; der dabei anfallende Sauerstoff wird von den Pflanzen „ausgeatmet". Da die Elektronen auf diesem Weg nur in einer Richtung fließen, es also zu keinem Rückfluss zum Ausgangspunkt kommt (→ nichtzyklischer Elektronenfluss), spricht man von einem „nichtzyklischen" Prozess und demzufolge bezeichnet man den damit gekoppelten Vorgang der ATP-Synthese als nichtzyklische Fotophosphorylierung, um ihn vom alternativen Prozess der → zyklischen Fotophosphorylierung abzugrenzen.

nichtzyklischer Elektronenfluss (engl. *noncyclic (photophosphorylation) electron flow*) Bei den Lichtreaktionen der → Fotosynthese werden die Elektronen des im Wasser gebundenen Wasserstoffes über das → Fotosystem II und I auf ein energetisch sehr hohes Niveau emporgehoben (bis zum → NADPH + H^+). Die Elektronen fließen dabei nur in eine „Richtung" und kehren nicht zum Ausgangspunkt zurück. Daher wird dieser Prozess als nichtzyklisch bezeichnet.

Nick (engl. *nick*) Das Fehlen einer Phosphodiesterbindung zwischen zwei Nukleotiden in einer Doppelhelix (DNS). Nicks entstehen z. B. wenn sich kohäsive Enden (→ Restriktionsenzyme) zweier DNS-Moleküle zusammenlagern. Die DNS-Ligase schließt diese Lücken. → Nick-Translation

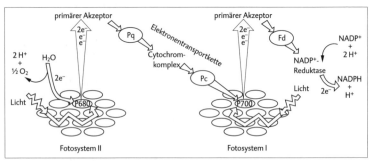

Elektronenfluss während der nichtzyklischen Fotophosphorylierung bei den Lichtreaktionen.
Pq, Pc und Fd: Elektronen weiterleitende Moleküle der Thylakoidmembran.

Nick-Translation (engl. *nick translation*) Eine *in vitro*-Methode zur Markierung eines DNS-Stranges.

Die → Nicks werden in einem nativen DNS-Strang verursacht, indem eine → Endonuklease zugegeben wird, die durch Spaltung 3'-Hydroxylenden erzeugt. Eine → DNS-Polymerase fügt dann an diesen Stellen markierte Nukleotide in den Strang ein, der somit radioaktiv strahlt, flouresziert oder durch enzymatische Anhängsel nachweisbar wird.

Nicotinamidadenindinukleotid → NAD$^+$

Nicotinamidadenindinukleotidphosphat → NADP$^+$

Nidation (engl. *nidation, implantation*) Einnistung. → Blastozyste

Nische (engl. *niche*) → ökologische Nische

Nitratatmung → Denitrifikation

Nitrifikation (engl. *nitrification*) Umwandlung von Ammonium zu Nitrat. Mikroorganismen oxidieren Ammonium (NH_4^+) über Nitrit (NO_2^-; z. B. Bakterien der Gattung *Nitrosomonas*) zu Nitrat (NO_3^-; z. B. *Nitrobacter*).

Dazu ist eine gute Bodendurchlüftung (aerob) und ein möglichst neutraler pH-Wert erforderlich. Die Nitrifikation kann durch bestimmte Verbindungen künstlich blockiert werden, um die Umwandlung in das leicht auswaschbare Nitrat zu verzögern.

Nitrocellulose-Filter (engl. *nitrocellulose filter*) Filter aus Nitrocellulosefäden, die einzelsträngige DNS- oder RNS-Stränge mit ihrem Zucker-Phosphat-Rückgrat selektiv binden. Von den gebundenen Einzelsträngen stehen die Basen ab, an die komplementäre, markierte DNS- oder RNS-Sonden hybridisieren können. → Southern Blot

Nitrogenase → Knöllchenbakterien, → Stickstoff-Fixierung

Nondisjunktion (lat. *non* nicht, *disiungere* trennen; engl. *non-disjunction*) Zusammenbleiben zweier homologer Chromosomen (primäre Nondisjunktion in der Meiose I) oder zweier Schwesterchromatiden (sekundäre Nondisjunktion in der Meiose II oder in der Mitose) während der Zellteilung, wenn die einzelnen Chromosomen oder Chromatiden von den Mikrotubuli zu den entgegengesetzt liegenden Zellpolen gezogen werden. Das Ergebnis ist, dass eine Tochterzelle zwei, die andere keines der betroffenen Chromosomen bzw. Chromatiden erhält.

Sowohl die daraus resultierende Trisomie in der einen und → Nullisomie in den anderen Zelle führen in den allermeisten Fällen zum Absterben des Embryos bzw. der Zellen. → trisom, → Down-Syndrom

Nonsense-Codon (engl. *nonsense codon*) → Stopp-Codon

Nonsense-Mutation (engl. *nonsense mutation*) Eine Mutation, meist ein Nukleotidaustausch, die einen sense-Codon (d. h. ein zu einer Aminosäure führenden Codon) in einen → nonsense-Codon (Stopp-Codon) umwandelt.

Ergebnis einer solchen Mutation sind nach → Translation mehr oder weniger kurze (je nachdem, wo sich die nonsense Mutation ereignete) Polypeptidketten, die meist nicht mehr funktionsfähig sind. Es gibt 61 sense-Codons und drei Stopp-Codons.

n-Orientierung (engl. *n orientation*) Eine von den zwei Möglichkeiten, ein Gen (DNS-Fragment) in einen → Vektor einzubauen. In dem Vektor liegen die Gene in einer bestimmten Richtung vor, z. B. bei ringförmigen Vektoren im oder gegen den Uhrzeigersinn. In n-Orientierung haben Gen und Vektor die gleiche Richtung, bei der **u-Orientierung** ist das Gen gegenläufig zu den anderen Genen des Vektors.

Normalverteilung, Laplace'sche Kurve, Gaußkurve (engl. *normal distribution*) Die am häufigsten gebrauchte statistische Wahrscheinlichkeitsverteilung von Messwerten.

Wenn die Messwerte vieler Beobachtungen eines Merkmals (z. B. Körpergröße von Schülern eines Gymnasiums) über der x-Achse und auf der y-Achse die Anzahl der Beobachtungen aufgetragen werden, ergibt sich eine glockenförmige Kurve. Die charakteristischen Parameter der Kurve sind der Mittelwert μ und die Standardabweichung σ. Je größer σ, desto breiter wird die Kurve.

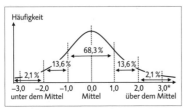

Standardisierte Normalverteilung: * mit Standardabweichungen σ

Die in der Natur gefundenen Merkmale sind meist normalverteilt. Innerhalb von $\mu \pm 1\,\sigma$ findet man etwa 2/3 aller Beobachtungen, innerhalb $\mu \pm 2\,\sigma$ 95,5 % und innerhalb $\mu \pm 3\,\sigma$ etwa 99,7 %.

Northern Blot → Southern Blot

nRNS (engl. *nRNA, nuclear RNA*) Nukleäre RNS; RNS im eukaryontischen Zellkern. Unmittelbar nach Transkription befinden sich alle Arten von RNS innerhalb des Zellkerns und fallen unter diesen Begriff. → nukleäre RNS-Prozessierung

N-terminales Ende, N-Terminus (engl. *N-terminal end*) Die Aminosäuresequenz von Proteinen (bzw. Polypeptidketten) wird übereinkunftsgemäß von links nach rechts geschrieben, wobei das Aminoende (NH_2 bzw. NH_3^+) der ersten Aminosäure links steht. Die Schreibweise richtet sich nach der natürlichen Synthese der Polypeptidketten, die mit dem N-terminalen Ende beginnt. → Translation

N-Terminus → N-terminales Ende

nude mouse Nackt-Maus, erblich haarloser und athymischer (ohne → Thymus) Mäusestamm der Labormaus. Der Mäusestamm ist homozygot für ein → autosomal rezessives Gen (nu/nu), d. h. dieser Defekt zeigt sich nur, wenn das mutierte Gen „nu" von beiden Elterntieren auf den Nachwuchs vererbt wird. Solche Mäuse haben keine T-Lymphozyten und müssen deshalb in keimarmer Umgebung gehalten werden. Da sie über keine zelluläre Immunabwehr verfügen, lassen sich auf diese Tiere Transplantate verschiedensten Ursprungs übertragen. Sie stellen damit ein nützliches Tiermodell in der medizinischen Forschung dar.

nukleäre RNS-Prozessierung, posttranskriptionelle Modifikation (engl. *nuclear RNA processing*) Im eukaryontischen Zellkern werden nach Synthese des → Primärtranskripts (prä-mRNS) die → Introns (codieren nicht für Aminosäuren) aus dem RNS-Strang enzymatisch herausgeschnitten (→ Spleißen), sodass nur die zusammengeführten → Exons (codierende Sequenzen) verbleiben. Zudem wird am 5'-Ende eine Methylgruppe (→ *Cap*) und am 3'-Ende die Poly-A-Schwanz angehängt. Durch diese drei Prozessierungsschritte wird aus dem Primärtranskript die mRNS, die dann den Zellkern verlässt und ins Zytoplasma an die Ribosomen wandert, wo sie translatiert wird. → nRNS

Nuklease (lat. *nucleus* Kern; engl. *nuclease*) Jedes Enzym, das Nukleinsäuren spaltet; einige sind spezifisch für RNS (→ Ribonuklease), andere für DNS (→ Desoxyribonuklease). Es gibt Exonukleasen, welche die Nukleinsäuren von den Enden her angreifen (abbauen) und Endonukleasen, wie beispielsweise die → Restriktionsenzyme, die sequenzspezifisch innerhalb der Nukleinsäuren spalten.

Nukleinsäure (engl. *nucleic acid*) Ein Nukleotidpolymer. → DNS, → RNS

Nukleoid (engl. *nucleoid*) (1) DNS-haltiger Bereich in Prokaryonten, Mitochondrien oder Chloroplasten. (2) In RNS-Tumorviren der Kernbereich, der von einem 20-seitigen Kapsid umgeben ist.

Nukleokapsid (lat. *capsa* Kapsel; engl. *nucleocapsid*) Virale Nukleinsäure und die sie umgebende Proteinhülle. → Kapsomer, → Virus

Nukleolus (lat. *nucleus* Kern, kleiner Kern; engl. *nucleolus*) Kernkörperchen.

Organell im Zellkern, in dem die rRNS-Synthese (diejenigen RNS-Moleküle, die Bestandteil der Ribosomen sind) abläuft.

Er besteht aus Fibrillen, die von Granula umgeben sind. An den Fibrillen wird die rRNS von der DNS transkribiert (→ Transkription). Die Granula bestehen aus Ribonukleoprotein-Molekülen, in denen die rRNS angehäuft ist. Nukleoli stehen in Verbindung mit bestimmten Chromosomenbereichen. Diese Strukturen werden Nukleolus-Organizer genannt.

Nukleoplasma → Karyoplasma

Nukleoprotein (engl. *nucleoprotein*) Chemische Verbindung aus Nukleinsäure(n) und Protein(en).

Man unterscheidet nach den Proteinen zwei Gruppen: solche mit niedrigem Molekulargewicht (Protamine; in Spermien) und solche mit hohem Molekulargewicht (→ Histone; in allen eukaryontischen Zellen). Die Proteine sind basisch und neutralisieren Ladungen der Phosphorsäuregruppen der DNS. → Nukleolus

Nukleosid (engl. *nucleoside*) Molekül, zusammengesetzt aus einem Purin oder Pyrimidin und einer Ribose bei der RNS oder Desoxyribose bei der DNS.

Die Nukleoside der DNS sind Cytosin, Thymidin, Adenosin und Guanosin, die der RNS sind Cytosin, Uridin, Adenosin und Guanosin. Beispiele siehe Tabelle unten. → Nukleotid, → Base

Nukleosidase (engl. *nucleosidase*) Ein Enzym, das → Nukleoside in → Basen und Zucker (→ Pentosen) spalten kann.

Nukleosom (griech. *soma* Körper; engl. *nucleosome*) Einheit der perlenartigen Struktur eukaryontischer Chromosomen, die elektronenmikroskopisch sichtbar ist. Der DNS-Strang eines Chromosoms ist zweimal um einen Histonkomplex gewunden (146 bp), der aus 8 Histonmolekülen besteht: je 2 H2A, H2B, H3 und H4. Der DNS-Abschnitt zwischen 2 Nukleosomen heißt „linker"-DNS und variiert zwischen 8 und 114 bp. → Histone

Nukleotid (engl. *nucleotide*) Baustein der DNS oder RNS, sowie zentrale Moleküle des Stoffwechsels als chemische Energieträger (z. B. ATP), als Bestandteil von Koenzymen (z. B. Acetyl-CoA) und als zelluläre Signalmoleküle (z. B. cAMP). Ein Nukleotid besteht aus einer Purin- oder Pyrimidinbase, einer Pentose (Zucker mit 5 Kohlenstoffatomen) und einer Phosphorsäuregruppe. Beispiele siehe Tabelle. → Nukleosid, → Anhang XII

Nukleotidpaar (engl. *nucleotide pair*) „Basenpaar" aus einem Purin auf einem DNS-Strang und einem Pyrimidin auf dem komplementären (umgekehrten) Strang (auch bei Doppelstrang-RNS).

Da Nukleotide aus Phosphat, Zucker und einer von 4 Basen zusammengesetzt sind, ist nicht die Zusammensetzung *per se* sondern die Basenfolge des DNS-Stranges das entscheidende Kriterium für den

Base	Nukleosid	Nukleotide der RNS	Nukleotide der DNS
Adenin	Adenosin	Adenylat Adenylmonophosphat (AMP)	Desoxyadenylat Desoxyadenylmonophosphat (dAMP)
Guanin	Guanosin	Guanylat Guanylmonophosphat (GMP)	Desoxyguanylat Desoxyguanylmonophosphat (dGMP)
Cytosin	Cytidin	Cytidylat Cytidylmonophosphat (CMP)	Desoxycytidylat Desoxycytidylmonophosphat (dCMP)
Thymin	Thymidin		Desoxythymidylat Desoxythymidylmonophosphat (dTMP)
Uracil	Uridin	Uridylat Uridylmonophosphat (UMP)	

Bausteine der Nukleinsäuren

Informationsgehalt der DNS. Umgangssprachlich wird Basenpaar mit Nukleotidpaar gleichgesetzt. Aufgrund des Prinzips der → Komplementarität ist stets Adenin mit Thymin und Guanin mit Cytosin durch → Wasserstoffbrücken verbunden. G und C haben drei, A und T haben zwei Wasserstoffbrücken. → Chargaff-Regeln

Nukleotidsubstitution (engl. *nucleotide (pair) substitution*) Austausch eines Nukleotids durch ein anderes infolge → Mutation.

Durch den Austausch ändert sich i. d. R. auch das komplementäre, auf dem anderen DNS-Strang liegende Nukleotid. → Transition, → Transversion

Nukleus (engl. *nucleus*) (1) Kern, Zellkern; die kugelförmige Organelle jeder eukaryontischen Zelle, in der die Chromosomen enthalten sind.

Er ist von einer doppelten Membran mit Kernporen (60–100 nm Durchmesser) umgeben, durch welche größere Moleküle in den und aus dem Kern transportiert werden. Die Öffnungen werden von ringförmigen Proteinen, eingebettet in die Kernmembran, gebildet. Die Kerndoppelmembran ist stellenweise mit dem → Endoplasmatischen Retikulum verbunden.

(2) In der Anatomie wird unter Nukleus auch eine Ansammlung von Nervenzellen im Zentralnervensystem verstanden.

Null-Allel (engl. *null allele*) Ein Allel, das kein funktionelles Produkt erzeugt und deshalb genetisch rezessiv ist.

Ursache kann eine Mutation sein oder auch die gezielte Ausschaltung durch Gentransfer, wie das bei → Knockout-Mäusen experimentell gemacht wird. Ein solches Null-Allel verhält sich wie ein rezessives Gen; man kann ein heterozygotes Tier, das also ein Null-Allel und ein Wildtypallel trägt als → hemizygot an diesem Genlocus bezeichnen. Beim menschlichen AB0-System (→ AB0-Anti-

gene) ist das für die Blutgruppe 0 verantwortliche rezessive I^0-Antigen ein Null-Allel, da es im Gegensatz zu den Allelen für die Blutgruppen A und B für kein Protein codiert, das eine antigen wirkende Zuckerkette an die Erythrozytenoberfläche heften kann.

Null-Hypothese (engl. *null hypothesis (method)*) Standardhypothese beim Test des „tatsächlichen" Unterschieds zwischen den Mittelwerten aus Stichproben zweier Populationen.

Die Null-Hypothese nimmt an, dass zwischen den Werten der beiden Populationen kein Unterschied besteht. Man bestimmt dann die Wahrscheinlichkeit, ob die Differenz durch die zufälligen Stichproben zustande kommt oder durch tatsächliche Wertunterschiede zwischen den beiden Populationen. Ist die Wahrscheinlichkeit 0,05 oder geringer, wird die Null-Hypothese verworfen und der Unterschied als signifikant bezeichnet. Das Ergebnis ist abhängig von der Höhe der Differenz, von der Standardabweichung bzw. Varianz der Verteilung und dem Umfang der Stichprobe. „Signifikant unterschiedlich" sagt jedoch nicht direkt etwas über das Ausmaß des Unterschieds aus.

Nullipara → multipar

Nullisomie, Nullosomie (engl. *nullisomy*) Die → Nondisjunktion (Fehlverteilung der Chromosomen oder Chromatiden auf die beiden Tochterzellen) zweier homologer Chromosomen oder Schwesterchromatiden führt bei einem diploiden Organismus zu einer → Trisomie in der einen Tochterzelle und zur Nullisomie, d. h. dem völligen Fehlen eines Chromosoms, in der anderen Tochterzelle. Nullisomien können nach Nondisjunktionen während der 1. oder 2. Reifeteilung der Meiose und während der Mitose auftreten.

Nullosomie → Nullisomie

O

O → Sauerstoff
Obstfliege → *Drosophila*
ochre Codon (engl. *ochre codon*) Triplett aus mRNS-Nukleotiden (UAA), das von keiner tRNS erkannt wird (kein Aminosäureäquivalent). Eines der drei Stopp-Codons, welche den Abbruch der Proteinsynthese (Translation) bewirken. Von *ochre* (Ocker). → amber Codon; → opal Codon
ochre-Mutation → amber-Mutation
OD → optische Dichte
offene Population (engl. *open population*) Population mit freiem → Genfluss. → Migration
offener Leserahmen, offenes Leseraster (engl. *open reading frame*) Bereich der DNS (ein Gen), in dem die aufeinander folgenden Tripletts (Codons) die entsprechenden Aminosäuren codieren und diese Sequenz nicht von einem Stopp-Codon unterbrochen ist. → geschlossener Leserahmen
Ohno-Hypothese (engl. *Ohno's hypothesis*) Die Genloci des X-Chromosoms wurden in der Säugerevolution – von kleineren Mutationen der Gene und wenigen Translokationen abgesehen – auf diesem Chromosom beibehalten („konserviert"), d. h. es fand kein Austausch von X-chromosomaler DNS mit anderen Chromosomen (→ Autosomen) statt.
Susumo Ohno beobachtete bei seinen Genkartierungsuntersuchungen, dass jeder Genlocus, der beim Menschen auf dem X-Chromosom liegt, auch bei anderen Säugetieren X-chromosomal vorhanden ist. → Translokation
Okazaki-Fragment (engl. *Okazaki fragment*) → semidiskontinuierliche Replikation, → DNS-Replikation
ökogeografische Divergenz (engl. *ecogeographical divergence*) Entwicklung (Evolution) aus einer Urspezies in zwei oder mehr unterschiedliche Arten, jede in einem anderen Gebiet (ökologische Isolation), wobei sich jede Art den spezifischen Umweltbedingungen anpasst (Größe, Pigmentierung usw.); z. B. → Allen'sche Regel, → Bergmann'sche Regel, → Gloger'sche Regel.
Ökologie (griech. *oikos* Haus, *logos* Lehre; engl. *ecology*) Wissenschaft von der Erforschung der Beziehung eines Organismus (der Organismen) zu seiner (ihrer) Umwelt.
ökologische Isolation (engl. *ecological isolation*) Ein vor der Verpaarung wirksamer → Isolationsmechanismus, indem sich Individuen einer Spezies selten, wenn überhaupt, treffen.
Da Vertreter einer Art entweder vorzugsweise in unterschiedlichen Gebieten leben oder eine andere Fortpflanzungsperiodik/Blütezeit besitzen, ist eine wechselseitige Befruchtung nicht möglich.
ökologische Nische (engl. *ecological niche*) (Über-)Lebensraum oder -möglichkeit eines Organismus (oder einer Population), worin das Zusammenspiel der Umweltfaktoren (Ressourcen, andere Spezies) für diesen Organismus bzw. diese Population am günstigsten ist.
Ökophänotyp (engl. *ecophenotype*) Nichtgenetische Veränderung des Phänotyps als Antwort auf eine Umweltbedingung, z. B. Einlagerung von Fetten in Gewebe zum Schutz vor Kälte.
Ökosystem (griech. *oikos* Haus; engl. *ecosystem*) Weitgehend ausgeglichenes Zusammenleben vieler Arten in einem bestimmten Lebensraum. Es umfasst die Beziehungen zwischen der abiotischen Umwelt und den dort vorhandenen Organismen, also die Wechselwirkungen zwischen → Biotop und → Biozönose.
Ökosystemforschung Wissenschaftsdisziplin zur Erfassung und Interpretation der Strukturen, Dynamik, Diversität, Produktivität und Stabilität von Ökosystemen bzw. Entwicklung ökologischer Informations- und Bewertungssysteme. → Autökologie, → Demökologie, → Synökologie

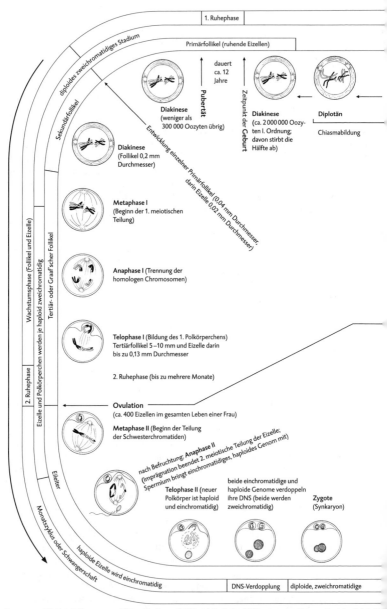

1. Ruhephase

Primärfollikel (ruhende Eizellen)

diploides zweichromatiges Stadium

Sekundärfollikel

dauert ca. 12 Jahre

Diakinese (weniger als 300 000 Oozyten übrig)

Diakinese (ca. 2 000 000 Oozyten I. Ordnung; davon stirbt die Hälfte ab)

Diplotän

Chiasmabildung

Pubertät

Zeitpunkt der Geburt

Entwicklung einzelner Primärfollikel (0,04 mm Durchmesser, darin Eizelle 0,02 mm Durchmesser)

Diakinese (Follikel 0,2 mm Durchmesser)

Metaphase I (Beginn der 1. meiotischen Teilung)

Anaphase I (Trennung der homologen Chromosomen)

Telophase I (Bildung des 1. Polkörperchens) Tertiärfollikel 5–10 mm und Eizelle darin bis zu 0,13 mm Durchmesser

2. Ruhephase (bis zu mehrere Monate)

Ovulation (ca. 400 Eizellen im gesamten Leben einer Frau)

Metaphase II (Beginn der Teilung der Schwesterchromatiden)

Wachstumsphase (Follikel und Eizelle)

2. Ruhephase

Tertiär- oder Graaf'scher Follikel

Eizelle und Polkörperchen werden je haploid zweichromatidig

Eileiter

Monatszyklus oder Schwangerschaft

haploide Eizelle wird einchromatidig

nach Befruchtung: **Anaphase II** (Imprägnation beendet 2. meiotische Teilung der Eizelle; Spermium bringt einchromatidiges, haploides Genom mit)

Telophase II (neuer Polkörper ist haploid und einchromatidig)

beide einchromatidige und haploide Genome verdoppeln ihre DNS (beide werden zweichromatidig)

Zygote (Synkaryon)

DNS-Verdopplung | diploide, zweichromatidige

Oogenese: Die Entwicklung menschlicher Eizellen vollzieht sich in drei zeitlich getrennten Phasen: Zuerst erfolgt die Bereitstellung vieler Eizellen bis zur Geburt. Dann verharren die Eizellen in der Diakenese bis zur Geschlechtsreife. Ab diesem Zeitunkt reifen hormonell gesteuert einzelne Eizellen periodisch heran, vollenden die 1. und beginnen die

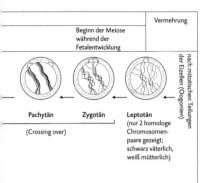

		Vermehrung
	Beginn der Meiose während der Fetalentwicklung	

Pachytän Zygotän Leptotän
(Crossing over) (nur 2 homologe Chromosomenpaare gezeigt; schwarz väterlich, weiß mütterlich)

nach mitotischen Teilungen der Eizellen (Oogonien)

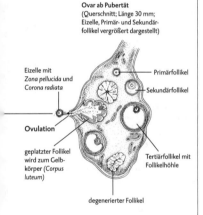

Ovar ab Pubertät
(Querschnitt; Länge 30 mm; Eizelle, Primär- und Sekundärfollikel vergrößert dargestellt)

Eizelle mit Zona pellucida und Corona radiata

Primärfollikel

Sekundärfollikel

Ovulation

geplatzter Follikel wird zum Gelbkörper (Corpus luteum)

Tertiärfollikel mit Follikelhöhle

degenerierter Follikel

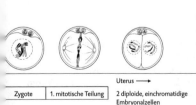

Zygote	1. mitotische Teilung	Uterus ⟶ 2 diploide, einchromatidige Embryonalzellen

meiotische Teilung. Letztere wird nur dann abgeschlossen, enn ein Spermium in die Eizelle eingedrungen ist. Findet eser Vorgang (Befruchtung) nicht statt, so stirbt das Ei ab.

oligogenes Merkmal (engl. *oligogenic character*) Einige wenige Gene mit klar erkennbarer phänotypischer Auswirkung, wobei die Mutation eines der beteiligten Gene zu einer phänotypischen Merkmalsänderung ausreicht. Im Gegensatz zu einem → polygenen Merkmal, bei dem eine Mutation einen geringen Effekt auf ein Merkmal hat, da an dessen Ausprägung noch viele andere Gene beteiligt sind. Ein oligogenes Merkmal ist etwa die Haarfärbung von Tieren oder die Behornung. → monogenes Merkmal

Oligonukleotid (engl. *oligonucleotide*) Ein Polymer aus wenigen bis etwa 30 Nukleotiden.

Oligosaccharid → Kohlenhydrate

Oligospermie (engl. *oligospermia*) Abnormal niedrige Konzentration an Spermien im Sperma. → Azoospermie

oligotroph (griech. *oligos* wenig, *trophein* ernähren; engl. *oligotrophic*) nährstoffarm (z. B. Boden, Wasser).

oligotrophe Seen (engl. *oligotrophic lakes*) Nährstoffarme, klare, tiefe Seen mit sehr geringer Dichte an Plankton.

Omnipotenz (lat. *omnis* ganz, *potentia* Fähigkeit; engl. *omnipotency*) → Totipotenz

Omnivor, Allesfresser (lat. *omnis* alles, *vorare* fressen; engl. *omnivor*) Der Begriff umfasst Tiere (und auch den Menschen), die sich sowohl von pflanzlicher als auch von tierischer Kost ernähren (können).

On the Origin of Species by Means of Natural Selection Titel der grundlegenden Arbeit zur Evolutionstheorie von Charles Darwin. → Ursprung der Arten

Onkogen (griech. *onkos* Schwellung; engl. *oncogene*) Gen, das im jugendlichen oder erwachsenen Stadium unkontrolliertes Zellwachstum (Krebs) verursacht.

Es gibt zelluläre und virale Onkogene. Zelluläre Onkogene enthalten, anders als die viralen Onkogene, → Introns.

onkogenes Virus, Tumorvirus (engl. *oncogenic virus*) Ein Virus, das Zellen so transformieren kann, dass sie unkontrolliert wachsen (zum Tumor werden), z. B. Retroviren. → Retrovirus

Ontogenese, Ontogenie (griech. *on, ontos* Wesen, *genesis* Entstehung; engl. *ontogeny*) Die Entwicklung, der Lebenslauf eines Individuums von der Befruchtung der Eizelle bis zum adulten Stadium (je nach Betrachtungsweise auch bis zum Tod). → Phylogenie

Ontogonie → Ontogenese

Oogenese, Ovogenese (griech. *oon* Ei; lat. *ovum* Ei; engl. *oogenesis*) Bildung der Eizellen, einschließlich der Meiose in den Oozyten, der Dotterbildung und der Bildung der Eihüllen. Schematische Abbildung siehe vorherige Seiten.

Oogonium (griech. *genesis* Entstehung; engl. *oogonium, ovogonium*) Mitotisch aktive Zelle, aus der → Oozyten entstehen.

ootider Kern (engl. *ootide nucleus*) Einer der vier haploiden Kerne, die aus den meiotischen Teilungen einer Oozyte entstehen.

Drei der Kerne finden sich in den → Polkörperchen, während der vierte als weiblicher Vorkern (Pronukleus) später mit dem männlichen Pronukleus nach der Befruchtung verschmilzt und Teil des diploiden Kerns der → Zygote wird.

Oozyte (griech. *oon* Ei, *kytos* Zelle; engl. *oocyte*) In der Meiose befindliche Zelle, aus der ein Ei entsteht.

opal Codon (engl. *opal codon*) Das nonsense-Codon (Stopp-Codon) UGA der mRNS. Vom englischen Begriff *opal* (Opal). → ochre Codon, → amber Codon

opal-Mutation → amber Mutation

operante Konditionierung (engl. *operant conditioning*) Durch Erfahrungen aus Versuch und Irrtum erlernt ein Tier ein bestimmtes Verhalten, womit es in seiner Umwelt am besten zurecht kommt. Das Verhalten wird durch ein nachfolgendes Ereignis verstärkt und daher häufiger gezeigt. → Konditionierung

Operatorgen, Operator (lat. *opera* Arbeit; engl. *operator (gene)*) Eine Nukleotidsequenz, an die ein spezifischer Repressor binden kann, wodurch die Funktion des nachfolgenden Cistrons (→ Gen) kontrolliert wird. → Regulatorgene, → lac-Operon

Operon (lat. *operari* arbeiten; engl. *operon*) Genetische Funktionseinheit, bestehend aus einem/mehreren Cistrons (→ Gen), die koordiniert zusammenarbeiten und unter der Kontrolle eines → Operatorgens stehen. → lac-Operon

Opportunismus (lat. *opportunus* vorteilhaft; engl. *opportunism*) Eine Theorie, die besagt, dass (1) Individuen versuchen, alle möglichen Lebensarten (Überlebenschancen) zu ergreifen, um alle möglichen ökologischen Nischen zu besetzen, und (2) sich Organismen entwickeln, soweit es die Bedingungen zulassen.

opportunistische Art (engl. *opportunistic species*) Eine Spezies, die aufgrund ihrer Fähigkeit, sich rasch zu reproduzieren und größere Entfernungen zu überwinden, neu verfügbare Lebensräume (Habitate) besetzt. Beispielsweise die Wanderratte (*Rattus norvegicus*) oder die Türkentaube (*Streptopelia decaocto*).

Opsin (griech. *opsis* Auge; engl. *opsin*) Artspezifisches Eiweiß, das zusammen mit Retinal das → Rhodopsin bildet.

Opsonierung → Phagozyten

optische Dichte, OD (engl. *optical density*) Schickt man Lichtstrahlen durch eine Lösung, so wird stets ein Teil des Lichts absorbiert. Die Lichtintensität ist also, von der Lichtquelle aus betrachtet, z. B. vor einer Wasserflasche höher als hinter der Flasche. Je mehr Stoffe in der Flüssigkeit gelöst sind, desto mehr Licht wird verschluckt. Umgekehrt kann man das Ausmaß des Lichtverlusts (Absorption) dazu benutzen, die Menge des gelösten Stoffes zu bestimmen. → Spektrofotometer.

Die DNS-Menge in wässriger Lösung wird folgendermaßen bestimmt: DNS absorbiert besonders effektiv Licht der

Wellenlänge 260 nm (UV-Licht), welches durch eine dünne Wasserschicht alleine nahezu ungehindert hindurchtritt. Man schickt also einen Lichtstrahl der Wellenlänge 260 nm durch ein Gefäß aus Quarzglas mit DNS-haltigem Lösungsmittel und eines nur mit Lösungsmittel und stellt die Differenzabsorption fest. Eine optische Absorptionseinheit eines Lichtstrahls mit einer Wellenlänge von 260 nm entspricht in etwa 50 µg DNS je µl Lösungsmittel. → Absorption

Organ (griech. *organon* Werkzeug; engl. *organ*) Teil eines Tieres oder einer Pflanze, der eine strukturelle und funktionale Einheit darstellt (z. B. Leber, Blatt).

Organelle (engl. *organelle*) Kleines „Organ". Komplexe Struktur innerhalb einer Zelle mit charakteristischem Aussehen und spezieller Funktion, wie etwa der Golgi-Apparat oder der Zellkern. Alle Organellen haben spezifische Aufgaben, die sie nur dann erfüllen können, wenn sie vom Rest der Zelle einigermaßen abgetrennt sind. Organellen sind daher stets durch Lipidmembranen von ihrer unmittelbaren Umgebung abgegrenzt. → Kompartimentierung

Organogenese (griech. *genesis* Entstehung; engl. *organogenesis*) Die Bildung der Organe.

ori, Origin Abkürzung für engl. *origin of replication*. Die Region in einem DNS-Molekül (Chromosom, Plasmid usw.), an dem die DNS-Verdopplung (Replikation) durch spezielle Enzyme beginnt.

Bei → *Escherichia coli* beispielsweise ist der ori eine etwa 400 bp lange Nukleotidsequenz des Chromosoms, an welcher der DNS-Doppelstrang enzymatisch auseinandergespreizt wird und die DNS-Polymerase bindet. → semidiskontinuierliche Replikation, → semikonservative Replikation, → DNS-Replikation

Osmoregulation (griech. *osmos* Antrieb, Schub; engl. *osmoregulation*) Alle lebenden Systeme basieren auf Wasser, in dem die lebenswichtigen Moleküle

(z. B. Ionen, Zucker, Eiweiße) gelöst vorliegen. Lösungen, in denen solche Moleküle vorkommen, üben eine physikalische Kraft gegenüber Lösungen mit anderer Molekülzusammensetzung (anderer Osmolarität) aus. Befindet sich zwischen zwei solch unterschiedlichen Lösungen eine semipermeable Membran (wie etwa die Zellmembran, die nur für einen Teil der Substanzen durchlässig ist), so tendieren die beiden Lösungen dazu, durch Übertritt einiger der Substanzen (primär von Wassermolekülen) ein Gleichgewicht herzustellen.

Beispielsweise nimmt eine Zelle in einem hypoosmotischen (hypotonen) Medium (z. B. destilliertem Wasser) so viel Wasser durch ihre Plasmamembran hindurch auf (→ passiver Transport), bis sie platzt. Das gegenüber dem Außenmedium hyperosmotische (hypertone) Zytoplasma der Zelle versucht also durch Verdünnung die gleiche niedrige Osmolarität wie seine Umgebung zu erhalten, wobei es zwangsläufig zur Ausdehnung und Überdehnung der Plasmamembran kommt.

Zellen, selbst ganze Organismen haben jedoch die Möglichkeit unter Energieaufwand über spezifische, in die Plasmamembran integrierte Pumpmechanismen auch gegenüber einem osmotisch unterschiedlichen Außenmilieu bestehen zu können (→ aktiver Transport). Diese Fähigkeit nennt man Osmoregulation. So können Fische im Meerwasser überleben, obwohl ihr Blut dem Außenmilieu gegenüber deutlich hypoton ist. Ohne Osmoregulation würden sie stark schrumpfen. Bei Süßwasserfischen verhält es sich umgekehrt. Pflanzenzellen verfügen über einen zusätzlichen Regulationsmechanismus in ihrem Zytoplasma: die → Vakuole. Zudem erlauben ihre starren Zellwände einen inneren, teilweise weit über dem äußeren Milieu liegenden osmotischen Druck, den → Turgor, aufzubauen. → Osmose

Osmose (griech. *osmos* Antrieb; engl. *osmosis*) Diffusion eines Lösungsmittels,

z. B. Wasser, durch eine → semipermeable Membran, die sich zwischen zwei unterschiedlich konzentrierten Lösungen befindet. Es gibt natürliche semipermeable Membranen, wie die Zellmembran, und künstliche, wie z. B. den Dialyseschlauch. Das Lösungsmittel fließt immer in Richtung der höheren Konzentration der gelösten Substanz.

Wenn beispielsweise rote Blutkörperchen in destilliertes Wasser gebracht werden, dringt dieses durch die Zellmembran in die Zellen ein (die Zellen enthalten gegenüber dem extrazellulären Milieu mehr gelöste Substanzen), sie schwellen deshalb an und platzen schließlich. Bei Pflanzenzellen können intrazellulär hohe osmotische Drücke (→ Turgor) aufgebaut werden, da die starren Zellwände ein Platzen verhindern.

Östrogene (lat. *oestrus* Brunst; griech. *gennao* ich erzeuge; engl. *estrogens*) → Steroidhormone des → Ovars (Eierstock); verantwortlich für die Entwicklung sekundärer Geschlechtsmerkmale bei weiblichen Individuen. Sie bereiten auch den Uterus (Gebärmutter) der Säugetiere für die Einnistung (Implantation) des Embryos in die Gebärmutterschleimhaut vor.

Östrus (engl. *estrus*) Periode reproduktiver Aktivität, die umgangssprachlich Brunst (bei Haustieren), oder Brunft, Balz u. a. (bei Wildtieren) genannt wird.

Gesamtheit der endokrinen (hormonellen) und verhaltensmäßigen Aktivitäten, die zur Paarung führen.

Ovar, Eierstock (lat. *ovum* Ei; engl. *ovary*) Das primäre Geschlechtsmerkmal (Gonade) eines weiblichen Tieres.

Die weibliche Gonade produziert neben Eizellen vor allem die weiblichen → Sexualhormone. → Gestagene, → Östrogene

ovipar (lat. *ovum* Ei, *parere* gebären; engl. *oviparous*) Eierlegend. Der Embryo entwickelt sich außerhalb des mütterlichen Körpers und schlüpft aus dem Ei. → ovovivipar, → vivipar

Ovogenese → Oogenese

ovovivipar (lat. *ovum* Ei, *vivus* lebend, *parere* gebären; engl. *ovoviviparous*) Bezieht sich auf Arten, bei denen sich die Feten in Eiern im Mutterleib entwickeln, schlüpfen und dann geboren werden. Viele Fisch-, Reptilien-, Schnecken- und Insektenarten sind ovovivipar. → ovipar → vivipar

Ovulation, Eisprung (lat. *ovum* Ei; engl. *ovulation*) Freisetzung einer reifen Eizelle aus dem Graaf'schen Follikel des Säugetier-Eierstocks, ausgelöst durch die Ausschüttung des Hypophysenhormons LH (→ luteinisierendes Hormon).

Es gibt spontan ovulierende Arten (Mensch, Rind, Schaf u. a.) mit periodischer Ovulation (alle 3–4 Wochen) und induzierte ovulierende Arten (Kaninchen, Alpaka u. a.), bei denen die Ovulation durch die → Paarung ausgelöst wird. → Gestagene, → Östrogene

Ovum, Ei (engl. *ovum, egg*) Die unbefruchtete **Eizelle** nach Abschluss der 1. und begonnenen 2. meiotischen Teilung. Nach der Befruchtung wird die Eizelle zur → Zygote. → Oogenese

Oxidation → Redoxreaktion

oxidative Decarboxylierung (engl. *oxidative decarboxylation*) Die Abspaltung eines Kohlenstoffatoms in Form von CO_2 und gleichzeitige Übertragung von Elektronen auf NAD^+ bei der enzymatischen Umwandlung von Pyruvat zu Acetyl-CoA, Isocitrat zu α-Ketoglutarat und α-Ketoglutarat zu Succinyl-CoA. → Citratzyklus. → Mitochondrium

oxidative Phosphorylierung (engl. *oxidative phosphorylation*) Die enzymatische Anlagerung von Phosphat an ADP (Adenosindiphosphat) in der → Atmungskette, das damit zu der sehr energiereichen Form des → ATP (Adenosintriphosphat) wird. ATP ist die wichtigste Energieform aller Zellen.

Beim Abbau energiereicher Substanzen wie beispielweise Zucker oder Fette entstehen energiereiche Moleküle wie

NADH und FADH$_2$, die Elektronen hohen Potenzials weitergeben können. Bei der Übertragung dieser Elektronen auf molekularen Sauerstoff (Oxidation) wird die in der mitochondrialen → Elektronentransportkette stufenweise freigesetzte Energie äußerst effektiv zur ATP-Erzeugung genützt (→ Atmungskette). Diese Form der Phosphorylierung des ADP zu ATP wird oxidative Phosphorylierung genannt. Sie läuft bei Eukaryonten in den Mitochondrien ab. → Substrat(ketten)phosphorylierung. → chemiosmotische Theorie

oxidativer Pentosephosphatzyklus → Pentosephosphatzyklus

P

p (1) Kurzer Arm eines → Chromosoms. (2) Wahrscheinlichkeit (*probability*).
P (1) → Phosphor, (2) Phosphat in Abkürzungen, z. B. ATP. (3) → panmiktischer Index (4) Parenteralgeneration (lat. *parentes* Eltern). Symbol für die Eltern der F_1-Generation. P_1 sind die unmittelbaren Eltern, P_2 und P_3 entspricht den Großeltern bzw. Urgroßeltern.

Paarung, Verpaarung, Kopulation, Begattung, Koitus (engl. *pairing, mating, copulation, coitus*) Fortpflanzungsstrategie der meisten tierischen Arten.

Übertragung von Gameten (Spermien) in den weiblichen Genitaltrakt (→ Besamung z. B. bei Säugern oder Vögel) oder auf die Eier außerhalb des mütterlichen Körpers (extrakorporal, z. B. bei Fischen). → Kreuzung → gezielte Paarung, → Zufallspaarung

Pachytän (engl. *pachytene*) → Meiose
PAGE Polyacrylamidgelelektrophorese. → Elektrophorese, → Polyacrylamidgel

Palä(o)anthropologie (griech. *palaios* alt, *anthropos* Mensch, *logos* Lehre; engl. *paleoanthropology*) Teilbereich der Anthropologie (Menschenkunde), der sich mit der Evolution des Menschen befasst. Nach heutigen Erkenntnissen erfolgte die Menschwerdung aus Affen ähnlichen Vorfahren (den Dryopithecinen) mit Bildung der frühen *Australopithecinen* als erste Hominide (aufrechtgehend) vor über 4 Mio. Jahren in Afrika. Aus einem grazilen Zweig der *Australopithecinen* entwickelte sich dann, gekennzeichnet vor allem durch ein größeres Gehirnvolumen (ca. 600 cm³), die erste als *Homo* bezeichnete Gattung vor etwa 2,3 Mio. Jahren. Ab diesem Zeitpunkt setzte eine rasche Weiterentwicklung ein; 1,8 Mio. Jahre vor unserer Zeit sind die als *Homo erectus* bezeichneten Menschen außerhalb Afrikas nachweisbar (differenzierte Werkzeugherstellung). Aus diesem Typus entwickelten sich nach heutiger Lehrmeinung

vor etwa 200 000 Jahren zwei Arten des *Homo sapiens*, von denen der Neandertaler (*Homo sapiens neanderthalensis*) vor etwa 40 000 Jahren ausstarb, und der andere zum Stammvater aller lebenden Menschenrassen wurde (*Homo sapiens sapiens*).

Paläontologie (griech. *palaios* alt, *on* Wesen; engl. *paleontology*) Wissenschaft von ausgestorbenen Lebensformen, von denen nur fossile Überreste (Knochen, Abdrücke) vorhanden sind. Die Lehre von den Lebewesen der vergangenen Erdzeitalter. → Anhang X

Palindrom (griech. *palin* wieder, *dromos* Lauf; engl. *palindrome*) Buchstabensequenz, die, von vorne und von hinten gelesen, den gleichen Sinn ergibt (z. B. Otto, Reliefpfeiler).

In der Molekulargenetik eine Folge von Nukleotiden, die auf den beiden komplementären Strängen in der 5'–3'-Richtung gleich ist, z. B.
5'–GGTCGACTG … CAGTCGACC–3'
3'–CCAGCTGAC … GTCAGCTGG–5'
Palindrome sind Erkennungsstellen für z. B. → Restriktionsenzyme oder RNS-Polymerasen. Wenn sich die beiden 3'-Bereiche und 5'-Bereiche eines Stranges untereinander verbinden, können Palindrome auch in Form von Ausbuchtungen aus dem sonst linearen DNS-Strang heraustreten (dadurch sind sie für die entsprechenden Enzyme leichter erkennbar).

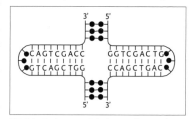

Mögliche Struktur eines Palindroms (schematisch)

panethnisch (griech. *pan* alles, *ethnos* Volk; engl. *panethnic*) Bezieht sich auf eine Eigenschaft (speziell Erbkrankheit), die wie die → Sichelzellenämie in einer Vielzahl ethnischer Gruppen auftritt.

panmiktischer Index, P (engl. *panmictic index*) Maß für die Mischerbigkeit (Heterozygotie). $P = F-1$, wobei F der → Inzuchtkoeffizient nach S. Wright ist.

Panmixie (griech. *pan* alles, *mixis* Mischung; engl. *panmixia, panmixis*) → Zufallspaarung

parakrin, exokrin (griech. *krinein* abscheiden; engl. *exocrine*) Parakrine Drüsen entleeren ihr Sekret über einen Ausführgang.

Parameter (griech. *para* entlang, daneben, *metron* Maß; engl. *parameter*) Berechneter Wert von quantitativen Merkmalen einer Population, z. B. Mittelwert des Körpergewichts.

parapatrische Verbreitung, Parapatrie, semigeografische Speziation (lat. *patria* Vaterland; engl. *parapatric speciation*) Bezieht sich auf Arten oder Populationen in benachbarten Gebieten mit Überlappung, in denen Hybridisierung (Kreuzung) erfolgt. Parapatrische Speziation ist eine graduelle Form der Artentstehung. → allopatrische Verbreitung, → sympatrische Spezies

Parasexualität (engl. *parasexuality*) Nicht meiotische Rekombination.

Bei Pilzen z. B. können in seltenen Fällen genetisch verschiedene Kerne zu einem → Heterokaryon verschmelzen, in dem Crossing over stattfindet. Auch die → Konjugation bei den Bakterien wird zur Parasexualität gerechnet.

Parasit (griech. *para* neben, *sitein*, essen; engl. *parasite*) Organismus, der ganz (obligat) oder teilweise (fakultativ) auf Kosten eines anderen lebenden Organismus (Wirt) lebt und diesen durch Entzug von Nährstoffen schädigt.

Ektoparasiten leben auf der Oberfläche eines Wirts (z. B. Flöhe, Zecken), Endoparasiten in den Körperhöhlen (z. B. Bandwürmer), Geweben (z. B. Trichinen) oder im Blut (z. B. Plasmodium, der Erreger der Malaria). Daneben gehören alle mikrobiologischen Krankheitserreger zu den Parasiten. Einige Bakterien davon und alle Viren parasitieren intrazellulär. Bei parasitischen Pflanzen unterscheidet man → Hemi- und → Holoparasiten.

Parasitismus (griech. *para* neben; engl. *parasitism*) Lebensgemeinschaft, in der ein Mitglied Vorteile (Parasit), das andere Nachteile hat (Wirt).

Bekanntestes Beispiel ist der Kuckuck als Brutparasit bei verschiedenen Singvogelarten. Die überwiegende Mehrheit der → Parasiten gehört zu den Mikroorganismen wie etwa die intrazellulären Parasiten (vor allem Viren).

Parasitoide (engl. *parasitoid*) Raubparasiten; Insekten, die ihre Eier in oder auf anderen Insekten ablegen. Die Larven entwickeln sich im Wirt (Insekt), der sich noch in einem Reifestadium befindet, ohne ihn anfangs wesentlich zu beeinträchtigen. Letztendlich töten sie ihn, indem sie ihn vor oder während des Puppenstadiums aufzehren (z. B. Schlupfwespen bei Falterraupen). → Volterra-Gesetz

parasympathisches Nervensystem (griech. *sympathikos* mitempfindend; engl. *parasympathetic nervous system*) Teilbereich des → vegetativen Nervensystems, der antagonistisch (→ Agonist) zum → sympathischen Nervensystem agiert. Die Funktionen sind willentlich nicht steuerbar.

Die Aktivitäten des parasympathischen → Nervenssystems führen u. a. einerseits zur Verlangsamung der Herzaktivität, sowie Verengung (Konstriktion) von Herzkranzgefäßen und Bronchien. Andererseits regen sie die Drüsentätigkeit und Peristaltik („Bewegung") des Magens, des Dünn- und Dickdarmes an. Das parasympathische Nervensystem spielt bei der Erholungsfunktion eine große Rolle.

Parazoa (griech. *para* neben, *zoon* Tier; engl. *parazoa*) Abteilung des Tierreichs; mehrzellige Organismen mit unbestimmter Gestalt und ohne Organe, wie z. B. die Schwämme. → Metazoa

Parentalgeneration → P

Parsimony-Prinzip (engl. *parsimony* (Sparsamkeit) *principle*) Gesetz des Einfachen *(Occam's razor)*, eine Regel der Logik und der Wissenschaft, die auf William von Occam (1347) zurückgeht.

Sie besagt, dass von mehreren möglichen Erklärungen eines Phänomens (z. B. konkurrierende Hypothesen) sich die einfachste behauptet (die mit den wenigsten Annahmen: „Sparsamkeitskriterium").

In phylogenetischen Untersuchungen (Untersuchungen zur Abstammung) wird das Parsimony-Prinzip angewendet, um die wahrscheinlichste Verwandtschaft zwischen Arten oder Populationen in einem → Kladogramm darzustellen, die sich aus der Ähnlichkeit oder Unähnlichkeit der betrachteten Merkmale ergibt. Dasjenige „Sparsamkeitskriterium" führt zum Kladogramm, das die wenigsten widersprüchlichen Merkmale hat.

Parthenogenese (griech. *parthenos* Jungfrau, *gennao* ich erzeuge; engl. *parthenogenesis*) Entwicklung eines Individuums aus einem Ei ohne Befruchtung (z. B. bei Blattläusen).

Parthenogenetische Arten höherer Wirbeltiere gibt es z. B. bei Reptilien. Parthenogenese kann auch künstlich ausgelöst werden. Zur Beachtung: Im Gegensatz zur → Agamogonie handelt es sich hier um eine **ein**geschlechtliche Art der Fortpflanzung. → Thelytokie, → Arrhenotokie, → Gynogenese

Parthenokarpie (griech. *parthenos* Jungfrau, *karpos* Frucht; engl. *parthenocarpy*) Natürlich oder künstlich induzierte Fruchtbildung ohne Samen, (1) durch Unterbindung der Bestäubung, (2) Ausbleiben der Befruchtung oder (3) Embryonaltod. Die im Handel erhältlichen Bananen z. B. sind parthenokarp.

partielle Denaturierung (engl. *partial denaturation*) In Bezug auf die DNS die nicht vollständige Trennung der → DNS-Doppelhelix z. B. durch Temperatur.

G≡C-reiche Abschnitte sind hitzeresis-

tenter, bleiben also bei höheren Temperaturen länger als A=T-reiche als Basenpaare verbunden, da zwischen G und C drei, zwischen A und T nur zwei Wasserstoffbrücken vorhanden sind.

partielle Dominanz (engl. *partial dominance*) → kodominant

Passagier-DNS → klonierte DNS

passive Immunität (engl. *passive immunity*) → Immunität gegen eine bestimmte Krankheit, hervorgerufen durch injizierte Antikörper von einem Spenderorganismus, der zuvor aktive Immunität gegen diese Krankheit entwickelt hat. Man verwendet also Antikörper (Antiseren) eines immunen Individuums und injiziert diese einem anderen nicht immunen. Da die Antikörper mit der Zeit abgebaut werden, führt diese Art der Immunisierung nur zu einem kurzzeitigen Schutz.

passiver Transport (engl. *passive transport*) Biologische Membranen sind semipermeabel, d. h. sie bilden für bestimmte Substanzen eine mehr oder weniger unüberwindliche Barriere, speziell für Ionen und die meisten polaren Moleküle. Wasser als polare Substanz stellt jedoch eine Ausnahme dar und kann relativ ungehindert eine biologische Membran passieren.

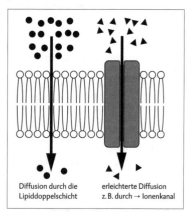

Diffusion durch die Lipiddoppelschicht

erleichterte Diffusion z. B. durch → Ionenkanal

Beispiele für zwei passive Transportformen durch biologische Membranen (schematische Übersicht)

Gewisse Substanzen können eine Membran leicht durchdringen, spontan und ohne Energiezufuhr; man nennt dies den passiven Transport. Für manche Substanzen existieren bestimmte Proteinporen (die gesamte Membran durchquerende Proteine, die eine Art verschließbare Öffnung besitzen), die bei Öffnung einen energiefreien Durchfluss bestimmter Moleküle oder Ionen dem Konzentrationsgefälle folgend ermöglichen. Auch diese Art der Permeabilität wird zum passiven Transport gerechnet.

Für den Transport von Substanzen, die nur schwer eine biologische Membran durchdringen können, muss Energie aufgewendet werden: Man spricht von → aktivem Transport.

Pasteurisierung → Sterilisation

paternale X-Inaktivierung (lat. *pater* Vater; engl. *paternal X-inactivation*) Art der → Dosis-Kompensation bei weiblichen Beuteltieren, in deren Körperzellen das väterliche X-Chromosom inaktiviert wird. Im Gegensatz zur zufälligen X-Inaktivierung bei den höheren Säugetieren (Plazentatiere) wird hier also das väterliche X-Chromosom gezielt „stillgelegt".

pathogen (griech. *pathos* Leiden, *gennao* erzeugen; engl. *pathogenic*) Krank machend. Ein Pathogen ist eine krank machende Substanz (z. B. Toxin) oder ein krank machender Mikroorganismus.

patrokline Vererbung (griech. *klinein* neigen zu; lat. *pater* Vater; engl. *patroclinous* oder *patroclinal inheritance, patrocliny*) Bezieht sich auf Nachkommen, die mehr dem Vater als der Mutter ähneln.

Die männlichen Nachkommen mit einem „*attached* X"-Chromosom bei *Drosophila* sind patroklin in Hinblick auf ihre geschlechtsgekoppelten Gene. → matrokline Vererbung

pBR 322 Ein → Plasmid; einer der ersten Klonierungsvektoren, der sich in *E. coli* unter „*relaxed control*" vermehrt, d. h. unabhängig von der Replikation der chromosomalen DNS multipliziert.

PCR, polymerase chain reaction
Polymerase-Kettenreaktion. Mitte der 80er-Jahre des 20. Jahrhunderts entwickeltes Verfahren zur Vermehrung bzw. Anreicherung eines kurzen DNS-Stückes (etwa 100−4 000 bp).

Bei vielen Untersuchungen will man sich auf einen bestimmten DNS-Abschitt ohne die meist störende restliche DNS des Genoms konzentrieren. Dazu wird zunächst die DNS aus Gewebe präpariert und eine geringe Menge als sog. *Template* (Matrize) zur PCR gegeben. Für die Reaktion sind zudem nötig: dATP, dTTP, dCTP und dGTP (die Bausteine der zu synthetisierenden DNS-Stränge), hitzeresistente → DNS-Polymerase und zwei Primer, das sind Oligonukleotide, die den beiden Enden des DNS-Abschnitts, der vermehrt werden soll, komplementär sind.

In einem sog. Thermocycler (ein Heiz-/Kühlgerät) wird das Gemisch drei verschiedenen Temperaturen ausgesetzt, wobei zunächst der Eltern-DNS-Strang geschmolzen wird (z. B. 94 °C; → Dissoziation), dann die Primer angelegt werden (→ Annealing; ≈ 55 °C) und schließlich die komplementären Stränge synthetisiert werden (Extension; 72 °C). Bei einem solchen Schritt (Zyklus) wird die Anzahl der bereits vorhandenen DNS-Stänge verdoppelt. Nach etwa 30 Zyklen sind rein rechnerisch 2^{30} Moleküle dieses spezifischen Abschnittes vorhanden. Man kann nun das PCR-Produkt analysieren (z. B. sequenzieren) oder mit einem anderen DNS-Fragment ligieren. → Expressionsvektor

Für eine PCR sind nur ganz wenige Template-Moleküle nötig, weshalb die Methode neben der Genetik in vielen anderen Bereichen angewendet wird (z. B. Kriminologie, Archäologie).

Pedigree → Stammbaum

Pedigree-Selektion (engl. *pedigree selection*) Künstliche Selektion eines Individuums zur Zucht aufgrund von Leistungen seiner Eltern oder Ahnen.

Pelagial (griech. *pelagos* Meeresflä-
che; engl. *pelagic (pelagial) zone*) Freiwasserzone als Lebensraum eines Sees im
Gegensatz zur Bodenzone (→ Benthal).

Penetranz (lat. *penetrare* durchdringen; engl. *penetrance*) Durchschlagskraft
eines Allels in einer Population als Anteil
von Individuen eines bestimmten Genotyps mit dem erwarteten Phänotyp unter
gegebenen Umweltbedingungen.
Man spricht von vollständiger Penetranz, wenn alle Individuen mit einem dominant mutanten Allel den mutanten
Phänotyp zeigen.

Penetration (engl. *penetration*) Das
Durchdringen des Spermiums durch die
das Ei umgebenden Hüllstrukturen ((*Corona radiata*), *Zona pellucida* und Eizyto-
plasmamembran). Voraussetzung für die
→ Befruchtung. → Imprägnation

Pentose (griech. *penta* fünf; engl. *pentose*) Zucker mit fünf Kohlenstoffatomen
(z. B. → Ribose, → Desoxyribose).

**Pentosephosphatzyklus, oxidativer
Pentosephosphatzyklus** (engl. *pentose-
phosphate pathway*) Abbauweg der Hexose als Alternative zum Glykolyse-Citrat-
zyklus. Bei der Oxidation von Glucose-6-
Phosphat entsteht neben NADPH$^+$ Ribo-
se-5-Phosphat. Dieser Zucker mit fünf
Kohlenstoffatomen und seine Derivate
sind Bestandteile wichtiger Biomoleküle
wie ATP, CoA, NAD$^+$, RNS und DNS. Vgl.
dazu den reduktiven Pentosephosphatzyklus (→ Calvin-Zyklus).

✗ **Peptid** (griech. *pepto* ich verdaue; engl.
peptide) Abbauprodukt oder Bruchstück
eines Proteins; auch als kleines Eiweißsyn-
theseprodukt. Verbindung aus zwei oder
mehr Aminosäuren: 2 Aminosäuren = Dipeptid; 3 Aminosäuren = Tripeptid; viele
Aminosäuren = → Polypeptid.

✗ **Peptidbindung** (engl. *peptide bond*)
→ Kovalente Bindung zwischen zwei →
Aminosäuren, indem die Aminogruppe
der einen an die Carboxylgruppe der an-
deren Aminosäure unter Freisetzung von
Wasser bindet.

Umgekehrt kann durch Einbringung
von Wasser unter Zuhilfenahme von Enzymen (Peptidasen) eine Peptidbindung
wieder getrennt (hydrolysiert) werden.

Peptidhormon (engl. *peptide hormone*) → Hormon auf Peptidbasis (z. B. En-
dorphin). → Rezeptor

Peptidoglykan → Gram-Färbung

peripher (griech. *peripheros* kreisför-
mig herum; engl. *peripheral*) Der Oberfläche eines Körpers nahe liegend.

peripheres Nervensystem (engl.
peripheral nervous system) Das gesamte
Nervensystem wird anatomisch in die
zwei Bereiche Zentralnervensystem (Gehirn und Rückenmark) und das periphere
Nervensystem mit allen anderen Nerven
und → Ganglien unterteilt.

perizentrische Inversion (engl. *peri-
centric inversion*) → Chromosomenaberration mit Inversion (Drehung) der chromosomalen DNS um das Zentromer herum.
Es kommt also zu zwei Brüchen in einem
Chromosom, einem unter- und einem
oberhalb des Zentromers. Das Chromo-
somenteilstück mit dem Zentromer verbindet sich nach Drehung um 180° wieder mit den beiden anderen äußeren
(distalen) Chromosomenteilstücken.

Permeabilität (lat. *permeare* hin-
durchgehen; engl. *permeability*) Fähigkeit
einer Membran, Moleküle einer bestimmten Größe oder Art passieren zu lassen
bzw. zurückzuhalten. Im Zusammenhang
mit biologischen Membranen auch als Semipermeabilität zu beschreiben. → Dialyse, → Osmose, → Lipiddoppelmembran

Pestizide (lat. *pestis* Seuche, *caedere*
töten; engl. *pesticides*) → Schädlingsbekämpfung

Petrischale (engl. *Petri dish*) Flaches,
rundes Glas- oder Plastikgefäß, in dem
Mikroorganismen (Bakterien meist auf →
Agar) oder eukaryontische Zellen im
Nährmedium kultiviert werden. → Plaque

Pflanzen (engl. *plants, plantae*) Pflanzenreich; alle Mitglieder sind → Eukaryonten und enthalten in ihren Zellen grüne

Plastiden, in denen die → Fotosynthese abläuft. Pflanzenzellen haben im Unterschied zu tierischen Zellen außerhalb der Zellmembran starre Zellwände beispielsweise aus Cellulose, Pektinen und Lignin.

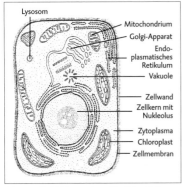

Schematische Zeichnung einer pflanzlichen Zelle

Pflanzenhormone → Phytohormone
Pflanzenfresser → Herbivoren
pH → pH-Wert
Phage (griech. *phagein* fressen; engl. *phage*) → Bakteriophage
Phagosom (griech. *phagein* fressen, *soma* Körper; engl. *phagosome*) Durch eine Membran abgegrenzte → Organelle im Zytoplasma eukaryontischer Zellen. Sie entsteht durch lokales Einstülpen der Zellmembran (Phagozytose). Unmittelbar nach der Phagozytose werden Partikel in Phagosomen abgekapselt in die Zelle aufgenommen. Dort können die Phagosomen mit Vesikeln, die abbauende Substanzen enthalten (sog. Lysosomen), fusionieren, wodurch der Phagosomeninhalt zerstört bzw. „verdaut" wird.
Phagozyten (griech. *phagein* fressen, *kytos* Zelle; engl. *phagocytes*) Fresszellen, vor allem Makrophagen, die mit ihrer Plasmamembran kleinere, meist schädliche Partikel umschließen und sich einverleiben, um sie z. B. abzubauen und damit zu vernichten.

Zur Erkennung der „richtigen" Partikel (Fremdpartikel) sind diese an ihrer Oberfläche von Antikörpern (gegen Oberflächenantigene der Partikel gerichtet; → Antigen) besetzt. Man spricht von sog. Opsonierung, der „Schmackhaftmachung" von partikulären Antigenen. Über Antikörperrezeptoren (Fc-Rezeptoren) an ihrer Zellmembranoberfläche erkennen die Phagozyten also den opsonierten Partikel, binden über die Antikörper an ihn und stülpen ihn dann in die Zellmembran ein. → Phagosom, → Phagozytose

Phagozytose (engl. *phagocytosis*) Einverleibung von festen Partikeln durch Zellen mittels Einstülpen der Plasmamembran, Umschließen des Partikels von dieser Einstülpung und letztendlich vollständiger Umhüllung und Aufnahme ins Zytoplasma. Die Aufnahme von Mikroorganismen erfolgt z. B. durch Phagozyten, meist Makrophagen. → Endozytose, → Phagosom, → Pinozytose

Phänogramm (griech. *phainomai* ich scheine, erscheine, *graphein* schreiben; engl. *phenogram*) Diagramm, das die Verwandtschaft von Individuengruppen (→ Taxon) unter Berücksichtigung der Ähnlichkeit einer Reihe von beobachteten Merkmalen unabhängig von der Merkmalsursache darstellt.

Phänokopie (lat. *copiare* vervielfältigen; engl. *phenocopy*) Veränderung des → Phänotyps durch Nahrung oder Umweltstress während der Entwicklung, sodass ein Merkmal auftritt, das normalerweise von einem Gen verursacht wird. Die phänotypische Modifikation ist nicht erblich.

Rachitis wird durch Vitamin D-Mangel hervorgerufen. Es gibt aber auch einen Gendefekt, der bewirkt, dass Vitamin D nicht verstoffwechselt wird. Ernährungsbedingte Rachitis ist eine Phänokopie des genetisch verursachten Krankheitsbildes.

Phänotyp (griech. *typoo* ich forme; engl. *phenotype*) Die sichtbaren Eigenschaften eines Organismus, entstanden aus dem Zusammenwirken der Gene (des Genotyps) und den Umwelteinflüssen.

Phänotypische Merkmale können von sehr vielen Genen (polygen) verursacht werden (z. B. Körpergröße), wobei dann meistens Umweltfaktoren (z. B. Ernährung) eine große Rolle spielen, oder von wenigen Genen bzw. nur einem (wie das bei der Hautfarbe der Fall ist), wobei dann die Umwelteinflüsse sehr gering sind. → Genotyp

phänotypische Geschlechtsdeterminierung (engl. *phenotypic sex determination*) Beeinflussung der Gonadenentwicklung durch nichtgenetische Faktoren. Das Geschlecht z. B. von Alligatoren oder Schildkröten ist abhängig von der Temperatur, der die befruchteten Eier ausgesetzt sind. Auch ESD *(environmental sex determination)* genannt.

phänotypische Varianz (engl. *phenotypic variance*) Die gesamte → Varianz, die an einem Merkmal der Individuen einer Population zu beobachten ist.

Werden 30 Schüler einer Klasse gewogen, ergibt sich eine Spanne von z. B. 48–85 kg. Aus den Einzelwerten kann die → Standardabweichung (σ) berechnet werden, deren Quadratwert (σ^2) die Varianz für das phänotypische Merkmal „Körpergewicht" ist. → Genotyp-Umwelt-Interaktion

Pharmakogenetik (griech. *pharmakon* Arzneimittel; engl. *pharmacogenetics*) Das wissenschaftliche Gebiet der biochemischen Genetik, das die (genetisch bedingte) körperspezifische Reaktion auf Arzneimittel und Gifte untersucht.

Phenylketonurie, PKU (griech. *phaino* ich leuchte, *keto* von Aceton, *ouron* Harn; engl. *phenylketonuria*) Autosomal rezessive Erbkrankheit des Menschen, von welcher der Aminosäurestoffwechsel betroffen ist. Zugrunde liegt ein Defekt des Gens für das Enzym Phenylalanin-Hydroxylase.

Homozygote, die also den Gendefekt von beiden Eltern vererbt bekommen haben, können wegen des Mangels an Phenylalanin-Hydroxylase kein Phenylalanin in Tyrosin umbauen, was letztendlich durch die sich ansammelnden hohen Phenylalaninmengen zu Ausfällen der Gehirnfunktion führt. Diätkost mit möglichst niedrigem Phenylalaningehalt kann die Symptome verhindern. Die Häufigkeit von Homozygoten liegt bei ca. 1 : 10 000 Neugeborenen. → Stoffwechselkrankheit

Pheromone (griech. *pherein* tragen, *hormao* ich treibe an; engl. *pheromones*) Niedermolekulare Substanzen als chemische Botenstoffe, die ziemlich flüchtig sind und sich deswegen leicht über relativ weite Entfernungen verbreiten können. Sie dienen der Kommunikation zwischen Individuen einer Art und werden von einem Individuum in die Umwelt abgegeben. Ihre Wirkung zielt spezifisch wie ein Hormon auf das Verhalten und die Physiologie anderer Individuen. Pheromone haben einen Signalcharakter, im Unterschied zu anderen Hormonen werden sie jedoch von exokrinen Drüsen (Drüsen mit Ausführgängen) produziert und vor allem nach außen abgegeben.

Ein bekanntes Beispiel sind die leichtflüchtigen Sexuallockstoffe von Nachtfalterweibchen, die es Geschlechtspartnern erlauben, über große Entfernungen zusammenzufinden. Die männlichen Falter haben dafür sehr große Antennen (Geruchsorgane) entwickelt.

Philadelphia-Chromosom (engl. *philadelphia chromosome*) Chromosomenveränderung (Chromosomenaberration), die an Metaphasechromosomen von weißen Blutzellen bei Patienten mit einer Form des Blutkrebses (sog. myelogener Leukämie) beobachtet wird. Zunächst glaubte man, dass es sich um eine Deletion des Chromosoms 22 handelt. Dann wurde nachgewiesen, dass eine reziproke → Translokation zwischen dem langen Arm von Chromosom 22 und dem langen Arm des Chromosoms 9 zugrunde liegt. Diese Translokation ist in den meisten Fällen die Ursache für die besondere Form des Blutkrebses, vermutlich weil es zu Störungen von Genen kommt, die auf den translozierten Chromosomenstücken sitzen.

Philopatrie (griech. *philein* lieben; lat. *patria* Heimat; engl. *philopatry*) Verbreitungsmodus von Individuen, wobei sie nahe dem Ort ihrer Entstehung verbleiben.

Phosphodiester (engl. *phosphodiester*) Die Esterbindung, z. B. zwischen den Zuckermolekülen und Phosphatgruppen bei DNS und RNS, die so deren Rückgrat ergibt. Diese kovalente Bindung verbindet das 3'-Kohlenstoffatom einer Pentose (Ribose/Desoxyribose) durch ein Phosphatmolekül mit dem 5'-Kohlenstoffatom des nächsten Zuckers im Polynukleotid.

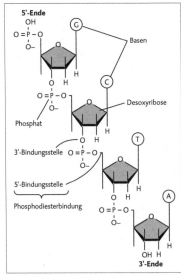

Zucker-Phosphat-Rückgrat eines abgespaltenen DNS-Endstückes

Phospholipid (griech. *lipos* Fett; engl. *phospholipid, phosphatide*) Ein lipidhaltiger Phosphatester von Glycerin oder Sphingosin. Phospholipide sind die Hauptbestandteile aller eukaryontischen Zellmembranen.

Phosphor, P (griech. *phos* Licht, *pherein* tragen; engl. *phosphorus*) Ordnungs-zahl 15, Atomgewicht 30,97, Wertigkeit in biologischen Systemen 5+; häufigstes Isotop ist ^{31}P; Radioisotop ^{32}P. Element, das etwa 1 % des Körpergewichtes des Menschen ausmacht und überwiegend in Form von $Ca_{10}(PO_4)_6(OH)_2$ (Hydroxylapatit) in den festen Körperbestandteilen wie Knochen und Zähnen und darüber hinaus als Phosphat (frei oder gebunden) in geringen Mengen in allen Zellen vorhanden ist, beispielsweise als Bestandteil der Nukleinsäuren und des Energieträgers ATP.

Phosphorylierung → oxidative Phosphorylierung, → Substrat(ketten)phosphorylierung

Photo- → Foto-

pH-Wert, pH (lat. p *pondus* Gewicht; lateinisiert H *hydrogenium* Wasserstoff; engl. *pH-value*) Maß für die Wasserstoffionenkonzentration [H^+] einer Lösung: pH = $-^{10}log$ [H^+]. Bei einem pH von 7,0 ist die Lösung neutral, unter 7 sauer und über 7 bis 14 basisch.

phyletische Evolution (griech. *phylon* Stamm; engl. *phyletic evolution*) → vertikale Evolution

Phylogenese (engl. *phylogenesis*) Die Entstehung eines Mikroorganismen-, Tier- oder Pflanzenstammes.

phylogenetischer Baum (engl. *phylogenetic tree*) Diagramm, das die vermutlichen genealogischen Verbindungen zwischen Ahnen und Nachkommen auf Individuen-, Populations- oder Taxa-Ebene (→ Taxon) darstellt. Die Arten und Populationen werden durch Linien repräsentiert. Die Punkte an den Verzweigungen bedeuten ein → Speziationsereignis (die Aufspaltung der Arten). Wenn möglich, wird die lineare Darstellung in Beziehung zur geologischen Zeitskala gesetzt.

Phylogenie (griech. *phylon* Stamm, *gignomai* ich entstehe; engl. *phylogeny*) Stammesgeschichte von Lebewesen; die Verwandtschaft von Gruppen aufgrund ihrer Evolutionsgeschichte. → Phylogenese, → Ontogenese

Phylum (griech. *phylon* Stamm; engl. *phylum;* Plur. Phyla) Stamm; taxonomische Einheit der Einordnung (Klassifikation) der Lebewesen, die zur Zeit in fünf Reiche aufgeteilt werden: *Bacteria, Protoctista, Fungi, Animalia* und *Plantae.* Die nächste Untergliederung erfolgt in Unterreiche und dann in Phyla. Im Tierreich (*Animalia*) z. B. gibt es das Phylum *Mollusca* (Weichtiere), das Phylum *Arthropoda* (Gliederfüßler) und das Phylum *Chordata* (Chordatiere). Dann erfolgt die Untergliederung in Subphyla, danach in Klassen.

Physiologie (griech. *physis* Natur, *logos* Lehre; engl. *physiology*) Wissenschaft der dynamischen Lebensprozesse, z. B. Stoffwechsel oder Nervenaktivität.

physiologische Salzlösung (engl. *physiological saline*) Eine isotone, wässrige Lösung mit den wichtigsten Salzen, die auch in der Zelle vorkommen. Die physiologische Salzkonzentration der Säugerzellen liegt durchschnittlich bei 150 mM. Sie entspricht z. B. einer 0,9 %igen NaCl (Natriumchlorid = Kochsalz)-Lösung (isoton), was einem Salzgehalt von 9 g NaCl auf 1 Liter destilliertem Wasser gleichkommt.

In physiologischen Lösungen, die ja auch O_2 enthalten, kann man Zellen, Gewebe oder Organe kurzfristig am Leben erhalten. → Osmoregulation

physische Genkarte (engl. *physical map*) Darstellung der linearen Anordnung der Gene auf den Chromosomen aufgrund ihrer tatsächlichen Lage. Durch → *in situ*-Hybridisierung, früher mit radioaktiv, heute mit Fluoreszenzfarbstoffen markierten DNS-Sonden kann der Genlocus auf einem Metaphasechromosom sichtbar gemacht werden. → Genkarte, → Morgan-Einheit

Phytochrom (griech. *phytos* Pflanze, *chroma* Farbe; engl. *phytochrome*) Ein Molekül, das vor allem die Fotoperiode der Blüte steuert. Tagsüber reichert sich eine Form des Phytochroms in der Pflanze an, die langwelliges Licht absorbiert. Diese Pigmentform verhindert die Blüte bei → Kurztagspflanzen und stimuliert sie in → Langtagspflanzen. Bei Dunkelheit wandelt sich das Phytochrom und kann nun kürzerwelliges Licht absorbieren, was wiederum Kurztagspflanzen zur Blüte bringt, Langtagspflanzen hingegen nicht. Der Prozess wird genetisch gesteuert. Darüber hinaus spielt Phytochrom eine wichtige Rolle bei allen lichtabhängigen Entwicklungsvorgängen, wie Samenkeimung und vegetativem Wachstum.

Phytohormon, Pflanzenhormon (griech. *phyton* Pflanze; engl. *plant hormone, phytohormone*) Von Pflanzen selbst hergestellte Substanzen, die ihre Wirkung entfernt vom Syntheseort entfalten (meist indem sie Gene aktivieren). Sie erfüllen wichtige Aufgaben als Wachstumsfaktoren, wirken in geringster Konzentration und werden über Leitungssysteme transportiert. Wichtigste Beispiele sind die → Auxine und → Gibberelline.

Da verschiedene Pflanzen unterschiedlich stark auf von außen zugegebene Phytohormone ansprechen, lassen sich in bestimmten Monokulturen solche Substanzen zur Unkrautbekämpfung (als Herbizid) einsetzen, da sie die unerwünschten Pflanzen durch überstarkes Wachstum zum Absterben bringen.

Pigment (lat. *pigmentum* Farbe; engl. *pigment*) Farbstoffe oder Farbkörperchen biologischen Ursprungs, beispielsweise Melanin. → Albinismus

Pilze → *Fungi*

Pinosom (griech. *pino* ich trinke, *soma* Körper; engl. *pinosome*) An der Plasmamembran durch Einstülpung entstandenes zytoplasmatisches Vesikel, durch das im Gegensatz zum → Phagosom ein Flüssigkeitströpfchen aufgenommen wird. Pinozytierte Tröpfchen werden durch die Pinosomen innerhalb der Zelle zu ihrem Bestimmungsort transportiert.

Pinozytose (griech. *kytos* Zelle; engl. *pinocytosis*) Einschluss und damit Aufnahme kleiner Tröpfchen durch die Plasmamembran mithilfe von → Pinosomen. An

der Plasmamembran bildet sich eine Ein-
dellung, die sich stetig vertieft und letztendlich mit extrazellulärer Flüssigkeit gefüllt ein Membranbläschen (Vesikel) in
das Zytoplasma hinein abschnürt. → Endozytose, → Phagozytose

Pionier (lat. *pes* Fuß; engl. *pioneer*)
Erste(s) Tier(e) oder erste Pflanze(n), die
sich in einem neuen Gebiet (Habitat) an-
siedelt (ansiedeln).

PKU → Phenylketonurie

Plankton (griech. *planasthai* herumir-
ren; engl. *plankton*) Alle aquatischen
schwebenden Organismen ohne deutliche Eigenbewegung: Zooplankton (tierische Organismen), Phytoplankton
(pflanzlich), Bakterien, Algen und Pilze.
Eine Reihe von Tieren lebt nur im Larvenstadium planktisch. → Nekton

Plaque (griech. *plax* Platte; engl. *plaque*) (1) Abgegrenzte, runde Fläche in einem sonst einheitlichen Bakterien- oder
Zellrasen, wo die Zellen durch Vorhandensein einer punktuell aufgetragenen,
für sie giftigen Substanz oder von Viren
absterben bzw. nicht leben können. (2) In
der Zahnmedizin ein hauptsächlich aus
Bakterien bestehender Zahnbelag.

Plaque-Test (engl. *plaque test*) Methode, die Zahl der infektiösen Viren einer
Kultur festzustellen, indem die → Plaques
ausgezählt werden.
Dieser Effekt wird benutzt, um beispielsweise die Anzahl von Viren in einer
Ausgangslösung ermitteln zu können. Dazu lässt man Zellen in einer Petrischale auf
einem Gel mit Nährlösung wachsen. Zu
Beginn der Kultur werden etwa 10^8 Bakterien oder etwa 10^5 eukaryontische Zellen in eine → Petrischale eingesät. Nach
gleichmäßiger Verteilung und mehreren
Zellteilungen entsteht ein dichter Zellrasen, über den dann die zu untersuchende
Ausgangslösung mit wenigen Viren (entsprechend verdünnt) verteilt wird. Die Viren infizieren zuerst einzelne Zellen und
lysieren sie, wobei die dann freigesetzten
Viren die benachbarten Zellen infizieren

und lysieren usw., bis ein „Loch" im Zellrasen – ein Plaque – sichtbar wird. Die Anzahl der mit bloßem Auge erkennbaren
Plaques im Zellrasen entspricht dabei der
ursprünglichen Anzahl von Viren in der
aufgebrachten, meist verdünnten Ausgangslösung.

Plasma (griech. *plasma* das Geformte;
engl. *plasma*) Flüssiger, wässriger Teil von
Zellen (→ Zytoplasma) oder von Blut
(Blutplasma). → Serum

Plasmalemma → Plasmamembran

**Plasmamembran, Plasmalemma,
Zytoplasmamembran, Zellmembran**
(engl. *plasma membrane, plasmalemma,
cell membrane*) Doppelschicht vor allem
aus Phospholipiden (→ Lipiddoppelmembran), die als Barriere, Selektions-
und Kommunikationssystem aller Zellen
fungiert. In ihr sind auch Membranproteine (z. B. → MHC-Moleküle) verankert.
Ferner sind beispielsweise Ionenpumpen
darin integriert, wie die → Natrium-Kalium-Pumpe, die dafür sorgen, dass im
Zellinneren stets die richtigen Ionenkon-
zentrationen herrschen.

Plasmazelle (engl. *plasma cell*) → B-
Lymphozyten

Plasmid (engl. *plasmid*) Im Zytoplasma vorhandene, extrachromosomale (neben dem eigentlichen Bakterienchromosom vorkommende), doppelsträngige,
zirkuläre DNS vieler Bakterien, die ihnen
gewisse Überlebensvorteile verschafft
(z. B. Resistenz gegen Antibiotika).
Unter optimalen Lebensbedingungen
ist Plasmid-DNS jedoch nicht essenziell
(lebensnotwendig). Daher verfügen viele
Bakterien unter natürlichen Bedingungen
über keine Plasmide. Die Größe der Plasmide variiert zwischen 1–200 kb. Die Replikation der Plasmide kann an die Zellteilung gekoppelt sein, sodass nur wenige
Plasmide pro Zelle vorhanden sind. Man
sagt, das Plasmid ist unter stringenter
Kontrolle. *Relaxed control* bedeutet, dass
viele Plasmide (10–100) je Bakterium vorhanden sind. → single copy-Plasmide

Bakterien können untereinander Plasmide austauschen (→ Sexpilus, → Fertilitätsfaktor). Plasmide besitzen wie jede natürliche DNS bestimmter Länge → Restriktionsschnittstellen, die technisch dazu benutzt werden, heterologe DNS-Fragmente (DNS von fremden Organismen) einzubauen. Es entsteht ein sog. **Hybridplasmid**. Durch diese Tatsache wurde die rekombinante DNS-Technologie (→ Gentechnik) möglich. Da sich die Fremd-DNS, ein einligiertes Gen, in dem Hybridplasmid vermehren lässt, nennt man ein Plasmid auch Klonierungsvektor/-faktor.

Plasmolyse (engl. *plasmolysis*) Loslösen (von der Zellwand) und Schrumpfen des → Protoplasmas (Zytoplasmas) einer Pflanzenzelle durch Wasserentzug (→ Osmose aufgrund einer hypertonen Lösung). → Osmoregulation

Plasmon (engl. *plasmon*) Alle nichtchromosomalen genetischen Elemente einer Zelle.

Der Begriff steht analog zu Genom; er umfasst z. B. die mitochondriale DNS, Chloroplasten-DNS und im weiteren Sinn auch DNS oder RNS von parasitären Mikroorganismen, die in die Zelle eingedrungen sind.

Plastid (engl. *plastid*) Selbstreplizierende (sich aufgrund eigener DNS selbst vermehrende) zytoplasmatische → Organelle bei Pflanzen, wie etwa → Chloroplasten, Chromoplasten, Elaioplasten und Leukoplasten.

„Platzhalter"-DNS → Spacer-DNS
Plazenta, Mutterkuchen (griech. *plakous* Mutterkuchen; engl. *placenta*) Organ aus embryonalen und mütterlichen (maternalen) Geweben, welches die Ernährung des Embryos bzw. Fetus lebendgebärender (viviparer) Säugetiere über die Nabelschnur ermöglicht. Die Plazenta wird nach der Geburt ausgestoßen („Nachgeburt"). → Gestagene

Pleiotropie, Polyphänie (griech. *plein* mehr, *tropos* Richtung; engl. *pleiotropy, polypheny*) Phänomen der Genetik, dass ein einzelnes Gen mehrere (phänotypische) Merkmale hervorruft, die scheinbar nichts miteinander zu tun haben. Das monogene → Marfan-Syndrom verursacht z. B. auffällige Veränderungen am Skelett, Gefäßsystem, Auge u. a.

Plesiomorphie (griech. *plesios* benachbart; engl. *plesiomorphic character*) Das Rückgrat der Säuger z. B. nennt man plesiomorph, da es bei allen Wirbeltieren vorkommt, während beispielsweise das Haarkleid apomorph ist, da es nur Säuger zeigen. → Apomorphie

-ploid Wortzusatz mit der Bedeutung „-fach" des Chromosomensatzes im Zellkern einer Zelle/eines Organismus; haploid = einfach, diploid = zweifach, polyploid = vielfach.

Pluralismus (engl. *pluralism*) In der Genetik die Theorie/Weltanschauung, dass die Evolution nicht nur von der natürlichen Selektion, sondern von vielen Faktoren, z. B. gezielte Anpassung beim → Lamarckismus, vorangetrieben wird.

Pluripara → multipar
pluripotent (lat. *plus* mehr, *potens* fähig) Bezieht sich primär auf embryonale Gewebe, speziell auf die → Blastomeren, deren Entwicklung in **eine** bestimmte Zelllinie noch nicht festgelegt (determiniert) ist. In der späteren Entwicklung spricht man beispielsweise von pluripotenten Knochenmarkszellen (Stammzellen) und meint damit Zellen, aus denen alle möglichen Blutzellen hervorgehen können. → Totipotenz

plus (+) und minus (–) Strang (engl. *plus and minus viral stands*) (1) Bei einzelsträngigen RNS-Viren (ihr Genom besteht aus RNS) hat ein plus-RNS-Strang dieselbe Polarität wie die virale mRNS und seine Codons können direkt in die viralen Polypeptide translatiert werden. Ein minus-Strang ist nicht codierend und muss von einer RNS-abhängigen RNS-Polymerase transkribiert werden, wonach translatierbare RNS entsteht. (2) Bei einzelsträngigen DNS-Viren gibt es nur plus-DNS-

Stränge. Hier muss eine DNS-abhängige DNS-Polymerase erst den minus-DNS-Strang hinzusynthetisieren, bevor von diesem die mRNS transkribiert werden kann. (3) Bei doppelsträngigen DNS-Viren ist der minus-DNS-Strang die Matrize für die mRNS.

Pocken, Humanpocken, Blattern (engl. *pox, smallpox*) Viren der großen Gruppe der *Chordopoxviridae* (Wirbeltiere infizierende Pockenviren mit großem, doppelsträngigem DNS-Genom).

Die den Menschen krank machenden (humanpathogenen) Pockenviren *(Variola)* gelten nach einer Deklaration der Weltgesundheitsbehörde seit 1979 als ausgerottet. Möglich wurde dies durch eine globale Impfkampagne mit einem verwandten Pockenerreger, dem Vacciniavirus. Beide Viren verfügen über gleiche und/oder ähnliche → Antigene, weswegen eine Impfung mit dem harmlosen Erreger auch zu einem Impfschutz gegen die Humanpocken führt.

Die Pocken zählen zu den höchstinfektiösen Erregern („Tröpfcheninfektion") und haben im Laufe der Menschheitsgeschichte unzählige Menschenleben gefordert. Heute sollen sich die letzten Pockenstämme nur noch in zwei gesicherten Anlagen in Atlanta (USA) und Koltsovo (Rußland) befinden. Würden die Pocken heute oder in Zukunft als → biologische Waffe eingesetzt werden, hätte dies fatale Konsequenzen, denn durch Einstellung der Impfungen in den 80er-Jahren des 20. Jahrhunderts besteht beim allergrößten Teil der Bevölkerung kein Impfschutz. Bis heute wurde keine wirkungsvolle Therapie gegen derartige Erkrankungen gefunden. → Vakzine

poikilotherm (griech. *poikilos* wechselnd, *therme* Wärme; engl. *poikilothermic, poikilothermal*) Wechselwarm; Poikilotherme Tiere können ihre Körpertemperatur nicht oder nur wenig (gegenüber der Umgebungstemperatur) regulieren; ihre Aktivitäten sind deshalb weitgehend von der Umgebungstemperatur abhängig. Alle Tiere, außer Säuger und Vögel, sind wechselwarm. → homoiotherm

Poisson-Verteilung (engl. *Poisson distribution*) Statistische Funktion der Zuordnung von Wahrscheinlichkeiten zu einer Reihe von Ereignissen. Ein bestimmtes Ereignis kann keinmal, einmal, zweimal usw. (i-mal) auftreten und die Ereignisse selbst treten unabhängig voneinander auf. Poisson-Verteilung findet demnach keine Anwendung bei Ereignissen, die miteinander korreliert sind.

Voraussetzung für die Wahrscheinlichkeitsberechnung über die Poisson-Verteilung ist eine häufige Wiederholung des Versuches (n-malige Wiederholung, n sehr groß), sowie dass die erwartete Wahrscheinlichkeit p für das Eintreten des Ereignisses sehr klein ist.

Beispiele: Radioaktiver Zerfall, Verkehrsunfälle. Die Berechnung der Wahrscheinlichkeit p_i, dass ein Ereignis genau i-mal eintritt bei n-maliger Versuchsausführung erfolgt über: $p_i = m^i \cdot e^{-m}/i$. e ist die Basis des natürlichen Logarithmus. Der Erwartungswert m, also die erwartete Anzahl stattfindender Ereignisse bei n Versuchen ist: $m = n \cdot p$ und ist konstant.

Polkörper(chen), Richtungskörper(chen) (engl. *polar body*) Winzige zellähnliche Struktur, die bei der → Meiose eines Eies (→ Oogenese) entsteht. Ein Polkörper enthält einen der Kerne aus der ersten oder zweiten meiotischen Teilung. Der erste Polkörper ist haploid, aber zweichromatidig und kann sich in zwei haploide, einchromatidige Polkörper teilen. Der zweite Polkörper entsteht aus der zweiten meiotischen Teilung, ist immer haploid und einchromatidig. Sein Gegenstück (ebenfalls aus dieser zweiten meiotischen Teilung hervorgegangen) ist der weibliche Vorkern (haploider, einchromatidiger Kern der Eizelle).

Wird der zweite Polkörper nicht vom Vorkern abgetrennt, führt eine Befruchtung durch das Spermium zum dreifachen

Chromosomensatz (Triploidie) und damit bei Säugern zum Tod des Embryos. Polkörper werden im Lauf der Embryonalentwicklung aufgelöst. → Gynogenese

Polyacrylamidgel (engl. *polyacrylamide gel*) Ein Gel (eine „Gelee-artige", transparente, dünne Schicht mit hohem Wassergehalt), das aus einer Mischung des Monomers Acryl und einer vernetzenden Substanz (N, N'-Methylenbisacrylamid) in Gegenwart eines polymerisierenden Agens entsteht. Das resultierende dreidimensionale Netzwerk ist in Wasser unlöslich und dient aufgrund seiner molekularen Gitterstruktur als Filter und Trennsystem für unterschiedlich große oder geladene Moleküle bei der → Elektrophorese.

Polyadenylierung (griech. *polys* viel; engl. *polyadenylation*) Anhängen einer Reihe von Adenosinmolekülen an das 3'-Ende eines RNS-Moleküls (= **Poly-A-Schwanz**).

Die Polyadenylierung erfolgt enzymatisch und ist Teil der → nukleären RNS-Prozessierung, bei der das → Primärtranskript auch noch → gespleißt und am 5'-Ende mit einer Methylkappe (→ *capping*) versehen wird. Danach verlässt die fertige mRNS den Kern und gelangt zu den Ribosomen ins Zytoplasma, wo die Translation stattfindet.

Polyandrie (griech. *polys* viel, *aner* Mann; engl. *polyandry*) „Vielmännerei", bei der ein Weibchen während der Fortpflanzungsperiode mehr als einen Paarungspartner hat. → Polygynie, Gegenteil → Monogamie

poly-A-Schwanz (engl. *poly-A tail*) → Polyadenylierung

Polyembryonie (engl. *polyembryony*) Die Bildung vieler Embryonen aus einer Zygote durch Teilung in einem frühen Entwicklungsstadium.

→ Monozygote Zwillinge sind die einfachste Form der Polyembryonie. Manche Wespenarten produzieren an die 2000 Embryonen aus einer Zygote.

Polygamie (griech. *polys* viel, *gamein*

heiraten; engl. *polygamy*) Vielehe: → Polyandrie und/oder → Polygynie. Gegenteil → Monogamie

polygenes Merkmal (engl. *polygenic character*) Ein Merkmal, welches durch Beteiligung vieler Gene in seiner Ausprägung eine bestimmte Schwankungsbreite aufweist; quantitativ variabler Phänotyp aufgrund der Beteiligung vieler Gene; auch → quantitatives Merkmal.

Beispiele: Die Körpergröße des Menschen oder die Milchmenge, die eine Kuh nach Geburt eines Kalbes (während der Laktation) produziert. → qualitatives Merkmal, → monogenes Merkmal, → oligogenes Merkmal

Polygynie (griech. *polys* viel, *gyne* Frau; engl. *polygyny*) „Vielweiberei", bei der ein Männchen mehr als ein Weibchen als Paarungspartner während der Fortpflanzungsperiode hat. → Polyandrie, Gegenteil → Monogamie

polyklonal (griech. *klon* Ast, Zweig; engl. *polyclonal*) Bezieht sich auf Zellen oder Moleküle, die von mehr als einem Ursprungszellklon stammen.

Die Konfrontation eines Organismus mit einer Fremdsubstanz (→ Antigen) beispielsweise ruft die Synthese verschiedener Antikörpermoleküle hervor, da die Antigene (Bakterien, Viren usw.) mehrere unterschiedliche Oberflächenstrukturen (antigene Determinanten) besitzen, auf die eben jeweils andere Antikörper passen. Das Antikörpersortiment ist also polyklonal, weil ebenso viele verschiedene B-Lymphozyten wie Antikörper beteiligt sind (jeder B-Lymphozyt produziert immer nur einen Antikörpertyp). Um diese Antikörper produzieren zu können, teilen sich die entsprechenden B-Lymphozyten, welche die „passenden Antikörper" produzieren, immer wieder und erzeugen so Klone. Die Immunantwort auf ein Antigen mit mehreren antigenen Oberflächenstrukturen ist also polyklonal.

Polymer (griech. *meros* Teil; engl. *polymer*) Makromolekül aus → kovalent gebundenen Untereinheiten/Monomeren.

Ein DNS-Strang (oder auch RNS) stellt ein Polymer aus vielen Nukleotiden dar, genauso wie ein Polypeptid aus vielen Aminosäuren oder Glykogen aus vielen Glucoseeinheiten aufgebaut ist. Bei der DNS sind es vier verschiedene **(Heteropolymer)** Untereinheiten (Basen = Nukleotide), bei den Polypeptiden (Heteropolymere) 20 Aminosäuren als Untereinheiten, beim Glykogen nur ein Zuckertyp, nämlich Glucose **(Homopolymer)**. Die kovalent verbundenen Untereinheiten ergeben das jeweilige Polymer.

Polymerase (engl. *polymerase*) Jedes Enzym, das die Synthese von DNS oder RNS aus Desoxyribonukleotiden bzw. Ribonukleotiden katalysiert (→ DNS-Polymerase bzw. → RNS-Polymerase). In jeder Zelle existieren verschiedene Polymerasen, die auf unterschiedliche Aufgaben spezialisiert sind, z. B. → RNS-abhängige DNS-Polymerase.

Polymerase-Kettenreaktion → PCR

Polymerisierung (engl. *polymerization*) Bildung eines großen Moleküls (→ Polymer) aus kleinen Untereinheiten (Monomere).

polymorphkernige Leukozyten → Granulozyten

Polymorphie → Polymorphismus

Polymorphismus, Polymorphie (griech. *polys* viel, *morphe* Aussehen, Gestalt; engl. *polymorphism*) Vielgestaltigkeit. Das Vorkommen von zwei oder mehr genetisch unterschiedlichen Gruppen in einer Population.

Beim Menschen etwa im Blutgruppensystem Rhesus-positive (Genotypen Rh/Rh oder Rh/rh) und Rhesus-negative Individuen (Genotypen rh/rh). → Haplotyp

Ein Polymorphismus entsteht i. d. R. durch Mutation eines Gens; sofern daraus ein anderes Protein resultiert, kann man auch einen phänotypischen Polymorphismus beobachten (z. B. Fellfarbe bei Tieren). Die meisten Populationen sind in einer großen Anzahl ihrer Genloci poly-

morph (viele → Allele). → Inkompatibilität

Polymorphismus kann in einer Population vorübergehend (transient) sein oder über viele Generationen bestehen, was man **balanzierten** Polymorphismus nennt. Wenn die unterschiedlichen Merkmale regional auftreten, spricht man von **geografischem** Polymorphismus. Gegenteil → Monomorphismus

Polynukleotid (engl. *polynucleotide*) Lineare Anordnung von Nukleotiden (bei RNS und DNS), die durch → Phosphodiesterbrücken verbunden sind.

Polynukleotidphosphorylase (engl. *polynucleotide phosphorylase*) Enzym, das Ribonukleotide in zufälliger Reihenfolge verbindet. Es wird verwendet, um künstliche mRNS herzustellen.

Polyovulation → Superovulation

Polypeptid, Eiweiß, Protein (engl. *polypeptide, protein*) Polymer aus Aminosäuren, gekoppelt durch → Peptidbindungen. Das Produkt der → Translation. → Proteinstruktur

Polyphänie (engl. *polypheny*) → Pleiotropie

Polyphänismus (griech. *phainomai* ich sehe aus; engl. *polyphenism*) Auftreten mehrerer Phänotypen in einer Population, die nicht genetisch bedingt sind, z. B. das Frühjahrs- und Sommererscheinungsbild des Landkärtchenfalters.

polyphyletische Gruppe (griech. *phylos* Stamm; engl. *polyphyletic group*) Gruppe aus mehreren Arten, die man aus einem bestimmten Grund zusammen klassifiziert, wobei die Mitglieder verschiedene evolutionäre Ursprünge haben. Gegenteil → monophyletische Gruppe

polyploid (griech. *polys* viel, *plous* mehr) Bezeichnet ein Individuum oder eine Art/Rasse, das/die mehr als zwei Chromosomensätze in seinen/ihren Zellen hat/haben (z. B. Getreide). → Diploidie, → monoploid, → Polyploidie

Polyploidie (engl. *polyploidy*) Chromosomenzahl mit einem mehr als Zweifachen der haploiden Zahl. Grund ist die

Replikation eines ganzen Chromosomensatzes in einem Kern ohne nachfolgende Kernteilung. → Aneuploidie, → euploid

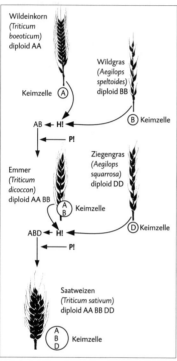

Wildeinkorn
(Triticum
boeoticum)
diploid AA

Keimzelle (A)

Wildgras
(Aegilops
speltoides)
diploid BB

(B) Keimzelle

AB ← H!

← P!

Emmer
(Triticum
dicoccon)
diploid AA BB

Ziegengras
(Aegilops
squarrosa)
diploid DD

(A/B) Keimzelle

(D) Keimzelle

ABD ← H!

← P!

Saatweizen
(Triticum sativum)
diploid AA BB DD

(A/B/D) Keimzelle

Entstehung des Kulturweizens durch Hybridisierung (H!) und Polyploidisierung (P!)

Polyprotein (engl. *polyprotein*) Ein cistronisches (→ Gen) Produkt, das nach der Translation in mehrere unabhängig wirkende Proteine gespalten wird. Das → Enkephalin-Vorläuferprotein z. B. enthält sechs Kopien von Met-Enkephalin und eine des Leu-Enkephalin.

Polyribosom (engl. *polyribosome*) → Polysom

Polysaccharid (griech. *sakchar* Zucker; engl. *polysaccharide, polysaccharose*) → Kohlenhydrat, entstanden durch Polymerisierung vieler Monosaccharid-Einheiten. Beispiele: → Glykogen, Cellulose, → Stärke.

Polysom (griech. *polys* viel, *soma* Körper; engl. *polysome*) Komplexe Struktur aus mehreren → Ribosomen, die durch eine mRNS zusammengehalten wird (Kurzform von **Polyribosom**). An einem solchen Ribosomenkomplex werden daher mehrere Proteine von einer mRNS gleichzeitig translatiert (an jedem Ribosom ein Protein). → Translation

Polysomie (griech. *polys* viel, *soma* Körper; engl. *polysomy*) Bezieht sich auf einzelne Chromosomen, die in Bezug auf den disomen Zustand überzählig sind. → Klinefelter Patienten sind → gonosomal trisom (XXY). → Monosomie

Polyspermie (engl. *polyspermy*) Befruchtung einer Eizelle durch mehr als ein Spermium. Gegenteil → Monospermie

polysynaptischer Reflex (griech. *polys* viel, *synhaptein* verbinden; engl. *polysynaptic reflex*) Im Gegensatz zu einem → monosynaptischen Reflex (Dehnungsreiz bei Muskeln) sind bei der Verarbeitung der Information über alle anderen Reize mehrere Nervenzellen und synaptische Verbindungen involviert. Die entsprechenden → Reflexbögen weisen komplexe Verzweigungen zwischen diesen Verbindungen auf.

Ein typischer polysynaptischer Reflex ist der sog. Fluchtreflex, z. B. als Antwort auf einen schmerzhaften Reiz. Dabei kommt es zur Kontraktion der beugenden und zur gleichzeitigen Hemmung der streckenden Muskeln. Das gereizte Körperteil wird dadurch vom Reiz weggezogen. → Fremdreflex

Polytänie (griech. *teino* ich spanne; engl. *polyteny*) Vielsträngigkeit; bezieht sich auf Chromosomen mit mehr als zwei Chromatiden in Zellen mancher Tierarten, z. B. Speicheldrüsenzellen der Stechmückenlarven.

polytok → multipar

polytop (griech. *topos* Ort; engl. *polytopic*) Bezieht sich auf die Verteilung von Unterarten in zwei oder mehr geografisch getrennte Gebiete.

polytypische Art (engl. *polytypic species*) Art mit mehreren Rassen, z. B. Haustiere und auch der Mensch.

Poly-X-Frauen (engl. *poly-X-women*) Chromosomale (gonosomale) Abnormalität beim Menschen.

Genotypisch und phänotypisch sind Poly-X-Frauen weiblich (normal wäre 46, XX). Auch bei mehreren zusätzlichen X-Chromosomen (z. B. 48, XXXX) kommt es zu keinen schweren körperlichen Beeinträchtigungen, vermutlich deswegen, weil alle X-Chromosomen bis auf ein einziges inaktiviert werden (→ Dosis-Kompensation). Jedoch sinkt der Intelligenzquotient bei dieser Chromosomenanomalie mit zunehmender Anzahl an X-Chromosomen.

Poly-X-Männer (engl. *poly-X-men*) Chromosomale (gonosomale) Abnormalität beim Menschen ähnlich dem → Klinefelter-Syndrom, aber mit weiteren zusätzlichen X-Chromosomen. Der Grad der geistigen → Retardierung nimmt mit steigender Anzahl von X-Chromosomen zu (bis 49, XXXXY; normal ist 46, XY).

polyzentrisches, polyzentromeres Chromosom (engl. *polycentric chromosome*) → Chromosom

polyzentromeres Chromosom → polyzentrisches Chromosom

Population (lat. *populus* Volk; engl. *population*) Lokale Gruppe genetisch ähnlicher Organismen einer Art (Spezies), z. B. die Bachforellenpopulation eines Gebirgsflusses.

Populationsbiologie (engl. *population biology*) Studium der Zusammenhänge, durch welche Organismen in Raum und Zeit miteinander in Verbindung stehen. Teilgebiete sind die → Ökologie, → Taxonomie, → Ethologie und → Populationsgenetik.

Populationsdichte (engl. *population density*) → Abundanz

Populationsgenetik (engl. *population genetics*) Wissenschaft der genetischen Zusammensetzung von Populationen.

Hauptgebiete sind die Feststellung der Allelfrequenzen, deren Veränderung durch selektive Einflüsse in natürlichen Populationen und das Zusammenspiel von Selektion, Populationsgröße, Mutation, Migration und Verlust von Allelen. Begründet in den Jahren 1930–1932 von R. A. Fisher, J. B. S. Haldane und S. Wright. → Neo-Darwinismus

positional cloning Molekulargenetische Methode zur Identifizierung eines einzelnen Genlocus, der für ein phänotypisches Merkmal (z. B. Erbkrankheit) verantwortlich ist.

Die Information dazu kommt aus einer Kopplungsanalyse der betroffenen Familien. Dabei werden genetische Marker (→ Mikrosatelliten) gesucht, die dem Genlocus möglichst nahe liegen, was der Fall ist, wenn beide, ein Mikrosatellit und das phänotypische Merkmal zusammen vererbt werden. Dies bedeutet, dass die Ursache für das gesuchte phänotypische Merkmal irgendwo in der Nähe des Mikrosatelliten zu suchen ist. Nun kann man um den Bereich des Mikrosatelliten nach dem sog. Kandidatengenlocus suchen, beispielsweise durch → Chromosomen-Abschreiten. Die Technik des *positional cloning* erfordert keinerlei Information über das Genprodukt.

Als erste Krankheiten wurden die Duchenne Muskeldystrophie, die Mukoviszidose und der Veitstanz (Chorea Huntington) damit aufgedeckt. *Positional cloning* ist auch unter dem Namen „reverse Genetik" bekannt, im Unterschied zum „*functional cloning*", bei dem über das Genprodukt der Genlocus gesucht wird.

Positionseffekt (engl. *position effect*) Expressionsänderung eines Gens (Allels), das durch Rekombination, Chromosomenaberration oder Gentransfer andere Gennachbarn erhält. Dies kann beispielsweise zu einer Störung des Promotors des entsprechenden Gens führen.

positiv assortative Paarung → assortative Paarung

positive Interferenz (engl. *positive interference*) Interaktion zwischen Crossing over-Ereignissen in der Weise, dass das Auftreten eines Chromatidaustausches (→ Crossing over) die Wahrscheinlichkeit eines zweiten in unmittelbarer Nachbarschaft reduziert.

positive Rückkopplung → Feedback-Inhibition

postsynaptisches Potenzial, PSP (engl. *postsynaptic potential*) Die Ausschüttung von → Neurotransmittermolekülen nach Eingang eines synaptischen Signals erzeugt in der postsynaptischen (subsynaptischen) Membran ein PSP, welches wie bei den → Sinneszellen unterschiedlich stark sein kann (→ Generatorpotenzial) und sich nicht nach dem Alles-oder-Nichts-Gesetz eines → Aktionspotenzials verhält.

Es breitet sich passiv über die postsynaptische Membran aus. Dies bedeutet, dass seine Stärke mit zunehmendem Abstand vom Punkt seiner Erzeugung (an der Grenzfläche Synapse – postsynaptische Membran) immer schwächer wird.

Je nach den Eigenschaften der postsynaptischen Membran wirkt das PSP erregend (→ EPSP) oder hemmend (→ IPSP).

posttranskriptionelle Modifikation (engl. *posttranscriptional processing*) → nukleäre RNS-Prozessierung

posttranslationale Modifikation (engl. *posttranslational processing*) Veränderung (Prozessierung) der Polypeptidkette nach der Synthese, z. B. Entfernung der Formylgruppe vom Methionin bei Bakterien; Acetylierung, Hydroxylierung, Phosphorylierung, Anfügen von Zuckermolekülen, Bildung von Disulfidbrücken oder die definierte Spaltung einer Polypeptidkette, wodurch beispielsweise Proenzyme zu aktiven Enzymen werden.

Potenzial (lat. *potentia* Macht; engl. *potential*) (1) Physikalisch: Maß für die Stärke eines Kraftfeldes in einem Raumpunkt. (2) Biologisch: Entwicklungsfähigkeit einer embryonalen Zelle. (3) Redoxpotenzial; → Redoxreaktion (4) → Membranpotenzial.

Präadaptation (engl. *preadaptation*) Entstehung/Auftreten eines neuen Merkmals oder einer Funktion aus einer → Mutation, wobei die Veränderung für den Organismus erst dann an Wert gewinnt, wenn sich die Umwelt ändert. Präadaptationen sind oft erst nach mehreren Generationen entscheidend.

Prägung (engl. *imprinting*) Irreversibles Festlegen (Lernform mit einer angeborenen Komponente) eines festen Verhaltensmusters während einer → sensiblen (Jugend-)Phase. → Imprinting

prä-mRNS → Primärtranskript

pränatale Diagnose → Amniozentese, → Chorionzottenbiopsie

Präprimosom → Primosom

Präzipitation → Präzipitintest

Präzipitintest (lat. *praecipitare* senken; engl. *precipitin test*) Eine einfache Methode zur ungefähren Bestimmung antigener Unterschiede (→ Antigen) von Proteinen, die von genetisch verschiedenen Individuen oder Individuen verschiedener Arten stammen.

Das eigentliche Nachweissystem ist das → Immunsystem (eines Tiers) und die von ihm gebildeten → Antikörper. Da es sich um eine Mischung verschiedener Antikörper handelt, bezeichnet man es (besser) als **Antiserum**.

Beispielsweise injiziert man einem Kaninchen wiederholt menschliches Blutserum und immunisiert so gegen menschliche Serumproteine, da diese wegen ihrer gegenüber dem Kaninchen anderen Aminosäuresequenz eine unterschiedliche antigene Oberfläche besitzen. Dem Kaninchen wird nach geraumer Zeit Blutserum entnommen (nach der Immunisierung nun ein Antiserum). Da das Immunsystem des Kaninchens die meisten menschlichen Serumproteine als „fremd" erkennt, werden gegen alle fremden Proteine verschiedene Antikörper gebildet (genauer: Kaninchen-anti-Humanserumproteine-

Serum). Gibt man dieses Antiserum (im richtigen Verhältnis) im Reagenzglas zu dem menschlichen Serum, wie es für die Immunisierung des Kaninchens verwendet wurde, dann verbinden sich die Antikörper mit den menschlichen Serumproteinen und fallen zusammen mit diesen als weißliche Substanz am Boden des Gefäßes aus **(Präzipitation)**. Gibt man zu diesem Antiserum das Serum eines anderen Kaninchens aus dem gleichen Zuchtstamm, erfolgt keine Präzipitation, da für die gebildeten Antikörper keine entsprechenden Antigene vorhanden sind. Vermischt man das Kaninchen-Antiserum mit dem Serum eines Affen, so gibt es ein geringeres Präzipitat als bei der Mischung Kaninchen-Antiserum mit menschlichem Blutserum. Die vom Kaninchen gebildeten Antikörper gegen Humanserum „passen" nur teilweise auf die Serumproteine des Affen. Dies bedeutet, dass die Serumproteine des Affen viele Gemeinsamkeiten (Antigene) mit denen des Menschen haben oder anders ausgedrückt, dass Affe und Mensch genetisch nahe Verwandte sind.

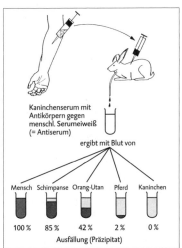

Kaninchenserum mit Antikörpern gegen menschl. Serumeiweiß (= Antiserum)

ergibt mit Blut von

Mensch	Schimpanse	Orang-Utan	Pferd	Kaninchen
100 %	85 %	42 %	2 %	0 %

Ausfällung (Präzipitat)

Ablauf des Präzipitintests

Durch die enormen Fortschritte in der DNS-Technologie und deren leichte Handhabung hat der Präzipitintest seine frühere Bedeutung bei der Ermittlung von Verwandtschaftsgraden verloren.

Pribnow-Box (engl. *Pribnow box*) DNS-Abschnitt „stromaufwärts" von → prokaryontischen Strukturgenen, an welchen die σ-Untereinheit der RNS-Polymerase bindet.

Dieser „Promotor" der Bakterien ist 6 bp lang und hat eine stets übereinstimmende Sequenz (→ Consensussequenz) von TATAAT. Benannt nach ihrem Entdecker D. Pribnow (1975). → Hogness-Box

primäre RNS (engl. *primary transcript*) → Primärtranskript

primäre Speziation (lat. *primarius* einer der ersten; engl. *primary speciation*) Trennung einer Art in zwei neue als Ergebnis von natürlicher Selektion, die unterschiedliche Genkomplexe in geografisch isolierten Populationen favorisiert.

primäres Geschlechtsmerkmal (engl. *primary sexual character*) Organ, das Gameten produziert, → Ovar (Eierstock) oder → Testis (Hoden). → sekundäre Geschlechtsmerkmale

primäres Geschlechtsverhältnis (engl. *primary sex ratio*) Das Verhältnis von Männchen zu Weibchen zum Zeitpunkt der Befruchtung (Zygote).

Beim Menschen schätzt man das Verhältnis männlicher zu weiblicher Zygoten auf 130 : 100, was auf etwas leichtere und dadurch schnellere Y-Chromosom-tragende Spermien zurückgeführt werden könnte (das X-Chromatid ist wesentlich größer als das Y-Chromatid). Bis zur Geburt sterben jedoch ca. ein Fünftel mehr männliche Embryonen/Feten als weibliche ab. Eine Ursache dafür dürfte die Hemizygotie der männlichen Nachkommen bezüglich des X-Chromosoms sein. Sie können nicht durch → X-Inaktivierung Letalgene auf einem „schadhaften" X-Chromosom neutralisieren. → rezessives Letalgen, → sekundäres Geschlechtsverhältnis

Primärfollikel → Oogenese

Primärkultur (engl. *primary culture*) Zellkultur, die aus frisch entnommenen Geweben oder Organen eines Organismus angelegt ist.

Primärproduktion (engl. *primary production*) Die über eine bestimmte Zeitdauer produzierte Biomasse in einem Ökosystem, also Biomasse von Produzenten und Konsumenten. Hauptproduzenten sind dabei die Pflanzen und je nach Ökosystem können auch Bakterien hierfür verantwortlich sein (z. B. in hydrothermalen Quellen am Meeresgrund). → Nettoprimärproduktion

Primärreaktion → Fotosynthese, → Lichtreaktionen

Primärstruktur (engl. *primary structure*) → Proteinstruktur

Primärtranskript, primäre RNS (engl. *primary transcript*) Ein RNS-Molekül unmittelbar nach seiner → Transkription vom *Template*-DNS-Strang.

In eukaryontischen Zellen enthält das Primärtranskript (dann **prä-mRNS** genannt) meistens nicht codierende Sequenzen, die sog. → Introns. Das Primärtranskript wird dann zur mRNS umgebaut (prozessiert). → nukleäre RNS-Prozessierung

Primase (engl. *primase*) Enzym, das ein Vorläufer-RNS-Fragment (ein RNS-Fragment, welches zum Start der DNS-Replikation gebraucht und dann wieder abgebaut wird) bei der Replikation des *lagging*-Stranges (→ Strangbezeichnung) synthetisiert. → Primosom

Primase produziert einen RNS-Primer (→ Primer-RNS; kurzes RNS-Stück als eine Art Starter), den die DNS-Polymerase III verlängert. Der RNS-Primer wird dann durch DNS-Polymerase I wieder abgebaut und durch DNS-Nukleotide ersetzt. Die Primase von *E. coli* ist ein einzelnes Polypeptid von 60 000 d und wird vom Gen dnaG codiert.

In vitro (also unter künstlichen Bedingungen im „Reagenzglas") kann Primase sowohl Desoxyribonukleotide als auch Ribonukleotide polymerisieren. → Primer, → semidiskontinuierliche Replikation

Primaten (lat. *primarius* einer der ersten; engl. *primates*) → Carl von Linné stellte als Erster in der 10. Auflage seiner → *Systema Naturae* 1758 den Menschen zusammen mit den Affen (und Fledermäusen) in eine Ordnung (Ordo) seines taxonomischen Systems und nannte diese Ordnung *Primates*, was so viel wie „Herrentiere" bedeutet. Diese Ordnung beinhaltet heute die Halbaffen (z. B. Spitzhörnchen, Lemuren) und echten Affen, die wiederum in die Breitnasen-/Neuweltaffen und die Schmalnasen-/Altweltaffen unterteilt werden. Die Schmalnasenaffen umfassen die *Cercopithecoidea* (Hundskopfartige, z. B. Pavian) und die *Hominoidea* (Menschenähnliche), letztere Überfamilie beinhaltet die Menschenaffen und den Menschen selbst (Familie *Hominidae* mit der einzigen lebenden Gattung *Homo*, Art *Homo sapiens sapiens*).

Primer (lat. *primus* der Erste; engl. *primer*) Einzelsträngiges Oligonukleotid (natürlicherweise meist aus RNS), an dessen 3'-Hydroxylgruppe die DNS-Polymerase den Replikationsvorgang (Erstellen der komplementären DNS-Sequenz) beginnen kann.

Labortechnisch werden vor allem DNS-Primer bei der → PCR und zur → DNS-Sequenzierung eingesetzt. → Primer-RNS

Primer-RNS (engl. *primer RNA*) Kurzes RNS-Stück, das von einer RNS-Polymerase (→ Primase) an einen einzelsträngigen DNS-Strang angelegt wird und als der notwendige → Primer fungiert, an den die DNS-Polymerase III Desoxyribonukleotide während der Replikation (→ DNS-Replikation) hängt. Die Primer werden später enzymatisch abgebaut und durch DNS-Sequenzen ersetzt.

Primipara → multipar

Primosom (engl. *primosome*) Proteinkomplex einschließlich der → Primase, der die Synthese der Okazaki-Fragmente

(→ semidiskontinuierliche Replikation) einleitet. Ohne Primase heißt der Komplex **Präprimosom**. → DNS-Replikation

Prinzip der doppelten Quantifizierung (engl. *principle of double quantification*) Nach dem Prinzip der doppelten Quantifizierung haben immer zwei Größen Einfluss auf das Zustandekommen und die Intensität einer Verhaltensreaktion, so beispielsweise die Stärke eines auslösenden Reizes **und** die Höhe der inneren Bereitschaft des darauf antwortenden Individuums.

Prion (engl. *prion*) „Infektiöses" Protein, das beispielsweise Scrapie auslöst, die Traberkrankheit des Schafes, oder BSE (*bovine spongiforme Enzephalopathie*), den Rinderwahnsinn. Das Wort ist zusammengesetzt aus **Pr**otein und **In**fektion.

Früher verstand man darunter „langsame Viren". Jedoch konnten in den infektiösen Agentien bislang keine Nukleinsäuren gefunden werden. Nach einer derzeit gängigen Theorie handelt es sich bei den für die Erkrankungen verantwortlichen Prionen um natürlich vorkommende, aber veränderte Proteine (Mutation des entsprechenden Genes). Dabei kann selbst die orale Aufnahme von Prionen (ohne defektes Gen) zur Erkrankung führen.

Vermutlich dienen die aufgenommenen Prionen als eine Art Kondensationskeim im Gehirn und führen dort zur weiteren Anlagerung von ähnlichen Proteinen, die dabei strukturell umgeformt werden. Die daraus entstehenden Aggregate führen dann zu dem krankhaften Geschehen. Die Funktion der natürlichen Prionen in den (Nerven-)Zellen ist noch nicht bekannt. → Creutzfeldt-Jakob-Krankheit

Proband (lat. *probare* prüfen; engl. *proband*) Versuchsperson. Testperson, Tier im Versuch.

Probe (engl. *probe*) → Sonde

processing → Prozessierung

Produktivität (lat. *producere* hervorbringen; engl. *productivity*) → Fertilität

Produzenten (engl. *producers*) Alle Organismen, die mittels Licht- oder chemischer Energie Biomasse produzieren können.

Als Hauptproduzenten können alle Fotosynthese-betreibenden Lebewesen (vor allem Pflanzen und Algen) gesehen werden. Daneben liefern auch sog. → autotrophe Bakterien durch Verwendung chemischer Energie Biomasse. Alle anderen Organismen, auch die → Destruenten, leben letztendlich von diesen Produzenten.

Profundal → Benthal

progam → Isolationsmechanismen

Progesteron (lat. *pro* für, *gestatio* Schwangerschaft; engl. *progesterone*) Ein Gestagen. → Steroidhormon des Gelbkörpers (*Corpus luteum*) im Eierstock und der Plazenta, das die Schwangerschaft (Trächtigkeit) aufrechterhält.

progressive Selektion → gerichtete Selektion

Prokaryonten (griech. *pro* vor, *karyon* Kern; engl. *prokaryotes*) Häufig im Deutschen auch als **Prokaryoten** bezeichnet. Alle Mikroorganismen (vor allem Bakterien), die keinen echten Zellkern enthalten, ebenso keine Zentriolen, mitotische Spindel, Plastiden und Mitochondrien. Die DNS liegt in einem Zellbereich ohne Kernmembran.

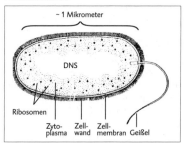

Schematische Zeichnung einer prokaryontischen Zelle

Promotor (lat. *movere* bewegen; engl. *promoter*) DNS-Abschnitt „stromaufwärts" eines jeden → Strukturgens. An ihm bindet die RNS-Polymerase und leitet die Transkription ein. Weitere regulatorische Sequenzen (= Enhancer) können sich „stromaufwärts" des Promotors befinden.

Die Nukleotidsequenz des Promotors bestimmt die RNS-Syntheserate, d. h. an die Nukleotidsequenzen mancher Promotoren bindet die RNS-Polymerase statistisch gesehen häufiger und an andere weniger häufig. Dementsprechend gibt es hochexprimierende und niederexprimierende Promotoren, d. h. Promotoren die sehr viele bzw. nur wenige Transkripte (RNS) von dem entsprechenden Gen anfertigen lassen. Eine typische Promotorsequenz ist die → Hogness-Box.

Pronukleus (lat. *pro* vor, *nucleus* Kern; engl. *pronucleus*) Vorkern; der Kern einer Eizelle, eines Spermiums oder von Pollen (bei Pflanzen) nach der → Befruchtung bis zur → Syngamie.

Prophase → Mitose

prosthetische Gruppe, Koenzym, Kofaktor (griech. *prostithemi* ich füge hinzu; engl. *prosthetic group, cofactor*) Der Teil eines Proteinkomplexes, der kein Polypeptid ist, beispielsweise das Häm des Hämoglobins. Die prosthetische Gruppe ist der eigentlich aktive Teil eines solchen Proteins (z. B. bindet das Häm im Hämoglobin den Sauerstoff). → Enzym

Protamine (engl. *protamines*) Basische Proteine, die in Spermien (-vorläuferzellen) vieler Spezies mit der DNS anstelle der Histone das → Chromatin bilden.

Protandrie (griech. *protos* der erste, *aner* Mann; engl. *protandry*) (1) Konsekutiver oder sequenzieller Hermaphroditismus bei Tieren, die zuerst männlich und dann weiblich sind, z. B. Schnecken. → Protogynie. (2) Das zeitlich frühere Auftreten von Männchen in der Paarungszeit. Die Weibchen kommen später in den Lebensraum (Habitat) nach, z. B. einige Zugvögel. (3) Bei monözischen Pflanzen (einhäusigen Pflanzen, bei denen männliche und weibliche Fortpflanzungsorgane auf einer Pflanze vorhanden sind) die Reifung der pollentragenden Organe vor den weiblichen Organen.

Protease (griech. *protos* der erste; engl. *protease*) Ein Enzym, das Proteine spaltet (= verdaut, hydrolysiert).

Protein, Eiweiß (griech. *protos* der erste (Stoff); engl. *protein*) Molekül aus einer oder mehreren Polypeptidketten, die ihrerseits aus Aminosäuren bestehen. → Polypeptid, → Proteinstruktur

Protein(bio)synthese (engl. *protein synthesis*) → Translation, → Transkription

Proteinsequenzierung (engl. *protein sequencing*) Methode zu Bestimmung, welche Aminosäuren, wieviel von jeder Aminosäure und in welcher Reihenfolge diese sich in einer Polypeptidkette befinden.

Mithilfe proteolytischer Enzyme bzw. Chemikalien, welche die Aminosäurekette an spezifischen Stellen trennen, werden kurze Oligopeptide erzeugt. So schneidet z. B. das Enzym Trypsin nach den Aminosäuren Lysin oder Arginin, während Cyanogenbromid eine Peptidbindung nach der Aminosäure Methionin löst. Zur eigentlichen Sequenzbestimmung wird die freie Aminogruppe eines solchen kurzen Peptids kovalent an eine Chemikalie gebunden und einer leichten Säure ausgesetzt, sodass sich nur die erste Peptidbindung löst. Die frei gewordene Aminosäure wird chromatografisch identifiziert. Der Vorgang wiederholt sich, bis alle Aminosäuren bestimmt sind.

Die sich ständig wiederholende Prozedur war die Voraussetzung für die Entwicklung automatischer Geräte, sog. Sequinatoren. Im Vergleich zur Sequenzanalyse von Nukleinsäuren ist die Aminosäuresequenzierung jedoch aufwändig und teuer. Deshalb leitet man heute vielfach die Aminosäuresequenz aus der Codonsequenz des entsprechenden Gens ab.

Proteinstruktur (engl. *protein structure*) Unter **Primärstruktur** versteht man die Aminosäuresequenz einer Polypeptidkette und die Position der Schwefelbrücken (Disulfidbindungen) innerhalb dieser Polypeptidkette. Die **Sekundär-**

struktur ist die räumliche Anordnung einer Polypeptidkette, die sich vor allem von den Wasserstoffbrückenbindungen zwischen nahe benachbarten Aminosäuren innerhalb der Kette ableitet. Dazu gehören die α-Helix und die β-(Faltblatt-) Strukturen. Unter **Tertiärstruktur** versteht man die Art, wie sich die Ketten falten und unter **Quartärstruktur**, wie zwei oder mehr aneinander gelagerte Polypeptidketten miteinander interagieren.

Die räumliche Struktur bedingt die „Fähigkeit" des entsprechenden Proteins. So dienen langgestreckte, fadenförmige Proteine beispielsweise als Zugseile oder Verspannungen (Elastin), kugelförmige mit Vertiefungen als Träger für kleinere Moleküle (→ Hämoglobin) oder viele als „Schneide"- oder „Verkleber"-Werkzeuge (Enzyme) zum Auf- und Abbau höhermolekularer Verbindungen.

Proteinsynthese (engl. *protein synthesis*) → Translation, → Transkription

Proteohormon (engl. *proteohormone*) → Hormone auf Proteinbasis (z. B. Wachstumshormon, → Gonadotropine). → Rezeptor

Proteosom (griech. *soma* Körper; engl. *proteosome*) Großer Proteinkomplex im Zytoplasma eukaryontischer Zellen, der Protein auflösende Enzyme enthält. Diese „Entsorgungsmaschinen" spalten Eiweiße nur dann in kleine Bruchstücke, wenn sie ubiquitiniert worden sind. → Ubiquitin ist ein saures Protein, das als Erkennungszeichen solchen „Abfallproteinen" angehängt wird.

Prothrombin (engl. *prothrombin*) Inaktive Form des Thrombins. → Blutgerinnung

Protogynie (griech. *protos* der erste, *gyne* Frau; engl. *protogyny*) Zeitlich nacheinander ablaufender Zwitterzustand (sequenzieller oder konsekutiver Hermaphroditismus), bei dem die Eierstöcke (Ovarien) zeitlich vor den Hoden (Testes) aktiv sind, z. B. bei einigen Fischen. → Protandrie

Protokooperation (griech. *protos* der erste; lat. *cooperire* zusammenarbeiten; engl. *protocooperation*) Eine symbiontische Beziehung, bei der beide Partner zwar voneinander Nutzen haben, aber nicht so streng aufeinander angewiesen sind wie beim → Mutualismus.

Das klassische Beispiel für eine Zusammenarbeit verschiedener Partner (Kooperation) ist das Zusammenleben von Einsiedlerkrebsen mit Seeanemonen. Die giftigen Nesselzellen der an dem Wohngehäuse des Krebses festgewachsenen Anemone schützen den Krebs vor Fressfeinden. Die Seeanemone profitiert von den Nahrungsabfällen des Krebses sowie von der Beweglichkeit, die sie durch den Krebs erhält.

protonenmotorische Kraft (engl. *proton-motive force*) → chemiosmotische Theorie

Protoonkogen (griech. *onkos* Schwellung; engl. *proto-oncogen*) Ein zelluläres Gen für die Kontrolle der normalen Zellteilung, das z. B. durch eine somatische Mutation in ein Krebs verursachendes Gen (→ Onkogen) umgewandelt werden kann.

Protoplasma (griech. *protos* der erste, *plasma* das Geformte; engl. *protoplasm*) Gesamter Inhalt, der von der äußeren Zellmembran (= Plasmamembran) umschlossen wird. Entspricht dem Zellkern mit dem → Karyoplasma und dem ihn umgebenden → Zytoplasma.

Protoplast (griech. *plasma* das Geformte; engl. *protoplast*) Pflanzen- oder Mikroorganismenzelle, bestehend aus Kern bzw. Nukleoid, Zytoplasma und Plasmamembran, aber ohne die Zellwand. Protoplasten können experimentell hergestellt werden, indem die feste Zellwand mit Enzymen abgelöst wird. Bestimmte zellwandlose Bakterien (z. B. Mykoplasmen) sind in diesem Sinne Protoplasten.

Protozoa, Protozoen (griech. *protos* erster, *zoon* Tier; engl. *protozoa*) **Ein-**

zeller, „Urtiere". Unterreich in der Taxonomie, das die einzelligen heterotrophen Eukaryonten umfasst. Gemeinsam sind ihnen spezielle → Ribosomen (80 S). Zu ihnen gehören u. a. die Amoeben, Strahlentierchen und die Erreger von Malaria, z. B. *Plasmodium malariae, P. vivax.*

Provirus (lat. *pro* vor, *virus* Gift; engl. *provirus*) Ein Virus, dessen DNS in das Wirtsgenom eingebaut (integriert) ist und von einer Zellgeneration auf die nächste übertragen wird, ohne die Wirtszelle durch Vermehrung zu zerstören (lysieren). Das Genom der ursprünglich einzelsträngigen (RNS) Retroviren, kann als Teil eines Chromosoms (integrierte DNS) in Form einer doppelsträngigen DNS vorliegen. Solche Proviren können an der Transformation von Zellen beteiligt sein, die zu Krebszellen werden. → Retrovirus

proximate Ursache (lat. *proximus* der nächste; engl. *proximate factor (cause)*) Bezieht sich auf eine hypothetische Erklärung für die Begünstigung eines bestimmten Verhaltens durch die natürliche Selektion. → ultimate Ursache

prozessiertes Gen, Retrogen (engl. *processed gene*) Ein eukaryontisches → Pseudogen ohne Introns, aber mit einem poly-A-Schwanz. Dies lässt vermuten, dass es aus einer prozessierten prä-mRNS (= mRNS) entstanden ist, indem diese durch das virale Enzym reverse Transkriptase in doppelsträngige DNS umgeschrieben wurde, welche dann in eine genomische DNS eingebaut (insertiert) wurde.

Prozessierung (engl. *processing*) (1) Posttranskriptionale Modifikation von Primärtranskripten (prä-mRNS). Diese Veränderung umfasst → *capping*, → Spleißen und Anhängen eines poly-A-Schwanzes. Erst dann liegt eine funktionsfähige mRNS vor. → nukleäre RNS-Prozessierung (2) Antigene werden von Fresszellen (z. B. Makrophagen) durch partiellen Abbau intrazellulär prozessiert (vor allem zerkleinert), wodurch immunogene Einheit(en), Immunogen(e), entstehen und auf der

Oberfläche zusammen mit → MHC-Molekülen der Makrophagen erscheinen. Dort kommt es zu Kontakten mit Lymphozyten, welche durch das/die Immunogen(e) wesentlich besser stimuliert werden (etwa Lymphozyten-Vermehrung, Ausschüttung von Proteinen wie → Interleukine) als durch das ursprüngliche Antigen. → Immunantwort

Pseudoallele (engl. *pseudoalleles*) → Pseudogen

Pseudogen (griech. *pseudes* falsch; engl. *pseudogene*) Ein nicht funktionsfähiges Gen (Pseudoallel) bzw. Genlocus mit ähnlicher Nukleotidsequenz wie ein anderer, funktionsfähiger Genlocus.

Das Pseudogen ist aufgrund von Deletionen (DNS-Teilverlust des ursprünglichen Gens) oder Additionen (zusätzliche DNS-Sequenzen) funktionslos, sodass keine Transkription erfolgt.

Pseudogene werden meist von sog. direkten *Repeats* (Wiederholungen) von 10 bis 20 Nukleotiden Länge flankiert. Dies deutet auf eine DNS-Insertion (Einbau des Pseudogens in einen anderen DNS-Bereich) als Ursache für die Existenz eines Pseudogens hin.

PSP → postsynaptisches Potenzial

Pulsfeldgelelektrophorese (engl. *pulse-field gel electrophoresis*) Elektrophoresemethode, mit der sehr große Moleküle getrennt werden können. Während des Laufs durch das Gel sind die Moleküle (z. B. sehr große DNS-Moleküle) einem ständig wechselnden elektrischen Feld ausgesetzt. Dadurch wird verhindert, dass sich besonders die großen Moleküle in dem molekularen Netzwerk des Elektrophoresegels verfangen. → Elektrophorese

Punktmutation (engl. *point mutation*) In der Molekulargenetik der Ersatz (Substitution) eines Nukleotids durch ein anderes. → Transition, → Transversion

Punktualismus (lat. *punctum* Punkt; engl. *punctuated equilibrium*) Variante der Evolutionstheorie, nach der sich Arten nur in kurzen Zeiträumen, in denen ihre

Umwelt sich ändert, sprunghaft entwickeln und in neue Arten aufspalten. Die übrige Zeit (ohne die entsprechenden Umweltveränderungen) bleiben die Arten nahezu unverändert (→ Stasis).

Die heute vielfach akzeptierte Theorie des Punktualismus geht davon aus, dass beispielsweise nach globalen Naturkatastrophen durch Zerstörung ganzer Ökosysteme die Evolution in kurzer Zeit erhebliche, „sichtbare" Sprünge durchführen kann. Die → Paläontologie liefert dafür einige Beispiele, wovon der Übergang zwischen Kreide- und Tertiärzeit (etwa vor 65 Mio. Jahren) das bekannteste ist. Über das ursächliche Ereignis herrscht noch keine Einigkeit unter den Experten. Als mögliche Katastrophen werden, genau in diese Zeit datiert, ein großer Meteoriteneinschlag auf der Halbinsel von Yukatan (Mexiko) und/oder riesige Lavaausbrüche (vor allen in Indien) diskutiert. In dieser sog. Kreide-/Tertiär-Übergangszeit (C/T boundary) starben etwa 2/3 aller höheren Organismen, darunter die Dinosaurier, aus. Bis zu diesem Zeitpunkt führten die Säuger eine Art Schattendasein

unter den alle größeren Ökosysteme beherrschenden Dinosaurieren. Als diese verschwanden, übernahmen die Säuger und auch die Vögel mit einer ungeheueren Artentwicklung binnen weniger Jahrmillionen die Macht über die Erde. Letztendlich hat daher auch der Mensch seine Existenz einer globalen Katastrophe am Ende der Kreidezeit zu verdanken. → Gradualismus, → Synthetische Theorie

Purin (engl. purine) Eine Gruppe organischer Basen (Adenin, Guanin), die u. a. in den Nukleinsäuren und, speziell Adenin, in Form von ATP vorkommen. → Nukleosid, → Anhang XII

Pyrimidin (engl. pyrimidine) Eine Gruppe organischer Basen (Cytosin, Thymin, Uracil), die u. a. in den Nukleinsäuren vorkommen. → Nukleosid, → Anhang XII

Pyruvat (griech. pyr Feuer; engl. pyruvate) Salz der Brenztraubensäure. Zwischenstufe des Glucoseabbaus bzw. Endstufe der → Glykolyse. Das Molekül mit drei Kohlenstoffatomen ist die Vorstufe von Lactat, Ethanol oder Acetyl-Coenzym A, das in den → Citratzyklus eingeht.

Q

q Der längere Arm eines → Chromosoms.

Q-Bänderung (engl. *Q banding*) → Chromosomenbänderung

qualitatives Merkmal (engl. *qualitative character, qualitative trait*) Phänotypisches Merkmal von Individuen, das von einem oder wenigen Genloci verursacht wird (Haarfarbe, Blutgruppen). → oligogenes Merkmal, → quantitatives Merkmal

quantitatives Merkmal (engl. *quantitative character, quantitative trait*) Phänotypisches Merkmal von Individuen, das durch viele Genloci beeinflusst wird (Körpergröße des Menschen, Milchleistung einer Kuh, Gewicht u. a.). → polygenes Merkmal, → qualitatives Merkmal

quantitative Vererbung (engl. *quantitative inheritance*) Phänotypische Merkmale zeigen meist eine kontinuierliche Verteilung, wenn sie von vielen Genloci beeinflusst werden, im Gegensatz zu einem → qualitativen Merkmal, das eine diskrete, stufenartige Verteilung hat.

In der Abbildung zeigt A die phänotypische Verteilung eines Merkmals, dem ein Genlocus mit zwei Allelen zugrunde liegt. Hier ergeben sich drei klar abgrenzbare Gruppen, die beiden homozygoten (je 25 %, z. B. rote bzw. weiße Blütenfarbe) und eine heterozygote Gruppe (rosa),

die 50 % der Individuen umfasst. Je mehr Genloci an einem Merkmal beteiligt sind, desto weniger deutlich sind Merkmalsgruppen wie auch Individuengruppen und Genotypen erkennbar (B und C).

Mithilfe von drei Begriffen unterscheidet die quantitative Genetik die Wirkungen der Allele (und ihre Vererbung). Sie sind von den → Mendel'schen Gesetzen abgeleitet und gelten deswegen für alle Allelwirkungen, sind aber besonders dort sehr nützlich, wenn die Wirkung einzelner Gene nicht mehr optisch unterschieden werden kann, sondern nur noch mithilfe statistischer Parameter. Diese Wirkungen sind die additive, die dominante und die epistatische (→ Geninteraktion). Bei der Selektion der Nutzpflanzen und -tiere durch den Menschen spielen die additiven Wirkungen die größte Rolle (die dominanten und epistatischen Wirkungen heben sich in der nächsten Generation auf, da die Allele bei jeder Meiose und Befruchtung neu verteilt werden). Man nutzt die additive Wirkung, indem man die Phänotypen mit den extremsten Merkmalswerten (siehe C, Pfeil) zur Zucht verwendet, da sich in diesen Individuen die Allelwirkungen vieler Genloci zum höchsten phänotypischen Wert aufaddieren. → qualitative Merkmale, → quantitative Merkmale, → Selektion

Quartärstruktur (engl. *quarternary structure*) → Proteinstruktur

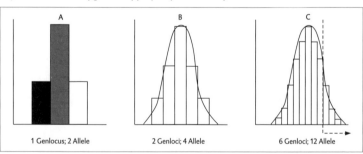

A	B	C
1 Genlocus; 2 Allele	2 Genloci; 4 Allele	6 Genloci; 12 Allele

Vergleich der Vererbung qualitativer (links) und quantitativer Merkmale (mitte, rechts): Die Abbildung zeigt die Verteilung der Varianten, wenn 1, 2 oder 6 unabhängige Genloci mit je zwei Allelen mit gleicher Wirkung ein Merkmal beeinflussen.

R

r Korrelationskoeffizient → Korrelation
R (1) Symbol für ein chemisches → Radikal, (2) Ein-Buchstaben-Symbol für Purin; → Anhang XII. (3) Bezeichnung für ein Resistenzgen eines Plasmides beispielsweise gegenüber einem → Antibiotikum, z. B. Amp^R = Resistenz gegen Ampicillin.

Bakterien, die ein solches Plasmid tragen, können in einem mit einem Antibiotikum versetzten Nährmedium überleben, da das Resistenzgen z. B. ein Enzym herstellt, welches das Antibiotikum unschädlich macht. Diese Gegebenheit wird in der Gentechnik genutzt, um transgene, transformierte Bakterien zu selektieren.

Beispiel: Bakterien sollen menschliches Wachstumshormon produzieren. Dazu wird ein Plasmid, welches das menschliche Wachstumshormongen trägt, zu einer Bakterienkultur gegeben. Da nicht alle Bakterien das Plasmid aufnehmen und die Bakterien ferner dazu tendieren, das Plasmid wieder zu verlieren, müssen die Plasmid tragenden Bakterien selektiert („ausgesucht") werden. Zu diesem Zweck befinden sich auf dem Plasmid außer dem → Strukturgen für das menschliche Wachstumshormon auch zwei Resistenzgene gegen bestimmte Antibiotika (hier: Ampicillin und Tetracyclin). Das Strukturgen für menschliches Wachstumshormon wird in das eine Resistenzgen eingebaut und dieses dadurch funktionslos. Da dieser Einbau statistisch nicht in alle Plasmide erfolgt, werden auch ursprüngliche, zwei funktionsfähige Resistenzgene (aber kein Strukturgen) tragende Plasmide von Bakterien aufgenommen. Letztlich selektiert man diejenigen Bakterienstämme, die in Gegenwart des einen Antibiotikums überleben können und in Gegenwart des anderen absterben, denn diese tragen das gewünschte Strukturgen für menschliches Wachstumshormon in sich.

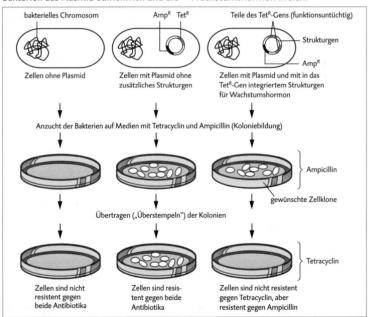

Selektion von Zellklonen mit einem intakten Resistenzgen gegen Ampicillin und integriertem Strukturgen

Manche Bakterien können „von Natur aus" über mehrere Resistenzgene gleichzeitig verfügen (auf einem oder mehreren verschiedenen Plasmiden). Zahlreiche bakterielle Krankheitserreger des Menschen besitzen heute derartige Resistenzgene gegen Antibiotika und verursachen ernste Therapieprobleme.

Radikal (lat. *radix* Wurzel; engl. *radical*) Viele Moleküle, die in biologischen Systemen vorkommen, können auch unter physiologischen Bedingungen durch Vorhandensein eines ungepaarten Elektrons zu einem chemisch hochreaktionsfähigen Zwischenprodukt, einem Radikal, werden. Der Begriff Zwischenprodukt rührt daher, da ein Radikal durch seine extreme Reaktionsfreudigkeit meist nur sehr kurz existiert und sofort nach seiner Entstehung mit dem nächstmöglichen Reaktionspartner wechselwirkt (→ Redoxreaktion).

In biologischen Systemen entstehen verschiedene Arten von Sauerstoffradikalen besonders häufig; sie werden z. B. aufgrund hochenergetischer Strahlung (UV, Röntgen) erzeugt (generiert), aber auch während ganz normaler Stoffwechselvorgänge. Um diese Zwischenprodukte in ihren schädlichen Auswirkungen einzudämmen, haben die Organismen unterschiedliche Radikalfänger (engl. *scavenger*) entwickelt. Da viele von ihnen gegen Sauerstoffradikale, also oxidative Prozesse, gerichtet sind, spricht man von **Antioxidantien**. Bekannteste Beispiele sind einige Vitamine wie Vitamin C, E und F oder Enzyme wie die Katalase. Bei einer Wechselwirkung mit einem Radikal übernehmen die Antioxidantien die „Radikaleigenschaft", werden also kurzzeitig selbst zum Radikal und geben das ungepaarte Elektron weiter bis es letztendlich in einer stabilen chemischen Verbindung unschädlich verbleibt.

Der Vorteil dieses Systems liegt darin, dass das ursprüngliche Radikal „gezielt" auf ein „harmloses" Molekül wie das An-

tioxidans trifft und nicht etwa auf ein wichtiges Eiweiß oder eine Base der DNS, was einen ungleich größeren Schaden für den Organismus bedeuten würde. Dennoch summieren sich solche „Schadensfälle" durch Radikale über die Zeit, was heute auch für den generellen Alterungsprozess mitverantwortlich gemacht wird.

Radioimmun(o)assay, RIA (engl. *radioimmunoassay*) Sensitive Methode zum mengenmäßigen Nachweis von → Antigenen, die nur in geringen Mengen vorkommen oder gewonnen werden können (z. B. Hormone, Cytokine u. a.).

Ein für das jeweilige Antigen (Molekül) spezifischer, radioaktiv markierter (bevorzugt → monoklonaler) Antikörper bindet an das gesuchte Antigen. Die messbare Strahlung, die das Radioisotop abgibt, ist proportional der Menge der gebundenen Antigene. Durch Vergleichswerte mit Standardmengen kann ziemlich genau die Antigenmenge bestimmt werden.

Eine Alternative zum RIA hat sich im **Enzymimmun(o)assay** (EIA) entwickelt. Der EIA funktioniert wie ein RIA, nur wurde das Radioisotop durch ein Enzym ersetzt, womit eine Färbungsreaktion ausgelöst wird, welche das gesuchte Antigen detektiert. Eine spezielle Form des EIA ist der *enzyme-linked immunosorbent assay* (ELISA), bei dem ein zweiter Antikörper (an ein Enzym gekoppelt) eingesetzt wird und mit dem weniger als 1 ng eines Antigens nachgewiesen werden kann.

random amplified polymorphic DNA → RAPD

random primer Mischung künstlich hergestellter Oligonukleotide mit zufälliger Basenfolge (sozusagen eine vielfältige Mischung von → Primern), von denen sich zufällig einige an die komplementäre Sequenz eines *Template*-Stranges (→ Strangbezeichnung) anlagern und als Primer für Experimente dienen, in denen unbekannte DNS-Abschnitte gesucht werden. → RAPD, → RNS-abhängige DNS-Polymerase

Rangordnung (engl. *social hierarchy, rank order*) Soziales Gefüge in einer Tiergruppe, geregelt nach Dürfen und Nicht-Dürfen. Solche Rangabstufungen sind meist bei Säugern, Vögeln, Fischen und Reptilien zu beobachten, selten an Wirbellosen.

Zwischen lernfähigen Wirbeltieren, die innerhalb einer bestimmten räumlichen Umgebung zusammenleben, bilden sich über- und untergeordnete Verhältnisse (Rangordnungen) aus. Dies geschieht über Streit- bzw. Kampfsituationen etwa um Nahrung oder einen Paarungspartner. Ist eine Rangordnung einmal festgelegt, wird sie für längere Zeit beibehalten.

Ranghohe Tiere verschaffen sich bevorzugt Zugang zu Wasser und Futter, zum Ruheplatz und zum Geschlechtspartner. Dominante Tiere haben i. d. R. die Rolle des Anführers, des Wächters oder Verteidigers. Die Rangordnung kann linear sein (z. B. die Hackordnung beim Huhn) oder ein Dreiecksverhältnis aufweisen, wobei ein Tier über ein zweites, dieses über ein drittes und das wiederum über das erste dominant (herrschend) sein kann.

Eine biologische Rangordnung ist auch bei sympatrischen Arten (→ sympatrische Spezies) zu beobachten, die auf dieselben Ressourcen angewiesen sind. Um diese kämpfen die Arten mehr oder minder erfolgreich, woraus sich ebenfalls eine Rangordnung ergibt.

Ranvier'scher Schnürring, Ranvier-Schnürring (engl. *Ranvier's node*) Die von bestimmten → Gliazellen gebildeten → Myelinscheiden (Isolierschichten) um die → Axone werden in Abständen von etwa 1 mm als sog. Ranvier'sche Schnürringe unterbrochen. Da nur an diesen Stellen die Membran des Axons ohne Isolierung freien Zugang zum extrazellulären Raum hat, kann es auch nur dort zu einem Ein- und Ausstrom von Ionen im Sinne eines → Aktionspotenzials kommen.

Durch den außerordentlich hohen elektrischen Widerstand der Myelinscheiden ziehen sich Stromschleifen von Schnürring zu Schnürring und die Erregung in Form eines Aktionspotenzials springt dabei von einem dieser Schnürringe zum nächsten (→ Erregungsleitung). Dadurch erhöht sich die Leitungsgeschwindigkeit (gegenüber nicht-myelinisierten Axonen) und es wird weniger Energie zum Zurückpumpen der Ionen auf das Ausgangsniveau des Membranpotenzials verbraucht.

RAPD (sprich rapid), **random amplified polymorphic DNA** Molekulargenetische Methode zum Auffinden unterschiedlicher Genloci bzw. Allele.

Mit genomischer DNS der → Probanden werden → PCR durchgeführt, wobei jedoch nur ein → Primer verwendet wird, dessen Nukleotidsequenz zufällig zusammengestellt ist, und der deshalb hilft, irgendwo im Genom ein kurzes DNS-Stück zu vermehren (amplifizieren). Gibt es auf diesem Abschnitt genetische Unterschiede zwischen den untersuchten Individuen, können sie mithilfe der Gelelektrophorese dargestellt werden.

Vorteil der Methode ist, dass sie keinerlei vorausbestimmte genetische Information benötigt. Die Methode eignet sich also für Populationsuntersuchungen bei Arten, von denen wenig über das Genom bekannt ist.

Rasse (engl. *race, breed*) Eine phänotypisch und/oder geografisch unterscheidbare Gruppe einer einzelnen Art. Die Individuen einer Rasse leben unter natürlichen Bedingungen in einer geografisch und/oder ökologisch definierten Region, besitzen gleiche phänotypische Merkmale und Allele, durch die sie von anderen Rassen unterschieden werden können. Rassenkreuzungen sind fruchtbar (fertil), da sie immer der gleichen Art angehören. Die großen Menschenrassen sind die Europiden (im engl. Sprachraum „*Caucasians*"), Negriden und Mongoliden.

Rasterelektronenmikroskop → SEM

Räuber-Beute-Beziehung (engl. *predator-prey-system, predator-prey-relation*)

Gegenseitige Abhängigkeit zwischen zwei Arten, wobei Individuen einer Art (Beute) durch Individuen einer anderen vernichtet werden (Fressfeind). Letztere hat dadurch Überlebensvorteile und vermehrt sich so lange, bis erstere dezimiert ist und nicht mehr genügend Nahrung für den Fressfeind bereitstellt. → Volterra-Gesetz

R-Bänderung (engl. *R banding*) → Chromosomenbänderung

rDNS → ribosomale RNS-Gene

rDNS-Amplifikation (engl. *rDNA amplification*) Die Gene für die ribosomale RNS (rDNS) werden während der Eizellentwicklung (Oogenese) der Amphibien bevorzugt vermehrt (repliziert).

Beim Krallenfrosch (*Xenopus laevis*) z. B. sind 2 000 rDNS-Kopien in die Chromosomen der Eizelle (Oozyte) integriert und 2 Mio. DNS-Kopien auf etwa 100 extrachromosomale → Nukleoli verteilt, die am Rand des Zellkerns liegen (im Diplotän der Oozyte, → Meiose). Diese vervielfältigten (amplifizierten) Gene entstanden aus einzelnen Genen (rDNS), die im Pachytän (→ Meiose) repliziert wurden. Die extrachromosomalen Nukleoli transkribieren rRNS-Moleküle, die der Oozyte als Vorrat für die frühe Embryonalentwicklung dienen (dort müssen große Mengen an Proteinen gebildet werden und damit werden auch sehr viele Ribosomen benötigt). Amplifikation von rDNS findet auch in einigen Insekten oder Einzellern (Protozoen) statt.

Reaktionskette → Handlungskette

Reannealing (engl. *reannealing*) Wiederanlagerung, Hybridisierung; beschreibt die Verbindung (→ Reassoziation) zweier DNS-Einzelstränge mit komplementärer Basenfolge, zu einer Doppelhelix-DNS.

Man unterscheidet Reannealing von → Annealing; ersteres besagt, dass die Einzelstränge gleichen Ursprungs (z. B. von der gleichen DNS), und letzteres, dass sie verschiedenen Ursprungs sind, z. B. DNS-Sequenzen verschiedener Spezies oder die Anlagerung von → Primer-RNS an eine Einzelstrang-DNS.

Reassoziation (engl. *reassociation (kinetics)*) Paarung komplementärer DNS-Stränge zu einem Doppelstrang. → Reannealing, → Annealing

rec Kürzel zur Verdeutlichung, dass ein Protein mittels → Gentechnik hergestellt wurde. → Transgen

Recon (engl. *recon*) Kleinste Einheit des DNS-Stranges, die rekombinieren kann. → Rekombination

Redoxpotenzial → Redoxreaktion

Redoxreaktion (engl. *redox reaction*) Den Entzug von Elektronen bezeichnet man allgemein als **Oxidation**, die Aufnahme von Elektronen als **Reduktion**. Demzufolge befindet sich ein Molekül, das ein Elektron abgegeben hat (Elektronendonator) im oxidierten, ein Molekül, welches ein Elektron aufgenommen hat (Elektronenakzeptor) im reduzierten Zustand. Beide Moleküle können ein sog. Redoxsystem bilden, wobei ein Elektron vom Donatormolekül (Reduktionsmittel) auf ein Akzeptormolekül (Oxidationsmittel) übertragen wird. Dabei wird der Elektronendonator oxidiert und der Elektronenakzeptor reduziert.

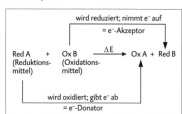

Allgemeines Schema einer Redoxreaktion

Jeder Elektronendonator zeigt eine ihm eigene, charakteristische Neigung, die Elektronen stärker oder schwächer abzugeben. Man spricht vom Elektronendruck. Umgekehrt weist ein bestimmter Elektronenakzeptor seine ihm eigene Stärke auf, mit der er ein „fremdes" Elektron annimmt. Diese Neigung zur Abgabe und Aufnahme von Elektronen zwischen zwei Molekülen kann man als elektrisches Po-

tenzial (elektromotorische Kraft Δ E) messen (es fließt ein Strom). Das Potenzial (= **Redoxpotenzial**) ist um so größer, je stärker der Elektronendonator sein Elektron abgibt und je „williger" der Elektronenakzeptor dieses aufnimmt (die Elektronenübertragung wird auch noch von Gegebenheiten wie pH-Wert, Temperatur beeinflusst). → Elektronentransportkette
Reduktion → Redoxreaktion
Reduktionsteilung (lat. *reducere* zurückführen; engl. *reduction division*) → Meiose
reduktiver Pentosephosphatzyklus → Calvin-Zyklus
redundanter Code (lat. *redundanter* allzu wortreich; engl. *redundant code*) → degenerierter Code
Reduplikation → Replikation
Reflex (lat. *reflectere* zurückbiegen; engl. *reflex*) Schnelle und sicher eintretende Reaktion eines Erfolgsorganes auf einen Sinnesreiz. Reflexe haben sehr starre Reiz-Reaktions-Beziehungen und festliegende Nervenbahnen (→ Reflexbogen).
Wenn die Reiz-Reaktions-Beziehung auf erblicher Grundlage beruht (Speichelflussreflex, Klammerreflex, Pupillenreflex u. a.), spricht man von einem **unbedingten** Reflex. Ein **bedingter** Reflex kommt durch → Konditionierung zustande, im Sinne von erfahrungsbedingt. → assoziatives Lernen
Reflexbogen (engl. *reflex arc*) Kurzfristige Beantwortung eines Reizes. Wirkt ein genügend starker Reiz auf ein Sinnesorgan/eine Sinneszelle ein, so liefert diese ein → Aktionspotenzial (Nervenimpuls) auf eine oder mehrere Nervenzellen (meist im Gehirn oder Rückenmark; → afferente Nervenleitung), von wo aus ein weiteres Aktionspotenzial **unmittelbar** an ein Erfolgsorgan (ausführendes Organ, wie z. B. Muskel) weitergegeben wird (→ efferente Nervenleitung). → monosynaptischer Reflex
Refraktärstadium, -phase, -periode, -zeit (lat. *refractarius* widerspenstig; engl.

refractory period) Zeitlich unmittelbar nach einem → Aktionspotenzial (Nervenimpuls) folgt an einer erregbaren Membran (z. B. eines → Axons) eine Periode, innerhalb derer kein erneutes Aktionspotenzial möglich ist (= Refraktärstadium). Der Grund dafür ist, dass die Ionenpumpen (→ Natrium-Kalium-Pumpe) erst das → Membranpotenzial vor dem nächsten Aktionspotenzial wiederherstellen müssen und die zuständigen → spannungsgesteuerten Ionenkanäle sich deshalb noch in einem inaktivierten Zustand befinden.
Das Refraktärstadium wird in zwei Stadien aufgeteilt: Für einen Zeitraum von etwa 1 msec unmittelbar nach der Depolarisation kann die Membran selbst durch noch so starke Depolarisationen nicht zu einer Permeabilitätserhöhung für Na^+ angeregt werden. Diese Phase wird als **absolutes** Refraktärstadium bezeichnet. Danach ist die Membran für einen Zeitraum von 1 bis 2 msec durch entsprechend hohe Depolarisationen (z. B. Stromimpulse) für Na^+ aktivierbar. Diese Phase wird **relative** Refraktärzeit genannt.
Regelkreis → Kybernetik
Regeneration (lat. *re* wieder, *generare* erzeugen; engl. *regeneration*) (1) Ersetzen von Gewebe oder Organen, die verloren gegangen sind; z. B. Wundheilung oder Nachwachsen ganzer Gliedmaßen bei Amphibien. (2) Wiederherstellen von Populationen oder Ökosystemen. (3) Im Sinne von Erholung (z. B. durch Schlaf).
Regulatorgen (lat. *regula* Richtschnur; engl. *regulator gene*) Ein Gen, das die Expression (Transkription) eines oder mehrerer Gene regeln kann.
Der sog. Operator (eine Art von Regulatorgen) ist eine spezielle Nukleotidsequenz zu Beginn eines Strukturgens, an den die RNS-Polymerase bindet, um das anschließende Strukturgen transkribieren zu können. Durch sog. Repressor-Proteine (→ Repressor), die ebenfalls an den Operator binden, kann die RNS-Polymerase an ihrer Bindung behindert werden. Damit

findet keine Transkription statt. Der Repressor kann aber vom Operator abfallen (durch Bindung einer weiteren Substanz an den Repressor) und dadurch den Operator freigeben. Auf diese und ähnliche Art und Weise wird die Transkription von Genen durch Regulatorgene gesteuert. Regulatorgene selbst stellen nur Nukleotidsequenzen dar und werden nicht transkribiert. → lac Operon

Reich (engl. *kingdom*) Weitumfassende taxonomische Bezeichnung, wie etwa das Tier- und Pflanzenreich, die in Phyla, Klassen, Ordnungen, → Familien, Gattungen und Arten unterteilt werden.

Reifeteilung → Meiose

reinerbig (engl. *homozygous*) → Homozygotie

Reinzucht (engl. *pure breeding*) Verpaarung verwandter Pflanzen oder Tiere. Reinzucht ist eine leichte Form der → Inzucht.

Reingezüchtete Tiere werden oft als (besondere) Rasse in einem Herdbuch geführt und bilden eine geschlossene Fortpflanzungsgemeinschaft, d. h., es dürfen keine Tiere anderer Rassen eingekreuzt werden, wenn die Nachkommen als reinrassig anerkannt werden sollen. Der Zuchtfortschritt, also Leistungsverbesserungen oder -änderungen, findet nur über → Selektion (nicht durch → Kreuzung) statt. Beispiele sind die Vollblüter und Araber beim Pferd oder viele Hunde-, Katzen- und Kaninchenrassen. → Inzucht

Reiz (engl. *stimulus*) (1) Allgemein eine Energieänderung im Umfeld einer Zelle, worauf die Zelle reagiert.

Sinneszellen sind hochspezialisiert, eine einzige Energieform aufzunehmen, etwa Licht oder mechanische Energie wie Druck, und besitzen dafür eine sehr niedrige Reizschwelle. Man nennt z. B. Licht einen → **adäquaten** Reiz für die Fotorezeptoren (Licht-Sinneszellen). Auf andere Reize reagieren sie nur, wenn diese Fremdreize besonders intensiv sind. Sinneszellen wandeln die adäquate Energie in elektrochemische Signale um (Rezeptor-Potenzial), die ins Gehirn weitergeleitet und dort verarbeitet werden. → afferente Nervenleitung

(2) Auf der Ebene des Individuums bedeutet Reiz einen physischen Zustand eines Lebewesens, der zu physikalisch oder chemisch messbaren Veränderungen (Erregung von Sinneszellen) führt.

Reizfilterung (engl. *stimulus filtering*) Fähigkeit von Sinnes- und Nervenzellen und dem zentralen Nervensystem, manche Reize und Eindrücke aus der Umwelt oder dem eigenen Körper weiterzuleiten und zu verarbeiten, andere hingegen weniger oder nicht. Beispielsweise kann man trotz lauter Geräuschkulisse, wenn viele Personen durcheinander reden, ein einzelnes Gespräch „herausfiltern".

Rejektion (lat. *reicere* zurück-, wegwerfen; engl. *rejection*) In der Immunologie die Abstoßung bzw. Zerstörung von Zell- oder Gewebe-Transplantaten durch das Immunsystem des Empfängerorganismus. Die Immunantwort richtet sich gegen die Antigene, i. d. R. Oberflächenproteine des Transplantats (→ MHC), die fremd für den Empfänger sind. Bei Transplantationen von Teilen eines Immunsystems, z. B. in Form von inkompatiblem (→ Inkompatibilität) Knochenmark, kann es auch zur Abstoßung des Empfängerorganismus kommen, der sog. *graft versus host*-Reaktion.

Rekombinante (lat. *re* wieder, *combinare* je zwei zusammenbringen; engl. *recombinant*) Tochterzelle oder Nachkomme mit neu zusammengestellten Allelen verschiedener Genloci im Vergleich zu den Allelkombinationen der Eltern. Ursache ist Crossing over bei der Gametenbildung der Eltern. Generell betrachtet, ist bei Eukaryonten jeder Nachkomme eine Rekombinante, außer bei ingezüchteten Pflanzen und Tieren, z. B. Mäuse- oder Rattenlinien. Obwohl auch bei ingezüchteten Organismen Rekombination stattfindet, wird sie nicht bemerkt, da keine unterschiedlichen Allele vorhanden sind.

Rekombination (engl. *recombination*) (1) Wesentlicher Mechanismus der sexuellen Reproduktion und Teil der neuen Zusammenstellung des Genotyps in den Nachkommen. Diese haben eine andere Allelkombination als ihre Eltern. Die Ursache hierfür ist, dass während der → Meiose größere Chromatidenstücke durch → Crossing over gegen das gleiche Stück eines homologen Chromatids ausgetauscht werden.

Rekombination bezieht sich also auf den Allelaustausch beim Crossing over (die durch das Crossing over bedingte Neukombination homologer Chromatiden) und die zufällige Verteilung der homologen Chromosomen bzw. Chromatiden auf die Gameten. (2) Rekombination bezeichnet auch die Integration von viraler DNS oder von → Plasmiden in ein Wirtsgenom. (3) Grundsätzlich gilt der Begriff auch in der Gentechnik, wenn DNS-Abschnitte verschiedener Herkunft künstlich neu zusammengestellt (kombiniert, ligiert) werden.

Rekombinationshäufigkeit (engl. *recombination frequency*) Verhältnis der Zahl von → Rekombinanten (Nachkommen mit Rekombination) zur Gesamtzahl der Nachkommen ohne entsprechendes → Crossing over (zwischen diesen beiden Genloci). Dieser Wert dient als Ausdruck für den relativen Abstand zweier Genloci auf der → Genkarte eines Chromosoms.

Je größer der Abstand ist, desto wahrscheinlicher ist ein Crossing over zwischen den beiden Genloci, also eine Rekombination. Zwei Genloci, die an den beiden Enden eines Chromosomes liegen, werden durch Crossing over relativ häufig getrennt und somit neu kombiniert (= rekombiniert). Umgekehrt gilt, je näher die Genloci beieinander liegen, desto unwahrscheinlicher entsteht eine Rekombinante. → Interferenz

Rekombinationswert (engl. *recombination index*) Die Summe aus der Zahl der Chromosomen des haploiden Chromosomensatzes und der durchschnittlichen Zahl der Chiasmata (beobachtete Crossing over-Ereignisse in der → Meiose) pro Kern. Der Index ist ein Schätzmaß für die genetische Rekombination in Eukaryonten. Ein hoher Index spricht für Flexibilität, ein niedriger für Fitness einer Art. → Rekombinationshäufigkeit

Renaturierung (engl. *renaturation*) (1) Wiederherstellung eines denaturierten Proteins oder einer Nukleinsäure in den nativen, dreidimensionalen Zustand.

Wird z. B. ein DNS-Doppelstrang in Wasser erhitzt, zerfällt er in zwei Einzelstränge, die sich bei niedriger Temperatur ($< 65\,°C$) wieder aneinander lagern. Man sagt, sie hybridisieren oder renaturieren. (2) Rückführung geschädigter Ökosysteme in einen natürlichen Zustand.

Reparaturmechanismen, Reparatursysteme (engl. *repair mechanisms*) Enzyme, die z. B. bei → Replikation der DNS falsch eingebaute Nukleotide erkennen und durch die richtigen ersetzen. → DNS-Reparatur

repetitive DNS (lat. *repetitio* Wiederholung; engl. *repetitive DNA*) DNS-Abschnitte, die in gleicher Nukleotidsequenz öfter in einem oder mehreren Chromosomen vorliegen. Etwa ein Drittel des Säugergenoms besteht aus repetitiven Sequenzen. → Mikrosatellit, → egoistische DNS, Gegenteil → nicht repetitive DNS

Replicon (engl. *replicon*) DNS-Abschnitt, der sich eigenständig verdoppelt (repliziert). Die Replikation beginnt dabei am *origin of replication* (→ ori) und verläuft in beide Richtungen. Plasmide z. B. haben einen einzigen ori, das ganze Plasmid ist damit ein Replicon. Eukaryontische Chromosomen besitzen viele tausend solcher Replicons, die jeweils einige hunderttausend bp lang sind.

Replikation, Reduplikation (lat. *replicare* aufrollen, entfalten, *re* zurück, *duplicare* verdoppeln; engl. *replication*) Verdoppelungsvorgang der DNS, die sich als einziges Molekül selbst vermehren kann. Auch RNS-Viren können sich nur über eine komplementäre DNS reduplizieren. → semidiskontinuierliche Replikation, → semikonservative Replikation, → DNS-Replikation, → Y-Gabel

Repressor (lat. *reprimere* hemmen; engl. *repressor*) Ein Repressor ist ein Protein, das an eine bestimmte Nukleotidsequenz der DNS binden kann. Diese Sequenz nennt man → Operatorgen oder Operator. Sie liegt vor einem oder mehreren Strukturgenen. Diese Strukturgene können nur dann über RNS (Transkription) die entsprechenden Proteine erstellen, wenn der Operator frei (d. h. ohne Repressor) vorliegt und dadurch die RNS-Polymerase an oder in der Nähe dieses Operators ungehindert an die DNS binden und von dort aus die RNS von den Strukturgenen transkribieren kann. Der Repressor ist also als eine Art mechanische „Bremse" auf der DNS. Der Repressor selbst kann über eine weitere, eigene Bindungsstelle durch andere Substanzen aktiviert oder je nach Repressor auch inaktiviert werden. → lac Operon

Reproduktion (lat. *re* wieder, *producere* erzeugen; engl. *reproduction*) → Fortpflanzung

Resistenz (lat. *resistere* widerstehen; engl. *resistance*) Widerstandsfähigkeit/Abwehrkraft eines Organismus gegenüber schädlichen Einflüssen, die nicht auf einem → Immunsystem beruht. Resistenz ist genetisch bedingt und hat sich im Lauf der Evolution oder Zucht etabliert.

Es gibt z. B. „stressresistente" Schweinerassen oder hitzeresistente Rinderrassen (Zebu). Bakterien können durch Mutation oder über Plasmidaustausch Resistenzen gegenüber Antibiotika (→ R) erwerben. In Pflanzen sind Gene bekannt, die Resistenz gegenüber bestimmten Pathogenen (Krankheitserregern) verleihen. Das erste entschlüsselte Gen dieser Art war das R-Gen der Tomate, das eine Proteinkinase codiert. Diese bewirkt die Re-

sistenz gegenüber einer bestimmten Art von Bakterien (*Pseudomonas*).

Resistenzfaktor, -gen (lat. *resistere* widerstehen; engl. *resistance gene*) Eine genetische Information (ein Gen), häufig lokalisiert in einem sich autonom replizierenden DNS-Molekül (→ Episom, → Plasmid), welche seinem Träger (Zelle, Wirt) erlaubt, einen bestimmten Einfluss (beispielsweise Strahlungen oder Antibiotika) zu überleben, der ansonsten zur Schädigung des Trägers führen würde. → Plasmid, → R

Resistenzgen → Resistenzfaktor

Respiration innere → Atmung

Responder (lat. *respondere* antworten; engl. *responder*) In der Immunologie ein Individuum, das in der Lage ist, eine → Immunantwort gegen ein bestimmtes → Antigen zu entwickeln. Im Unterschied zu einem *non-responder*, einem Individuum, das nicht auf ein Antigen anspricht.

Ressourcen (engl. *resources*) Alle Dinge, die ein Organismus zum Leben und zur Fortpflanzung benötigt, wie Wasser, Nahrung, Lebensraum, Sexualpartner. Alle Organismen konkurrieren mehr oder weniger um die vorhandenen Ressourcen.

Restriktion (lat. *restringere* beschränken; engl. *restriction*) Fähigkeit von Bakteriophagen, nur Bakterien eines bestimmten Stamms zu infizieren, andere hingegen nicht. Ursache für diese Selektivität sind die von bestimmten Bakterien und speziell bestimmten Bakterienstämmen produzierten Restriktionsenzyme im Zellinneren, welche DNS an genau definierten Nukleotidsequenzen durchtrennen. Die Bakterien selbst haben diese Sequenzen ihrer eigenen DNS durch DNS-Modifikationen (z. B. Nukleotidmethylierungen) vor einer Spaltung durch ihre eigenen Restriktionsenzyme geschützt, die infizierenden Phagen bringen ihre DNS jedoch ungeschützt in die Zelle. Die Fremd-DNS wird daher kurz nach der Infektion (Eindringen in das Bakterium) gespalten, wodurch die Bakterien zumindest vor diesem

Phagentyp sicher sind. Andere Phagen ohne entsprechende Nukleotidsequenzen können durchaus dieselben Bakterien infizieren. Mit der Aufklärung des unterschiedlich restriktiven Wachstums von Bakterien hat W. Arber (1962) die → Restriktionsenzyme entdeckt.

Restriktionsendonuklease → Restriktionsenzym

Restriktionsenzym, Restriktionsendonuklease (engl. *restriction enzyme*) Eine nukleotidsequenzspezifische → Endonuklease, deren natürliche Aufgabe es ist, fremde DNS in einem Bakterium an einer bestimmten Stelle zu spalten und so die Fremd-DNS funktionslos zu machen (→ Restriktion). Diese Erkennungssequenzen sind meist → Palindrome.

Die Restriktionsendonukleasen werden von den bakteriellen Restriktionsgenen bzw. -allelen codiert. Die Enzyme werden nach den Organismen bzw. Stämmen benannt, die sie herstellen, und mit einer römischen Zahl gekennzeichnet, die den unterschiedlichen Enzymen des gleichen Bakteriums (manche Bakterien verfügen über mehrere Restriktionsenzyme) gemäß ihrer chronologischen Entdeckung entspricht. → Restriktionsschnittstelle

Von *Bacillus amyloliquefaciens* stammt das Restriktionsenzym Bam HI, das jedes Hexanukleotid mit folgender Sequenz schneidet: 5'…G⚡GATCC…3'. *E. coli* RY 13 enthält ein Enzym (Eco RI), das die DNS-Sequenz 5'…G⚡AATTC…3' schneidet. Beide Beispiele erzeugen → *sticky ends*, da auf je einem DNS-Strang ein Rest von 4 Nukleotiden übrigbleibt. Hpa I (von *Hämophilus parainfluenzae*) hingegen spaltet die Nukleotidsequenz GTT⚡AAC so, dass stumpfe oder *„blunt"* Enden entstehen.

Restriktionsenzyme haben die → Gentechnik ermöglicht, da sie sowohl ein gezieltes Herausschneiden von DNS-Fragmenten als auch, vor allem über die *sticky ends*, ein Zusammenfügen unterschiedlicher DNS-Fragmente erlauben.

Restriktionsfragment (engl. *restriction fragment*) Teil eines DNS-Stranges, der durch ein Restriktionsenzym herausgeschnitten wurde.

Wie lang ein solches Fragment ist, hängt vom Enzym ab, von denen es sog. Vierschneider *(four cutter)*, Sechsschneider *(six cutter)* o. Ä. gibt, und von der Zusammensetzung des DNS-Stranges, der geschnitten werden soll (wo sich eben die entsprechenden Restriktionsschnittstellen befinden). Eine Tetranukleotidsequenz wird im Durchschnitt – rein statistisch betrachtet – alle 256 bp ($1/4^4$), eine zufällige Hexanukleotidsequenz ca. alle 4 096 bp ($1/4^6$) auftreten. Es können aber auch gleiche Nukleotidsequenzen kurz hintereinander oder weit entfernt vorkommen. Die Fragmente können weniger als 100 bis mehrere 1 000 bp lang sein.

Restriktionsfragmentlängenpolymorphismus, RFLP (engl. *restriction fragment length polymorphism*) → Restriktionsfragmente einer DNS entstehen durch Trennschnitte von → Restriktionsenzym aufgrund deren charakteristischer Erkennungssequenz (Nukleotidfolge). Diese Sequenzen finden sich in unregelmäßigen Abständen in allen größeren Genomen, aber innerhalb einer Spezies bei gleichen Allelen konstant an den gleichen Positionen. Ist eine solche Sequenz durch Mutation verändert, kann das Enzym nicht mehr schneiden, sodass ein längeres DNS-Fragment entsteht (die Größe des „neuen" DNS-Fragmentes entspricht dabei etwa der Summe der beiden Fragmente rechts und links der Schnittstelle). In den Genomen aller Organismen kommen solche Mutationen vor. Es kann aber auch eine Nukleotidsequenz durch Mutation zu einer von einem Restriktionsenzym erkennbaren Sequenz mutieren. Dann werden aus einem ursprünglich längeren Restriktionsfragment zwei kürzere.

Werden die DNS-Fragmente in einer Gelelektrophorese (→ Elektrophorese) nach ihrer Größe aufgetrennt, so entstehen unterschiedlich weit gewanderte Banden, die der Länge der Fragmente entsprechen (lange DNS-Fragmente wandern weniger weit als kurze und da der Auftrag des DNS-Fragmentgemisches in einer Geltasche mit wenigen Millimeter Breite erfolgt, wandern die Fragmente ihrer Größe entsprechend als millimeterbreite Banden). So können die genetischen Unterschiede zwischen Individuen, aber auch Unterschiede zwischen zwei Allelen eines Individuums dargestellt werden.

Grundsätzlich kann man heute jedes Gen aus einer kleinen Gewebeprobe mithilfe der → PCR vermehren und die millionenfach vermehrten Genkopien einer Restriktionsanalyse unterziehen, um genetische → Polymorphismen (Allelvielfalt) zu erforschen. Die PCR-RFLP-Analyse funktioniert aber nur, wenn eine Mutation in dem kurzen DNS-Abschnitt (je nach Erkennungssequenz des jeweiligen Restriktionsenzyms 4–18 bp), den ein Restriktionsenzym erkennt, stattgefunden hat. Für Mutationen außerhalb der Restriktionsenzym-Erkennungssequenzen können andere Methoden zur Feststellung eines genetischen Polymorphismus angewandt werden, wie etwa ASPCR (allelspezifische PCR).

RFLP-Analysen werden in der Humangenetik zur Aufklärung von Erbfehlern durchgeführt, u. a. auch an DNS aus Zellen der Amnionflüssigkeit (Fruchtwasser) bei der pränatalen Diagnose (Schwangerschaftsuntersuchung, → Amniozentese, → Chorionzottenbiopsie). Einer der ersten RFLP von größerer Bedeutung war die Entdeckung, dass die Allele des Hämoglobingenlocus unterschiedliche Restriktionsschnittstellen aufweisen. Patienten mit dem defekten Hämoglobingen können so mithilfe einer RFLP-Analyse rasch diagnostiziert werden. Auch in der Tierzucht bedient man sich dieser Analysemethoden zur Aufdeckung von Erbfehlern (bei wertvollen Zuchttieren) oder zunehmend zur Voraussage von Leistungs-

merkmalen, da auch heterozygote Träger erkannt werden können.

Restriktionskarte (engl. *restriction map*) Grafische Darstellung der → Restriktionsschnittstellen (Nukleotidsequenzen, an denen die verwendeten Restriktionsenzyme schneiden) eines DNS-Stranges in der linearen Anordnung, in welcher sie in der untersuchten DNS vorliegen.

Restriktionsschnittstelle (engl. *restriction site*) Kurze Nukleotidsequenz einer DNS, die von einem → Restriktionsenzym erkannt und geschnitten (die DNS durchtrennt) wird.

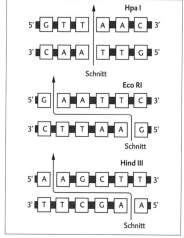

Restriktionsschnittstellen: Unterschiedliche Schnittmuster dreier verschiedener Restriktionsenzyme

Retardierung (lat. *tardus* langsam; engl. *retardation*) Verzögerung der körperlichen und/oder geistigen Entwicklung vor allem bei Kindern; verminderte Intelligenz infolge einer pathogenen Schädigung wie Enzephalitis (Gehirnhautentzündung), einer genetischen Schädigung (→ Down-Syndrom) oder bei einigen Stoffwechselstörungen (→ Phenylketonurie).

Retrogen → prozessiertes Gen

Retrovirus (lat. *retro* zurück; engl. *retrovirus*) Es gibt verschiedene Arten dieser

Viren, deren Erbsubstanz stets aus einzelsträngiger RNS besteht (RNS-Virus) und die ein bestimmtes Enzym, die reverse Transkriptase, produzieren (→ RNS-abhängige DNS-Polymerase). Mithilfe dieser reversen Transkriptase schreibt das Virus seine RNS nach Infektion der Wirtszelle in DNS um und kann sich dann in das Genom seines Wirts einbauen (was relativ selten geschieht; → Provirus). Je nach Virus liegt es aber auch als eine Art Episom intrazellulär vor. In der DNS-Form stellt das Retrovirus mithilfe der zelleigenen Enzyme seine Hüllproteine und die reverse Transkriptase her und repliziert sein eigenes Genom. Aus diesen Bestandteilen formen sich neue Viruspartikel, die aus der Zelle freigesetzt werden. Bsp: → HIV

Proviren (in das Wirtsgenom integrierte Virus-DNS) können sich mit den Genen der Zelle vermehren, ohne sie zu schädigen, sofern das Virusgenom kein → Onkogen enthält. Ist ein Onkogen vorhanden, kann sich die Zelle zu einer Krebszelle verwandeln (bei RNS-Tumorviren).

reverse Gentechnik → positional cloning

reverse Mutation (lat. revertere zurückdrehen; engl. reverse mutation) Mutation in einem (früher schon mutierten) Gen, welche in die ursprüngliche Nukleotidsequenz des Gens „zurückmutiert".

reverse Transkriptase (engl. reverse transcriptase) → RNS-abhängige DNS-Polymerase

rezent (lat. recens noch frisch; engl. recent) Bezieht sich auf lebende Organismen(arten); Gegensatz ist extinkt (ausgestorben).

Rezeptor (lat. recipere empfangen; engl. receptor) (1) Ein Molekül (meist ein Protein), an das ein anderes (Ligand) bindet, wodurch eine bestimmte Reaktion ausgelöst wird. → Fc-Rezeptor

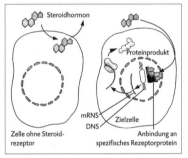

Modell zur Erklärung der spezifischen Wirkung eines Steroidhormons. Es werden nur solche Zellen durch das Hormon zur weiteren Genaktivität angeregt, die einen Rezeptor in Form eines Proteins bilden, der sich mit dem Hormon verbindet (Zielzelle).

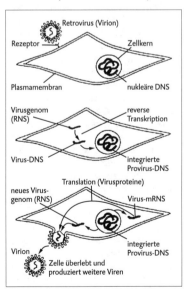

Eine Art des Vermehrungszyklus von Retroviren

Beispielsweise gelangen **Proteohormone** auf dem Weg durch die Blutbahn an ihre Zielzellen, in die sie nur eindringen können, wenn auf der Plasmamembranoberfläche der Zelle ein Eiweißmolekül (der Rezeptor) verankert ist, an welches der Ligand (das Hormon) bindet. Der Rezeptor erkennt diese Bindung und gibt die Information in das Innere der Zelle weiter, wodurch ein oder mehrere bestimmte Gene angeschaltet werden und die Zelle entsprechende Proteine synthetisiert. Bei den fettlöslichen **Steroidhormonen**, die Lipidmembranen durchdringen können, befinden sich die Rezeptoren wahrscheinlich im Zellkern, wo beide eine Bindung eingehen und dort eine Genexpression durch Bindung an eine spezifische DNS-Sequenz veranlassen. Das System funktioniert auch auf DNS-Ebene, wo z. B. Schwermetalle an eine Rezeptorsequenz binden und damit die Synthese eines Proteins auslösen, das ihre Entgiftung bewerkstelligt. (2) Auch als Kurzform für Rezeptor- oder → Sinneszelle gebraucht.

Rezeptorpotenzial → Generatorpotenzial

Rezeptorzelle → Sinneszelle

rezessiv (lat. *recedere* zurückschreiten; engl. *recessive*) Bezieht sich auf ein Allel im (diploiden) Organismus, das im homozygoten Zustand (im diploiden Organismus doppelt vorhanden) einen anderen Phänotyp bewirkt, als wenn es mit einem dominanten Allel zusammen den Genlocus heterozygot besetzt. In letzterem Falle wird das Merkmal des dominanten Allels ausgeprägt, das rezessive Allel bleibt „äußerlich" (phänotypisch) nicht erkennbar.

Eine Form des → Albinismus z. B. tritt nur auf, wenn der Genlocus für das Enzym Tyrosinase mit den Allelen c und c (in der Genetik werden Kleinbuchstaben für rezessive Allele eingesetzt) besetzt ist, also homozygot für das rezessive Allel ist (Genotyp cc). Dann wird keine Tyrosinase gebildet und jede Farbeinlagerung im Individuum unterbleibt. Bei Heterozygoten (Genotyp Cc) produziert das dominante C soviel Tyrosinase, dass das rezessive c überdeckt wird und normale Haut- und Haarfarbe resultieren.

rezessives Letalgen (lat. *letalis* tödlich; engl. *recessive lethal gene*) Ein Allel (Gen), das im homozygoten oder hemizygoten (d. h. bei Chromosomen ohne homologen Partner, z. B. das X-Chromosom in XY-Individuen) Zustand tödlich für einen diploiden Organismus (oder Zelle) ist. Die entsprechenden „gesunden" Alle-le produzieren meist lebensnotwendige (essenzielle) Proteine. Eine → Letalmutation in einem solch wichtigen Gen bewirkt, dass das Protein verstümmelt oder gar nicht gebildet wird, wodurch der Metabolismus oder andere lebenswichtige Funktionen zusammenbrechen.

reziproke Gene (engl. *reciprocal genes*) → komplementäre Gene

reziproke Hybriden (engl. *reciprocal hybrids*) Kreuzungsnachkommen aus → reziproken Kreuzungen von Eltern aus zwei verschiedenen Arten. Bei reziproker Kreuzung von Pferd und Esel entstehen einerseits Maulesel (Pferdehengst und Eselstute) und andererseits Maultiere (Eselhengst und Pferdestute).

reziproke Kreuzung (lat. *reciprocus* auf gleichem Weg zurückkehrend; engl. *reciprocal cross*) Eine Kreuzung (Verpaarung) nach dem Schema A x B und B x A, wobei A und B unterschiedliche Genotypen bzw. Phänotypen haben.

Beispielsweise werden Männchen mit dem Genotyp AA (Allel A) gekreuzt mit Weibchen mit Genotyp BB (Allel B) sowie umgekehrt: Männchen mit Genotyp BB gekreuzt mit Weibchen mit Genotyp AA.

Reziproke Kreuzungen werden durchgeführt, um → Geschlechtskopplung, → maternale Vererbung oder → zytoplasmatische Vererbung festzustellen. Kommt es zu unterschiedlichen Ergebnissen bei der reziproken Kreuzung, so liegen die nicht dem → 1. Mendel'schen Gesetz folgenden Sonderformen der Vererbung vor.

reziproker Altruismus (engl. *reciprocal altruism*) → Altruismus bezeichnet das entgegengesetzte Verhalten zum Egoismus, wenn also ein Individuum unter (der Gefahr der) Verminderung des eigenen Wohlergehens das Wohlergehen eines anderen, nicht verwandten Individuums vergrößert. Man interpretiert den Nutzen dieses Verhaltens dahingehend, dass sich für das altruistisch handelnde Individuum in Zukunft eine reziproke (= umgekehrte) Situation ergeben könnte, bei der sich der

Nutznießer mit einer ebenfalls altruistischen Handlung revanchiert.

RFLP → Restriktionsfragmentlängenpolymorphismus

RGT-Regel (**R**eaktions**g**eschwindigkeits-**T**emperatur-Regel; engl. *reaction-rate-temperature rule*) Die Gesetzmäßigkeit, nach der die Stoffwechselprozesse eines Organismus bei einer Temperaturerhöhung um 10 °C etwa zwei- bis dreimal schneller ablaufen.

Grund dafür ist die starke Temperaturabhängigkeit der Enzyme, die alle Stoffwechselprozesse steuern. Der meist tolerierte Temperaturbereich liegt zwischen 0 und 45 °C, mit einem Optimalbereich von 30−40 °C. Ist es zu kalt oder zu warm, werden die Proteine (besonders Enzyme) denaturiert, d. h. ihre Struktur und Funktion wird irreversibel zerstört. Einige Organismen können auch bei extremen Temperaturen (bis über 100 °C) leben, wie etwa Bakterien (speziell die Archaebakterien) in Thermalquellen.

Rh(esus)-Faktor, Rh (engl. *Rh factor*) Eine Molekülstruktur auf der Zelloberfläche von roten Blutkörperchen (Erythrozyten) bei Mensch und Affen, die als → Antigen wirken kann.

Der Rhesus-Genlocus liegt auf Chromosom 1 des Menschen. Es handelt sich um ein im Detail noch nicht gänzlich verstandenes Zusammenspiel möglicherweise verschiedener Gene, die jedoch letztendlich in einer bestimmten Allelkonstellation dafür sorgen, dass das Rhesusantigen auf der Erythrozytenoberfläche vorhanden ist oder nicht.

Das Rhesus-System hat mehrere Antigene, welches wichtigstes beim Rhesusaffen entdeckt wurde. Menschen die homozygot für ein rezessives Allel rh sind (rh/rh), bilden kein Antigen und werden rh-negativ bezeichnet. Personen mit dem dominanten Rh-Allel (Rh/Rh oder heterozygot Rh/rh) haben jedoch das Antigen-Molekül auf der Oberfläche ihrer Erythrozyten.

Ist eine Rhesus-negative Frau (rh/rh) schwanger mit einem Kind, das vom Vater das Rh-Allel vererbt bekommen hat, kann sie während der Schwangerschaft bzw. erst durch Blutübertritt bei der Geburt Antikörper gegen ihr Kind (Rh/rh) entwickeln. Eine Rhesus-negative Frau wird also erst durch die Schwangerschaft/Geburt ihres ersten Rhesus-positiven Kindes (Rh/rh) immunisiert. Eine Gefährdung durch die Anti-Rhesusantikörper ergibt sich dann für weitere Rhesus-positive Embryonen bzw. Feten. Dabei kann es zu schweren Schädigungen kommen, der sog. Rhesusembryopathie.

Heute wird im Rahmen der Schwangerenuntersuchung Rhesus-negativen Frauen (mit Rhesus-positiven Partnern) eine begrenzte Menge eines Antiserums mit Anti-Rhesus-Antikörpern injiziert (→ passive Immunität). Dem Immunsystem der Schwangeren wird dadurch „vorgegaukelt", dass es bereits auf den Rhesus-Faktor des Kindes reagiert hat. Durch diese Antikörper werden praktisch alle vom Kind in den mütterlichen Kreislauf übertretenden roten Blutkörperchen (hauptsächlich während des Geburtsvorganges) augenblicklich vernichtet und es kommt dadurch zu keiner eigentlichen Immunantwort und Erinnerung des mütterlichen Immunsystems an ein „Rhesus-Ereignis". Dies muss bei jeder weiteren Rhesus-positiven Schwangerschaft wiederholt werden. → Blutgruppen

Rhizobien → Knöllchenbakterien

Rhizom (griech. *rhiza* Wurzel; engl. *rhizome, rootstock*) Wurzelstock von Pflanzen; er dient der vegetativen Vermehrung; aus den Vegetationspunkten des Rhizoms können sich neue Pflanzen entwickeln.

Rhodopsin, RHO (griech. *rhodon* Rose, *opsis* Auge; engl. *rhodopsin*) Lichtempfindliches Eiweiß (Fotorezeptor) in der Zellmembran der Stäbchenzellen in der Retina (Netzhaut des Auges), auch Sehpurpur oder Erythropsin genannt.

Rhodopsin besteht aus Opsin und Retinal. Unter Lichteinwirkung bleicht es zunächst zu einer gelblichen Verbindung aus, was durch einen veränderten Ladungszustand zustande kommt. Dieser löst an der Synapse der Fotorezeptorzelle ein Signal aus, das an das Zentralnervensystem weitergeleitet wird, und Teil der Farbwahrnehmung ist. Das RHO-Gen liegt beim Menschen auf Chromosom 3.

RIA → Radioimmun(o)assay

Ribonuklease, RNase (engl. *ribonuclease*) Enzym, das Ribonukleinsäure abbaut (hydrolysiert). Die RNS-Stränge werden dabei in Fragmente gespalten.

Ribonukleinsäure → RNS

Ribonukleoprotein, RNP (engl. *ribonucleoprotein*) Makromolekül-Komplex aus Protein(en) und RNS, z. B. → Ribosom.

Ribose (engl. *ribose*) Zuckermolekül mit fünf Kohlenstoffatomen; Bestandteil des „Rückgrates" der RNS. Im Gegensatz zur → Desoxyribose liegt am zweiten C-Atom an Stelle eines Wasserstoffatoms eine Hydroxylgruppe vor. → Desoxyribonukleinsäure

Strukturformel der Ribose (räumlich angedeutet)

Ribosom (griech. *soma* Körper; engl. *ribosome*) Ein Riesenmolekülkomplex (Ribonukleoprotein) aus rRNS und Proteinen

($\varnothing$ 10–20 nm), an dem die Eiweißsynthese (→ Translation) abläuft.

Ribosomen bestehen aus zwei ungleichen Untereinheiten, die durch Magnesiumionen zusammengehalten werden. Jede Untereinheit besteht zu etwa gleichen Teilen aus rRNS und Proteinen. Ribosomen synthetisieren mithilfe aminosäurebeladener tRNS-Moleküle Polypeptidketten entsprechend der genetischen Information der jeweiligen mRNS.

Zwischen den Ribosomen aus Bakterien und Eukaryonten bestehen beträchtliche Unterschiede in den Sedimentationseigenschaften, d. h. sie sedimentieren aufgrund ihrer Größe bei der Zentrifugation unterschiedlich schnell (siehe Tabelle unten). → Ribosomenbindungsstelle

Auch die Ribosomen der Mitochondrien und Chloroplasten haben unterschiedliche Sedimentationseigenschaften. Mitochondriale Ribosomen aus Säugerzellen haben einen Sedimentationskoeffizienten von 60 S, Pflanzen von 78 S, Pilzen von 73 S, und Ribosomen von Chloroplasten einen von 70 S. Der Befund, dass die Translation sowohl bei Mitochondrien wie auch bei Chloroplasten mit N-Formylmethionin (wie bei den Prokaryonten) beginnt, unterstreicht die Theorie über ihren endosymbiotischen Ursprung (→ Endosymbionten-Hypothese).

ribosomale RNS → Ribosom, → ribosomale RNS-Gene

ribosomale RNS-Gene, rDNS (engl. *ribosomal DNA genes, rDNA*) Die Gene für die rRNS (die Gene werden als → rDNS bezeichnet) liegen als sich wiederholende

	Bakterien	Säugerzellen
Ribosomen	70 S; MG 2 500 000	80 S; MG 4 200 000
große Untereinheit	50 S; MG 1 600 000	60 S; MG 2 800 000
kleine Untereinheit	30 S; MG 900 000	40 S; MG 1 400 000
rRNS der großen Untereinheit	23 S; 5 S	28 S; 5,8 S; 5 S
rRNS der kleinen Untereinheit	16 S	18 S

Vergleich der Größe und Untereinheiten von Ribosomen pro- und eukaryontischer Zellen anhand ihrer Sedimentationskoeffizienten (S) und ihres Molekulargewichtes (MG).

Einheiten in den → Nukleolus-Organizer-Regionen der eukaryontischen Chromosomen. Jede Einheit ist von der nächsten durch eine nicht transkribierte DNS-Region (sog. Platzhalter) getrennt (→ spacer DNS). Jede Einheit besteht aus drei Cistrons (→ Gen), die unterschiedlich große rRNS-Moleküle codieren. Ihre Genprodukte sind also wie bei den tRNS-Genen keine Proteine, wie die aller anderen Gene, sondern RNS-Moleküle, die Struktur- bzw. Enzymeigenschaften besitzen.

Ribosomenbindungsstelle (engl. *ribosomal binding site*) Eine kurze Nukleotidsequenz 6–8 bp stromaufwärts des Start-Codons AUG der mRNS beim Bakterium *E. coli*. Zu dieser → Consensussequenz 5'–AGG AGGU gibt es eine komplementäre Sequenz am 3'-Ende der 16 S rRNS (der kleinen Untereinheit) des → Ribosoms. So können die mRNS-Moleküle an die Ribosomen binden, an denen dann die → Translation abläuft. Nach ihren Entdeckern auch Shine-Dalgarno (S-D)-Sequenz genannt.

Ribozym (engl. *ribozyme*) RNS-Fragment, das die enzymatische Eigenschaft hat, → kovalente Bindungen zu spalten oder herzustellen. Ribozyme sind an der Verknüpfung von → Exons beteiligt. → posttranskriptionelle Modifikation

Richtungskörper(chen) → Polkörper

Ringchromosom (engl. *ring chromosome*) (1) Ringförmiges → Chromosom als Chromosomenaberration bei Eukaryonten. (2) Genom der Bakterien oder deren → Plasmide (Minichromosomen).

Ritual → Ritualisierung

Ritualisierung, Ritual (lat. *ritus* heiliger Brauch; engl. *ritualisation*) Verhaltensmuster, das zu einer Signalhandlung für Artgenossen umgewandelt ist, unabhängig von seiner ursprünglichen Bedeutung. So bieten bei einigen Vogelarten die Männchen dem Vogelweibchen zur Balzzeit mitgebrachte Nahrung an, ein Ritual, welches sich aus der Brutfürsorge ableitet.

RNase Kurzform für → Ribonuklease

RNP → Ribonukleoprotein

RNS, Ribonukleinsäure (engl. *RNA, ribonucleic acid*) Auch im Deutschen ist zunehmend die englische Schreibweise RNA in Gebrauch.

Die drei häufigsten Arten sind (1) die → mRNS als Matrize für die Proteinsynthesen, (2) die → rRNS als Teil der Proteinsynthesemaschinerie der Ribosomen und (3) die → tRNS zur Umsetzung (= Translation) der Nukleotidsequenz in die entsprechende Aminosäuresequenz.

RNS-abhängige DNS-Polymerase, reverse Transkriptase (engl. *RNA-dependent DNA polymerase, reverse transcriptase*) Ein Enzym, das aus einem RNS-Einzelstrang eine doppelsträngige DNS synthetisiert. Solche Enzyme kommen in RNS-Viren (Retroviren) vor. Dieses eine Enzym erledigt drei unterschiedliche Aufgaben: Es synthetisiert eine komplementäre DNS-Sequenz am viralen RNS-Einzelstrang, baut den RNS-Strang ab und ergänzt den DNS-Einzelstrang zu einem Doppelstrang.

Reverse Transkriptasen werden experimentell benutzt, um aus mRNS-Molekülen komplementäre DNS (→ cDNS) zu synthetisieren. Die Entdeckung dieser Polymerasen widerspricht dem „zentralen Dogma", nach dem die genetische Information nur von DNS über RNS zum Protein fließen kann. → Telomerase

RNS-Gen (engl. *RNA gene*) DNS-Abschnitt, der in einen der verschiedenen RNS-Stränge transkribiert wird, die keine mRNS-Moleküle sind (→ rRNS, → tRNS).

RNS-Polymerase (engl. *RNA polymerase*) Ein als **Transkriptase** zu bezeichnendes Enzym, das von einer DNS-Vorlage (Matrize, *Template*-Strang) ein RNS-Molekül abschreibt (transkribiert). In Prokaryonten gibt es zwei Typen RNS-Polymerasen: eine produziert die RNS-Primer, die für die DNS-Replikation gebraucht werden, die andere transkribiert alle drei RNS-Typen (mRNS, tRNS und rRNS). In

Eukaryonten wird jeder RNS-Typ von einer eigenen Polymerase transkribiert, z. B. RNS-Polymerase II für die mRNS. Diese Polymerase wird selektiv durch α-Amanitin, ein Gift des Grünen Knollenblätterpilzes, gehemmt.

Robertson'sche Translokation
→ Zentromerfusion

Röntgenkristallographie (engl. *x-ray crystallography*) Analyse der Beugungsmuster, die durch Bestrahlung von Kristallen mit Röntgenstrahlen entstehen. Aus dem Muster kann die dreidimensionale Struktur von Molekülen oder Molekülkomplexen abgeleitet werden. Einer der Pioniere der Röntgenkristallographie war L. Bragg, dessen Doktorand F. Crick zusammen mit J. Watson 1953 die DNS-Struktur aufklärte. Den beiden standen u. a. die röntgenkristallografischen Aufnahmen einer B-DNS von M. Wilkins und R. Franklin zur Verfügung. → Desoxyribonukleinsäure

rRNS, ribosomale RNS → Ribosom, → ribosomale RNS-Gene

Rückkopplung (engl. *feedback*) Einfluss des Prozessergebnisses auf den Fortgang des Prozesses. → lac-Operon, → Feedback-Inhibition

Rückkreuzung (engl. *backcross*) Kreuzung zwischen Nachkommen und einem Individuum der Elternlinie.

rudimentäre Organe, Rudimente (lat. *rudimentum* Rest; engl. *rudimentary organs, rudiments*) Während der Evolution einer Spezies zu meist funktionslosen Teilen rückentwickelte Organe. Bsp: Beckenknochen bei Walen und Schlangen.

Ruhemembranpotenzial, Ruhepotenzial, Ruhespannung (engl. *resting potential*) Das → Membranpotenzial einer Zelle, speziell bei Nerven- und Muskelzellen, im nicht aktiven Zustand. Das Charakteristikum und die Hauptursache dieses Ruhepotenzials ist die gegenüber dem extrazellulären Milieu relativ hohe intrazelluläre Konzentration an Kaliumionen, die niedrige intrazelluläre Konzentration

an (Chlorid- und) Natriumionen und dem sich daraus ergebenden negativen Ladungsüberschuss.

Da die Zellmembran jedoch nicht völlig undurchdringlich für Na^+ und vor allem K^+ ist, müssen zellmembranständige Ionenpumpen (→ Natrium-Kalium-Pumpe) ständig unter Energieaufwand das Ruhepotenzial erhalten.

Bei den meisten Nerven- und Sinneszellen der Säugetiere beispielsweise liegt dieses Ruhepotenzial (intrazellulär negativ gegenüber dem extrazellulären Raum) bei etwa −70 mV.

ruhende Zelle, ruhender Kern (engl. *resting cell, resting nucleus*) Zelle, die sich nicht (mehr) teilt, obwohl sie metabolisch sehr aktiv sein kann.

Plasmazellen (ausdifferenzierte B-Lymphozyten) z. B. sekretieren (sondern ab) große Mengen Antikörper, vermehren sich aber nicht mehr.

Ruhepotenzial → Ruhemembranpotenzial

Ruhespannung → Ruhemembranpotenzial

r und K-Selektionstheorie (engl. *r and K selection theory*) Theorie der Populationsökologie. Wenn eine Population einen Lebensraum besiedelt, in dem das Nahrungsangebot sehr stark schwankt (Hochwassergebiete, Pfützen), sind Arten im Vorteil, die sich schnell und zahlreich vermehren, sog. r-Strategen. Die K-Selektion ist wirksam, wenn Arten in einer relativ stabilen Umwelt leben, sich langsamer vermehren und eine geringe Nachkommenzahl haben.

Die r-Selektion wirkt also bei Populationen mit hohen Wachstumsraten (r), kurzem Generationsintervall, vielen Nachkommen, kleinen Organismen, und solchen mit einem großen Verbreitungspotenzial. Bei der K-Selektion finden sich eine geringe Wachstumsrate, lange Generationsintervalle, wenig Nachkommen − dafür Tiere mit Brutpflege, große Organismen mit geringem Verbreitungspotenzial.

S

σ → Standardabweichung
s → Selektionskoeffizient
S (1) → Schwefel, (2) DNS-Synthesephase des → Zellzyklus, (3) Sedimentationskoeffizient (→ Ribosom)

Saccharide → Kohlenhydrate

Saisondimorphismus, Generationsdimorphismus (franz. *saison* Jahreszeit; griech. *di* doppelt, *morphe* Gestalt; engl. *seasonal dimorphism*) Verschiedenartiger Phänotyp (äußere Erscheinung) von Individuen zweier oder mehrerer Generationen einer Spezies in den unterschiedlichen Jahreszeiten.

Ein bekanntes Beispiel ist der in Europa vorkommende Tagfalter *Araschin levana*, das Landkärtchen: dessen helle Form schlüpft aus Raupen, die unter weniger als 14 Stunden Belichtung (Kurztag) aufwachsen, hingegen werden die Falter dunkelflügelig, wenn die Raupen unter Langtagbedingungen mit mehr als 16 Stunden Licht groß werden (Sommerform).

Saltation (lat. *saltare* springen; engl. *saltation*) (1) Theorie, nach der neue Arten plötzlich aus einer oder mehreren Mutationen mit großen phänotypischen Änderungen entstehen (Makromutationen); nach R. Goldschmidt. (2) Quantenspeziation: Rasche Evolution neuer Arten, gewöhnlich in kleinen, peripheren Räumen (Räumen, die sich abgeschieden von der Hauptpopulation befinden), bei der → Gründereffekte und → genetische Drift eine große Rolle spielen.

saltatorische Erregungsleitung (lat. *saltare* springen; engl. *saltatory transmission*) → Erregungsleitung

salvage pathway Alternativer, biochemischer Stoffwechselweg für die Synthese eines Moleküls, wenn der eigentliche Syntheseweg aus irgendwelchen Gründen unterbunden ist.

Samen (1) (engl. *seed*) Bei bestimmten Pflanzen (den Spermatophyten) der Fruchtkörper, der einen Embryo und Nahrungsreserven für dessen Entwicklung enthält. Der Begriff Sperma ist im Pflanzenreich in Zusammenhang mit den männlichen Gameten nicht gebräuchlich, obwohl es bei einigen Pflanzen, z. B. Moose und Farne, die Bezeichnung Spermazellen gibt. (2) **Sperma** (engl. *semen, sperm(a)*) Bei Tieren eine biochemisch komplexe Nährlösung aus den akzessorischen Geschlechtsdrüsen (z. B. Prostata), welche die Spermien enthält, und meist durch Kopulation als Ejakulat in den weiblichen Genitaltrakt übertragen wird. Extrakorporal befruchtende Arten (z. B. Fische) geben das Sperma („Milch") über dem Gelege (Eier = Rogen) ab.

Saprobier → Saprobionten

Saprobionten, Saprobier (griech. *sapros* faul; engl. *saprobes*) Organismen, die von toter organischer Substanz leben und diese zersetzen, z. B. Holz abbauende Pilze. Gegenteil von Katharobionten (griech. *katharsis* Reinigung), die in relativ reinem Wasser leben.

sarkoplasmatisches Retikulum (griech. *sarx* Fleisch; lat. *reticulum* kleines Netz; engl. *sarcoplasmic reticulum*) Spezielle Form des → Endoplasmatischen Retikulums im Muskel.

SARS (engl. **s**evere **a**cute **r**espiratory **s**yndrom) Akutes Atemwegs-Syndrom. Atypische Lungenentzündung mit Todesfällen beim Menschen, verursacht durch ein neues → Coronavirus. Das SARS-Virus wurde Nov. 2002 von Südchina in ca. 30 Länder eingeschleppt. Übertragung durch Tröpfchen- und Schmierinfektion. Intensive Maßnahmen brachten SARS Mitte 2003 weitgehend unter Kontrolle.

Satellit (lat. *satelles* Trabant; engl. *satellite*) Begleiter. Endständiger Teil eines Chromatids, der vom Rest des Chromatids durch ein dünnes Chromatinfilament getrennt ist, das Sekundärkonstriktion genannt wird (die primäre Einschnürung eines Chromatids bzw. Chromosoms heißt Zentromer). Der Satellit besteht aus DNS mit Histonen, wie das Chromosom auch. Nicht alle Chromatiden, beispielsweise nur bei fünf Chromosomen des Menschen, besitzen solche Satelliten.

Satelliten-DNS (engl. *satellite DNA*) DNS-Regionen eukaryontischer Chromosomen, die sich aufgrund ihrer Basenzusammensetzung deutlich vom überwiegenden Rest der DNS unterscheiden. Wird DNS in einem → Dichtegradienten zentrifugiert, erscheinen zwei/mehrere Banden im Zentrifugenröhrchen. Die größere Bande enthält die Hauptmasse der Chromosomen-DNS, die kleine oder kleineren Banden enthalten die Satelliten-DNS, die leichter (oberhalb der Haupt-DNS) sein kann, wenn sie A = T-reicher oder schwerer (unterhalb), wenn sie G≡C-reicher ist als die Haupt-DNS, in der das A=T – G≡C-Verhältnis ausgeglichen ist. Satelliten-DNS ist hoch repetitiv, sie enthält also viele sich wiederholende Nukleotidsequenzen. Bisher konnten keine für Proteine codierende Sequenzen in Satelliten-DNS gefunden werden. Ihr biologischer Zweck ist bisher noch nicht geklärt. → Alu-Familie, → repetitive DNS

Sauerstoff, O (engl. *oxygen*) Das gewichtsmäßig bedeutendste Element bei Wirbeltieren. Ordnungszahl 8, Atomgewicht 16, Wertigkeit in biologischen Systemen meist 2–. Ein etwa 70 kg schwerer Mensch besteht zu 45 kg aus Sauerstoff.

Reiner Sauerstoff ist äußerst reaktiv und eigentlich ein Zellgift, da er häufig als → Radikal auftritt und damit schwerwiegende Störungen (→ Krebs) in der Zelle verursachen kann. Bei der Energiegewinnung der Zelle spielt er jedoch eine große Rolle. Seine biologische und physiologische Funktion bei der Energiegewinnung besteht ausschließlich darin, die verbleibenden Elektronen und Protonen aus der → Atmungskette aufzunehmen, wodurch sich letztendlich Wassermoleküle bilden. → Atmung

Sauerstoffkreislauf → Stoffkreislauf

Säuren (engl. *acids*) Organische oder anorganische Verbindungen, die in wässriger Lösung Protonen (Wasserstoffionen) abspalten. Der Dissoziationsgrad, d. h. wie leicht das/die Proton(en) abgegeben werden, bedingt die Stärke der Säure. Starke Säuren, wie Schwefel- oder Salzsäure, dissoziieren vollständig. → Base

scanning electron microscope, SEM Rasterelektronenmikroskop → Elektronenmikroskop

SCE (engl. *sister chromatid exchange*) Schwesterchromatid-Austausch.

→ Crossing over zwischen Schwesterchromatiden eines Chromosoms während der Mitose. Da die beiden Chromatiden eines Chromosoms genetisch identisch sind, hat ein solcher Austausch keinen Einfluss, solange kein Fehler bei diesem Crossing over vorkommt. → 5-Bromdesoxyuridin.

Zusätzlich zum eigentlichen Crossing over zwischen homologen Chromosomen kann es während der Meiose auch zu SCE kommen, sodass zwei „neue" (neukombinierte, aber letztlich unveränderte) Chromatiden entstehen. → Meiose, → Mitose, → somatisches Crossing over

Schädling (engl. *pest*) Jede Art, die vom Menschen als unerwünscht gilt. Schädlinge konkurrieren mit dem Menschen um Ressourcen und bedrohen seine Gesundheit oder seinen Wohlstand.

Schädlingsbekämpfung (engl. *pest control*) Monokulturen und Massentierhaltung begünstigen das Auftreten von Schädlingen (z. B. Parasiten), welche leistungsmindernd wirken. Um Ertragsverluste durch Schädlinge zu vermeiden, werden **Biozide/Pestizide** (Substanzen, die Schädlinge bekämpfen) gegen die unerwünschten Arten eingesetzt: (1) Insektizide werden gegen Insekten eingesetzt; sie wirken auf deren Nervensystem oder beeinflussen die Häutungshormone. (2) Herbizide gegen unerwünschte Pflanzen wirken meist auf den Elektronentransport der Fotosynthese ein oder stören die Wachstumshormone. (3) Fungizide gegen Pilze stören hauptsächlich Enzyme (meist durch Schwermetalle).

Die Biozide sind je nach ihrer chemischen Struktur teilweise schwer abbaubar und stellen deshalb eine Gefährdung für Grundwasser, Boden und schließlich für die ganze Nahrungskette dar. Einige Allergien des Menschen werden auf Rückstände solcher Gifte in den Nahrungsmitteln zurückgeführt.

Als Alternative bietet sich eine → biologische Schädlingsbekämpfung an, wobei konkurrierende Arten oder Fressfeinde der Schädlinge ausgebracht werden (z. B. Schlupfwespen, Schwebfliegen, Singvögel).

Mit dem so genannten **integrierten Pflanzenschutz** werden chemisch, technisch und ökologisch einsetzbare Verfahren aufeinander abgestimmt, um Schädlinge der Kulturpflanzen auf niedrigstmöglichem Stand zu halten.

Schlüsselreiz, Signalreiz (engl. *key stimulus*) Ein Außenreiz oder die Kombination mehrerer Reize, die ein bestimmtes Verhalten und manchmal auch die Orientierung der Verhaltensweise (Orientierungsreiz) oder die Stimmungslage (motivierender Reiz) eines Individuums auslösen. → Reizfilterung, → Konditionierung

Äußere Reize, wie etwa bestimmte Moleküle oder Sinneseindrücke, die angeborene Verhaltensweisen auslösen. Da diese Reaktionen genetisch festgelegt sind, bezeichnet man sie als → Erbkoordinationen.

Schlüssel-Schloss-Prinzip → Antigen, → Komplementarität

Schmelzen (engl. *melting*) Im Labor übliche Technik zur Denaturierung der doppelsträngigen Nukleinsäuren (hauptsächlich von DNS) in Einzelstränge. Das Schmelzen führt zur Trennung der beiden Stränge in der Längsachse, wobei die → Wasserstoffbrückenbindungen zwischen den komplementären → Nukleotiden aufgelöst werden. Dies kann entweder durch Hitze (etwa ab 65 °C) oder durch eine pH-Wert-Verschiebung geschehen. → Temperatur

Schutzimpfung → Impfung

Schwangerschaft, Gravidität (althochdeutsch *swangar* schwerfällig; engl. *pregnancy*) Zeitabschnitt und Zustand in der Fortpflanzungsperiode einer Frau, in der sich in ihrem Eileiter und wenig später im Uterus (Gebärmutter) ein Embryo bzw. Fetus entwickelt. Die Schwangerschaft beginnt mit der Befruchtung einer Eizelle und dauert gewöhnlich bis zur Geburt des Kindes nach etwa 280 Tagen. Die Schwangerschaft bei Tieren nennt man **Trächtigkeit**.

Die Schwangerschaft ist ein → apomorphes Merkmal der → viviparen Säugetiere (Ausnahme sind die Eier legenden Säuger), bei der die Embryonen bzw. Feten vom mütterlichen Blutkreislauf versorgt werden. Säuger unterscheiden sich hierin von Vögeln (→ ovipar) und vielen Fischen, Reptilien, Mollusken und Insekten (→ ovovivipar), bei denen Entwicklung und Ernährung der Jungen intrakorporal in einem Ei stattfinden.

Schwann-Zelle, Schwann'sche Zelle (engl. *Schwann's cell*) Die zu den → Gliazellen gehörenden Schwann-Zellen bilden die → Myelinscheiden um die → Axone der Nervenzellen des → peripheren Nervensystems.

Schwefel, S (lat. *sulfur* Schwefel; engl. *sulfur*) Element, das in geringen Mengen in allen Geweben vorhanden ist; bei einem Menschen mit 70 kg Körpergewicht insgesamt etwa 175 g. Ordnungszahl 16, Atomgewicht 32,06, häufigste Wertigkeiten in biologischen Systemen 2–, 4+, 6+.

Wichtig für die Tertiärstruktur der Proteine durch Ausbildung sog. Disulfidbrücken zwischen den Schwefel enthaltenden Aminosäuren Cystein. Häufigstes Isotop ist das ^{32}S; Radioisotop ^{35}S wird zur radioaktiven Markierung von Proteinen (Cystein und Methionin) verwendet.

Schweißsekretion → Transpiration

Schwellenwert, Schwelle (engl. *threshold*) Das → Membranpotenzial von

Nerven-/Sinneszellen beginnt erst dann ein → Aktionspotenzial (einen Nervenimpuls) zu erzeugen, wenn durch gleichzeitig eingehende synaptische Erregung von anderen Nervenzellen bzw. kurze Impulsfolge einer Synapse oder → Reize ein bestimmter Schwellenwert der → Depolarisation überschritten wird. Erst dann tritt schlagartig und kurzfristig eine maximale Permeabilitätssteigerung für Na$^+$ und K$^+$ der Nervenzellmembran ein und damit ist ein Aktionspotenzial erzeugt (generiert): ein Nervenimpuls kann sich ausbreiten. → Summation

Schwellen(wert)erniedrigung
(engl. *threshold lowering*) Leichtere Auslösbarkeit einer Verhaltensweise etwa durch bestimmte Außenreize oder durch längeren zeitlichen Abstand zum letzten Auftreten der entsprechenden Handlung. Extreme Schwellenerniedrigung kann zu → Leerlaufhandlungen führen.

schwere Kette → Antikörper

Schwesterchromatid-Austausch → SCE

Schwesterchromatiden (engl. *sister chromatids*) Die beiden identischen Chromatiden, die in Eukaryonten ein (Metaphase-)Chromosom ergeben.

Schwitzen → Transpiration

Scrapie (engl. *scrapie*) So genannte Traberkrankheit des Schafes und der Ziege. Scrapie gehört zu den durch → Prionen verursachten transmissiblen spongiformen Enzephalopathien (TSE). → BSE

SD → Selektionsdifferenzial

second messenger Sekundärer Botenstoff. Hormone oder Neurotransmitter stellen eine Art primären, chemischen Nachrichtenübermittler dar (*primary messenger*). Sie können jedoch ihre Nachricht nicht unmittelbar in die Zellen (Zellkern) einbringen. Zwischen dem Ort ihrer Freisetzung (z. B. aus der Hirnanhangdrüse in die Blutbahn oder aus der präsynaptischen Membran in den → synaptischen Spalt) und ihrem Zielort (z. B. Zellkern) steht für die wasserlöslichen (hydrophi-

len) Botenstoffe die nahezu unüberwindbare Barriere der Zellmembran.

Sie binden daher an spezielle Proteinrezeptoren in der Plasmamembran, aktivieren diese (sie ändern die räumliche Struktur des Proteinteils, der ins Zytoplasma ragt) und initiieren damit die Erzeugung von sog. *second messenger* (zweiter Nachrichtenübermittler) innerhalb der Zelle. So gelangt ein chemischer „Befehl" aus einer wässrigen Phase durch eine wasserabstoßende → Lipiddoppelmembran hindurch wiederum in die wässrige Phase des Zytoplasmas. Einer der bekanntesten *second messenger* ist das → cAMP.

Lipophile → Steroidhormone benutzen einen anderen Mechanismus, denn sie können in Zellmembranen eindringen. → Rezeptor

Segregation (lat. *segregare* trennen, ausscheiden; engl. *segregation*) (1) Trennung der homologen Chromosomen und Chromatiden in der Meiose und Aufteilung auf die → Gameten. (2) Aufspaltung von Genotypen in aufeinander folgenden Generationen. Der Weg von Erbmerkmalen durch die Generationen entsprechend den → Mendel'schen Gesetzen.

Segregationsstörung (engl. *segregation distortion*) Auftreten von Merkmalen entgegen den → Mendel'schen Gesetzen.

Normalerweise wird ein Merkmal bei Kreuzungsnachkommen der ersten Generation (F$_1$) im Verhältnis 1 : 1 erwartet (bei Dominanz des Merkmals 1 : 0) und in der zweiten Generation (F$_2$) 1 : 2 : 1 oder 3 : 1 bei Dominanz. → Letalallele stören dieses Verhältnis, da die Zygoten mit dem Letalallel absterben. Bei *Drosophila melanogaster* (Taufliege) gibt es eine Segregationsstörung, ein Allel SD, das auf Chromosom 2 liegt. Heterozygote Männchen SD/sd$^+$ (sd$^+$ ist der → Wildtyp) produzieren Spermien, von denen nur die mit dem Allel SD befruchtungsfähig sind. Allerdings ist SD im homozygoten Zustand letal, d. h. führt zum Tod, sodass es keine Männchen SD/SD gibt.

Sekretion (lat. *secernere* ausscheiden; engl. *secretion*) Die Ausschleusung von Molekülen, die in einer Zelle oder einem Gewebe (z. B. Milchdrüsen) synthetisiert wurden. Sie kann sowohl innerhalb als auch außerhalb des Körpers erfolgen. → Drüsen, → Exkretion

sekundäre Gametozyten (engl. *secondary gametocytes*) → Meiose

sekundäre Speziation (engl. *secondary speciation*) Vermischung zweier Arten durch Kreuzung (Hybridisierung). Beide Arten waren zunächst geografisch isoliert. Bestimmte Hybridnachkommen wurden als neu angepasste Phänotypen durch (natürliche) Selektion etabliert.

sekundärer Messenger → *second messenger*

sekundäres Geschlechtsmerkmal (engl. *secondary sexual character*) Geschlechtsunterschiedliche Merkmale von Tieren mit Ausnahme der Keimdrüsen (→ primäre Geschlechtsmerkmale, Hoden und Eierstöcke). Penis, Vulva, Milchdrüsen, Geweih u. a. gehören zu den sekundären Geschlechtsmerkmalen. Beim Menschen fällt darunter auch die unterschied-liche Behaarung und das stärkere Muskelwachstum beim Mann. → Geschlechtsdimorphismus

sekundäres Geschlechtsverhältnis (engl. *secondary sex ratio*) Das Verhältnis von männlichen und weiblichen Nachkommen bei der Geburt, im Unterschied zum → primären Geschlechtsverhältnis bei der Befruchtung (Anzahl männlicher Zygoten : Anzahl weiblicher Zygoten). Das sekundäre Geschlechtsverhältnis zum Zeitpunkt der Geburt beträgt bei Europäern etwa 106 Knaben zu 100 Mädchen.

Sekundärfollikel → Oogenese

Sekundärkonstriktion (engl. *secondary constriction*) → Satellit

Sekundärreaktion → Fotosynthese, → Calvinzyklus

Sekundärstruktur (engl. *secondary protein structure*) → Proteinstruktur

Selektion, Auslese, Zuchtwahl (lat. *seligere* auslesen; engl. *selection*) Die Möglichkeit für bestimmte Individuen, sich fortzupflanzen, wobei natürliche Gegebenheiten (natürliche Selektion) oder der Mensch (künstliche Selektion) bestimmen, welche Individuen (Organismen)

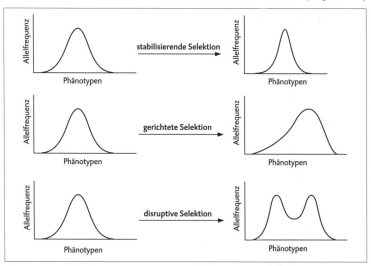

Vergleich der Verschiebung der Phänotypen unter drei verschiedenen Möglichkeiten der Selektion

sich paaren können. Nur diese geben ihr Erbgut an die nächste Generation weiter im Gegensatz zu den Individuen, die nicht zur Fortpflanzung kommen und deren Allele bzw. Allelkombinationen verloren gehen. Das Gegenteil der Selektion ist das genetische Gleichgewicht, wenn also keine Änderung der Allelhäufigkeiten auftritt (→ Hardy-Weinberg-Gesetz).

Grundsätzlich ergeben sich aus den Auswirkungen der Selektion 3 Möglichkeiten (vgl. Abbildung): (1) **Stabilisierende** Selektion (**zentripetale** Selektion; engl. *normalizing, stabilizing* oder *centripetal selection*). Sie strebt ein einzelnes Optimum der Population an. Umwelt und Population sind stabil, letztere gut adaptiert; extreme Allele sind verloren gegangen; ein einheitlicher Phänotyp ist vorhanden (z. B. gleiche Fellfarbe). (2) **Gerichtete** Selektion (auch **progressive** Selektion; engl. *directional selection*) Sie richtet sich auch auf ein einzelnes Optimum, bewirkt aber eine systematische Verschiebung der Allelfrequenz (in der Natur in einer sich ändernden Umwelt). Der Populationsmittelwert verschiebt sich (z. B. Größenzunahme). (3) **Disruptive** Selektion (**zentrifugale** Selektion; engl. *disruptive selection*) Sie begünstigt mehr als ein Optimum in einer Population in einem heterogenen Habitat. Die jeweils extremen Phänotypen können sich besser fortpflanzen, sodass nach einigen Generationen zwei unterschiedliche Populationen vorhanden sind, wie etwa nach Selektion auf lange/dünne und kurze/ dicke Reiskörner.

Unter **balanzierter Selektion** (engl. *balanced selection*) versteht man eine Art der Selektion, welche die → Heterozygoten begünstigt, die balanzierten Polymorphismus aufweisen, d. h. es gibt (an bestimmten Genloci) heterozygote Individuen, die beiden Homozygoten gegenüber überlegen sind. Heterozygote Patienten mit → Sichelzellenanämie z. B. sind gegen Malaria resistent. **Gruppenselektion, Familienselektion** (engl. *group se-*

lection, kin selection) ist eine Art der Selektion, bei der Merkmale (Eigenschaften) begünstigt werden, die mehr für die Gruppe (Gemeinschaft) als für das Individuum von Vorteil sind. W. D. Hamilton hat 1964 die Theorie des Sozialverhaltens aufgestellt, wonach eine Handlung von der Selektion begünstigt ist, wenn sie die „inklusive Fitness" des Individuums steigert. Die inklusive Fitness umfasst die eigene Fitness des Individuums und seine Auswirkung auf die Fitness seiner Verwandten. Wenn etwa eine Arbeiterbiene (die sich nicht fortpflanzen kann) durch Mutation selbst hungert, ihre Königin aber besser füttern würde, so erhöhte sie die inklusive Fitness, weil sie die Fitness ihrer fruchtbaren Verwandten (Königin, Schwester oder Mutter) steigert, obwohl ihre eigene Fitness sinkt.

Bei der **Geschlechtsselektion** (engl. *sexual selection*) unterscheidet man eine **intrasexuelle** und epigame **Selektion**. Erstere bedeutet die Fähigkeit eines männlichen Tieres, einen Konkurrenten um die Weibchen durch Kraft und Kampf auszuschalten. Die Beobachtung und Formulierung dieser Auslese geht auf → Darwin zurück. Bei der **epigamen Selektion** wählt das Weibchen seinen Favoriten aus einer Reihe von Männchen, die sich durch besondere Attribute (z. B. auffällige Befiederung) unterscheiden.

Bei der **künstlichen Selektion** (engl. *artificial selection*) in der Nutztier- oder Versuchstierzucht, wo der Mensch nach seinen Maßstäben das Zuchtziel (z. B. ein elegantes, gut gängiges Reitpferd) festlegt, bezieht sich der Begriff Familienselektion mehr auf die Art, wie die Verwandtschaftsverhältnisse genutzt werden, um Information über ein Individuum zu erhalten, mit dem gezüchtet werden soll. Wenn keine Information über den Kandidaten vorliegt, kann die Selektion auf Grundlage der Leistungsdaten seiner Geschwister beruhen oder auf Leistung seiner Eltern (bzw. Großeltern), mit denen er mindestens 25 % (bzw. 12,5 %) seiner Allele gemeinsam hat. **Individualselektion** hingegen beruht auf Bewertung von Eigenleistungen für die Selektion als Zuchttier. Hier kann u. a. nicht zwischen dominanten Homozygoten und → Heterozygoten unterschieden werden.

Selektionsdifferenzial, SD (engl. *selection differential*) Der Unterschied (Differenz) zwischen dem durchschnittlichen Wert eines → quantitativen Merkmals in der gesamten Population und dem durchschnittlichen Wert der selektierten (ausgesuchten), überlegenen Tiere, welche die Eltern der nächsten Generation sein sollen.

SD ist der wesentliche Faktor für den → Zuchtfortschritt (Zuchtwert) bei Nutztieren, der sich aus der Multiplikation mit dem Erblichkeitsgrad (→ Heritabilität, h^2) ergibt. Zuchtwert = $SD \cdot h^2$.

Selektionsdruck (engl. *selection pressure*) Die Effektivität der natürlichen → Selektion.

Diejenigen Phänotypen, die in der gegebenen Umwelt am besten zurechtkommen, können ihre Gene (richtiger: Allele) an die nächste Generation weitergeben. Individuen, die in der gegebenen Umwelt benachteiligt sind, besitzen Allele, die nicht oder nur in geringerem Maße weitergegeben werden.

Selektionsfaktoren (engl. *selection factors*) Selektionsfaktoren sind Lebensraum, Nahrung und Konkurrenz, gegen die sich das einzelne, erfolgreiche Individuum behauptet und dann Nachkommen hat.

Bei der Zuchtwahl, die der Mensch bei Tier und Pflanze betreibt, sind die natürlichen Selektionsfaktoren weniger bedeutsam (Schutz durch Gebäude, beste Ernährung durch ausgewähltes Futter oder durch (Kunst-)Dünger). Vielmehr selektiert der Mensch nach marktfähigen Merkmalen wie Milchertrag, Fleischqualität oder Körnermasse. Die Individuen oder Organismen mit den „besten" Leistungen werden zur Zucht selektiert. → Evolutionsfaktoren, → Selektion

Selektionskoeffizient, s (engl. *selection coefficient*) Die proportionale Verminderung der durchschnittlichen Gametenverteilung eines bestimmten Genotyps in der nächsten Generation, verursacht durch die Überlegenheit von Individuen eines Genotyps gegenüber den Individuen eines unterlegenen Genotyps.

Stark vereinfacht besagt der Selektionskoeffizient: Bestimmte Auswahlkriterien der Umwelt sorgen dafür, dass in der nächsten Generation Geschlechtszellen (z. B. Spermien und Eizellen), deren Produzenten genetisch weniger an diese Umwelt angepasst sind, mit einer verminderten Möglichkeit zur Fortpflanzung (Weitervererbung) rechnen müssen.

Selektionstheorie → r und K-Selektionstheorie

selektive Permeabilität (engl. *selective permeability*) Biologische Membranen, die alle lebenden Organismen/Zellen umgeben, stellen Barrieren dar, durch die verschiedene Moleküle unterschiedlich gut hindurchtreten können.

Generell gilt: Je größer und besser wasserlöslich ein Molekül ist, desto langsamer kann es eine Biomembran durchdringen (außer Wasser selbst). Auch für Ladungsträger wie Ionen stellen Biomembranen Hindernisse dar.

Von einer echten Selektion der → Permeabilität kann man jedoch nur bei den in biologische Membranen integrierten Porenproteinen sprechen, die je nach Typ nur ganz bestimmte Moleküle oder Ionen passieren lassen. Für die generelle Durchlässigkeit biologischer Membranen hat sich der Begriff **Semipermeabilität** eingebürgert. → aktiver Transport, → passiver Transport, → Lipiddoppelmembran

selfish DNA → egoistische DNS

SEM *scanning electron microscope* Rasterelektronenmikroskop. Im Gegensatz zum Transmissionselektronenmikroskop (TEM) kann man Strukturen im nm-Bereich räumlich darstellen. → Elektronen-mikroskop

semidiskontinuierliche Replikation (engl. *semidiscontinuous replication*) Bezieht sich auf die Art, wie die beiden Stränge der DNS unterschiedlich repliziert werden: der Strang mit der 3'−5'-Richtung (Orientierung der Zucker-Phosphat-Bindung des „DNS-Rückgrates") wird kontinuierlich, der Strang mit der 5'−3'-Richtung wird diskontinuierlich (in Teilen) abgelesen, wobei im letzteren Fall sog. Okazaki-Fragmente (nach R. T. Okazaki, 1968) entstehen. → DNS-Replikation, → semikonservative Replikation, → ori

Semidominanz (lat. *semis* Hälfte; engl. *semi-dominance*) → kodominant

semigeografische Speziation → parapatrische Verbreitung

semikonservative Replikation (engl. *semiconservative replication*) Die Art und Weise, wie sich DNS vermehrt (repliziert). Der Doppelstrang teilt sich, und jeder der Einzelstränge dient als Vorlage für einen neuen, komplementären Strang.

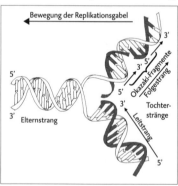

Schema der DNS-Replikation (semikonservativ und semidiskontinuierlich)

M. Meselson und F. Stahl konnten erstmals 1958 unter Verwendung des schwereren Stickstoffisotops ^{15}N bakterielle DNS („Eltern-DNS") markieren und mittels der damals neuen Technologie der Dichtegradientenzentrifugation (→ Gra-

dient) zeigen, dass sich diese schwerere DNS gleichmäßig auf die erste bakterielle Tochtergeneration aufteilt und dabei keine schwere „Eltern-DNS" mehr übrig bleibt. → semidiskontinuierliche Replikation, → DNS-Replikation

semiletale Mutation (lat. *semis* Hälfte, *letalis* tödlich; engl. *semilethal mutation*) Eine Mutation, die für mehr als 50 % aller Nachkommen, aber nicht für alle Nachkommen tödlich ist. → Letalmutation, → Segregationsstörung

semipermeable Membran (engl. *semipermeable membrane*) → Lipiddoppelmembran, → selektive Permeabilität

Semispezies (engl. *semispecies*) Sich etablierende Art (z. B. aufgrund → geografischer Isolation). Meist Teil einer Art (Population), die im Begriff ist, sich durch mehr und mehr genetische Veränderungen zu einer eigenen Spezies zu entwickeln.

Seneszenz (lat. *senescere* alt werden; engl. *senescence, aging*) Das **Altern**; zeitabhängige Veränderung der biochemischen Zusammensetzung und Funktion von Organismen.

Mit dem Alterungsprozess der Wirbeltiere korrelierte Phänomene sind u. a. der zunehmende Wasserverlust der Gewebe (→ Wasser), Nachlassen der Funktionalität der inneren Organe und Sinnesorgane. → Radikal

sense codon Sinn-Codon. 61 der 64 möglichen Triplets der RNS codieren für eine Aminosäure und ergeben deshalb einen „Sinn". Drei der 64 Triplets sind „unsinnig", d. h. sie beenden (terminieren) die Translation. → Stopp-Codon

sense strand Sinn-Strang. → Strangbezeichnungen

sensible Phase, kritische Phase (engl. *sensitive phase*) Abschnitt im Leben eines Individuums, während dessen es besonders empfänglich ist für bestimmte Lernerfahrungen (→ Prägung).

Diese Erfahrungen haben meist besondere Auswirkungen auf die weitere Entwicklung des Verhaltens eines Individuums.

Sensor→ Rezeptor

sensorische Aphasie → Wernicke Aphasie

sensorische Nervenleitung → afferente Nervenleitung

Separation (lat. *separare* trennen; engl. *separation*) Vorgang der räumlichen Trennung von Arten, der dann zu einer allopatrischen Artaufspaltung führt. → allopatrische Verbreitung

sequenzieller Hermaphroditismus → Hermaphroditismus

Sequenzierung (lat. *sequi* folgen; engl. *sequencing*) → DNS-Sequenzierung, → Proteinsequenzierung

Serotonin (engl. *serotonin*) Hormon; zyklische organische Verbindung, aus der Aminosäure Tryptophan entstanden. Serotonin bewirkt die Kontraktion der glatten Muskulatur und die Durchlässigkeit der → Kapillaren (Permeabilitätserhöhung der Kapillarwandungen).

Die Symptome der → Anaphylaxie sind großteils auf Serotonin zurückzuführen, das von den Blutplättchen und → Mastzellen freigesetzt wird. Auch im Metabolismus des Zentralnervensystems spielt es eine bedeutende Rolle.

Serotyp (engl. *serotype*) Die antigenen Eigenschaften einer Zelle (Bakterien, Erythrozyten u. ä.), die durch serologische Methoden (d. h. mittels bestimmter → Antikörper/Antiseren) ermittelt werden.

Beispielsweise testet man Zellen mit Antiserum, von dem bekannt ist, dass es mit der Blutgruppe A reagiert. Wenn dieses Antiserum mit den Testzellen reagiert, wird den Zellen die Eigenschaft Serotyp A zugeschrieben.

Serum (lat. *serum* Molke; engl. *serum*) Flüssigkeit, die sich (*in vitro*) als Überstand nach der Blutgerinnung über dem sog. Blutkuchen (zelluläre Blutbestandteile) absetzt.

Gibt man zu frisch entnommenem Blut ein Antigerinnungsmittel (Heparin, Natriumcitrat o. a.) und zentrifugiert das Blut, so erhält man im Überstand **Plasma**. Darin befinden sich im Gegensatz zum Serum zusätzlich noch die Blutplättchen und das Blutgerinnungssystem.

Serumkrankheit → Immunkomplexkrankheit

Serumpräzipitintest → Präzipitin-Test

Sewall-Wright-Effekt → Genetische Drift

Sex-Chromatin (engl. *sex chromatin*, *Barr body*) → Barr-Körperchen. → X-Chromosomeninaktivierung

Sexing → Geschlechtsbestimmung

Sex-Pilus (lat. *pilus* Haar, *sexus* Geschlecht; engl. *sex pilus, F-pilus*) Hohler Fortsatz von der Zelloberfläche eines konjugierenden (sich paarenden) Bakteriums.

Durch diese Röhre verbinden sich zwei Bakterienzellen, wobei das „Männchen" (→ F^+-Zelle oder → Hfr-Stamm) DNS in die „weibliche" Empfängerzelle transferiert. Die Röhre besteht aus Pilin, einem Glucophosphoprotein.→ Konjugation

Sexualdimorphismus → Geschlechtsdimorphismus

Sexualhormone, Geschlechtshormone (griech. *hormao* ich treibe an; engl. *sex hormones, gonadal hormones*) → Steroidhormone der Wirbeltiere, die primär von den Gonaden (Hoden, Eierstock) produziert werden und für die Ausbildung und Funktion der → sekundären Geschlechtsmerkmale verantwortlich sind.

Daneben haben sie auch Einfluss auf zahlreiche andere körperliche Funktionen wie etwa Stoffwechsel (anabole Wirkung der vom Hoden produzierten → Androgene) oder auf den Haarwuchs.

→ Östrogene und → Gestagene werden im Eierstock hergestellt. Die Produktion der Sexualhormone wird durch die → Gonadotropine gesteuert.

Chemisch modifizierte weibliche Steroidhomone werden zur Empfängnisverhütung eingesetzt („die Pille").

Strukturformeln der wichtigsten Sexualhormone (Steroide) und ihre Umwandlungswege

sexuelle Fortpflanzung
→ Fortpflanzung

Shotgun-Experiment „Schrotschuss"-Experiment. Erstellen einer „Genbibliothek" eines Individuums oder Stammes durch zufälliges Zerbrechen der DNS-Moleküle des Genoms in kleinere Teile (z. B. durch Ultraschall). Diese können dann in Plasmide eingebaut und in Bakterien kloniert werden (um alle DNS-Bruchstücke für die weiteren Untersuchungen entsprechend vermehren zu können). Durch Erstellen zahlreicher bakterieller Klone, die statistisch gesehen eine große Stichprobe des Genoms darstellen, erhält man eine „Genbibliothek" des entsprechenden Organismus. → Genbank

Sichelzellenanämie (griech. *aneu* ohne, *haima* Blut; engl. *sickle-cell anemia*) Genetisch bedingte Krankheit, die als hämolytische Anämie (Blutarmut durch vorzeitigen Zerfall der roten Blutkörperchen, Erythrozyten) bei Menschen auftritt, die homozygot für Sichelzellenhämoglobin (HbS) sind.

Die Erythrozyten solcher Personen enthalten ein abnormes Hämoglobin, weshalb sie eine sichelförmige Gestalt annehmen. Die biologische Lebensdauer dieser Zellen ist sehr kurz, da sie aneinander kleben und abgebaut werden. Die abnormale Struktur des Hämoglobins wird durch Austausch einer Aminosäure bedingt und dies wiederum durch Austausch einer Base im Hämoglobingen. In den USA werden ca. 2 Promille aller Kinder der schwarzen Bevölkerung homozygot und damit krank geboren. In der afrikanischen Bevölkerung liegt der Prozentsatz noch höher.

Heterozygote Personen sind gegen Malaria resistent. Weil sich in deren Erythrozyten kranke und normale Hämoglobinmoleküle befinden, kann einerseits eine annähernd ausreichende Sauerstoffversorgung aufrecht erhalten werden (Hämoglobin transportiert Sauerstoff), andererseits können sich die ausschließlich in den Erythrozyten vermehrenden Malariaerreger nicht genügend ernähren, da HbS sehr schwer löslich ist und eine höhere Viskosität des Erythrozyten-Zytoplasmas verursacht. → Hämoglobin S

Signalpeptid → Leader-Peptid

Signalreiz → Schlüsselreiz

Signalsequenz (engl. *signal sequence*) → Leader-Sequenz

single copy-Plasmide (engl. *single copy plasmids*) → Plasmide bestehen als ringförmige Minichromosomen neben dem bakteriellen Chromosom. Ist deren Verhältnis 1 : 1, spricht man von *single copy*, ist das Verhältnis ihrer Zahl zum Chromosom größer als 1, spricht man von *multi copy*-Plasmiden.

Sinn-Codon → *sense codon*

Sinnesreiz (engl. *sensory stimulus*) Es handelt sich um die Erregung von → Sinneszellen.

Unabhängig von der Art der erregten Sinneszelle wird die Information → „Reiz" stets in Form elektrischer Signale an das Zentralnervensystem (Gehirn und Rückenmark) gesandt.

Sinneszellen (engl. *sensory cells*) Alle Sinneszellen sind sensible Neuronen (Nervenzellen) und werden auch **Rezeptorzellen** oder **Rezeptoren** genannt.

Je nach Art des Reizes, auf den sie ansprechen, unterscheidet man z. B. Chemo-, Mechano-, Foto- und Thermorezeptoren. Bei einigen Fischarten kommen auch noch Elektrorezeptoren vor. Es gibt Rezeptoren, die auf Innenreize des Körpers reagieren. Solche Entero- oder Propriorezeptoren registrieren beispielsweise die Sauerstoffkonzentration im Blut oder die Stellung von Gliedmaßen. Exterorezeptoren verschaffen dem Organismus Informationen über seine Umgebung (z. B. die Fotorezeptoren, die die Netzhaut des Auges bilden).

Der Informationstransfer von Sinneszellen zum (Zentral-)Nervensystem erfolgt stets durch Nervenleitungen.

Sinnstrang → Strangbezeichnung

Sippenselektion → Selektion

snRNS (engl. *small nuclear cytoplasmic RNA*) Kurze RNS-Stränge (100–300 bp), die in großer Zahl (10^5 bis 10^6 Moleküle pro Zelle) im Zellkern vorkommen. Sie sind Teil der Ribonukleoproteine (RNS-Protein-Komplex) an der Kern-DNS und u. a. am Spleißvorgang beteiligt.

somatische Mutation (engl. *somatic mutation*) Jede Veränderung der DNS in Somazellen, hervorgerufen etwa durch Strahlung oder chemische Substanzen.

Wenn sich die mutante Zelle weiterhin teilt, entsteht ein Gewebe(teil), das (der) genetisch entsprechend der Mutation verändert ist. Deshalb heißt ein Individuum mit mutierten Zellen (genetisches) → Mosaik. Streng genommen ist jedes aus vielen Zellen bestehende Lebewesen – auch der Mensch – aufgrund stets vorliegender Mutationen in einzelnen Zellen oder Geweben ein Mosaik.

Die Veränderungen können ohne jede schädliche Auswirkung für den Organismus sein, können allerdings auch zu Krankheiten wie → Krebs führen.

somatische Zelle, Somazelle (griech. *soma* Körper; engl. *somatic cell*) Jede Zelle eines eukaryontischen Organismus, die sich nicht zu einer Geschlechtszelle (Keimzelle) entwickelt (hat).

In diploiden Organismen enthalten die meisten Somazellen 2 N Chromosomen (Erythrozyten der Säugetiere z. B. enthalten keinen Zellkern und damit auch keine Chromosomen), in tetraploiden Organismen 4 N etc.

somatische Zellhybride (engl. *somatic cell hybrid*) Ergebnis der Fusion zweier Somazellen (Zellhybride) mit Fusion der Zellkerne. → Zellfusion

Normalerweise fusionieren Somazellen nicht, bei bestimmten Virusinfektionen (z. B. mit Sendai-Viren) kommt es aber zur Fusion. Myoblasten, Vorläufer der → Muskelfasern, fusionieren natürlicherweise. Eine Muskelfaser ist ein Produkt vieler Zellfusionen, aber keine Hybridzelle, da die Zellkerne nicht fusionieren. (Auch die Keimzellen fusionieren bei der Befruchtung; sie sind aber keine Somazellen). Zellhybriden werden experimentell durch fusogene (die Fusion fördernde) Substanzen erzeugt, etwa um → monoklonale Antikörper herzustellen.

somatisches Crossing over (engl. *somatic crossing over*) Eine mitotische Rekombination. → Crossing over während der Mitose in somatischen Zellen, das zu einer Neuzusammenstellung von Allelen und entsprechender Weitergabe an die Tochterzellen führt (eher selten). Ohne Bedeutung für die nächste Generation bzw. Evolution. → SCE

somatisches Nervensystem → animales Nervensystem

Somatotropin → Wachstumshormon, → hypophysärer Zwergwuchs

Somazelle → somatische Zelle

Sonde (engl. *probe*) In der Molekularbiologie jedes Molekül mit einer Markierung, mit dem ein Gen, ein Genprodukt oder ein Protein identifiziert oder isoliert werden kann.

Früher bestand die Markierung meist aus radioaktiven Isotopen (z. B. ^{32}P, Phosphorisotop für Nukleinsäuren oder ^{125}I, Iodisotop für Proteine); heute verwendet man vor allem Enzyme, die zu Farbreaktionen führen, oder Fluoreszenzfarbstoffe.

Bei DNS-Sonden findet folgende Reaktion statt: Ein mit Fluoreszenzfarbstoff markierter DNS-Einzelstrang bindet (hybridisiert) mit seinem komplementären Strang, wodurch dieser zunächst unsichtbare Strang kenntlich gemacht werden kann. → Southern Blot, → Radioimmunassay

Southern Blot, Southern Blotting (engl. *Southern blot(ting)*) Eine von E. M. Southern entwickelte Methode, elektrophoretisch ihrer Größe nach aufgetrennte DNS-Fragmente (in Form von Banden) aus einem Agarosegel auf eine Nitrocellulosemembran (= → Nitrocellulose-Filter) oder Nylonmembran mithilfe der Kapillarkraft zu übertragen.

Bei der Southern Blot-Analyse werden einzelsträngige DNS-Moleküle durch Hitze (80 °C) oder UV-Licht auf der Membran „befestigt" (fixiert). Anschließend wird die Membran mit einer Hybridisierungslösung benetzt, in der sich einzelsträngige DNS (→ Sonde) befindet, die (1) mit einem radioaktiven Isotop, einem Enzym oder mit Fluoreszenzfarbstoff markiert ist und die (2) zu einer bestimmten DNS-Sequenz komplementär ist. Diese DNS-Proben hybridisieren mit den entsprechenden Einzelsträngen auf der Membran und können durch ihre Markierung sichtbar gemacht werden. Es entsteht eine sichtbare Bande. Die Sou-

thern Blot-Analyse identifiziert unzweifelhaft ein DNS-Fragment aufgrund der Länge (wie weit es im Agarosegel gewandert ist) und der spezifischen Bindung (Hybridisierung der komplementären Einzelstränge). So können einzelne Gene (oder beliebige andere Sequenzen) aus dem gesamten Genom identifiziert werden.

Eine Weiterentwicklung des Southern Blots ist der **Northern Blot** (Wortspiel), der RNS-Moleküle identifiziert. Auch Proteine, elektrophoretisch aufgetrennt, können mithilfe von markierten spezifischen Antikörpern in analoger Weise eindeutig identifiziert werden **(Western Blot)**.

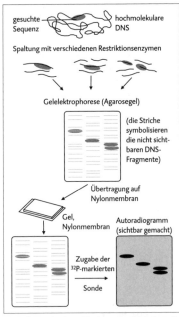

Beispiel eines Southern Blot (gepunktet hinterlegt, die zur Sonde komplementäre Sequenz)

soziale Evolution (engl. *social evolution*) Ständiges Anwachsen der Komplexität der menschlichen Gesellschaft bedingt durch Selektion, Vererbung und Gebrauch nützlicher (nicht genetischer) Informationen, die in jeder Generation hinzu erworben, aber auch verloren werden.

Soziobiologie (engl. *sociobiology*) Die Erforschung des Sozialverhaltens nach den Prinzipien der Evolutionstheorie. → Evolution

Spacer-DNS, „Platzhalter"-DNS (engl. *spacer DNA*) Nicht transkribierte Abschnitte eukaryontischer und mancher viraler Genome.

Spacer-Segmente enthalten gewöhnlich → repetitive DNS. Sie flankieren funktionale DNS-Abschnitte (Cistrons). Die Funktion der Spacer-DNS ist nicht genau bekannt, spielt aber womöglich bei der Synapsis, während des → Crossing over, eine Rolle. → Meiose

Spaltöffnung, Stoma (engl. *stoma*; Plur. Stomata) Regulierbare Öffnungen in der Oberfläche (Epidermis) der Pflanzen, die einen Gasaustausch (auch Wasserdampf) mit der Außenluft ermöglichen. Der Öffnungs- und Schließmechanismus erfolgt über Druckunterschiede in den beiden, seitlich eines Spaltes angeordneten Schließzellen. Bei Erhöhung des Turgors dieser Zellen wird der Spalt geöffnet, bei Erniedrigung geschlossen (→ Nastie).

Spaltungsgesetz → Mendel'sche Gesetze

spannungsgesteuerter Ionenkanal (engl. *voltage-gated ionic channel*) Durch Änderung des → Membranpotenzials werden spannungsgesteuerte → Ionenkanäle aktiviert, d. h. sie lassen den selektiven Durchfluss von bestimmten Ionen als eine Art → passiver Transport zu. Die Ionen folgen dabei ihrem Konzentrationsgefälle zwischen intra- und extrazellulärem Raum.

Spannungsgesteuerte Ionenkanäle der Nervenzellen sind für Natrium-, Kalium- oder Calciumionen durchlässig. Ihr mengenmäßiges Verhältnis untereinander in der Zellmembran ist entscheidend dafür, wie ein Neuron auf ein eingehendes Signal reagiert. Spannungsgesteuerte Na^+-Ionenkanäle (und selten auch Ca^{2+}-Ionen-

kanäle) sind primär für die Erzeugung des → Aktionspotenzials in Neuronen verantwortlich. → transmittergesteuerter Ionenkanal

Spektrofotometer (lat. *spectrum* Bild; griech. *phos* Licht; engl. *spectrophotometer*) Optisches Gerät, das bei biologischen Untersuchungen verwendet wird, um die Intensität eines Lichtstrahls mit veränderlicher Wellenlänge zu messen, nachdem er ein transparentes Medium mit darin gelösten, lichtabsorbierenden Substanzen passiert hat. Es lassen sich damit Aussagen über die Art der Substanzen treffen, sowie Mengenbestimmungen durchführen. → Absorption

S-Periode → Zellzyklus

Sperma (griech. *speiro* ich säe, erzeuge; engl. *semen, sperm(a)*) → Samen

Sperma-Bank (engl. *sperm bank*) Lagerung von portionierten Ejakulaten in flüssigem Stickstoff (−196 °C) für die künstliche Besamung. Die Besamungsportionen sind mit Gefrierschutzmitteln versetzt und können über Jahrzehnte aufbewahrt werden.

Spermatheka (griech. *tithenai* stellen, legen; engl. *spermatheca*) Organ, z. B. eines Vogelweibchens, in dem das Sperma des Männchens nach der Kopulation gelagert wird.

Die Spermien können über längere Zeit (bei Vögeln etwa 14 Tage) die ovulierten Eizellen (Eizellen, die aus dem Eierstock freigesetzt wurden) auf dem Weg zur Gebärmutter befruchten.

Spermatide (engl. *spermatid*) Eine der vier haploiden Zellen, die während der Meiose im männlichen Organismus aus einer Vorgängerzelle gebildet werden. Sie wandelt sich während der → Spermiohistogenese in ein Spermatozoon (= Spermium) um.

Spermatogenese, Spermiogenese (griech. *genesis* Entstehung; engl. *spermatogenesis*) Umfassender Begriff für die männliche Meiose und Entwicklung der Spermien.

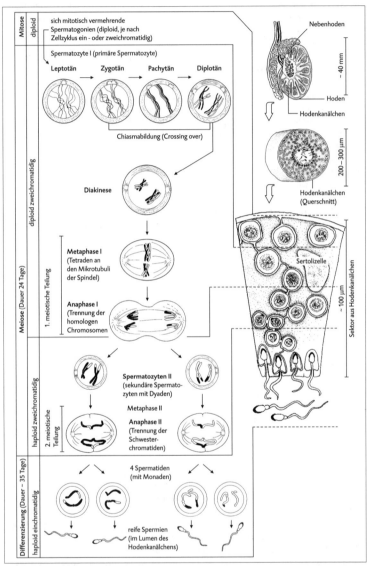

Spermatogenese beim Menschen: Von den 46 Chromosomen (23 Paare) eines Menschen sind nur zwei Paare gezeigt (je ein großes metazentrisches und ein kleines submetazentrisches). Zur besseren Verdeutlichung ist das väterliche Chromatin dunkel, das mütterliche hell gezeichnet. Die Telomere aller Chromosomen stehen vom Leptotän bis Pachytän in Verbindung mit der inneren Oberfläche der Kernhülle. Im Zygotän beginnt die Synapsis, das Paaren der homologen Chromosomen; die Rekombination; der Austausch der väterlichen und mütterlichen Chromatinabschnitte wird im Diplotän abgeschlossen. Es sind nicht alle Zwischenstadien dargestellt.

Bei der Weitergabe der Erbsubstanz durch die Spermien ist zu berücksichtigen, dass aus einer Spermienvorläuferzelle durch Meiose und damit Crossing over letztendlich durch die Allelneukombinationen vier genetisch unterschiedliche Spermien hervorgehen und dass durch die zufälligen Crossing over bei jeder einzelnen Spermienentstehung sowie die zufällige Aufteilung der einzelnen Chromatiden auf die einzelnen Spermien von einem einzigen Individuum praktisch keine zwei genetisch identischen Spermien während des ganzen Lebens produziert werden (außer bei Inzuchtstämmen, die keine Allelvielfalt aufweisen). Dasselbe gilt im Prinzip auch für die Eientwicklung, wobei jedoch nur jeweils eine Eizelle mit Polkörperchen aus einer Eivorgängerzelle entsteht.

Spermatogonien (griech. *gonos* Spross; engl. *spermatogonia*) Mitotisch (nicht meiotisch) aktive Zellen in den Gonaden männlicher Tiere (Hoden). Sie sind die Vorläufer der primären → Spermatozyten. → Spermatogenese

Spermatophyten, Spermatophyta, Samenpflanzen (engl. *spermatophytes*) Bezeichnung für eine Abteilung (Phylum) des Pflanzenreiches, welches die Unterabteilungen der → *Angiospermae* (Bedecktsamer), *Cycadophytina* (Fiederblättrige Nacktsamer) und → *Gymnospermae* (Nacktsamer) umfasst.

Samenpflanzen zeigen einen heteromorphen Generationswechsel (unterschiedliche Gestalt von → Gametophyt und → Sporophyt) mit einem entsprechenden → Kernphasenwechsel zwischen haploidem und diploidem Stadium. → Diplohaplonten, → -ploid, → Embryophyten

Spermatozoid (engl. *spermatozoid, spermium*) Männliche Geschlechtszelle der Pflanzen, auch einfach Spermium genannt.

Spermatozyte (griech. *kytos* Zelle; engl. *spermatocyte*) Diploide, männliche Zelle, die in Meiose geht und vier Spermatiden bildet. → Spermatogenese

Die primäre Spermatozyte durchläuft die erste der zwei meiotischen Teilungen und ergibt zwei sekundäre Spermatozyten. Jede dieser beiden teilt sich mit dem Ergebnis zweier haploider Spermatiden. Eine primäre, diploide, zweichromatidige Spermatozyte ergibt daher vier haploide, einchromatidige Spermatiden.

Spermiohistogenese (griech. *histos* Gewebe, *genesis* Entstehung; engl. *spermiogenesis*) Strukturelle Umformung (Differenzierung) von → Spermatiden zu voll ausgereiften Spermien (beweglich und funktionsfähig). Dies geschieht nach den beiden meiotischen Teilungen der Spermatozyten. → Spermatogenese

Spermiogenese (engl. *spermiogenesis*) → Spermatogenese

Spermium (engl. *sperm(ium), spermatozoon*; Plur. Spermien) Männliche Keimzelle: Samenzelle, Spermatozoon. → Samen, → Spermatozoid, → Spermatogenese

spezialisiert (engl. *specialized*) Bezieht sich auf (1) Organismen/Individuen mit geringer Toleranz für Umwelteinflüsse. (2) Im Zuge der Evolution haben die Lebewesen verschiedene Strategien entwickelt, den Kampf um das Überleben zu meistern. Ein Weg ist die Spezialisierung auf bestimmte Nahrungsresourcen (z. B. Ameisenbär) oder auf bestimmte klimatische, geografische Bedingungen (z. B. Eisbär).

Der Vorteil der Spezialisierung ist die Vermeidung von Konkurrenz durch andere Spezies, jedoch sind Spezialisten zu ihrem Nachteil Arten mit geringen Zukunftschancen unter sich ändernden Umweltbedingungen. Im krassen Gegensatz hierzu steht der Mensch, der nach Auffassung des Verhaltensforschers Konrad Lorenz (1903–1989) als „unspezialisiertes Neugierwesen" über keine der bisher für die Evolution bedeutungsvollen Hochspezialisierungen verfügt: Wir können weder schnell laufen, kaum schwimmen, von Natur aus nicht fliegen, aber unter fast allen klimatischen und geografischen Bedingungen leben sowie nahezu alles essen. Wir sind mehr noch als Sperling und Wanderratte Generalisten. → generalisiert, → opportunistische Art

Speziation (lat. *species* Art; engl. *speciation*) Artentstehung. (1) Auseinanderentwickeln einer Art in Tochterarten zur gleichen Zeit; **horizontale** Speziation oder horizontale Evolution. → Kladogenese (2) Die schrittweise Umwandlung einer Art in eine andere, ohne die Zahl der Arten zu verändern; **vertikale** Evolution; **phyletische** Speziation oder phyletische Evolution. → Anagenese

Spezies, Art (lat. *species*; engl. *species*) Die systematische Kategorie unterhalb der Gattung (Genus). (1) Biologische (genetische) Art: „Paarungsgemeinschaft", eine reproduktiv (z. B. geografisch) isolierte Population. (2) Taxonomisch-morphologisch-phänotypische Art: phänotypisch (an Merkmalen) von anderen unterscheidbare Individuen, die in Gemeinschaft leben. (3) Mikrospezies: asexuell sich fortpflanzende Organismen (hauptsächlich Bakterien) mit ähnlicher Morphologie und Physiologie. (4) Biosystematische Art (Ecospezies; Coenospezies): Populationen, die mehr durch ökologische als durch ethologische Faktoren isoliert sind.

Spezifität (engl. *specificity*) Selektive Reaktion zwischen Substanzen, z. B. zwischen → Enzym und Substrat, → Hormon und seinem → Rezeptor oder → Antigen und → Antikörper.

S-Phase → Zellzyklus

Spieltheorie (engl. *game theory*) Die Anwendung eines Modells zur Untersuchung des adaptiven Wertes (→ Adaptation) eines Merkmals. Besonders werden die Auswirkungen bestimmter Verhaltensweisen, die für die Fitness bedeutend sind, auf andere Individuen betrachtet.

Ein Teilgebiet der Mathematik, das Situationen analysiert, in denen Gewinn und Verlust durch Strategie und Risiko bestimmt werden. „Spiel" bedeutet hier die Anwendung von Modellen.

Spindel, Spindelapparat (engl. *spindle*) Eine Vielzahl von → Mikrotubuli, die sich von den beiden → Zentriolen ausgehend an die → Kinetochore der Chromosomen heften und während der → Meiose zuerst die homologen Chromosomen (1. meiotische Teilung) und dann, während der 2. meiotischen Teilung, wie bei der → Mitose, die Chromatiden zu den beiden neu entstehenden Zellen auseinander ziehen.

Spleißen (engl. *splicing*) Bei eukaryontischen Zellen die enzymatische Entfernung der → Introns aus dem → Primärtranskript (prä-mRNS) und die nachfolgende Verbindung der → Exons, wodurch die mRNS entsteht.

In eukaryontischen Genen ist die codierende DNS in vielen Fällen von nicht codierenden Sequenzen (Introns) unterbrochen, d. h. die codierende DNS liegt in Stücken (DNS-Abschnitten), sog. Exons, vor. Die Abschrift eines Gens (prä-mRNS) beinhaltet diese beiden Sequenztypen und der Spleißvorgang entfernt dann die Introns, sodass die mRNS übrig bleibt. → nukleäre RNS-Prozessierung

Spontanmutation (engl. *spontaneous mutation*) Natürlich auftretende Mutation (z. B. durch natürliche Strahlenbelastung, Fehler bei DNS-Replikation), im Gegensatz zur experimentell erzeugten Mutation (z. B. durch Röntgen- oder Gammastrahlung, Chemikalien).

Sporophyt (griech. *sporos* Same, *phytos* Pflanze; engl. *sporophyte*) Diploides Stadium im Lebenszyklus von Pflanzen mit → Generationswechsel. → Diplohaplonten, → Spermatophyten

Sprachzentrum (engl. *speech centre*, *language centre*) Bestimmte Regionen der Hirnrinde, die für die Bildung der Sprache verantwortlich sind. Sie befinden sich bei Rechtshändern in der linken Großhirnrinde.

Man unterscheidet ein motorisches,

sog. → Broca-Zentrum, und ein sensorisches Sprachzentrum, sog. Wernicke-Zentrum, die untereinander und mit anderen Gehirnzentren in Verbindung bzw. Wechselwirkung stehen. → Wernicke-Aphasie

Sprossung (engl. *sprouting, budding*) → Knospung

Sprungschicht → Epilimnion

SSC (engl. *sister-strand-crossover*) Schwesterchromatid-Austausch → SCE

ssDNS (engl. *single strand DNA, ssDNA*) Einzelstrang-DNS, ohne den komplementären Strang.

ssRNS (engl. *single strand RNA, ssRNA*) Einzelstrang-RNS, z. B. mRNS oder das Genom bestimmter RNS-Viren. → Virus

Stamm (1) (engl. *phylum*) In der Taxonomie synonym zu → Phylum. (2) (engl. *strain*) In der Tierzucht eine Gruppe von Organismen innerhalb einer Art, die an bestimmten Genloci homozygot sind, also mit überwiegend gleichem Phäno- und Genotyp. Stämme entstehen durch (intensive) Inzucht (durch den Menschen künstlich aufrechterhalten) für experimentelle Zwecke (z. B. bei Maus, Taufliege). Bei landwirtschaftlichen Nutztieren spricht man von einer (Blut-)Linie oder auch von einem Schlag, in der Pflanzenzucht von einer Sorte. → Varietät

Stammbaum, Pedigree, Genealogie (engl. *pedigree*) Diagramm, das die Herkunft und Verwandtschaft von Individuen darstellt.

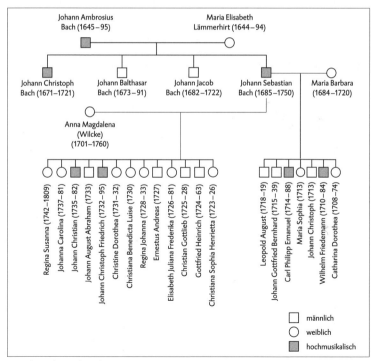

Stammbaum der Familie Bach

Männliche Individuen werden allgemein als Quadrate, weibliche als Kreise symbolisiert. Bei Individuen mit einem besonderen Merkmal ist das Quadrat oder der Kreis farblich ganz ausgefüllt, hingegen nur halb, wenn es sich um einen autosomal rezessiven Heterozygoten handelt. Die Nachkommen stehen unterhalb des Elternpaares von links nach rechts entsprechend der Reihenfolge ihrer Geburt.

Stammzelle (engl. *stem cell*) (1) Eine der mitotisch aktiven somatischen Zellen, die als Reservoir dazu dienen, absterbende Zellen des Körpers zu ersetzen, z. B. Knochenmarkstammzellen als Ausgangszellen für alle blutbildenden Zellen.

Je nach Herkunft können Stammzellen → pluri- oder totipotent (→ Totipotenz) sein, d. h. sie haben die Fähigkeit, zu allen möglichen somatischen Zellen zu differenzieren. **Embryonale Stammzellen**, entnommen aus einem frühen Embryo (Morula, Blastula), sind totipotent und können sich zu allen denkbaren Körperzellen entwickeln.

Die Klonierungstechnik erlaubt nun erstmals derartige embryonale Stammzellen beliebig zu erzeugen. Dazu nimmt man eine Eizelle, entfernt den Zellkern und ersetzt ihn durch den Zellkern einer Körperzelle desjenigen Individuums, für das man Stammzellen braucht. Die so manipulierte Eizelle verhält sich wie eine befruchtete Eizelle (Zygote) und beginnt in vitro (im Reagenzglas) zu einem Embryo heranzuwachsen. Bereits nach wenigen Zellteilungen (Morula, Blastula) entnimmt man die Zellen des Embryos und kultiviert sie in vitro als Stammzellen. Je nach Kulturbedingung kann man daraus unterschiedliche Zellen oder Gewebe herstellen. Theoretisch verfügt man damit über ein unerschöpfliches Reservoir an erneuerbaren Geweben. Eine andere Quelle für Stammzellen ist das Blut der Nabelschnur. Diese können nach der Geburt eingefroren gelagert werden, bis die Person in einem Notfall ihre eigenen Zellen benötigt. → therapeutisches Klonen

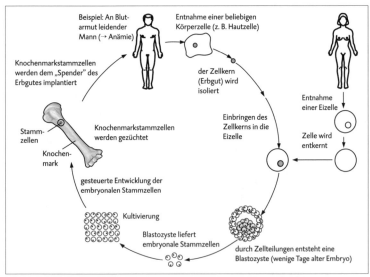

Therapiemöglichkeit eines an Blutarmut leidenden Patienten durch Transplantation eigener (syngener) Knochenmarkstammzellen, die aus embryonalen Stammzellen kultiviert wurden.

(2) Eine der mitotisch aktiven Keimzellen, die einen ständigen Nachschub für die Gametenbildung produzieren (vor allem → Spermatogonien).

Standardabweichung, σ (σ Abkürzung für griech. *sigma*; engl. *standard deviation*) Maß für die Variabilität eines Merkmals in einer Population von Lebewesen oder Gegenständen.

Die Standardabweichung einer Stichprobe ergibt sich aus der Wurzel des Verhältnisses $(x_0-x)^2$ zu $(n-1)$; dabei sind x die Werte der einzelnen Messungen, x_0 der Mittelwert aller Messungen und n die Zahl der Merkmalsmessungen.

σ ist neben dem Mittelwert der zweite wichtige statistische Parameter zur Charakterisierung einer Merkmalsverteilung. $σ^2$ entspricht der Varianz der Merkmale. → Normalverteilung

Standardfehler, SE (engl. *standard error, SE*) Maß für die Variation von Mittelwerten. $SE = σ/n - 1$, wobei n die Zahl der Beobachtungen und σ die → Standardabweichung ist.

Stärke (griech. bzw. lat. *amylum*; engl. *starch*) Polysaccharid aus α-D-Glucose. Besteht zu 1/5 aus wasserlöslicher Amylose (unverzweigt) und zu 4/5 aus wasserunlöslichem Amylopektin. → Glucose

Stärke ist einer der wichtigsten Reservestoffe im pflanzlichen Kohlenhydratstoffwechsel. Kartoffelstärke (*Amylum solani*), Weizenstärke (*Amylum tritici*), Maisstärke (*Amylum maydis*) und Reisstärke (*Amylum oryzae*) decken den größten Teil des menschlichen Bedarfs an Kohlenhydraten. → Glykogen

Start-Codon, Initiationscodon (engl. *start codon*) Triplett aus den drei Nukleotiden AUG der mRNS (entsprechend TAC beim *Template*-DNS-Strang), das für Methionin codiert und die erste Aminosäure jeder neu synthetisierten Polypeptidkette darstellt. Bei Prokaryonten im Gegensatz zu Eukaryonten wird ein formyliertes Methionin eingesetzt. → genetischer Code

Stasis (griech. *stasis* Stand, Stellung; engl. *stasis*) Überleben einer Art über geologische Zeiträume ohne größere Veränderungen ihres Geno- und Phänotyps, z. B. sog. lebende Fossilien wie Pfeilschwanzkrebs, Quastenflosser.

Statistik (engl. *statistics*) Mathematische Disziplin, die Daten (Messwerte) erhebt, analysiert und aus ihnen Vorhersagen ableitet. Der Analyse der Daten liegt die Wahrscheinlichkeitstheorie zugrunde. Eine Null-Hypothese wird angenommen und gegen eine oder mehrere Alternativ-Hypothesen getestet. Dabei ist wichtig, welche Verteilung eine Menge von Messwerten hat. Es gibt die → Binominalverteilung, die → Poisson-Verteilung und die → Normalverteilung. → Student t-Test

stenopotent (griech. *stenos* eng) Bezeichnet Arten oder Individuen mit einem

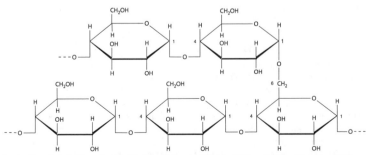

Strukturformelausschnitt aus Amylopektin. Die α-1,4- und α-1,6-glykosidisch verknüpften Glucosemoleküle entsprechen der Struktur des → Glykogen, jedoch sind sie nicht so stark durch 1,6-Bindungen verzweigt.

geringen Toleranzbereich für ein/mehrere Merkmal(e). Manche Algen z. B. wachsen nur bei einer Temperatur um den Gefrierpunkt. Gegenteil → eurypotent

steril (lat. *sterilis* unfruchtbar; engl. *sterile*) (1) Unfähig zur Reproduktion; es können also keine Nachkommen gezeugt werden. (2) Frei von lebenden Organismen (= **keimfrei**).

Sterilisation (engl. *sterilization*) (1) Ausschaltung des Reproduktionsvermögens, z. B. durch Abschnüren der Eileiter bzw. Samenstränge oder Kastration (Entfernung der Keimdrüsen). (2) Abtötung oder Entfernung aller lebenden (Mikro-)Organismen, durch Erhitzen, Bestrahlung oder Mikrofiltration. **Pasteurisieren** bezeichnet das schonende Erhitzen von Flüssigkeiten zur erhöhter Haltbarkeit.

Steroidhormon (griech. *stereos* starr; engl. *steroid hormone*) Steroide sind Lipide aus der Gruppe der gesättigten Kohlenwasserstoffe mit einem Grundgerüst von 17 C-Atomen, zu denen die Hormone der Gonaden und der Nebennierenrinde gehören. → Sexualhormone

Grundstruktur der Steroide: Aus Gründen der Übersichtlichkeit sind keine Wasserstoffatome eingezeichnet.

Steroidrezeptor (lat. *recipere* empfangen; engl. *steroid receptor*) Protein, das Steroidhormone spezifisch bindet und das wahrscheinlich nur im Zellkern vorkommt. Der Rezeptor-Hormon-Komplex bindet an eine spezifische DNS-Sequenz, wodurch die Aktivität bestimmter Gene geregelt wird. → Rezeptor

Stickstoff, N (engl. *nitrogen*) Vierthäufigstes der biologisch wichtigen Elemente. Bestandteil vor allem der Aminosäuren und Nukleinsäuren. Der Stickstoff macht 3 % des Körpergewichtes eines Menschen aus. Ordnungszahl 7, Atomgewicht 14,00, Wertigkeit in biologischen Systemen von 3^- bis 5^+; häufigstes Isotop ist ^{14}N.

Stickstoffbase (engl. *nitrogenous base*) Ein → Purin oder → Pyrimidin; allgemein ein aromatisches, stickstoffhaltiges Molekül, das basische Eigenschaften hat (Proton-Akzeptor). → Base

Stickstoff-Fixierung, Stickstoff-Assimilation, Stickstoffbindung (engl. *nitrogen fixation*) Der Einbau von atmosphärischem Stickstoff in Humus oder in Mikroben, wo er den Pflanzen zur Verfügung steht.

Stickstoff als elementarer Bestandteil aller Organismen liegt zum größten Teil in der chemisch sehr stabilen Form des N_2 in der Atmosphäre vor (80 % Anteil). Diesen Stickstoff nutzen bzw. für biologische Systeme nutzbar machen, können nur einige hochspezialisierte → Prokaryonten, sog. Stickstoff-Fixierer, die über das Schlüsselenzym **Nitrogenase** verfügen. Damit wird N_2 zu NH_4^+ reduziert. Es gibt frei lebende Stickstoff-Fixierer und solche, die in Symbiose mit höheren Pflanzen leben (z. B. Wurzelknöllchenbakterien beim Luzerne-Klee). Bei solchen Symbiosegesellschaften hat man einen Stickstoffgewinn der Biomasse von bis zu 250 kg pro Hektar und Jahr ermittelt. → Knöllchenbakterien, → Stoffkreislauf

Stickstoffkreislauf → Stoffkreislauf

sticky ends „Klebrige" Enden. Komplementäre, einzelsträngige Überstände an den Enden eines DNS-Doppelstrangs.

Sticky ends ermöglichen die Verbindung verschiedener DNS-Fragmente (mit ebenfalls *sticky*- und komplementären Enden) in gentechnischen Experimenten. Sie entstehen durch → Restriktionsendonukleasen, die asymetrisch in einer → palindromen DNS-Sequenz schneiden.

Stimmung → Handlungsbereitschaft

Stoffkreislauf (engl. *cycle*) Einige der auf der Erdoberfläche und/oder in der Atmosphäre vorkommenden Elemente werden von den Organismen immer wieder aufgenommen, in organische Verbindungen eingebaut, zu anderen Verbindungen umgesetzt und letztendlich wieder ausgeschieden und zu anorganischen Molekülen abgebaut. Auf diese Weise bleiben die Stoffe dem betreffenden Ökosystem erhalten (im Gegensatz zum → Energiefluss).

Bekannt sind vor allem der Kohlenstoff-, Sauerstoff- und Stickstoffkreislauf. Für letzteren schätzt man allein für die →Stickstoff-Fixierung weltweit eine Aufnahme von mehr als 10^{11} kg pro Jahr.

Stoffwechsel → Metabolismus

Stoffwechselkrankheit, -anomalie (engl. *metabolic disease*) Krankhafte Abweichung von Stoffwechselvorgängen, die meist auf erblich bedingtes Fehlen/Mangel eines → Enzyms zurückzuführen ist. Viele dieser Erkrankungen treten bereits kurz nach der Geburt auf.

Man unterscheidet Anomalien des Aminosäure- bzw. Eiweißstoffwechsels (z. B. → Phenylketonurie), des Kohlenhydratstoffwechsels (z. B. Galaktosämie), des Lipidstoffwechsels (z. B. Gaucher-Krankheit) und des Mineralstoffwechsels (z. B. idiopathische Hyperkalzämie). Unterbleibt durch das Fehlen eines Enzyms die Umwandlung eines Stoffes in einen anderen in einem frühen Schritt einer zusammenhängenden Kette von Reaktionen, so spricht man auch von einem **Stoffwechselblock** (z. B. bei Phenylketonurie). → genetischer Block

Stoma → Spaltöffnung

Stopp-Codon, Terminations-Codon, nonsense Codon (engl. *stop codon*) Triplett der mRNS, welches die Synthese des Polypeptidstranges bei der → Translation beendet.

Es gibt drei Stopp-Codons (amber UAG, ochre UAA, opal UGA): Für sie existieren keine tRNS-Moleküle mit entsprechenden Anticodons. → Ribosom

Strangbezeichnung (engl. *strand terminology*) Die zwei Stränge der DNS haben unterschiedliche Eigenschaften und Funktionen. Beide besitzen zwar ein 5'-Ende (Phosphatgruppe) und ein 3'-Ende (Hydroxylgruppe), liegen aber antiparallel miteinander verbunden vor. Ihre Bezeichnung ist übereinkunftsgemäß nach der mRNS als dem **Sense** („Sinn")-Molekül gewählt. Wenn mRNS-Sequenzen publiziert werden, schreibt man sie von links nach rechts (5'-Ende zum 3'-Ende) oder von oben nach unten. Wird künstlich der komplementäre Strang zu diesem mRNS-Molekül synthetisiert, nennt man ihn **Antisense**-Strang.

Das mRNS-Molekül wird an einem Ribosom beginnend vom 5'-Ende zum 3'-Ende translatiert; es steht also das Aminoende der Peptidkette an erster und das Carboxylende an letzter Stelle.

Der DNS-Strang, der als Matrize für die mRNS abgelesen wird, heißt **Template**-Strang. Der andere komplementäre DNS-Strang enthält die gleiche Basenfolge wie die mRNS (ausgenommen T für U) und wird deshalb **Sense**-Strang genannt. Eine veröffentlichte Gensequenz repräsentiert den Sense-Strang.

Die Begriffe **stromaufwärts** (→ *upstream*) bedeuten die Richtung 5'-Ende und **stromabwärts** (→ *downstream*) die Richtung 3'-Ende. Der Promotor eines Gens liegt *upstream*.

Es gibt andere Begriffe zur Bezeichnung der Stränge, wie z. B. Codon-Strang, Anticoding-Strang usw., jedoch werden sie oft missverständlich gebraucht, weshalb man sich auf die obige Nomenklatur beschränken sollte.

Bei der → DNS Replikation kann die Polymerase einen Strang durchgehend ablesen (von 3' nach 5') Der neue DNS-Strang wird daher **leading strand** (Leitstrang) genannt. Am 5'−3'-Strang muss die Polymerase stets neu ansetzen, wodurch → Okazaki-Fragmente entstehen, die zum **lagging strand** (Folgestrang) verknüpft (ligiert) werden. → semidiskontinuierliche Replikation

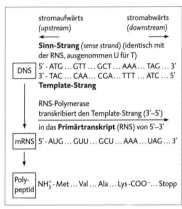

stromaufwärts (*upstream*)   stromabwärts (*downstream*)

Sinn-Strang (*sense strand*) (identisch mit der RNS, ausgenommen U für T)

DNS   5' - ATG ... GTT ... GCT ... AAA ... TAG ... 3'
       3' - TAC ... CAA ... CGA ... TTT ... ATC ... 5'

Template-Strang

RNS-Polymerase transkribiert den Template-Strang (3'–5') in das **Primärtranskript** (RNS) von 5'–3'

mRNS   5' - AUG ... GUU ... GCU ... AAA ... UAG ... 3'

Polypeptid NH_3^+ - Met ... Val ... Ala ... Lys -COO^- ... Stopp

Strangbezeichnungen

Stress (engl. *stress* Belastung) Spannung, Beanspruchung. Unterschiedlichste Situationen oder Einwirkungen auf einen Organismus, denen er nicht (zumindest beim Distress, s. u.) in genügender Weise angepasst ist.

Alle Faktoren, die das Krankheitsbild Stress erzeugen, haben eine erhöhte → ACTH-Sekretion der Hirnanhangdrüse zur Folge; dadurch werden gesteigerte Hormonausschüttungen der → Nebennieren (z. B. → Glucocorticoide, → Adrenalin) ausgelöst.

Man unterscheidet jedoch zwei in ihrer Wirkung völlig gegensätzliche Formen: Zum einen den **Eustress** (griech. *eu* gut), der durch eine kurzzeitige, oft alltägliche Anforderung induziert wird und dabei leistungssteigernd und anregend wirkt. Zum anderen den **Distress** (lat. *dis* auseinander), bei dem die Anforderungen (Situation, Aufgaben usw.) nicht durch die körperlichen und/oder geistigen Fähigkeiten bewerkstelligt werden können (wie in dem Film „Moderne Zeiten" (1936) mit Charlie Chaplin als Fließbandarbeiter). Distress kann aber auch allein aufgrund einer subjektiven Einstellung zu einer Anforderung ausgelöst werden.

Strickleiternervensystem (engl. *stepladder nervous system*) Nervensystem der Würmer und Gliedertiere, deren Körpersegmente je ein Paar Ganglien enthalten, die durch eine **Kommissur** (Nervenfaserquerverbindung) querverbunden und durch **Konnektive** (Nervenfaserlängsverbindungen) längs über den ganzen Körper verbunden sind, wodurch dieses System einer Strickleiter ähnelt.

Stringenz (lat. *stringere* straff anziehen, i. S. v. bindend, zwingend; engl. *stringency*; Adj. stringent) Bei der *in vitro*-Hybridisierung von DNS- oder RNS-Einzelsträngen spielen Temperatur und Salzkonzentration eine große Rolle. Bei nicht optimalen Bedingungen können deshalb auch Sequenzen miteinander hybridisieren, die nicht genau komplementär sind, was zu einem ungenauen Versuchsergebnis führen kann. Je stringenter die Bedingungen, desto weniger Fehlhybridisierungen sind möglich.

Strukturgen (engl. *structural gene*) DNS-Sequenz, die für RNS codiert, also für rRNS, tRNS und mRNS (bzw. bei Eukaryonten das Primärtranskript prä-mRNS); im Unterschied z. B. zu den Regulatorgenen (wie Operator), die selbst nicht transkribiert werden und die die Expression benachbarter Strukturgene regulieren, indem sie deren Transkription steuern.

Strukturprotein (engl. *structural protein*) Jedes Eiweiß, das zur Form und Struktur von Zellen und Geweben beiträgt, wie z. B. Aktin und Myosin als Teile der Muskelfasern oder Collagen als stützendes Element des Bindegewebes.

Student t-Test (engl. *Student's t test*) Eine statistische Methode zur Klärung der Frage, ob die Mittelwerte zweier Datensätze unterschiedlich sind oder nicht. Mit anderen Worten, ob z. B. die Messwerte der Merkmale für eine oder zwei Populationen sprechen. Die Methode wurde von W. S. Gosset entwickelt, der unter

dem Pseudonym „Student" publizierte.
→ Statistik

subletales Gen (lat. *sub* unter, weniger, *letalis* tödlich; engl. *sublethal gene*) Mutation eines Gens, das die Lebensfähigkeit seiner Träger soweit reduziert, dass weniger als 50 % der betroffenen Individuen die sexuelle Reife erreichen.

submetazentrisches Chromosom (engl. *submetacentric chromosome*) Erscheinungsbild eines Chromosoms, dessen → Zentromer nicht in der Mitte des Chromatids/der Chromatiden liegt. Während der → Anaphase, in der die Chromatiden an den Zentromeren (Kinetochoren) zu den Zellpolen gezogen werden, erscheinen sie J-förmig.

Subspezies, Unterart (engl. *subspecies*) Taxonomisch unterscheidbare Gruppe einer Art; auch geografische oder ökologische Unterteilungen einer Art mit jeweils typischen Merkmalen. → Rasse

Substrat → Enzym

Substrat(ketten)phosphorylierung (engl. *substrate-level phosphorylation*) Die Phosphorylierung von ADP oder GDP zu den energiereichen Verbindungen ATP und GTP ohne direkte Beteiligung der Atmungskette. So fallen bei der → Glykolyse beim Abbau von Glucose zu Pyruvat netto 2 Moleküle ATP an und im Citratzyklus selbst wird pro 1 Acetyl-CoA 1 Molekül GTP (bzw. ATP) hergestellt.

Sukkulenten (lat. *sucus* Saft; engl. *succulent plants*) Pflanzen unterschiedlicher Arten, die über lange Zeit Wasser speichern können.

Heiße und trockene Standorte erfordern besondere Fähigkeiten, damit möglichst wenig Wasser verloren geht, wie z. B. durch wasserundurchlässige Kutikula (häufig mit Wachs versehener Überzug), versenkte Spaltöffnungen (geringerer Wasserverlust als bei normalen Spaltöffnungen) und tote Haare (zur Beschattung). → Sukkulenz

Sukkulenz (engl. *succulence*) Die Fähigkeit, Wasser zu speichern.

Alle Anpassungen an trockene Standorte: Verdickung von Pflanzenteilen durch Wassereinlagerung, dicke Kutikula, versenkte Spaltöffnungen, Blattrückbildungen usw. → Sukkulenten

Sukzession (lat. *succedere* aufeinander folgen; engl. *succession*) Kontinuierlicher Wechsel von Besiedlung und Aussterben von Populationen in einem Habitat.

Die Sukzession ist die zeitliche Aufeinanderfolge von → Biozönosen (Lebensgemeinschaften) unter Einfluss sich ändernder Umweltbedingungen. So finden sich in einem neu entstandenen Ökosystem (z. B. nach einer Brandkatastrophe) Arten ein, die irgendwann eine höchste Populationsdichte erreichen und dann nach einiger Zeit wieder verschwinden. Dabei nimmt die Artenvielfalt zu, bis ein stabiler Endzustand (Klimax) erreicht ist. Solange ein Ökosystem unverändert besteht, existiert eine Art Gleichgewicht zwischen den Populationen, sodass sich deren Zusammensetzung nicht oder nur unwesentlich ändert. Sich ändernde Umweltbedingungen (z. B. Hochwasser) können den Lebensraum wieder entvölkern.

Unter neuen Umweltbedingungen beginnt eine neue Sukzession.

Summation (lat. *summa* Summe; engl. *summation*) Additive Wirkung mehrerer Impulse auf eine Nervenzelle, die eine Depolarisation der Membran und ein Aktionspotenzial hervorrufen (kann).

Überträgt eine → Synapse einen Impuls (→ EPSP) auf eine Nervenzelle, so ist dieser allein nicht stark genug, eine → Depolarisation der gesamten Zellmembran und damit eine Impulsweiterleitung zu bewirken. Zudem kann eine Nervenzelle über ihre → Dendriten mit mehreren tausend Synapsen (bis zu 50 000) vieler Neuronen verbunden sein.

(1) Da jeder Impuls für einen kurzen Zeitraum (wenige Millisekunden) ein begrenztes Areal der Nervenzellmembran leicht depolarisiert (passive Ausbreitung), kommt es bei nahezu gleichzeitiger Im-

pulsübertragung (EPSP) mehrerer Synapsen zur „echten" Depolarisation, die erst nach Überschreiten des → Schwellenwertes zu einem → Aktionspotenzial führt. Diesen Effekt bezeichnet man als **räumliche** Summation. (2) Des Weiteren kann auch eine einzelne Synapse bei schneller Impulsweitergabe die schwachen Einzeldepolarisationen dadurch aufaddieren, dass die Impulsübertragung rascher erfolgt, als die schwachen Einzeldepolarisationen der postsynaptischen Membran direkt unterhalb der Synapse „verschwinden" können. Bei jeder einzelnen Impulsübertragung summieren sich die Resteffekte der vorangegangenen schwachen Depolarisationen so auf, dass es letztendlich nach Überschreiten des Schwellenwertes zur „echten" Depolarisation und damit zu einem Aktionspotenzial kommt. In diesem Fall spricht man von einer **zeitlichen** Summation.

Von Synapsen erzeugte → Hyperpolarisationen (→ IPSP) wirken genau entgegengesetzt und „subtrahieren" ihren Beitrag von den „summierten" schwachen Depolarisationen der EPSPs.

Supercoiling, Superhelix (engl. *supercoiling, super helix*) Das Zusammenrollen eines ringförmigen (zirkulären) DNS-Moleküls ähnlich einem verzwirbelten Gummiring.

Die B-Form der DNS (mit Wasserhülle) ist eine rechtsdrehende Doppelhelix. Wenn sich der ringförmige Doppelstrang ebenfalls rechtsläufig verdreht, spricht man von positivem *Supercoiling*, bei linksläufiger Verdrehung von negativem *Supercoiling*. Es existieren leichte und sehr starke Formen der Verzwirbelung.

Ein- und dieselben Plasmide wandern in einem Elektrophoresegel unterschiedlich schnell (weit), je nachdem, ob sie in linearer oder zirkulärer Form oder „*supercoiled*" vorliegen.

Der biologische Sinn dieser Strukturform ist nicht geklärt.

superdominant → Überdominanz

Superhelix → Supercoiling
Superovulation (lat. *super* über, *ovum* Ei; engl. *superovulation*) Gleichzeitiges Freisetzen einer größeren Zahl von Eizellen (→ Ei) aus dem Eierstock (Ovar).

Durch Injektion von → gonadotropen Hormonen (FSH, PMSG, LH) reifen im Ovar der Säugetiere mehr Follikel als normalerweise der Fall wäre und die Eizellen gelangen nach dem Platzen der Follikel innerhalb von Stunden in den Eileiter.

Superovulation wird vor allem im Zusammenhang mit Embryotransfer angestrebt, um pro Weibchen eine möglichst große Zahl von Embryonen zu erhalten, die in Empfängerweibchen transferiert werden können. Beim Rind z. B. kann man nach einer Superovulation mit 6–8 (statt 1) transfertauglichen Embryonen rechnen, bei der Maus mit etwa 25 (statt 10), beim Kaninchen mit 30 (statt 10).

Beim Menschen kommt es nach dem Absetzen oraler Kontrazeptiva („Pille") häufig über mehrere Monate ebenfalls zu einer erhöhten Anzahl an Ovulationen, sog. **Polyovulationen**, die zu häufigeren Zwillings- und Mehrlingsgeburten führen. Dies wird dadurch begründet, dass durch den (lang anhaltenden) Gebrauch oraler Kontrazeptiva viele Follikel in den Ovarien künstlich zurückgehalten werden (→ Oogenese). Wird dann diese hormonelle „Bremse" abgesetzt, werden in den darauffolgenden Monaten durch mehrere, gleichzeitig heranreifende Follikel häufig zwei und mehr Eizellen während einer → Ovulation freigesetzt.

Superspezies, Artengruppe (engl. *superspecies*) Übergeordnete Einheit aus verwandten, allopatrischen Arten (→ allopatrische Verbreitung). Diese werden aufgrund ihrer morphologischen Ähnlichkeiten taxonomisch zu einer Superspezies zusammengefasst.

supervitale Mutation (engl. *supervital mutation*) Eine Mutation, welche die Lebensfähigkeit eines Individuums im Vergleich zum → Wildtyp erhöht.

Suppression (lat. *supprimere* unterdrücken; engl. *suppression*) (1) Die Unterdrückung einer fehlerhaften genetischen Funktion. Eine Suppressor-Mutation bei Bakterien z. B. unterdrückt einen in diesen Bakterien bereits vorhandenen Defekt bzw. hilft, diesen zu überwinden. (2) In der Immunologie eine spezifische oder unspezifische Unterdrückung der normalerweise einsetzenden Immunantwort bzw. die Reduzierung einer bereits erfolgten Immunantwort (das „Abflauen" einer Immunreaktion, → Suppressor-T-Zellen).

Immunsuppressiva (z. B. sog. Antimetabolite) werden beispielsweise bei Organtransplantationen verabreicht, um die Abstoßung eines nicht → kompatiblen Organs durch Suppression des Immunsystems zu verhindern.

Suppressor-T-Zellen (engl. *suppressor T cells*) Gruppe der T-Lymphozyten, deren natürliche Funktion es ist, eine bereits erfolgte, erfolgreiche Immunantwort wieder zu beenden („herunterzufahren"). Gelingt dies nicht, so kann das Immunsystem chronische Erkrankungen verursachen, wie beispielsweise → Autoimmunerkrankungen oder Allergien.

Symbiose (griech. *syn* mit, *bios* Leben; engl. *symbiosis*) Eine Lebensgemeinschaft zweier oder mehrerer Arten, wobei jede der Arten einen Vorteil aus dieser Koexistenz hat.

Ameisen z. B. nutzen die zuckerhaltigen Ausscheidungen von Blattläusen als Nahrungsquelle und verteidigen diese im Gegenzug vor Fressfeinden.

→ Mutualismus und → Protokooperation sind Spezialformen der Symbiose.

sympathisches Nervensystem (griech. *sympathikos* mitleidend; engl. *sympathetic nervous system*) Teilbereich des → vegetativen Nervensystems, der größtenteils zum → peripheren Nervensystem gehört. Seine Funktionen sind willentlich nicht steuerbar.

Die Aufgaben können als Spiegelbild zu denen des → parasympathischen Nervensystems gesehen werden (→ Agonist). So werden durch Aktivitäten des sympathischen Nervensystems Herzschlag und Atmung beschleunigt. Die glatte Muskulatur der Arteriolen (kleine Blutgefäße mit O_2-reichem Blut) wird kontrahiert, wodurch der Blutdruck steigt, Drüsen und Darmtätigkeit werden reduziert. Dies alles sind Hinweise auf eine Alarmbereitschaft des Körpers, auf → Stress. → Nervensystem

sympatrische Spezies (griech. *patros* Vater; engl. *sympatric species*) Arten, die im gleichen Lebensraum (Habitat) vorkommen oder deren Lebensräume sich überlappen.

Beim Haus- und Feldsperling überlappen diese z. B. in den Außenbezirken von Städten bzw. in ländlichen Wohngegenden. Innerhalb der Population bestehen jedoch Fortpflanzungsbarrieren (→ Isolationsmechanismen). → allopatrische Verbreitung, → parapatrische Verbreitung

Synapse (griech. *syn* mit, *haptomai* ich berühre; engl. *synapse*) Die Kontakt- und Umschaltstelle zwischen einer Nervenzelle (→ Neuron) und einer anderen Zelle, wobei das elektrische Signal der Nervenzelle über den sog. → synaptischen Spalt mittels chemischer Substanzen (→ Neurotransmitter) wie Acetylcholin weitergeleitet wird. Einen Spezialfall **chemischer Synapsen** stellen die Verbindungen zwischen Axonen und Muskelzellen, die → neuromuskulären Synapsen, dar.

Bei den → *Gap Junctions* der Ringelwürmer und Gliederfüßler sowie auch einigen speziellen Synapsen der Säuger findet die Erregungsübertragung nicht durch Transmittermoleküle sondern auf elektrischem Wege statt **(elektrische Synapsen)**.

Im menschlichen → Gehirn gibt es schätzungsweise 10^{14} Synapsen, die für die entsprechende Anzahl an Verbindungen zwischen den ca. 100 Milliarden (10^{11}) Neuronen sorgen.

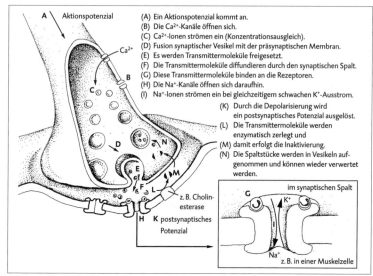

A Aktionspotenzial

(A) Ein Aktionspotenzial kommt an.
(B) Die Ca^{2+}-Kanäle öffnen sich.
(C) Ca^{2+}-Ionen strömen ein (Konzentrationsausgleich).
(D) Fusion synaptischer Vesikel mit der präsynaptischen Membran.
(E) Es werden Transmittermoleküle freigesetzt.
(F) Die Transmittermoleküle diffundieren durch den synaptischen Spalt.
(G) Diese Transmittermoleküle binden an die Rezeptoren.
(H) Die Na^+-Kanäle öffnen sich daraufhin.
(I) Na^+-Ionen strömen ein bei gleichzeitigem schwachen K^+-Ausstrom.

(K) Durch die Depolarisierung wird ein postsynaptisches Potenzial ausgelöst.
(L) Die Transmittermoleküle werden enzymatisch zerlegt und
(M) damit erfolgt die Inaktivierung.
(N) Die Spaltstücke werden in Vesikeln aufgenommen und können wieder verwertet werden.

z. B. Cholinesterase

K postsynaptisches Potenzial

im synaptischen Spalt

z. B. in einer Muskelzelle

Zeitliche Abfolge der Vorgänge bei der Erregungsübertragung in einer Synapse

Synapsis (engl. *synapsis*) Die Zusammenlagerung der homologen Chromosomen mit Beginn des Zygotäns und Beendigung im Diplotän in der → Meiose.

synaptischer Spalt (griech. *synhaptein* verbinden; engl. *synaptic cleft*) Lücke oder Raum in einer → Synapse zwischen der Endmembran eines → Axons (präsynaptische Membran) und der postsynap-tischen Membran eines anderen Neurons (Dendriten oder Zellkörper) oder einer Muskelzelle (→ neuromuskuläre Synapse). Der Abstand zwischen den beiden Membranen beträgt 20–40 nm und wird bei Impulsweitergabe durch die → Neurotransmittermoleküle in kürzester Zeit überbrückt. → *Gap Junction*

Syndrom (griech. *syndromos* beglei-

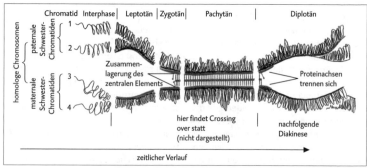

Verlauf einer Synapsis während der meiotischen Prophase, von der die Paarung zweier homologer, zweichromatidiger Chromosomen (= Bivalent, Tetrade) dargestellt ist. Das Pachytän ist die Phase, in der die Synapsis voll ausgebildet ist.

tend; engl. *syndrome*) Eine Gruppe von Krankheitszeichen, die typisch für ein bestimmtes Krankheitsbild ist, deren (genaue) Ursache jedoch nicht bekannt ist. Oft im Zusammenhang mit genetischen Defekten gebraucht.

Beim → Down-Syndrom weiß man zwar, dass die verschiedenen Krankheitszeichen (z. B. Minderwuchs, schräge Augenstellung mit Epikanthusfalte, Vierfingerfurche, Herzfehler, Magen-Darm-Missbildungen) auf Trisomie 21 zurückzuführen sind, man kennt den ursächlichen Zusammenhang zwischen dem genetischen Defekt und den Krankheitszeichen aber nicht.

Syngamie (griech. *gamos* Heirat; engl. *syngamy*) Vereinigung der Kerne (genauer: Vorkerne) der beiden Gameten nach der Befruchtung (dem Eindringen des Spermienkopfes durch die Eizellmembran). Das Resultat (bei diploiden Organismen) ist eine Zygote mit einem diploiden Zellkern. → Synkaryon

syngen (von Gen; engl. *syngeneic*) Bezieht sich auf genetisch identische Organismen wie monozygote Mehrlinge oder hoch ingezüchtete Stämme. Weil syngene Tiere die gleichen Proteine auf ihren Zelloberflächen haben, entwickeln sie keine Abstoßungsreaktionen bei Organtransplantationen untereinander. → allogen, → congen, → xenogen

Synkaryon (griech. *karyon* Kern; engl. *synkaryon*) (1) Zellkern der Zygote, der durch die Befruchtung bzw. das Eindringen des Spermiums in die Eizelle entsteht. Der Vorgang heißt → Syngamie.

(2) Das Produkt einer Kernverschmelzung (Fusion) zweier somatischer Zellen (experimentell).

Synökologie (griech. *syn* mit, *oikos* Haus, *logos* Lehre; engl. *synecology*) Wissenschaftsrichtung der Ökologie, welche die Beziehung zwischen Lebensgemeinschaften und ihrer Umwelt und die Beziehung einzelner Populationen der Lebensgemeinschaften untersucht. → Autökolo-

gie, → Demökologie, → Ökosystemforschung

syntäne Gene (griech. *teinein* festhalten; engl. *syntenic genes*) Alle Gene eines Chromosoms.

Der Begriff **Syntänie** stammt aus der Technik der Hybridisierung somatischer Zellen (→ Zellfusion). Hybridzellen tendieren zum Verlust von Chromosomen. Um bestimmte Gene einem definierten Chromosom zuordnen zu können, selektiert (wählt aus) man diejenigen Hybridzellen, in denen neben dem ursprünglichen Chromosomensatz nur noch ein einziges Chromosom des Fusionspartners vorhanden ist. Ein Gen bzw. Genprodukt, das dann gleichzeitig mit einem Markergen dieses Chromosoms in einer Hybridzelle beobachtet wird, muss zwangsläufig auf demselben Chromosom wie das Markergen liegen.

Synthetasen, Aminoacyl-tRNS-Synthetasen (engl. *aminoacyl-tRNA synthetases*) Mg^{2+}-abhängige Enzyme, die → tRNS-Moleküle mit den spezifischen Aminosäuren beladen (kovalent binden).

Für die → Translation der mRNS liefern tRNS-Moleküle jeweils die für das entsprechende mRNS-Codon passende Aminosäure an die Ribosomen. Nach Übertragung der Aminosäure auf die wachsende Polypeptidkette fallen die tRNS-Moleküle von den Ribosomen ab und werden im Zytoplasma durch Synthetasen wieder mit Aminosäuren beladen. Entsprechend den 20 verschiedenen Aminosäuren existieren 20 verschiedene Synthetasen. Die Synthetasen verfügen über eine sehr hohe → Spezifität, d. h. sie erkennen äußerst selektiv „ihre" Aminosäure (trotz z.T. nur minimaler Unterschiede) und „ihre" entsprechende tRNS. Diese Genauigkeit ist entscheidend für die exakte Synthese der Protein.

Synthetische Theorie (der Evolution) (engl. *synthetic theory (of evolution)*) Erweiterte Evolutionstheorie nach Darwin unter Einbeziehung der Erkenntnisse der neueren Genetik, Ökologie und Verwandtschaftsforschung. Sie erklärt auch, wie die Artbildung mittels kleiner Evolutionsschritte (→ Gradualismus) letztendlich doch zu größeren Evolutionsprozessen führen kann. → Darwinismus

synthetisches Letalchromosom (engl. *synthetic lethal chromosome*) Ein letales, d. h. zum Tode führendes Chromosom, das aus zwei normalen Chromosomen (Chromatiden) durch Crossing over entstanden ist. In dieser rekombinierten Form sind die betroffenen Gene so sehr in ihrer Funktion gestört, dass die entsprechenden Zellen nicht überleben können.

Synzytium (griech. *syn* mit, *kytos* Zelle; engl. *syncytium*) Großes Protoplasma mit vielen Kernen, die nicht durch Zellmembranen getrennt sind. Ein Synzytium entsteht natürlicherweise durch Fusion von Zellen (z. B. → Muskelfaser) oder durch → Endomitose. → Heterokaryon

Systema Naturae Eine taxonomische Abhandlung von Carl von Linné (*Linnaeus*) erstmals 1735 veröffentlicht, die noch zu seinen Lebzeiten insgesamt 16 Auflagen hatte. Er führte das Linnäische System ein, das in seiner → binären Nomenklatur (2 Namen) noch heute verwendet wird; z. B. *Homo sapiens* (Mensch). → Primaten

Linné verstand die Art noch als konstant unveränderlich, was mehr als hundert Jahre später von Charles Darwin widerlegt wurde. → Darwinismus

Systematik (engl. *systematics*) Die Wissenschaft der Klassifikation. → Taxonomie

T

T Thymin oder Thymidin, eine der vier → Basen der DNS. → Nukleosid

tandem repeat (lat. *tandem* zuletzt, hintereinander; engl. *repeat* Wiederholung) Hintereinander liegende, fast identische Nukleotidsequenzen, ähnlich wie eine → Tandem-Duplikation.

Je weiter zurück (zeitlich, evolutiv gesehen) eine Duplikation stattgefunden hat, desto mehr Mutationen werden sich in den Duplikaten ereignet haben und umso mehr unterscheiden sie sich (daher die Einschränkung „fast").

Etwa 1/3 des gesamten menschlichen Genoms besteht aus solchen Wiederholungen. → Minisatelliten, → Mikrosatelliten

Tandem-Duplikation (engl. *tandem duplication*) Eine Abweichung (Aberration), bei der zwei identische Chromosomenabschnitte hintereinander liegen. Die Anordnung der Gene in den Abschnitten ist gleich. Durch eine Tandem-Duplikation können neue Loci der Gene geschaffen werden. Die meisten Gene liegen jedoch als → *single copy* Gene (an einem Genlocus) vor. → Chromosomenaberration

Tarnfärbung (engl. *concealment (cryptic) coloration*) Farbangleichung an die Umgebung, um die äußere Gestalt möglichst unauffällig zu machen; sie dient dem Schutz vor Feinden oder der Tarnung gegenüber Beutetieren.

Die Tarnfärbung kann dauerhaft sein wie bei Eisbären, jahreszeitlich sich ändern, wie das braune Sommer- und weiße Winterfell der Schneehasen oder sofort den wechselnden Gegebenheiten angepasst werden, wie bei den Chamäleons oder den Tintenfischen. → Mimikry, → Warnfärbung

Taufliege → *Drosophila*

TATA-Box (engl. *TATA box*) Synonym → Hogness Box

Taxis (griech. *tassein*, ordnen, sich aufstellen; engl. *taxis*) Die gerichtete, aktive, durch äußere Reize hervorgerufene Fortbewegung.

Augentierchen (*Euglena*, tierische Einzeller) schwimmen aus der Dunkelheit auf eine Lichtquelle zu, was als positive **Fototaxis** bezeichnet wird. Das Fliehen dieser Einzeller vor zu intensiven Lichtquelle heißt negative Fototaxis. → **Chemotaxis** nennt man die aktive Bewegung auf ein Ziel, die durch bestimmte Stoffe bewirkt wird, z. B. werden die → Spermatozoiden (Spermien) der Moose durch organische Moleküle zur Eizelle gelockt.

Taxon (griech. *tassein* ordnen; engl. *taxon*; Plur. Taxa) Gruppe von ähnlichen Individuen als systematische Einheit (z. B. Art, Gattung, → Familie) im Tier- oder Pflanzenreich.

Taxonomie (griech. *nomos* Gesetz; engl. *taxonomy*) Wissenschaft der Klassifikation von Lebewesen.

Die klassische Taxonomie befasst sich mit der Beschreibung, der Namensgebung und der Einordnung aufgrund morphologischer Merkmale. Das heute noch gültige taxonomische System basiert auf der erstmalig 1735 erschienenen Arbeit → „Systema Naturae" von Carl von Linné.

Die neuere Taxonomie analysiert zudem die Variationsmuster von Taxa, versucht evolutionäre Einheiten (ESU, *evolutionary significant units*) zu identifizieren und die genetischen Beziehungen (unter Berücksichtigung der Umwelt) zwischen solchen Einheiten zu bestimmen. Jedoch gibt es bis heute kein allgemein akzeptiertes einheitliches Gesamtsystem für alle Lebewesen.

Teilung → Zellteilung

Teleologie (griech. *telos* Ziel, *logos* Lehre, Wort; engl. *teleology*) Nicht wissenschaftliche Erklärung (Theorie) des Phänomens der Evolution, dass diese zweck- und zielgerichtet ist. Die wissenschaftliche Theorie über die Evolution besagt, dass sie kein Ziel verfolgt, also offen ist und niemand die weitere Entwicklung vorhersagen kann.

Teleonomie (griech. *telos* Ziel, *nomos* Gesetz; engl. *teleonomy*) Lehrsatz, dass die Funktion oder das Vorhandensein eines Organs (Systems) ein Vorteil für das Individuum im Verlauf der Evolution ist.

Telomer (griech. *telos* Ende, *meros* Teil; engl. *telomere*) Eines der zwei Enden eines Chromatids. Die Telomere aller Spezies haben ein bestimmtes Nukleotidsequenzmuster: ein kurzer G-reicher DNS-Abschnitt (der komplementäre ist C-reich) liegt viele Male wiederholt vor; z. B. $(TTGGGG)_{60}$.

Ein Chromosom verliert bei jeder Reduplikation (Verdopplung) etwa 100 bp, weil die DNS-Polymerase die endständigen Nukleotide nicht erreichen kann. Die Chromosomen werden/würden bei jeder Zellteilung kürzer. Um diesen Verlust auszugleichen, verfügen die Zellen über das Enzym → Telomerase, welche die fehlenden TG wieder anhängt. → *Hayflick Limit*

Telomerase (engl. *telomerase*) Eine reverse Transkriptase (→ RNS abhängige DNS-Polymerase) mit einem RNS-Molekül, das als → *Template* (Matrize) für endständige Sequenzwiederholungen der → Telomere dient. Großer Ribonukleoproteinkomplex von etwa 500 000 d.

Das Enzym bindet an das Telomer und benutzt ausschließlich diese G-reichen Abschnitte als → Primer. Besonders aktiv ist die Telomerase in embryonalen Zellen und Gametozyten, wenig dagegen in differenzierten Körperzellen. Die erniedrigte Telomeraseaktivität in „erwachsenen" Körperzellen wird u. a. für den Alterungsprozess mitverantwortlich gemacht. In Krebszellen wird die Telomerase häufig reaktiviert und könnte so auch zu dem unbegrenzten, embryonalen Wachstum vieler Krebszellen beitragen. → Krebs

Telophase → Mitose

telozentrisches Chromosom (engl. *telocentric chromosome*) Chromosom mit einem (nahezu) endständigen Zentromer.

TEM Transmissionselektronenmikroskop. → Elektronenmikroskop

Temperatur (lat. *temperare* warm machen; engl. *temperature*) Ausdruck und Maß für die Bewegung und den Energiezustand der atomaren und subatomaren Teilchen der Materie. Nach dem internationalen Messsystem ist die Einheit der Temperatur ein K (Kelvin).

Ein Kelvin entspricht dem bisherigen °C (Grad Celsius), wobei der absolute Nullpunkt (die völlige Bewegungslosigkeit der Atome) bei 0 (Null) K liegt. A. Celsius (1701–1744) richtete seine Temperaturskala nach dem Gefrierpunkt des Wassers (0 °C bei einem Luftdruck von 760 mm Quecksilbersäule) und dessen Siedepunkt (100 °C). Im Angelsächsischen gilt noch die Einteilung nach G. D. Fahrenheit, der die Spanne zwischen Gefrier- und Siedepunkt des Wassers in 180 Grade einteilte (32 °F und 212 °F). Die Umrechnung der Skalen erfolgt nach der Formel: °F = °C · 1,8 + 32. 0 K = −273 °C oder −460 °F.

Die Schmelztemperatur (T_m = *melting temperature*) der DNS, bei der sich die beiden komplementären Stränge trennen, liegt bei etwa 65 °C aufwärts, abhängig vom A = T- bzw. G ≡ C-Gehalt der Nukleotidsequenzen. → Schmelzen

temperatursensitive Mutation (engl. *temperature sensitive mutation*) Eine Mutation, die nur in einem bestimmten Bereich der Körper- bzw. Zelltemperatur phänotypisch auftritt. Das Protein eines solchen Gens funktioniert grundsätzlich normal, ist aber ab einer bestimmten Temperatur instabil. Die Mutante unterscheidet sich also bei niedriger (**permissiver**) Temperatur nicht, ändert aber ihren Phänotyp bei höherer (**restriktiver**) Temperatur.

Template (engl. *template*) Makromolekulare Matrize oder Schablone für die Synthese eines komplementären Gegenstücks. Diese gilt für die Synthese der DNS wie auch für die Transkription (→ DNS-Replikation) der DNS in RNS.

Ein einzelner DNS-Strang (oder auch ein RNS-Strang bei Retroviren) dient als

Vorlage (Matrize) für eine Polymerase, welche die genetische Information (Basensequenz) in die komplementäre Nukleotidfolge der RNS oder DNS umschreibt. → Strangbezeichnung

Teratogen (griech. *teras* Schreckbild, Ungeheuer, *gennao* ich erzeuge; engl. *teratogen*) Jedes chemische oder physikalische Agens, das angeborene Missbildungen hervorruft; z. B. das ehemals in dem Schlafmittel Contergan vorhandene Thalidomid.

Teratokarzinom (griech. *karkinos* Krebs, *nomao* ich zerfresse; engl. *teratocarcinoma*) Ein embryonaler Tumor im Dottersackstadium oder in den Gonaden des Fetus, der sich zu verschiedenen Zelltypen differenzieren kann. Solche Tumoren dienen den Untersuchungen zu den Regulationsmechanismen der Embryonalentwicklung. → Krebs

Teratom (engl. *teratoma*) Tumor aus verschiedenen Gewebetypen, die sich ohne jede Organisation zusammenlagern.

terminales Taxon (lat. *terminus* Ende, Schluss; engl. *terminal taxon*) Die Gruppe am Ende eines Evolutionsastes eines → Kladogramms, also die zuletzt aufgetretenen Vertreter einer Entwicklungslinie. Den Menschen, *Homo sapiens sapiens*, kann man z. B. als ein derzeit terminales Taxon der → Primaten (Herrentiere) bezeichnen.

Termination → Translation

Terminationscodon (engl. *termination codon*) → Stopp-Codon

terrestrisch (lat. *terra* Land; engl. *terrestric*) Bezieht sich auf das Land bzw. Landlebewesen; terrestrische Arten z. B. sind Landbewohner. Im Unterschied zu → aquatischen Arten.

Territorium (lat. *terra* Erde, Gebiet; engl. *territory*) Teilgebiet eines Lebensraums (Habitat), das von einem Individuum oder einer Gruppe besetzt ist. Mitglieder derselben Spezies, die in ein solches Territorium eindringen, werden von dessen Besitzern (Territorialinhabern) bekämpft.

tertiäre Basenpaare (engl. *tertiary base pairs*) Die spezifischen Basenpaare (Nukleotidpaare) eines tRNS-Moleküls, welche die dreidimensionale Faltung („Kleeblattstruktur") bewirken. Die meisten dieser Basen haben sich in allen tRNS-Molekülen über die Evolution hinweg erhalten (sind konserviert). → tRNS

Tertiärfollikel → Graaf'scher Follikel, → Oogenese

Tertiärstruktur (lat. *tertium* das dritte, hier: der dritte Komplexitätsgrad; engl. *tertiary protein structure*) → Proteinstruktur

Testis, Hoden (lat. *testiculum* Hoden; engl. *testis, testicle*; Plur. Testes) Paariges Organ der männlichen Tiere, das Spermien (Gameten) und Geschlechtshormone (→ Androgene) produziert; → primäres Geschlechtsorgan.

Bei den Säugetieren befinden sich die Hoden außerhalb des Abdomens (Bauchhöhle) im Hodensack, da die Reifung der Spermien (→ Spermatogenese) nur bei 2–4 °C niedrigerer Temperatur als der Körperkerntemperatur stattfindet. Die eigentliche Spermatogenese läuft in den Hodenkanälchen ab. Die fertigen Spermien werden in dem stark gewundenen Nebenhodengang des Nebenhodens (Epididymis) gespeichert.

Testkreuzung (engl. *test cross*) Verpaarung von Individuen mit unbekanntem Genotyp, die aber einen dominanten Phänotyp zeigen, mit Individuen, die nur rezessive Allele tragen. An den Nachkommen wird der Genotyp des getesteten Elternteils ersichtlich.

Wenn beispielsweise ein Tier mit den dominanten Merkmalen A und B mit einem aa/bb-Individuum (doppelt homozygot rezessiv) verpaart wird, sind alle F_1 (1. Kreuzungsgeneration) uniform und zeigen den Phänotyp A und B (Genotyp Aa/Bb), wenn das getestete Tier den Genotyp AA/BB hat. → Mendel'sche Gesetze

Testosteron (engl. *testosterone*) Das maskulinisierende (zu einem männlichen

Phänotyp führende) → Steroidhormon aus den Interstitialzellen der Hoden. Testosteron bewirkt auch die Bildung → sekundärer männlicher Geschlechtsmerkmale (Penis, Wuchs, Haarwuchs u. a.).

Tetrade (griech. *tettares* vier; engl. *tetrad*) (1) Im Mikroskop sichtbare Struktur der vier homologen Chromatiden (zwei Chromatiden in jedem Chromosom) während der Prophase und Metaphase der ersten Reduktionsteilung. Hier auch **Bivalent** genannt. → Meiose. (2) Vier haploide Produkte eines einzelnen meiotischen Zyklus (aus einer diploiden Spermatogonie z. B. entstehen 4 haploide Spermien).

tetraploid Zellkern oder auch Organismus mit vier haploiden Chromosomensätzen als Genotyp, z. B. bei Getreidearten. → polyploid

tetrasom, Tetrasomie (griech. *tettares* vier, *soma* Körper, hier: Chromosom; engl. *tetrasomic, tetrasomy*) Zellkern, der ein bestimmtes Chromosom in vierfacher Ausfertigung enthält. Bei den meisten Arten ist Tetrasomie mit starken Schädigungen verbunden. → Poly-X-Frauen, → Poly-X-Männer

Thalassämie (griech. *thalassa* Meer, *haima* Blut; engl. *thalassemia*) Mittelmeeranämie (da sie besonders häufig bei Mittelmeervölkern auftritt). Hämolytische → Anämie des Menschen, die autosomal rezessiv vererbt wird.

Bei Homozygoten nimmt die Krankheit einen schweren Verlauf (*T. maior*), bei Heterozygoten tritt sie in milder Form (*T. minor*) auf. Ursache ist eine Störung der Hämoglobinsynthese, die je nach Art der zugrunde liegenden Mutation (es finden sich sehr viele verschiedene Mutationen der α- und β-Hämoglobinketten) auf einer mangelhaften Synthese einer oder mehrerer Hämoglobinketten basiert. Während die *T. minor* nicht therapiert werden muss, sind zur Behandlung der *T. maior* Transplantationen von Knochenmarksstammzellen (HLA-identische Geschwister; → MHC) möglich.

Thelytokie (griech. *thelys* weiblich, *tokein* gebären; engl. *thelytoky*) Art der → Parthenogenese, bei die diploide Weibchen aus unbefruchteten Eiern entstehen (z. B. bei manchen Eidechsenarten). Gegenteil → Arrhenotokie (z. B. bei Bienen)

therapeutisches Klonen (engl. *therapeutic cloning*) Derzeit in der Erforschung befindliches Verfahren zum Ersatz von Geweben oder Organen durch die Zucht embryonaler → Stammzellen, die durch Klonierung eines somatischen Zellkerns in einer enukleierten (entkernten) Eizelle gewonnen werden. Da der Zellkern vom Empfänger des Gewebes oder der Organe stammt, ist das „Produkt" für ihn auch vollständig → kompatibel. → Kerntransfer

Thermus aquaticus (griech. *therme* warme Quelle; lat. *aqua* Wasser) Bakterium, das in heißen Quellen vorkommt. Es produziert eine hitzestabile DNS-Polymerase, die bei der → PCR verwendet wird, ebenso wie seine Taq-DNS-Ligase für die → LCR.

Thigmostropismus → Tropismus

Thrombozyten (griech. *thrombos* Klumpen, *kytos* Zelle; engl. *thrombocyte*) **Blutplättchen**. Sie leiten zusammen mit verschiedenen Faktoren des Blutes die → Blutgerinnung ein.

Thrombozyten sind 1–4 μm große Blutzellen, von denen im menschlichen Blutplasma 158 000–400 000/μl existieren.

Thymidin, T (engl. *thymidine*) Desoxyribonukleosid von Thymin. → Nukleosid, → Anhang XII

Thymin, T (engl. *thymine*) → Nukleinsäuren, → Nukleosid, → Anhang XII

Thymus (griech. *thymos* Gemüt; engl. *thymus*) Paarige Drüse im Brustkorb aller Wirbeltiere (mit Ausnahme einiger kieferloser Fische). Hier werden die T-Lymphozyten instruiert, zwischen „fremd" (= antigen) und „selbst" zu unterscheiden. Das Organ hat seine maximale Größe im Jugendstadium und wird dann langsam abgebaut. → Immunsystem

Tiefenschicht → Epilimnion

Tiere (engl. *animal*) Lebewesen des systematischen Reichs *Animalia*, die sich → heterotroph ernähren und aus einer → Blastula entwickeln. Alle Tiere sind → Eukaryonten. Vom Tierreich unterscheidet man die Reiche der → Pflanzen (*Plantae*), Pilze (→ *Fungi*) und → Prokaryonten.

Tight junction (engl. *tight junction*) Enge Verbindung. Bestimmte Zellen sind aufgrund ihrer Funktion in ein „Oben" und „Unten" bzw. „Seitenteile" untergliedert. Die Epithelzellen der Darmschleimhaut zeigen z. B. eine solche Spezialisierung (sog. polarisierte Zellen). Derjenige Teil der Plasmamembran dieser Epithelzellen, der die Darminnenfläche bildet (apikaler Teil), besitzt andere Plasmamembranproteine als die übrigen Bereiche der Plasmamembran. Damit es zu keiner Vermischung dieser Plasmamembranregionen kommen kann (→ Lipiddoppelmembran) und damit die örtlich begrenzten Eigenschaften erhalten bleiben, verfügen die Epithelzellen über spezielle Stellen, an denen die apikalen Plasmamembranbereiche der einzelnen Epithelzellen aneinander grenzen (= *Tight junctions*). Zugleich bilden die *Tight junctions* sehr enge Zellverbindungen und verhindern so das Hindurchschlüpfen von Partikeln oder großen Molekülen zwischen den Epithelzellen.

Ti-Plasmid → *Agrobacterium*

Titin (engl. *titin*) Das größte bekannte, aus zwei Teilen bestehende Protein mit etwa 27 000 Aminosäuren in den Muskeln der Wirbeltiere (Vertebraten). Titin bildet ein flexibles Netzwerk um die Filamente (→ Gleitfilamentmodell).

T-Komplex (engl. *t complex*) Abschnitt des Chromosoms 17 der Maus mit Genen, die die Schwanzlänge (*tail*) beeinflussen und für Zelloberflächenantigene codieren. Mutationen in einigen dieser Gene behindern die Embryonalentwicklung.

T-Lymphozyt, T-Zelle (engl. *T lymphocyte, T cell*) Lymphozytentyp, der für die zelluläre → Immunantwort verant-

wortlich ist, wie z. B. die Bekämpfung virusinfizierter Zellen und die Abstoßung von Gewebetransplantaten.

Hauptmerkmal der T-Lymphozyten sind ihre Rezeptoren auf der Zelloberfläche **(T-Zell-Rezeptoren)**, die über eine ähnliche Spezifität und Vielgestaltigkeit verfügen wie die → Antikörper. T-Lymphozyten differenzieren sich („lernen ihre entsprechende Fähigkeit") im → Thymus.

Reife T-Zellen werden aufgrund ihrer Eigenschaften in verschiedene Gruppen unterteilt. So gibt es u. a. T-Suppressor-Zellen, die eine angelaufene Immunantwort unterdrücken bzw. reduzieren helfen, T-Helfer-Zellen, die eine Immunantwort induzieren und zytotoxische T-Zellen (Killerzellen), die kranke Zellen töten. All diese Zelltypen unterscheiden sich in bestimmten Zelloberflächenproteinen, wodurch sie (in Forschung und Diagnose) identifizierbar sind.

Toleranzbereich (lat. *tolerare* ertragen; engl. *tolerance range*) Er umfasst die Grenzen für einen Umweltfaktor (z. B. Temperatur), innerhalb derer ein Organismus lebensfähig ist. Während das Minimum und Maximum die gerade noch erträglichen Extremwerte des Toleranzbereiches darstellen, findet sich dazwischen das Optimum, bei dem die Vitalität (Lebenstüchtigkeit) eines Organismus am größten ist.

Totipotenz, Omnipotenz (lat. *totus* ganz, *omnis* all, ganz, *potentia* Fähigkeit; engl. *totipotency*) Fähigkeit einer Zelle, sich in jeden Zelltyp eines erwachsenen Organismus zu differenzieren. Embryonale → Stammzellen. Eine Zygote ist totipotent, da aus ihr im Verlauf der Embryonalentwicklung mehrere hundert Zelltypen hervorgehen. Die Differenzierungsfähigkeit späterer Zellen wird immer stärker eingeschränkt. → pluripotent

Toxin (griech. *toxikon pharmakon* Pfeilgift; engl. *toxin*) Giftstoff biologischen Ursprungs mit spezifischer Wirkung auf Zellen. → biologische Waffen

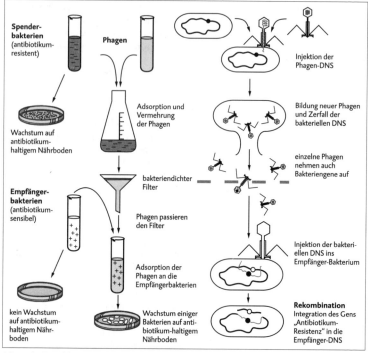

Schema der Transduktion (das rechte Schema ist nicht maßstabsgetreu)

trailer sequence Nukleotidsequenz am 3'-Ende einer mRNS nach dem Stopp-Codon, die nicht translatiert wird und nicht zum poly-A-Schwanz gehört. Der *trailer* enthält die Bindungsstelle für die Polyadenylierungsenzyme. → mRNS

Trächtigkeit (engl. *pregnancy*) → Schwangerschaft

Transduktion (lat. *transducere* hinüberführen; engl. *transduction*) Die Übertragung bakterieller Erbsubstanz von einem Bakterium in ein anderes mithilfe von Phagen (Bakterien infizierenden Viren) als Vektor (übertragender Mechanismus). Bei der natürlichen Transduktion nehmen Phagen, die sich in einem Bakterium vermehren, versehentlich bakterielle Erbsubstanz mit in ihr Erbgut auf und übertragen es so auf andere Bakterien (bei der Infektion eines weiteren Bakte-

riums). Diesen „Trick" benutzt man beim künstlichen Gentransfer in Bakterien.

Transfektion (lat. *trans* hinüber, *facere* machen; engl. *transfection*) Experimentelle Übertragung von Virus-DNA oder -RNS in eine Zelle oder einen → Protoplasten, worauf sich die Viren in der transfizierten Zelle vermehren.

Der Begriff wurde später erweitert auf die Einverleibung (Inkorporation) von Fremd-DNA in eukaryontische Zellkulturen, zu der „nackte" DNA gegeben wurde. Solche Transfektionsexperimente sind analog denen der Bakterientransformation (→ Transformation). Für eukaryontische Zellen verwendet man jedoch den Begriff Transfektion, weil Transformation von eukaryontischen Zellen eine andere Bedeutung (die Umwandlung gesunden Gewebes/gesunder Zellen in ein entartetes „Krebsgewebe") hat.

Transferase (lat. *trans* hinüber, *ferre* tragen; engl. *transferase*) Jedes Enzym mit der Fähigkeit, funktionale Gruppen zwischen Donor- und Akzeptormolekülen zu übertragen. Die am häufigsten übertragenen Gruppen sind Amino-, Phosphat-, Acyl-, Methyl- und Glykosylgruppen.

Transformation (engl. *transformation*) i. S. v. Umformung. (1) In der Mikrobiologie die Übertragung bakterieller DNS in ein anderes Bakterium, bakterielle Transformation (Trafo) genannt. Die DNS kann von lebenden oder toten Zellen stammen und löst sich in dem wässrigen Medium, in dem die Bakterien leben. DNS (meist DNS-Moleküle mit wenigen tausend Basenpaaren) kann nur mithilfe von Rezeptoren auf der Bakterienhülle aufgenommen werden. Je nach ihrer Basensequenz kann diese DNS entweder in die bakterielle DNS integrieren (sich einbauen) oder als autosom replizierende Einheit (sich in der Zelle selbstständig vermehrende DNS; → Plasmid) weiterbestehen.

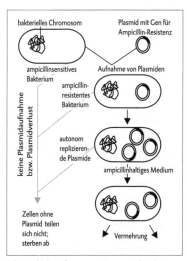

bakterielles Chromosom

Plasmid mit Gen für Ampicillin-Resistenz

ampicillinsensitives Bakterium

Aufnahme von Plasmiden

ampicillin-resistentes Bakterium

keine Plasmidaufnahme bzw. Plasmidverlust

autonom replizieren-de Plasmide

ampicillinhaltiges Medium

Zellen ohne Plasmid teilen sich nicht; sterben ab

Vermehrung

Schema der Transformation mit entsprechender Selektion durch z. B. Ampicillin

Bei Homologien (ähnliche DNS-Sequenzen) mit der Bakterienzell-DNS kann die Fremd-DNS auch über → Rekombination einen entsprechenden bakteriellen DNS-Bereich ersetzen. Im Gegensatz zur Integration wird hierbei der homologe ursprüngliche DNS-Bereich des Bakterienchromosoms entfernt.

(2) „Umformung" (Änderung in Stoffwechsel und Gestalt) einer eukaryontischen, normalen Zelle in z. B. eine „unsterbliche" Krebszelle. Ursache dafür kann die Infektion durch sog. onkogene Viren sein.

Transgen (engl. *transgene*) Fremdgen, das in einen vielzelligen Organismus oder in eine Zelle künstlich eingebracht wurde. Dort kann es sich in das Genom (ein Chromosom) integrieren oder als autosomal replizierende Einheit (sich in der Zelle selbstständig vermehrende DNS; → Episom) weiterbestehen. Es entsteht ein **transgener Organismus**.

Bei der autonomen Existenz bedarf es neben dem eigentlichen Gen (Strukturgen) und seinen Regulationssequenzen auch noch eines selbstständigen Replikationsursprungs (→ *origin of replication*), der die Vermehrung dieses „Minichromosoms" bewerkstelligt. Ziel und Zweck des Fremdgentransfers ist, in der Zellkultur oder in Tier/Pflanze z. B. größere Mengen eines Genproduktes (des entsprechenden Strukturgens) zu erzeugen, also wertvolle Proteine, die als Arzneimittel gegen bestimmte Krankheiten eingesetzt werden, z. B. Insulin. Auf diese Weise hergestellte Substanzen (Proteine) werden mit → „rec" gekennzeichnet. → Gentechnik

Transition (lat. *transire* hinübergehen; engl. *transition*) → Basensubstitution; Mutation; Austausch einer Purinbase durch eine andere Purinbase bzw. einer Pyrimidinbase durch eine andere Pyrimidinbase. → Transversion

Transkriptase (lat. *trans* hinüber, *scribere* schreiben; engl. *transcriptase*) → RNS-Polymerase. → reverse Transkriptase

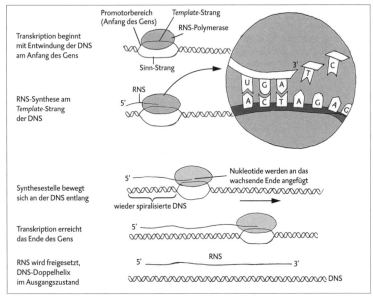

Schematischer Ablauf der Transkription

Transkription (engl. *transcription*) „Überschreiben" einer DNS-Sequenz in eine RNS-Sequenz.

Synthese eines (primären) RNS-Stranges nach Vorlage des DNS-*Template*-Stranges (→ Strangbezeichnung). Die → RNS-Polymerase bindet mithilfe von speziellen Proteinen, den **Transkriptionsfaktoren**, an den → Promotor und beginnt nach einer Spreizung des DNS-Doppelstranges basierend auf dem Prinzip der komplementären Basenpaarung, vom codogenen DNS-Strang eine entsprechende RNS zu synthetisieren.

Transkriptionseinheit (engl. *transcription unit*) Abschnitt des DNS-*Template*-Stranges zwischen der Initiations-(Beginn der Transkription) und der Terminationsstelle (Ende der Transkription) für die RNS-Polymerase.

In einem Gen kann die Bindungsstelle für die RNS-Polymerase zwischen 80 bis 5 Nukleotide vor (*upstream*) dem Start-Codon liegen. Die RNS-Polymerase lagert

sich also vor den eigentlich codierenden Sequenzen an die DNS an, „läuft" dann bis zur Initiationsstelle und beginnt dort mit der Transkription in RNS. An der Terminationsstelle fällt die RNS-Polymerase nach Zusammenfügen des DNS-Doppelstranges wieder von dieser ab.

Transkriptionsfaktoren → Transkription

Translation (lat. *trans* hinüber, *ferre* tragen; engl. *translation*) Proteinsynthese. Die „Übersetzung" der Nukleotidsequenz der mRNS in die entsprechende Aminosäuresequenz oder, anders ausgedrückt, die Synthese einer Polypeptidkette durch eine mRNS an den Ribosomen.

Die Proteinsynthese läuft in drei Phasen ab: In der Abbildung ist die Initiation und Elongation schematisch dargestellt.

Die **Initiation** (Beginn) benötigt neben der → Ribosomenbindungsstelle das Start-Codon der mRNS, ribosomale Untereinheiten und die dem Start-Codon entsprechende, methioninbeladene tRNS.

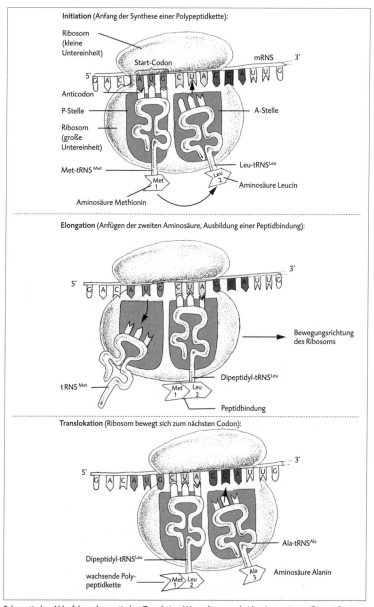

Initiation (Anfang der Synthese einer Polypeptidkette):

Ribosom (kleine Untereinheit)

Start-Codon

mRNS

5'

3'

Anticodon

P-Stelle

A-Stelle

Ribosom (große Untereinheit)

Met-tRNS^Met

Leu-tRNS^Leu

Aminosäure Methionin

Aminosäure Leucin

Elongation (Anfügen der zweiten Aminosäure, Ausbildung einer Peptidbindung):

5'

3'

Bewegungsrichtung des Ribosoms

tRNS^Met

Dipeptidyl-tRNS^Leu

Peptidbindung

Translokation (Ribosom bewegt sich zum nächsten Codon):

5'

3'

Ala-tRNS^Ala

Dipeptidyl-tRNS^Leu

Aminosäure Alanin

wachsende Poly-peptidkette

Schematischer Ablauf der eukaryontischen Translation. Wenn die ersten beiden Aminosäuren (Dipeptid) mit der 3. Aminosäure verbunden sind, wird die daran befindliche Ala-tRNS^Ala zur Tripeptidyl-tRNS^Ala und rückt dann am Ribosom an die P-Stelle vor. Bei Prokaryonten steht an Position 1 ein Formylmethionin.

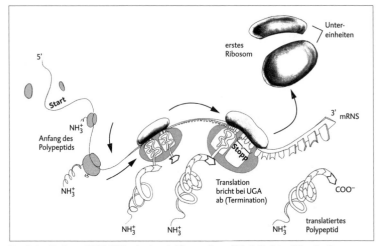

Translation: Die Boten-RNS (mRNS) gelangt an ein Ribosom, das am 5'-Ende bindet und über den Strang zum 3'-Ende wandert, wobei das Ribosom Codon für Codon so lange weiterrückt und die entsprechenden Aminosäuren an den wachsenden Polypeptidstrang anfügt bis ein Stopp-Codon die Translation beendet (Termination).

Dann beginnt die **Elongation** (Verlängerung) mit dem Hinzufügen der dem nächsten Triplett entsprechenden Aminosäure, die wiederum durch eine entsprechende tRNS herbeigeschafft wird. Zwischen den beiden Aminosäuren wird dann eine Peptidbindung geknüpft. Die erste tRNS fällt ab und die zweite tRNS mit dem Peptid wandert um eine Stelle (von der sog. A- zur P-Stelle) mit der mRNS an dem Ribosom weiter (→ **Translokation**) und gibt so den Platz des nächsten Tripletts für die nächste tRNS mit entsprechender Aminosäure frei. Die Elongation wird fortgesetzt, bis ein Stopp-Codon die **Termination** (Beendigung) der Proteinsynthese signalisiert und der Molekülkomplex aus Ribosom, Protein und mRNS auseinanderfällt. → Synthetasen

Translokation (lat. *locus* Ort; engl. *translocation*) (1) Bewegung der mRNS am Ribosom während der Translation. Jede Translokation präsentiert ein mRNS-Codon an einer bestimmten Stelle des Ribosoms (A-Stelle), wo die Basenpaarung mit dem tRNS-Anti-Codon abläuft und dann die entsprechende Aminosäure an

die Polypeptidkette angehängt wird. Nach der Peptidbindung bewegt sich die Verbindung Peptid-tRNS-mRNS um ein Codon weiter an die sog. P-Stelle des Ribosoms. Dadurch wird die A-Stelle für die nächste tRNS frei. (2) Eine → Chromosomenaberration, bei der ein Chromosom oder ein Chromosomenabschnitt auf ein anderes Chromosom verlagert wird, ohne dass sich die Zahl der Gene insgesamt verändert. Eine intrachromosomale Translokation verlagert einen Abschnitt innerhalb des gleichen Chromosoms (*shift*, Verschiebung), interchromosomale Translokation bedeutet die Umlagerung auf ein nicht homologes Chromosom. → Zentromerfusion

transmissible spongiforme Enzephalopathie, TSE (lat. *transmittere* hinüberschicken, *spongia* Schwamm, *forma* Gestalt; griech. *enkephalos* Gehirn; engl. *transmissible spongiform encephalopathy*) Tödlich verlaufende Krankheit wie → BSE, → Creutzfeldt-Jakob, → Kuru, → Scrapie

Transmitter (engl. *transmitter*) → Neurotransmitter

transmittergesteuerter Ionenkanal, ligandengesteuerter Ionenkanal (engl. *transmitter-gated ionic channel*) Ein → Ionenkanal, der durch Bindung einer Transmittersubstanz (z. B. Acetylcholin) aktiviert wird und damit den → passiven Transport von bestimmten Ionen durch die Zellmembran, dem Ionenkonzentrationsgefälle folgend, zulässt.

Transmittergesteuerte Ionenkanäle, die für Natrium- oder Calciumionen durchlässig sind, wirken bei Nervenzellen erregend (→ EPSP) und solche, die für Chlorid- oder Kaliumionen durchlässig sind, haben eine inhibierende Wirkung (→ IPSP). → spannungsgesteuerter Ionenkanal, → Membranpotenzial

Transpiration (lat. *trans* hinüber, *spirare* atmen; engl. *transpiration, perspiration*) Ausdünsten. (1) Bei Pflanzen bedeutet Transpiration die Wasserdampfabgabe der Blätter an die meist nicht wasserdampfgesättigte Atmosphäre. Dadurch entsteht in den Pflanzen ein Sog, der den Wasser- und Nährstofftransport von den Wurzeln bis in die höchsten Blattspitzen gewährleistet (→ Kapillare). (2) Bei Tieren mit Schweißdrüsen besser als Schweißsekretion (Diaphorese) oder Schwitzen bekannt. Speziell beim Menschen unterscheidet man das thermische Schwitzen zur Regulation der Körpertemperatur vom sog. emotionalen Schwitzen in Situationen geistiger Anspannung („Angstschweiß"). Schwitzen wird vom Zentralen Nervensystem über das → sympathische Nervensystem gesteuert.

Transplantation (lat. *transplantare* übertragen; engl. *transplantation*) Chirurgische Übertragung eines Teils eines Organismus, des **Transplantates**, auf einen anderen Organismus oder an eine andere Stelle des gleichen Organismus, z. B. Nierentransplantation oder Hauttransplantation nach Verbrennungen. → Inkompatibilität, → Transplantationsantigene

Transplantationsantigene, Histokompatibilitätsantigene (engl. *transplantation antigens, histocompatibility antigens*) Proteine, die von dem Genkomplex → MHC codiert werden und bei Wirbeltieren auf nahezu allen Zelloberflächen vorhanden sind (z. B. nicht auf Erythrozyten).

Die Namen an sich sind irreführend. Sie beziehen sich auf die Entdeckung dieser Zelloberflächenproteine bei Transplantationsversuchen an Mäuse-Inzuchtstämmen. Die Moleküle verursachen die Transplantatabstoßung, da sie das Immunsystem des Empfängers aktivieren. Ihre eigentliche Funktion ist jedoch eine völlig andere: Transplantationsantigene werden zusammen mit → Antigenen (hier: Fremdantigene) oder Teilen davon (antigene Determinanten) an der Oberfläche von Zellen den → T-Lymphozyten „präsentiert", wodurch diese auf die Fremdantigene aufmerksam gemacht werden. Erst durch die Kombination eigene Transplantationsantigene und Fremdantigen können die T-Lymphozyten eine entsprechende → Immunantwort auslösen.

Transportwirt → Zwischenwirt

transposable Elemente, jumping genes (lat. *trans* hinüber, *ponere* stellen; engl. *transposable genetic elements*) DNS-Sequenzen, die innerhalb eines Chromosoms oder von einem Chromosom (Genlocus) auf ein anderes wechseln können (einen anderen Genlocus einnehmen).

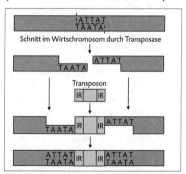

Beispiel zum Einbau springender Gene in ein Wirtsgenom. (IR = → *Inverted Repeats*)

Dazu ist ein Enzym, eine sog. → **Transposase**, notwendig, welches kurze Nukleotidsequenzen (Wiederholungen, repeats) an den beiden Enden der transposablen Elemente erkennt.

Transposable Elemente wurden von Barbara McClintock 1950 im Mais entdeckt, z. B. der Ac-Locus mit einer Länge von 4,6 kb. Transposable Elemente kommen auch in Bakterien, Hefen, Taufliegen und beim Menschen vor.

Transposase (engl. *transposase*) Enzym, das den Einbau von Transposons in chromosomale DNS (Insertion) ermöglicht.

Transposon (engl. *transposon*) Ein Typ → transposabler Elemente. Neben den Nukleotidsequenzwiederholungen (sog. *repeats*) enthalten Transposons Gene z. B. für Antibiotikaresistenz, Zuckerabbau.

Transfer-RNS → tRNS

Transversion (lat. *transvertere* seitkehren, schwenken; engl. *transversion*) Besondere Art der → Basensubstitution; Austausch einer Purinbase durch eine Pyrimidinbase oder umgekehrt. → Transition

triallel (lat. *tres* drei; engl. *triallelic*) Drei Allele an einem Genlocus.

In polyploiden Organismen können nicht nur zwei wie im diploiden, sondern auch drei und mehr Allele an einem Genlocus vorkommen, z. B. in einem tetraploiden Getreide die triallele Kombination A1 A2 A2 A3.

Trieb (1) (engl. *driving force, drive*) Latenter Zustand spezifischer Antriebskräfte, deren Aufbau rhythmisch-automatisch erfolgt und zu inneren Spannungszuständen führt, welche sich auch ohne äußeren Anlass entladen wollen. Ohne spezifischen Auslöser kommt es zu einem „Stau", dem dann eine → Leerlaufhandlung folgt. Triebe sind die Quelle des Spontanverhaltens (z. B. Lauern eines Raubtieres). → Drang. (2) (engl. *young shoot*) Vegetativer Trieb (Spross, Fechser o. ä.) bei Pflanzen: Die Kultivierung vegetativer Triebe stellt eine Form der ungeschlechtlichen Fortpflanzung dar.

Trinukleotid-Repeats (engl. *trinucleotide repeats*) Ein Nukleotidtriplett, das sich mehrfach hintereinander wiederholt.

Es handelt sich um instabile DNS-Sequenzen, die in einigen menschlichen Genen gefunden wurden. Normalerweise findet man 5–15 solcher Wiederholungen *(repeats)* pro Genlocus; wird die Zahl überschritten, zeigen sich Krankheitssymptome. Solche Tripletts beginnen mit C und enden mit G.

Auf Chromosom 4p Position 16,3 liegen 9–37 CAG-*repeats*; bei Patienten mit dem Veitstanz-Syndrom (Chorea Huntington) findet man dort 37–121 solcher *repeats*.

Triplett, Nukleotidtriplett (lat. *tres* drei; engl. *triplet*) Lineare Abfolge von drei Nukleotiden in Genen von DNS (oder RNS in bestimmten Viren) bzw. in mRNS, die für eine spezifische Aminosäure codiert. → genetischer Code

Durch die vier in der DNS vorhandenen Nukleotide (A, T, G, C) existieren bei drei hintereinander liegenden Nukleotiden 64 Triplettmöglichkeiten (4^3), denen 20 Aminosäuren zur → Translation „gegenüberstehen". Drei von 64 sind Stopp-Codons. Viele Aminosäuren werden daher von mehr als einem Triplett codiert. Man sagt daher, der Code ist redundant (→ degenerierter Code).

triploid Bezieht sich auf einen Organismus oder eine Zelle mit drei haploiden Chromosomensätzen (Genomen). Sind zwei davon vom Vater und einer von der Mutter, ist der Triploide android; umgekehrt heißt er gynoid. → polyploid

trisom, Trisomie (lat. *tres* drei; griech. *soma* Körper, hier: Chromosom; engl. *trisomic, trisomy*) Ein diploider Organismus (oder eine Zelle), der ein zusätzliches Chromosom enthält, das homolog zu einem Chromosomenpaar ist.

Beim Menschen verursacht Trisomie 13 das Patau-Syndrom, Trisomie 18 das Edwards-Syndrom und Trisomie 21 das → Down-Syndrom. → disom, → tetrasom

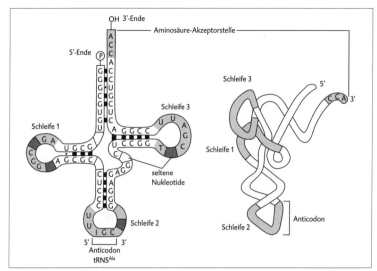

tRNS für Alanin mit 76 Nukleotiden: schematisches und der realen Struktur (rechts) entsprechendes Modell. Das Anticodon beinhaltet an seinem 5'-Ende (= 3. Position) eines der seltenen Nukleoside, das Inosin (I). Dieses kann sich mit allen vier mRNS-Nukleotiden A, U, G und C paaren. Demzufolge binden an dieses Anticodon die vier mRNS-Codons GCU, GCA, GCC und GCG. Es sind die vier Codons, die für die Aminosäure Alanin codieren. Auf diese Weise gelingt es dem Translationssystem, durch eine gewisse Unspezifität (→ Wobble-Hypothese) die „Degeneriertheit" des genetischen Codes (→ degenerierter Code) wieder wettzumachen bzw. zu neutralisieren. Bei der rechten Struktur wurde nur der Verlauf des Ribose-Phosphat-Rückgrats der tRNS gezeichnet.

tRNS, Transfer-RNS (engl. *tRNA, transfer RNA*) Ein RNS-Molekül, das während der → Translation eine Aminosäure mithilfe des Ribosoms auf eine wachsende Polypeptidkette überträgt. Im Unterschied zu anderen RNS-Molekülen verfügen tRNS über einen hohen Gehalt an seltenen Nukleosiden/Nukleotiden, wie z. B. Inosin und Dihydrouridin.

Für jede Aminosäure existiert also (mindestens) eine tRNS (→ Synthetasen). Die Gene für die meisten tRNS sind in zahlreichen Kopien pro Genom (5–20 Genloci für jedes tRNS-Gen) vorhanden. Sie sind die kleinsten biologisch aktiven Nukleinsäuren.

Die Alanin-tRNS (tRNS^Ala) der Hefe etwa enthält 76 Nukleotide. Aufgrund → komplementärer Basenpaarungen formen die tRNS-Moleküle (als Einzelstränge) räumlich verbogene kleeblattähnliche Strukturen. Ein wichtiger Bereich von drei Nukleotiden des Moleküls ist spezifisch für die Aminosäure und ein zweiter Bereich, ebenfalls drei Nukleotide, bildet das **Anti-Codon**. Dadurch wird die Aminosäure genau an dem Platz eingebaut, den die mRNS mit einem Codon (Basentriplett) am → Ribosom vorgibt. → Wobble-Hypothese

Trophiestufe, Trophieebene (griech. *trophein* ernähren; engl. *trophic level*) Die Arten innerhalb eines Ökosystems werden ihrer Hauptnahrungsquelle nach in verschiedene Trophiestufen („Ernährungsebenen") eingeteilt.

Generell unterscheidet man → Produzenten und → Konsumenten, wobei letztere in bis zu 5 Ebenen aufgespalten werden können. Beispielsweise fressen Wasserflöhe (Trophiestufe der Primärkonsumenten) einzellige Algen (Produzenten). Die Wasserflöhe wiederum werden von kleinen Fischen, wie etwa dem Barsch

(Sekundärkonsument) verzehrt, der wiederum dem Hecht als Tertiärkonsumenten als Nahrung dient, und dieser wird vom Fischadler (Quartärkonsument) erbeutet. → Nahrungskette

Trophoblast (griech. *trophein* ernähren, *blastema* Keim; engl. *trophectoderm*) Der Teil einer → Blastozyste, der nicht zum Embryo wird. Die Trophoblastzellen nehmen, nachdem sie die Eiumhüllung (→ Zona pellucida) verlassen haben, Kontakt mit der Gebärmutterwand auf, wodurch sich der Embryo in die Gebärmutterschleimhaut einnistet (implantiert, Nidation erfolgt). Aus ihm entwickelt sich der embryonale Teil der Plazenta, die als Nachgeburt nach dem Neugeborenen ausgeschieden wird.

Tropismus (griech. *tropos* Richtung; engl. *tropism*) Die Krümmungsbewegung von Pflanzen in eine bestimmte Richtung durch einen Reiz von außen, z. B. Foto- oder Heliotropismus als Wachstum des Sprosses zum Licht (oder Sonne, positiv) oder der Wurzel weg vom Licht (negativ). Positiver Geotropismus bezeichnet das Wachstum der Wurzel in Richtung Erdmittelpunkt, während der Spross negativen Geotropismus aufweist. Wachstumsbewegungen, die auf den Einfluss chemischer Stoffe zurückgehen, nennt man Chemotropismus, solche durch Feuchtigkeitsunterschiede Hydrotropismus, solche durch Verletzungen Traumatropismus (griech. *trauma* Verletzung). Thigmotropismus (griech. *thinganein* berühren) ist das „Suchen" der Rankenspitze von Kletterpflanzen nach einem Halt.

TSE → transmissible spongiforme Enzephalopathie

Tumor (lat. *tumor* Geschwulst; engl. *tumo(u)r*) → Krebs

Tumorvirus (engl. *tumo(u)r virus*) → onkogenes Virus

Turgor (lat. *turgere* geschwollen sein; engl. *turgor*) Spannungszustand des Gewebes. Aufgrund → osmotischer Unterschiede zwischen intra- und extrazellulärem Raum entsteht vor allem in pflanzlichen, aber auch tierischen Zellen durch einströmendes Wasser ein intrazellulärer, osmotischer Druck, der von innen gegen die Zellmembran und Zellwände (bei Pflanzen, Pilzen und Bakterien) drückt. Dieser hydrostatische Druck wird als Turgor bezeichnet.

Bei Pflanzen wird der Druck durch die → Zentralvakuole reguliert, kann aber bedingt durch den Gegendruck der festen Zellwände eine erhebliche Stärke erreichen, ohne dass die Zelle platzt oder einen anderen Schaden nimmt.

Turner-Syndrom, Ullrich-Turner-Syndrom (engl. *Turner's syndrome*) Krankheitsbild bei weiblichen Individuen aufgrund einer → Monosomie des X-Chromosoms (auch → Mosaike). Normalerweise ist dieses doppelt vorhanden. Die Patientinnen zeigen einen sog. Faltenhals, sind kleinwüchsig und haben verkümmerte Ovarien (Eierstöcke), die auch fehlen können (Sterilität).

Bei der Maus hat der X0 Genotyp keine merklichen Fruchtbarkeitsstörungen zur Folge, außer einer kürzeren Fortpflanzungsperiode.

Turner-Syndrom: → Karyogramm von einer Frau mit dem Karyotyp 45, X0. Es sind insgesamt nur 45 statt 46 Chromosomen vorhanden, 44 Autosomen und ein Gonosom (X).

T-Zelle (engl. *T cell*) → T-Lymphozyt

T-Zell-Rezeptor (engl. *T cell receptor*) → T-Lymphozyt

U

U Uracil oder → Uridin

Überdominanz, Superdominanz (engl. *overdominance*) Phänomen, dass → Heterozygote einen ausgeprägteren Phänotyp aufweisen als jeder der homozygoten Eltern. Gewöhnlich wird die Überdominanz auf ein Merkmal oder einen Genlocus bezogen, sodass das heterozygote Tier AB sowohl dem Genotyp AA als auch BB überlegen ist. → dominant, → rezessiv, → intermediär

Sind beispielsweise der Vater 1,80 m und die Mutter 1,70 m groß, so würde ein Kind der beiden mit 1,80 m Körpergröße Dominanz, mit 1,85 m Überdominanz zeigen, wenn Umwelteinflüsse (z. B. bessere Ernährung) abgerechnet sind.

überlappende Gene (engl. *overlapping genes*) In dem kurzen Genom der Viren beispielsweise kann das Ende eines Genes (also die Endregion) auch den Anfang eines anderen Genes bedeuten. So können je nach Transkriptionsbeginn zumindest Teile der gleichen Nukleotidsequenzen für zwei unterschiedliche Proteine codieren. In manchen Fällen liefert sogar der Sinn-Strang die Information für eine RNS, sodass der gleiche DNS-Doppelstrang für zwei völlig unterschiedliche Gene codiert.

Normalerweise entspricht die Nukleotidsequenz eines eukaryontischen Gens der Aminosäuresequenz des Proteins.

Überleben des Passendsten bzw. **der am besten Angepassten** (engl. *survival of the fittest*) Nach Darwins Theorie der natürlichen Selektion werden diejenigen Individuen einer Population frühzeitig eliminiert oder pflanzen sich nicht fort, die mit den gegebenen Umweltbedingungen nicht zurechtkommen. Es überleben und vermehren sich die am besten Angepassten. → Evolution

Wenn beispielsweise die Genotypen AA und Aa am besten überleben können und gleichwertig sind, dann ist ihr → Se-

lektionskoeffizient $s = 0$ und ihre Fitness w (= Überlebensfähigkeit) ist gleich 1.

Wenn Individuen mit dem Genotyp aa nur 80 % ihrer Nachkommen durchbringen (im Vergleich zur überlebenden Nachkommenzahl in der Gesamtpopulation), dann besteht ein Selektionskoeffizient gegen aa-Individuen von 0,2 oder 20 %, und ihre Fitness beträgt $1 - 0{,}2 = 0{,}8$ oder 80 %.

Ubichinon, Koenzym Q (engl. *ubichinone, coenzym Q*) Ein Wasserstoffakzeptor und -donor in der → Atmungskette.

Ubiquitin (lat. *ubique* überall; engl. *ubiquitin*) Saures Protein, das in Zellen aller Eukaryonten vorkommt.

Es ist eines der bestkonservierten Proteine im Verlauf der Evolution. Von den insgesamt 76 Aminosäuren unterscheiden sich nur drei Positionen in der Aminosäuresequenz der Hefe von der des Menschen. Dies deutet darauf hin, dass sowohl die Struktur als auch die Aufgabe dieses Eiweißes hochspezialisiert und essenziell sind.

Ubiquitin spielt bei der intrazellulären Proteolyse (Abbau von Eiweißen) eine wichtige Rolle, indem es durch Bindung an Proteine diese „markiert" und so für einen Abbau vorbereitet.

Die Transkription der Ubiquitingene in mRNS wird deutlich erhöht, wenn die Zellen einem Hitzeschock ausgesetzt wurden. → Proteosom

Ullrich-Turner-Syndrom → Turner-Syndrom

ultimate Ursache (lat. *ultimus* der Letzte; engl. *ultimate factor (cause)*) Eine hypothetische Erklärung für die Existenz eines bestimmten Verhaltensmusters, abgeleitet aus Überlegungen der Evolutionsbiologie. → proximate Ursache

Ultramikrotom (lat. *ultra* über, hinaus; griech. *mikros* klein, *tome* Schnitt; engl. *ultramicrotome*) Schneidegerät, mit dem man ultradünne (etwa 50–100 nm) Schnitte von Geweben und Zellen herstellen kann.

Das Gewebe wird vorher chemisch fixiert und in einen Harzblock eingebettet, von dem ein scharfes Messer (frisch gebrochenes Glas oder ein Diamant) die Scheibchen reihenweise abtrennt. Diese Schnitte werden dann im TEM (Transmissionselektronenmikroskop) betrachtet, wo sich Detailstrukturen von Zellorganellen erkennen lassen.

ultraviolette Strahlung, UV-Licht (engl. *ultraviolet radiation*) Licht mit einer Wellenlänge zwischen 90 und 390 nm (ohne das extreme UV-Licht), das für das menschliche Auge nicht sichtbar ist.

Wellenlängen um 260 nm werden von Nukleinsäuren absorbiert („verschluckt") und können Mutationen auslösen. Ein Lichtstrahl dieser Wellenlänge wird von in Wasser gelöster DNS abgeschwächt und die Differenz aus der Lichtintensität zwischen DNS-freier und DNS-enthaltender Lösung ist ein Maß für die DNS-Menge. → Spektrofotometer

Ultraviolett-Mikroskop (engl. *ultraviolet microscope*) Optisches Gerät, das ultraviolettes (UV) Licht nutzt. Weil normales Glas die UV-Strahlung ausfiltert, sind Quarzlinsen eingebaut. Ein UV-Mikroskop hat wegen der kürzeren Wellenlänge des UV-Lichtes das doppelte Auflösungsvermögen eines Lichtmikroskops. Wenn monochromatisches (Licht einer Wellenlänge) UV-Licht von 260 nm verwendet wird, können Nukleinsäuren in ungefärbten Zellen erkannt werden (denn sie absorbieren, also schlucken, Licht dieser Wellenlänge).

Ultrazentrifuge (engl. *ultracentrifuge*) Zentrifuge mit einer Leistung von 50 000 und mehr Umdrehungen pro Minute (upm, engl. *rpm = rounds per minute*), wobei Beschleunigungen bis zum 500 000-fachen der Erdbeschleunigung (g) auftreten. So lassen sich in einem fest verschlossenen Zentrifugenröhrchen in einer Flüssigkeit Makromoleküle sedimentieren, die bei niedrigeren Beschleunigungen in Lösung bleiben würden. → Gradient

Umwelt (engl. *environment*) Gesamtheit der physikalischen, chemischen und biologischen Faktoren, in denen ein Organismus lebt. (1) Im engeren Sinne sind diese Faktoren der Lebensraum, die Nahrung, Fremdarten und Artgenossen, um die oder mit denen Organismen konkurrieren. Durch die menschliche Überbevölkerung und die massiven Eingriffe des Menschen in die Umwelt wurden und werden für viele Organismen einige dieser Faktoren immer knapper, sodass durch menschliches Verschulden schon viele Tier- und Pflanzenarten ausgestorben sind. Aber auch für den Menschen wird die Umwelt immer bedrohlicher durch Verschmutzung der Luft, des Wassers und Bodens. Seit etwa 1970 sind deshalb politische und gesellschaftliche Bestrebungen im Gange, die Umwelt zu schützen, wie etwa durch Immissionsverminderung, Recycling u. a. (2) In der Genetik bestimmt die Umwelt zusammen mit dem → Genotyp den → Phänotyp.

Unabhängigkeitsregel → Mendel'sche Gesetze

ungeschlechtliche Fortpflanzung (engl. *asexual* oder *vegetative reproduction*) → Agamogonie

ungleiches Crossing over (engl. *unequal crossing over*) Ein Phänomen, das zuerst bei der Taufliege *Drosophila melanogaster* beobachtet wurde. Ungleiche Paarung von Chromosomensegmenten mit zwei (oder mehr) hintereinander liegenden, identischen Genloci führt dazu, dass ein Chromatid mit einer Kopie eines Segments und das andere mit drei Kopien entsteht.

Uniformitätsgesetz (engl. *uniformity rule*) → Mendel'sche Gesetze

unipar (lat. *unus* ein, *parere* gebären; engl. *uniparous*) Eingebärend.

Arten, die in der Regel ein Junges austragen und gebären. Der Mensch und das Rind sind z. B. unipare (griech. *monotok*) Arten. Beim Menschen wird dieser Begriff auch dahingehend verwendet, dass er eine Frau beschreibt, die insgesamt oder bisher nur ein Kind geboren hat. Gegenteil → multipar

uniparentale Vererbung (engl. *uniparental inheritance*) Das Phänomen, dass die Nachkommen aus einer Paarung den Phänotyp nur eines Elternteils (gewöhnlich des Weibchens) aufweisen ohne Rücksicht auf den Geno- oder Phänotyp des anderen Elternteils.

Eine solche Vererbung ist auf Organellen (z. B. Mitochondrien) und Makromoleküle im Zytoplasma vor allem der Eizellen (z. B. bestimmte RNS-Moleküle) zurückzuführen. Organellen, die über eigenes Erbgut verfügen, werden (nahezu) ausschließlich von Eizellen weitervererbt. Spermien steuern in der Regel keine derartige → extrachromosomale DNS zur nächsten Generation bei. → holandrisch

Univalent (lat. *unum* ein, *valere* sich geltend machen; engl. *univalent*) Einzelnes Chromosom während der Meiose, dessen homologer Partner fehlt. Ein Univalent kann daher keine Segmente mit einem anderen Chromosom austauschen, z. B. das X-Chromosom in einem X0-Weibchen. → Turner-Syndrom, → Tetrade

Universalempfänger (engl. *universal recipient*) Individuum mit der → Blutgruppe AB (Genotyp AB), auf das Blutzellen von AA-, A0-, BB-, B0-, AB- oder 00-Spendern bei einer sog. Blutspende übertragen werden können. → Universalspender

Da Träger der Blutgruppe AB über keine Antikörper gegen die Blutgruppen A und B verfügen und Blutgruppe 0 kein Antigen darstellt, es also auch hiergegen keine Antikörper gibt, kann man auf Träger der Blutgruppe AB rote Blutkörperchen von jedem anderen Spender übertragen. Das Serum der Blutspender, in dem sich Antikörper befinden, muss aber – außer von AB-Trägern – stets abgetrennt werden, denn dieses könnte gegen die roten Blutkörperchen des Empfängers reagieren. Je nach Menge des übertragenen Serums kann es sonst durch Verklumpung der roten Blutkörperchen bzw. durch deren Auflösung (Lyse) zu lebensbedrohlichen Zuständen kommen.

universaler Code, universeller Code (engl. *universal code (theory)*) Der genetische Code, die Analogie zwischen einem Nukleotidtriplett und einer bestimmten Aminosäure, wird in allen Lebewesen gleich verwendet. Allerdings gibt es einige Ausnahmen. In den Mitochondrien verschiedener Lebewesen codieren bestimmte Tripletts für andere Aminosäuren als die entsprechenden Tripletts in der genomischen DNS (siehe Tabelle unten). → mitochondriale DNS

Universalspender (engl. *universal donor*) Individuum mit der → Blutgruppe 0 (Genotyp 00), dessen rote Blutkörperchen (Erythrozyten) ohne Serumanteil sowohl auf AA-, A0-, BB-, B0- und AB-Genotypen übertragen werden können, ohne dass es zu Verklumpungen (Agglutination) durch Antikörper kommt. → Universalempfänger

universeller Code → universaler Code

Codon	universaler Code	mitochondrialer Code			
		Wirbeltiere	*Drosophila*	Bierhefe	Pflanzen
UGA	Stopp	Trp	Trp	Trp	Stopp
AUA	Ile	Met	Met	Met	Ile
CUA	Leu	Leu	Leu	Thr	Leu
AGA/ AGG	Arg	Stopp	Ser	Arg	Arg

Einige Unterschiede zwischen universalem und mitochondrialem Code. Die grau hinterlegten Kästchen bedeuten Abweichungen vom universalen Code (Abkürzungen → Anhang I).

Unverträglichkeit → Inkompatibilität

unvollständige Dominanz (engl. *incomplete dominance*) Ausbleiben eines sonst dominanten Merkmals in einem heterozygoten Individuum (mit einem → dominanten und einem → rezessiven Allel). Das Ergebnis ist meist ein Phänotyp, der zwischen den homozygot dominanten und Formen des rezessiven Erbganges liegt.

unvollständige Geschlechtskopplung (engl. *incomplete sex linkage*) Sehr seltener Fall, dass ein Gen auf den wenigen homologen Abschnitten von X- und Y-Chromosom liegt. Trotz des deutlichen Unterschiedes in der Form gibt es homologe Nukleotidsequenzen (gleiche Genloci) zwischen diesen beiden Chromosomen. → X-Kopplung

unwillkürliches Nervensystem → vegetatives Nervensystem

u-Orientierung (engl. *u orientation*) → n-Orientierung

upstream Stromaufwärts der → DNS; entgegen der Transkriptionsrichtung der → RNS-Polymerase. → Strangbezeichnung, Gegenteil → *downstream*

Uracil → Uridin

Uridin, Uracil, U (engl. *uridine*) → Nukleosid. Kommt ausschließlich in RNS vor und übernimmt dort die Funktion der → Base Thymidin der DNS (paart sich mit Adenosin). → Anhang XII

Ursprung der Arten, Entstehung der Arten (engl. *origin of species*) Kurzform des Titels von Charles Darwins berühmtem Buch, in dem er das Phänomen der → Evolution dokumentiert und eine Theorie erarbeitet, die ihren Mechanismus erklärt: *On the origin of species by means of natural selection or the preservation of favored races in struggle for life.* Die Erstausgabe wurde 1859 veröffentlicht.

Keine biologische Abhandlung vorher und seither hatte eine vergleichbare Wirkung auf die Gesellschaft. Die 1 250 Exemplare der Erstausgabe waren am ersten Tag vergriffen. Insgesamt wurden von Darwin sechs Ausgaben aufgelegt. Darwin wagte in diesem Werk jedoch nicht, den Menschen einzuschließen. Lediglich am Schluss des Buches fügte er den Satz hinzu: „Licht wird auf den Ursprung des Menschen und auf seine Geschichte fallen". → Darwinismus

Erst 1871 veröffentlichte er sein Buch über „Die Abstammung des Menschen". Darwins Theorie über die Evolution war aber schon Jahre vor dieser Publikation öffentlich von anderen Wissenschaftlern wie T. H. Huxley, C. Vogt, E. Haeckel, F. Rolle, H. Schaafhausen und L. Büchner auf den Menschen übertragen worden.

Obwohl die Theorie der Evolution in der Biologie völlig neu war, sind ähnliche Gedanken bereits im 18. Jhd. in bestimmten Theorien der sozialen Entwicklung vorweggenommen worden.

Etwa um die gleiche Zeit wurde, unbemerkt von der Öffentlichkeit, eine andere epochale Entdeckung gemacht: 1865 veröffentlichte der Abt Gregor Mendel die nach ihm benannten Gesetze der Vererbung. → Mendel'sche Gesetze, → Genetik, → Evolution

Uterus, Gebärmutter (lat. *uterus* Bauch, Gebärmutter; engl. *uterus*) Erweiterter Bereich am Ende des Eileiters, in dem die weitere Entwicklung des befruchteten Eis stattfindet. Eine uterusähnliche Struktur findet sich bereits bei den Knorpelfischen. Bei Reptilien und Vögeln wird diese auch als Schalendrüse bezeichnet, während man i. e. S. erst bei den Säugetrieren von einem Uterus spricht. → Oogenese

UV-Licht → ultraviolette Strahlung

V

V → Varianz
Vakuole → Zentralvakuole
Vakzine (lat. *vacca* Kuh; engl. *vaccine*) → Impfstoff
van-der-Waals-Kräfte (engl. *van der Waals interactions*) Zwischenmolekulare Kräfte, die zwischen Atomen oder Molekülen gleicher oder verschiedener Art wirksam sind. → Anhang III
Diese äußerst schwachen Anziehungskräfte sind nach dem Physiker Johannes D. van der Waals (1837 –1923) benannt.
Variabilität (lat. *variabilis* änderbar; engl. *variability*) Verschiedenartigkeit des Erscheinungsbildes (Phänotyp), das durch Umwelt und Genotyp geprägt wird. Phänotypen sind variabel, meist im Sinne von unterschiedlich. Wählt man einen bestimmten Phänotyp als Standard, sind alle von ihm abweichenden Formen Varianten.
Variable (engl. *variable*) Eigenschaft oder Merkmal, das unterschiedliche Werte in verschiedenen Situationen annehmen kann, z. B. zwischen Mitgliedern verschiedener Spezies oder zwischen Individuen der gleichen Spezies zu unterschiedlichen Zeiten, etwa die Menge eines Hormons.
variable Domäne, variable Region (lat. *variabilis* änderbar, *domus* Haus, Herrschaftsgebiet; engl. *variable domain*) Teil der leichten und schweren Ketten eines → Antikörpers, der je nach Antikörper extrem unterschiedliche Aminosäuresequenzen besitzt.
Die variable Domäne bildet mit diesen hochvariablen Aminosäuresequenzen die Bindungsstelle („Schloss") für die Antigene bzw. die antigenen Determinanten („Schlüssel"). Ein Individuum kann aufgrund dieser Besonderheit seiner Antikörpergene Millionen verschiedener variabler Domänen bilden, von denen zumindest die Domäne eines Antikörpertyps auf ein (eingedrungenes) Antigen passt. → Immunglobulingene

variable Region → variable Domäne
Variante (engl. *variant*) Individuum oder auch Allel, das sich vom Standard-Typ (dem → Wild-Typ) unterscheidet. Nicht notwendigerweise eine Mutante, da Varianten auch durch Umwelt oder Geburtsdefekte bedingt sein können. → Phänokopie, → Polymorphismus
Varianz (lat. *varius* abweichend; engl. *variance*) Maßzahl für die → Variation von Merkmalswerten. Aus den Abweichungen der einzelnen Merkmalswerte einer Population vom arithmetischen Mittelwert 0 ergibt sich die → Standardabweichung σ. Ihr Quadrat ist die Varianz. Aus den Messwerten der Körpergröße von Männern, z. B. 1,92 m; 1,82 m; 1,75 m; 1,71 m; 1,85 m, resultiert ein Mittelwert von 1,81 m, eine Standardabweichung von σ = 0,08 m und eine Varianz von V = 0,006 m².
Variate (engl. *variate*) Den spezifisch quantitativen Wert einer → Variablen (z. B. Körpergröße) nennt man Variate (z. B. ein im Vergleich zur Population besonders großes Individuum – ein Riese).
Variation (engl. *variation*) Allgemeiner Begriff für die Abweichung der Merkmale einer Art von der Norm (vom Mittelwert). Es werden nur Differenzen zwischen Individuen der gleichen Spezies, die nicht auf Alters- und Geschlechtsunterschiede zurückzuführen sind (z. B. Farbvarianten) berücksichtigt. Variationen mit evolutionärer Bedeutung sind genetisch beeinflusst. → Variabilität
Man drückt die Variation in Zahlen durch die → Standardabweichung bzw. die → Varianz, das Quadrat der Standardabweichung, aus.
Variegation (engl. *variegation*) (1) Unregelmäßige Pigmentation in Pflanzengeweben, bedingt durch Mutationen oder Viren. → Segregation, → Transposons
(2) Unregelmäßige Pigmentation in tierischen Geweben oder deren Produkten, wie Haare, Haut, Federn usw., etwa durch zufallsbedingte → X-Chromosomeninak-

tivierung, gestörte Verteilung der Melanozyten (Pigmentzellen) in der Embryonalphase oder lokale besondere physiologische Bedingungen (z. B. mechanische Belastungen, Durchblutungsstörungen). → Variabilität

Varietät (engl. *variety*) Intraspezifische Gruppe von Organismen bzw. Individuen. → Linie, → Rasse, → Stamm

Vaterschaftsfeststellung, -test (engl. *paternity test*) Feststellung bzw. Ausschluss der biologischen Vaterschaft mittels einer sog. Abstammungsbegutachtung, bei der polyallele Eigenschaften wie etwa → Blutgruppen, Serumproteine, → Transplantationsantigene oder DNS-Polymorphismen untersucht werden. Ein potenzieller Vater kann sicher ausgeschlossen werden, wenn das Kind neben dem mütterlichen ein → Allel besitzt, das er selbst nicht an diesem → Genlocus hat. Nachgewiesen werden kann eine Vaterschaft jedoch nur mit einer bestimmten Wahrscheinlichkeit. Diese wird umso größer, je mehr Genloci untersucht wurden und je mehr (seltene) Allele zwischen Vater und Kind übereinstimmen.

vegetative Reproduktion (lat. *vegetare* wachsen; engl. *vegetative reproduction*) → ungeschlechtliche Fortpflanzung

vegetatives, autonomes, unwillkürliches, viszerales Nervensystem (engl. *autonomic nervous system*) Teilbereich des → peripheren Nervensystems; bei höheren Wirbellosen und den Wirbeltieren weitgehend vom willentlich beeinflussbaren Teil des → Zentralnervensystems abgegliedert. Es reguliert die Tätigkeiten der Organe über räumlich getrennte Nervensysteme, wie dem → sympathischen und → parasympathischen Nervensystem. → autonomes Nervensystem, →animales Nervensystem

Vehikel (lat. *vehiculum* Fuhrwerk; engl. *vehicle*) → Vektor

Vektor, Vehikel (lat. *vector* Träger; engl. *vector*) DNS-Molekül mit einem → ori, der das ringförmige Minichromosom zu einem Klonierungsvektor macht.

Wenn sich neben dem ori noch ein anderes (Struktur-)Gen (oder mehrere) befindet, das in den Vektor ligiert, d. h. eingebaut, wurde, so wird auch dieses bei der Replikation des Moleküls verdoppelt (= vermehrt, kloniert).

Eine **Kassette**, bestehend aus einem Promotor, einem Strukturgen und der Polyadenylierungssequenz, macht das Minichromosom zu einem → Expressionsvektor (der Promoter führt dazu, dass von dem Strukturgen RNS transkribiert und damit auch ein Polypeptid hergestellt wird). → Plasmid, → Gen

Ventilsitten (engl. *safety valve customs*) Verhaltensweisen bei Mensch und Tier zur unblutigen Ableitung aufgestauter Aggression.

Beim Menschen dienen etwa Kampfsportarten einer solchen unschädlichen Aggressionsableitung. Bei Naturvölkern wie den Eskimos werden durch „Gesangsduelle" Auseinandersetzungen beigelegt.

Ventrikel → Hirnventrikel

Verbreitungsgebiet (engl. *geographical range*) Das geografische Gebiet, in dem eine Art oder Population lebt.

Vererbung (engl. *inheritance*) Die Weitergabe der Gene auf die Nachkommen (Filialgeneration). Vererbung ist immer an die → Fortpflanzung gebunden.

Die Selektion durch Umwelteinflüsse sorgt dafür, dass Gene einerseits möglichst konstant vererbt, andererseits aber manche leicht verändert weitergegeben werden, sodass neue Formen entstehen. Auf diese Weise evolvieren die Lebewesen. Die Veränderung der genetischen Ausstattung eines Individuums geschieht durch Mutation und Rekombination. Bei vielzelligen Tieren und Pflanzen erfolgt die Rekombination in der Meiose (Crossing over und zufällige Aufteilung der elterlichen Chromatiden auf die Gameten).

Die weitgehend zufällige Kombination der Gameten erhöht zusätzlich die Vielfalt (Neukombination von → Genotypen).

Verhaltenshomologie, homologes Verhalten (griech. *homologia* Übereinstimmung; engl. *homologous behaviour*) Ähnliches Verhalten bei Tieren verwandter Arten.

Bestimmte angeborene Verhaltensweisen von Tieren laufen bei Individuen verwandter Arten nach einem übereinstimmenden Schema ab. Manchmal lässt sich dabei auch ein Funktionswechsel nachweisen wie etwa bei der Vogelbalz, bei der Verhaltensweisen aus dem Nestbau und der Gefiederpflege eingebaut sein können.

Verinselung (engl. *isolation*) Veränderung der Verteilung (→ Dispersion) einer Population, indem sich die Individuen auf wenige geeignete Habitate zurückziehen. Der Rotwildbestand in Deutschland z. B. ist teilweise verinselt. Innerhalb solcher Populationen vermindert sich die → genetische Varianz durch → Inzucht, da keine → Migration mehr stattfindet.

Vermehrung → Reproduktion

Verpaarung → Paarung

Vertebraten → Wirbeltiere

Verteilung → Normalverteilung

vertikale Evolution, phyletische Evolution (lat. *verticalis* senkrecht; engl. *vertical evolution*) Prozess einer fortlaufenden Veränderung einer Art ohne Aufspaltung; ihre Merkmale sind nach langer Zeit dann so verändert, dass eine neue Art definiert wird. → Anagenese, → Speziation

vertikale Vererbung (engl. *vertical transmission*) (1) Weitergabe genetischer Information einer Zelle oder eines Individuums auf die Nachkommen durch Mitose und/oder Meiose (üblicher Vererbungsmechanismus), als Gegensatz zur → horizontalen Vererbung. (2) Übertragung von Parasiten, wie etwa Viren, von den Eltern auf die Nachkommen durch Eizelle und/oder Spermium.

Verwandtschaftsselektion, Familienselektion, Sippenselektion (engl. *kin selection*) → Selektion

Vesikel (lat. *vesicula* Bläschen; engl. *vesicle*) (1) Von einer Membran (→ Lipiddoppelmembran) umschlossenes, kugelförmiges und eine wässrige Lösung enthaltendes Bläschen. → Liposomen (2) In der Biologie versteht man darunter subzelluläre → Organellen (wesentlich kleiner als Zellen), in denen spezielle Reaktionen ablaufen.

Zu ihnen gehören beispielsweise die Lysosomen, welche Verdauungsenzyme enthalten und die mit einem → phagozytierten Objekt intrazellulär fusionieren und es damit verdauen oder unschädlich machen können. Im Bereich der Nervenzellen finden sich Vesikel vor allem zur Speicherung von Transmittermolekülen in den → Synapsen. Erreicht ein Nervenimpuls das axonale Ende, an dem sich die Vesikel befinden, so führt dies zu einer Fusion der Vesikel mit der präsynaptischen Membran und der Inhalt der Vesikel wird in den → synaptischen Spalt hinein ausgeschüttet (exozytiert).

Vielgestaltigkeit → Polymorphismus

Vielzeller (engl. *multicellular organism*) → Metazoa, im Gegensatz zu den einzelligen → Protozoa. Beide Unterreiche gehören zum Tierreich.

Virion (engl. *virion, virus particle*) Das Viruspartikel mit Nukleinsäure als Erbmaterial und einer Proteinhülle.

Viroid (engl. *viroid*) Krankheitserregendes Agens der Pflanzen in Form einer kreisförmigen, einzelsträngigen RNS mit einigen hundert Nukleotiden. Damit sind Viroide wesentlich kleiner als Viren. Wie diese sind auch Viroide auf die Wirtszellen angewiesen, damit sie sich vermehren können. Sie integrieren nicht in das Wirtszellgenom und haben keine Hülle. Ihre pathogene Wirkung beruht auf ihrer Nukleotidsequenz, die sich wie Antisense-Moleküle (→ Antisense RNS) komplementär an eine Untereinheit der ribosomalen RNS der Zelle anlagert und so deren Funktion blockiert. Viroide kommen beispielsweise in Kartoffeln, Tomaten, Gurken, Zitrusfrüchten, Palmen u. a. Pflanzen vor.

virulentes Virus (lat. *virulentus* voll Gift; engl. *virulent virus*) Virus, das aufgrund intrazellulären Vermehrung und nachfolgenden Virusfreisetzung die Lyse (Auflösung, Zerstörung) seiner Wirtszelle verursacht.

Virulenz (engl. *virulence*) Die Fähigkeit eines Mikroorganismus, eine Krankheit hervorzurufen.

Virus (lat. *virus* Gift; engl. *virus*) Im Lichtmikroskop nicht sichtbarer, auf eine Wirtszelle angewiesener → Parasit (intrazellulärer Parasit), der sich außerhalb der Wirtszelle nicht vermehren kann.

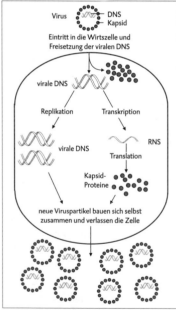

Vermehrungszyklus eines Virus (DNS-Virus)

Viren können sich nur vermehren, wenn sie in eine Zelle eindringen und deren → Transkriptions- und → Translationssystem benutzen. Jedes Virus vermehrt

sich auf Kosten der Zelle, sodass diese geschwächt oder gar zerstört wird.

Viele der gefährlichsten Krankheitserreger des Menschen sind Viren (z. B. → HIV, Ebola, Hepatitis B, → Pocken).

Viren stammen wahrscheinlich von Nukleinsäurefragmenten ab, die aus Zellen freigesetzt wurden. Die Länge ihres Genoms beträgt einige tausend Basenpaare (bp). Grundsätzlich teilt man sie entsprechend ihres Nukleinsäuretyps in einzel- bzw. doppelsträngige DNS- oder RNS-Viren und nach der Gestalt ihres → Nukleokapsids ein. Es gibt z. B. RNS-Viren mit helikaler (Tabakmosaikvirus) oder mit kubischer Symmetrie (Poliovirus) und auch DNS-Viren mit helikaler (Pocken-Virus) oder kubischer Symmetrie (Polyoma-Virus). Bei einigen Viren finden sich zudem Hüllstrukturen aus Lipiden und anderen Substanzen, die von der Plasmamembran der Wirtszellen stammen.

Virusgrippe → Grippe

viszerales Nervensystem (lat. *viscera* Eingeweide) → vegetatives Nervensystem

Vitamine (lat. *vita* Leben; engl. *vitamins*) Lebensnotwendige organische Verbindungen (oft in der Funktion als Koenzyme), die vom Organismus höherer Tiere und des Menschen nicht oder nicht ausreichend synthetisiert werden und deshalb als essenzielle Nahrungsbestandteile dem Organismus zugeführt werden müssen. Vitamine werden in kleinsten Mengen für Stoffwechselreaktionen des Körpers benötigt.

Vitamin C (Ascorbat) z. B. dient hauptsächlich als Radikalfänger. Die generelle Definition für den Begriff Vitamin trifft auf Vitamin C nur bedingt zu, denn dieser Stoff kann außer von Meerschweinchen und höheren Primaten (inkl. Mensch) von nahezu allen höheren Tieren selbst synthetisiert werden. → Anhang XV

vivipar (lat. *vivus* lebend, *parere* gebären; engl. *viviparous*). (1) Bezieht sich auf Tierarten, die Junge gebären. Die Embryogenese vollzieht sich im Mutterleib, wie bei allen Säugetieren außer dem eierlegenden Schnabeltier und Ameisenigel. Zu unterscheiden von → ovipar und → ovovivipar. (2) Bezieht sich auf Pflanzen, deren Samen in der Frucht keimen, wie bei der Mangrove.

VNTR-Locus, *Variable number of tandem repeats-locus* (engl. *VNTR locus*) Nicht codierender DNS-Abschnitt des Genoms vieler Arten, der eine unterschiedliche Zahl von Nukleotidwiederholungen *(repeats)* enthält. Die Anzahl der *repeats* (z. B. CA oder GT, GT, GT…) erhöht sich durch Mutationen. In einem Individuum kann also der homologe Abschnitt gleich oder ungleich lang sein, $(GT)_{20}$ in einem Chromosom und in seinem homologen Partner $(GT)_{22}$, wodurch es heterozygot an diesem Genlocus ist. Die Längenunterschiede können elektrophoretisch dargestellt werden. Sie dienen in der modernen Genomanalyse als Marker bei → Kopplungsstudien. → Genom

Vollgeschwister-Zwillinge → dizygote Zwillinge

Vollschmarotzer → Holoparasit

Volterra-Gesetz, Volterra'sche Regeln (engl. *Volterra's principles*) Der italienische Mathematiker Vito Volterra (1860–1940) fasste die Grundzusammenhänge von → Räuber-Beute-Beziehungen (siehe Abbildung unten) in drei Gesetzen zusammen: (1) Gesetz periodischer Zyklen: Die Populationszyklen von Räubern und Beute sind auch bei konstanten Umweltbedingungen phasenverschoben. (2) Gesetz von der Erhaltung der Mittelwerte: Die Populationszyklen von Räubern und Beute schwanken über einen langen Zeitraum hinweg jeweils um einen Mittelwert. (3) Gesetz von der Störung der Mittelwerte: Werden die Populationen von Räubern und Beute gleichermaßen negativ beeinflusst, so nimmt immer zuerst die Individuenzahl der Räuber und dann die der Beute ab.

Vorkern → Pronukleus

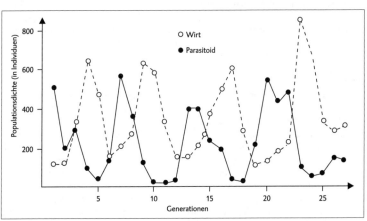

Räuber-Beute-Beziehung oder besser Parasiten-Wirt-Beziehung unter Laborbedingungen am Beispiel des Bohnenkäfers (*Callosobruchus chinensis*) und eines → Parasitoiden (*Heterosilus prosopidis*). Ein Parasitoid verhält sich zu Beginn relativ wenig schädigend gegenüber seinem Wirt. Kurz vor seiner Verpuppung im Wirtsorganismus entwickelt er jedoch ein räuberisches Verhalten, welches zum Tode seines Wirtes führt.

W

w → Fitness

Wachstum (engl. *growth*) (1) Phänomen der Größenzunahme eines Individuums, verbunden mit komplizierten Differenzierungsvorgängen. Wachstum bedeutet Zellvermehrung (Hyperplasie) und Zellvergrößerung (Hypertrophie, jeweils nach der Zellteilung). Wachstumsfaktoren wie Hormone oder Zytokine bewirken diese Entwicklung, die von sehr vielen Genen beeinflusst wird, bei der aber auch die Umwelt (z. B. Ernährung) eine große Rolle spielt.

(2) Wachstum ist auch eine Eigenschaft von Populationen, wobei die Zahl der Individuen/Organismen durch Reproduktion erhöht wird. Die Wachstumskurve einer Bakterienpopulation stellt die Zahl der Zellen in Abhängigkeit von der Zeit dar. → logarithmisches Populationswachstum, → ZPG

(3) Streckungswachstum: Wachstumsform bei Pflanzen, bei der sich in der G_0-Phase (→ Zellzyklus) das Volumen der Zelle durch Wasseraufnahme und Ausbildung von Vakuolen vergrößert. Wuchsstoffe wie → Auxine oder → Gibberline wirken dabei auf die Streckungszonen ein, die z. B. bei der Wurzel unmittelbar hinter der Wurzelspitze oder beim Spross unterhalb des Vegetationskegels liegen.

Wachstumshormon, somatotropes Hormon, Somatotropin, STH (engl. *growth hormone, GH, somatotropin*) → Proteohormon, das im Hypophysenvorderlappen (vorderer Teil der Hirnanhangdrüse) gebildet wird und beim Menschen aus 191 Aminosäuren besteht. Die Sekretion wird ausgelöst durch das beim Menschen 44 Aminosäuren lange Polypeptid *growth hormone releasing hormone* (GHRH) aus dem Hypothalamus (Teil des Zwischenhirns). STH wurde bis zu seiner gentechnischen Herstellung aus Hypophysen Verstorbener gewonnen. Es dient zur Behandlung einer Form des → hypo-physären Zwergwuchses (bei dem beispielsweise durch einen Gendefekt kein oder zu wenig STH produziert wird).

Beim Menschen liegt das Gen auf dem langen Arm von Chromosom 17. Es bewirkt neben Längenwachstum u. a. auch eine erhöhte Proteinsynthese (→ Anabolismus), weshalb die Substanz auch als Dopingmittel eingesetzt wird.

Wahlund-Effekt (engl. *Wahlund's variance (of gene frequencies)*) Die Tendenz in einer großen Population mit vielen kleinen panmiktischen Gruppen (→ Panmixie), dass weniger Heterozygote und mehr Homozygote auftreten als nach dem → Hardy-Weinberg-Gesetz zu erwarten wäre. Das nach S. Wahlund benannte Phänomen entsteht durch Inzucht innerhalb jeder einzelnen Gruppe.

Wallace-Effekt (engl. *Wallace effect*) Hypothese von A. R. Wallace (1822–1913), nach der die natürliche Selektion solche Mechanismen bevorzugt, die eine Fortpflanzungsisolation von Populationen bewirken, wenn die Anfänge einer Spezies erreicht sind. Sobald also ein gewisser Unterschied zwischen zwei Populationen erreicht ist, sind Verpaarungen zwischen ihren Mitgliedern unwahrscheinlich, und wenn doch, dann unfruchtbar. Solche reproduktive Isolation verhindert oder minimiert das Auftreten steriler Hybriden, die eine Konkurrenz um Nahrungsreserven sind.

Warnfärbung (engl. *warning coloration*) Auffällige Farben oder Muster giftiger oder ungenießbarer Tiere.

Die evolutive Entwicklung solcher Färbungen erklärt man so, dass Fressräuber lernen können, die auffällige Beute zu verschmähen. → Mimikry, → Tarnfärbung

Wasser (engl. *water*) Chemische Verbindung, H_2O. Wichtigstes Lösungsmittel für organische Moleküle und essenzieller Hauptbestandteil aller Lebewesen. Aufgrund verschiedener physiko-chemischer Eigenschaften können die Wassermoleküle all die verschiedenen Vorgänge des

→ Lebens vermitteln. Dazu gehören die hohe Dielektrizitätskonstante (als Lösungsmittel für Ionen), die relativ niedrige Viskosität (ermöglicht Fließen auch in engen Röhren oder Spalten), die relativ hohe Wärmekapazität (erleichtert die Wärmeregulation), die hohe Oberflächenspannung (für die Bildung von Membranen), die starke Kohäsion (abrissfreier Transport in Röhren) und die Ausdehnung beim Gefrieren (Eis schwimmt und Organismen können darunter überleben).

Flüssiges Wasser ist die Grundvoraussetzung allen irdischen Lebens (→ extraterrestrische Lebensformen). Es gibt keine Lebensform auf unserem Planeten, die ohne Wasser auskommt. Der menschliche Körper besteht altersabhängig (→ Seneszenz) aus 40–70 % Wasser. Jedoch existieren zahlreiche Lebewesen, die mit einem relativ geringen Wassergehalt auskommen (→ Sukkulenten). Einige Pflanzensamen und Mikroorganismen können bei nahezu völligem Wasserentzug in einen stoffwechselinaktiven Zustand überführt werden, aus dem sie durch Wasserzufuhr selbst nach Jahren wieder zum Leben erwachen. Ein bekanntes Beispiel sind die Sporen des Milzbranderregers, *Bacillus anthracis*.

Wasserstoff, H (lateinisiert H *hydrogenium* Wasserstoff; engl. *hydrogen*) Das zahlenmäßig häufigste aller biologisch wichtigen Elemente. Durch sein niedriges Atomgewicht macht der Wasserstoff aber nur etwa 10 % des Körpergewichtes des Menschen aus. Ordnungszahl 1; Atomgewicht 1,01; Wertigkeit 1+; häufigstes Isotop ^{1}H; schweres Isotop ^{2}H (Deuterium); Radioisotop ^{3}H (Tritium) mit einer Halbwertszeit von 12,3 Jahren. Tritium wird zur radioaktiven Markierung von Thymidin und Uridin bzw. für neu synthetisierte DNS- bzw. RNS-Stränge verwendet.

Wasserstoffbrücke(nbindung) (engl. *hydrogen bond*) Chemische Art der Bindung. Elektrostatische Anziehungskräfte, die zwischen Molekülen wirksam sind und die ständig einen positiven und negativen Pol besitzen. → Anhang III

Die schwache elektrostatische Anziehung tritt auf zwischen einem stark positiv polarisiertem Wasserstoffatom, das in biologischen Systemen → kovalent an ein stark negativ polarisiertes Sauerstoff- oder Stickstoffatom gebunden ist und einem negativ polarisiertem Atom. Die Wasserstoffbrückenbindung ist schwächer als die kovalente Bindung. Wasserstoffbrücken sind für die Sekundärstruktur der (Poly-)Peptide mitverantwortlich (→ Proteinstruktur).

Die Nukleotidpaare (Basenpaare) der DNS (und auch von Paarbindungen bei RNS) werden von Wasserstoffbrücken zusammengehalten. Bei → Temperaturen über 65 °C oder bei extremen pH-Werten lösen sich die Wasserstoffbrückenbindungen, sodass die DNS einzelsträngig vorliegt. → Schmelzen, → Denaturierung, → Dissoziation

Watson-Crick-Modell → Doppelhelix

W-Chromosom (engl. *W chromosome*) Ein Geschlechtschromosom (Gonosom) derjenigen Tierarten, bei denen das weibliche Geschlecht heterogametisch, also WZ ist, während die Männchen homogametisch, also ZZ, sind. Beispielsweise bei Vögeln, Seidenraupen.

Weismannismus (engl. *Weismannism*) Das Konzept von A. Weismann (1834–1914), nach dem erworbene Merkmale nicht vererbt und nur Unterschiede des Keimplasmas (primär durch das Zytoplasma der Eizelle, z. B. RNS) von Generation zu Generation weitergegeben werden. → Mitochondrien, → uniparentale Vererbung

Wernicke-Aphasie, sensorische Aphasie (engl. *Wernicke's aphasia, sensory aphasia*) Fehlendes Sprachverständnis, hervorgerufen durch eine Schädigung des sensorischen → Sprachzentrums, dem sog. Wernicke-Zentrum. Benannt nach

Karl Wernicke (1848–1905).

Wernicke-Zentrum (engl. *Wernicke's center, word center*) → Sprachzentrum

Western Blot → Southern Blot

Wildtyp (engl. *wild type*) Der am häufigsten oder zuerst beobachtete Phänotyp einer Art; oft ein Merkmal, das willkürlich als „normal" bezeichnet wird. Symbolisiert mit „+" oder „wt". Gleiches gilt für Wildtypgene oder besser Wildtypallele.

Wirbeltiere, Vertebraten (engl. *vertebrates, Vertebrata*) Die höchstentwickelte Tiergruppe, die durch ein festes Innenskelett (Wirbelsäule) mit einem Schädel und einem Gehirn gekennzeichnet ist. Die niedrigstentwickelten Vertreter gehören zur Klasse der Rundmäuler (z. B. das Flussneunauge), die höchstentwickelten stellt die Unterklasse der Plazentatiere, zu der auch die → Primaten gehören.

Wobble-Hypothese (engl. *wobble* wackeln; *wobble hypothesis*) Die Erklärung, warum eine → tRNS zwei oder mehr Codons erkennt.

Das Anti-Codon jedes tRNS-Moleküls ist ein Triplett, dessen erste beiden Basen sich an das Codon der mRNS anlagern, entsprechend den Regeln der Basenpaarung (A=U, G≡C). Die dritte Base (häufig auch eines der seltenen Nukleoside wie z. B. Inosin oder Dihydrouridin) hat einen gewissen Spielraum und kann sich entgegen der Regel auch an eine andere Base binden. Ein U der tRNS erkennt beispielsweise an der dritten Codon-Position A oder G der mRNS. Das tRNS Triplett CUU (Anti-Codon) bindet folglich an GAA und GAG der mRNS. Eine Mutation der dritten Base eines Codons bewirkt daher selten auch einen Aminosäureaustausch des entsprechenden Polypeptids. Hingegen zieht eine Nukleotidsubstitution an der zweiten oder ersten Stelle fast immer den Einbau einer anderen Aminosäure nach sich. → degenerierter Code

wt → Wildtyp

Wright's Inzuchtkoeffizient F → Inzuchtkoeffizient

Wurzelknöllchenbakterien Stickstofffixierende Bodenbakterien. → Knöllchenbakterien

X

x Symbol für gekreuzt oder verpaart mit. Beispiel: A ♂ x B ♀.

X0 (1) Symbolisch für das Fehlen eines → Gonosoms (0 = Null). Anstelle von zwei X-Chromosomen oder XY-Chromosomen ist also nur ein X-Chromosom vorhanden. → Turner-Syndrom. (2) Rassebezeichnung für das Arabische Vollblutpferd (auch AV), im Gegensatz zu XX für das Englische Vollblut.

X-Chromosom (engl. *X-chromosome*) Gonosom oder Geschlechtschromosom, das zweifach in homogametischen Weibchen vorliegt und einfach, zusammen mit dem → Y-Chromosom, in heterogametischen Männchen, z. B. bei Säugetieren.

Auf dem X-Chromosom liegen eine Reihe von Genloci, die beim Mann hemizygot sind, weil das Y-Chromosom keinen entsprechenden (homologen) Genabschnitt trägt. Dazu gehören die Gene für Farbenblindheit, muskuläre Dystrophie (Duchenne), Hämophilie A und B, u. a. m. Ein Mann, der beispielsweise von seiner Mutter ein defektes Allel des Faktor VIII geerbt hat, ist ein Bluter. Hat eine Frau einen defekten Faktor VIII geerbt, so vermag das intakte Allel auf dem anderen X-Chromosom diesen Ausfall zu kompensieren; sie wäre nur als Bluter erkrankt, wenn auch dieses zweite Allel nicht funktionsfähig wäre.

X-chromosomale Vererbung → X-Kopplung

X-Chromosomeninaktivierung (engl. *X-chromosome inactivation*) Beim Säuger die Stilllegung eines der beiden X-Chromosomen in somatischen Zellen weiblicher Embryonen, die von da an beibehalten wird. Dadurch wird eine Dosiskompensation erreicht, d. h. die Produkte der X-chromosomalen Gene sind in einfacher Dosis vorhanden und männliche und weibliche Individuen unterscheiden sich daher nicht in der Menge X-chromosomaler Genprodukte.

Die Inaktivierung eines Chromosoms erfolgt scheinbar zufällig. In einem Teil der Zellen eines weiblichen Organismus ist also das eine, im anderen Teil der Zellen das andere X-Chromosom inaktiv. Die Gene des inaktivierten X-Chromosoms werden nicht in Proteine umgeschrieben. Die Inaktivierung des X-Chromosoms bleibt über alle weiteren Zellteilungen bestehen. So ist jedes Weibchen bei echten Säugetieren (Plazentatiere) ein → Mosaik aus zwei Zelltypen, von denen der eine die Gene des väterlichen X-Chromosoms exprimiert und der andere die des mütterlichen. In manchen Zellen kann unter dem Mikroskop ein dunkler Fleck im Kern beobachtet werden, der das inaktivierte X darstellt (**Sex-Chromatin** oder → **Barr-Körperchen** genannt). Kommt das X-Chromosom dreifach vor (Trisomie), werden zwei davon inaktiviert. Bei Beuteltieren wird das väterliche (paternale) X selektiv inaktiviert. Beim Menschen bleiben bestimmte Gene endständig auf dem kurzen Arm der X auf beiden X-Chromosomen der weiblichen Individuen aktiv (keine komplette Inaktivierung des gesamten X-Chromosoms).

xenogen (griech. *xenos* fremd, *gignomai* ich entstehe; engl. *xenogenic*) Bezieht sich auf ein Transplantat oder auf die chirurgische Übertragung (Transplantation) eines Organs oder Gewebes von einer andern Spezies.

In der Humanmedizin werden Organtransplantationen (Niere, Herz) immer häufiger durchgeführt, wobei ein Mangel an Spenderorganen besteht. Organe des Hausschweins gelten als die aussichtsreichste Möglichkeit, kranke menschliche Organe zu ersetzen. Allerdings werden sie sehr rasch vom Immunsystem des menschlichen Empfängers abgestoßen. Deshalb wird versucht, genetisch veränderte Schweine zu erzeugen, deren Organe „humanisiert" und deswegen weniger inkompatibel sind. → Inkompatibilität, → allogen, → congen, → syngen

Xerophyten, Trockenpflanzen

(griech. *xeros* trocken, *phyton* Pflanze; engl. *xerophytes*) Pflanzen, die zumindest zeitweise große Trockenheit ihres Standortes ertragen können. Besondere Merkmale sind ausgedehntes Wurzelsystem zur optimalen Wasseraufnahme und kleine, lederartige Blätter mit eingesenkten Spaltöffnungen, dicker Cuticula und toten weißen Haaren als Überhitzungs- und Transpirationsschutz.

X-Kopplung, X-Chromosomenkopplung, Geschlechtskopplung

(engl. *X linkage*) Gene, die auf dem X-Chromosom lokalisiert sind, nennt man X-gekoppelt. → unvollständige Geschlechtskopplung

XXY → Klinefelter-Syndrom

XYY-Trisomie, Diplo-Y-Syndrom

(engl. *XYY trisomy*) Chromosomale, genauer gonosomale, Abnormalität beim Menschen. Genotypisch und phänotypisch männlich (normal wäre 46, XY).

Erwachsene XYY-Träger (47, XYY) sind phänotypisch unauffällig, die Körpergröße ist jedoch im Allgemeinen erhöht. Einige XYY-Träger sind unfruchtbar, einige geistig behindert oder zeigen Verhaltensstörungen.

Es gibt auch Diplo-Y-Männer mit zwei oder mehr X-Chromosomen (bis 50, XXXXYY). Mit zunehmender Zahl an X-Chromosomen steigt bei dieser Chromosomenaberration der Grad der geistigen Behinderung.

Y

Y Ein-Buchstaben-Symbol für ein → Pyrimidin.

YAC (engl. *yeast artificial chromosome*) Künstlich hergestelltes zirkuläres Chromosom mit Teilen des Hefegenoms (engl. *yeast* Hefe) und von Fremdchromosomen. YAC können wesentlich größere Fremdgene aufnehmen als konventionelle Klonierungsvektoren wie → Plasmide oder → Cosmide. → BAC

Y-Chromosom (engl. *Y-chromosome*) Geschlechtschromosom oder Gonosom, das nur in heterogametischen Tieren vorhanden ist, d. h. in Tieren mit zwei verschiedenen Geschlechtschromosomen.

Beim Säuger liegen auf dem Y die geschlechtsbestimmenden Gene, in erster Linie das Sry, dessen Protein die Differenzierung der indifferenten, embryonalen Gonadenanlagen in Richtung Hoden (→ Testes) veranlasst. → X-Chromosom

Y-chromosomale Vererbung
→ Y-Kopplung

Y-Gabel, Replikationsgabel (engl. *Y fork, replication fork*) Die Stelle einer DNS, an der die beiden Stränge auseinander gespreizt werden und an der die → Replikation (DNS-Synthese) beginnt. Die Entwindung geschieht enzymatisch; im prokaryontischen System beispielsweise durch die **Topoisomerase**. Auch bei der → Transkription muss die DNS-Doppelhelix geöffnet werden, um eine entsprechende RNS-Abschrift anfertigen zu können. Hier geschieht die Entwindung durch die RNS-Polymerase selbst und dabei entstehen kurzzeitig ebenfalls sehr kleine Y-Gabel-ähnliche Strukturen der DNS. → ori

Y-Kopplung, Y-chromosomale Vererbung (engl. *Y linkage*) Alle Gene des Y-Chromosoms. Die Gene des Y-Chromosoms zeigen → holandrische Vererbung. → unvollständige Geschlechtskopplung

Z

Z-Chromosom (engl. *Z-chromosome*) Geschlechtschromosom (Gonosom) bei heterogametischen (zwei verschiedene Geschlechtschromosomen) Weibchen des Genotyps WZ und homogametischen Männchen des Genotypes ZZ. Bei den Vögeln haben ZZ-Genotypen einen männlichen und bei den Säugern XX-Genotypen einen weiblichen Phänotyp.

Z-DNS → Desoxyribonukleinsäure

Zehrschicht → Nährschicht

Zellatmung Innere → Atmung

Zelldetermination (engl. *cell determination*) Festlegung der Entwicklungsrichtung in einer oder mehreren Zellen eines Embryos. → Determinierung

Zelldifferenzierung (engl. *cell differentiation*) → Differenzierung

Zelle (lat. *cella* Raum; engl. *cell*) Kleinste Einheit (eines Organismus), die sich (unabhängig) vermehren kann, die Fähigkeit zu Stoffwechselleistungen hat und alle lebensnotwendigen Strukturelemente enthält.

Die fundamentale Bedeutung der Zelle erkannte der deutsche Pathologe Rudolf Virchow (1821–1902) und formulierte dies erstmalig 1855 mit seinem berühmten Satz *„omnis cellula e cellula"* (Jede Zelle entsteht wiederum nur aus einer Zelle).

Zellen sind von einer → Lipiddoppelmembran umgeben (Pflanzen-, die meisten Bakterien- und Pilzzellen zusätzlich von einer Zellwand) und haben ein → Zytoplasma und bei Eukaryonten einen Zellkern, in dem sich die Chromosomen befinden. Im Zytoplasma von Eukaryonten wirken viele Zellorganellen, wie etwa Mitochondrien, Golgi-Apparat, Lysosomen, Endoplasmatisches Retikulum u. a., zusammen, um Energie aus der Nahrung zu gewinnen, Eiweiße zu produzieren und → Wachstum zu ermöglichen.

Zellfusion, Zellhybridisation, Zellhybridisierung (engl. *cell fusion, cell hybridisation*) Experimentell ausgelöste Verschmelzung zweier Zellen gleicher oder verschiedener Herkunft zu einer Hybridzelle mit einem verschmolzenen Kern (→ Synkaryon). → HAT-Medium

Normalerweise fusionieren Zellen nicht, mit Ausnahme der Gameten (Sper-

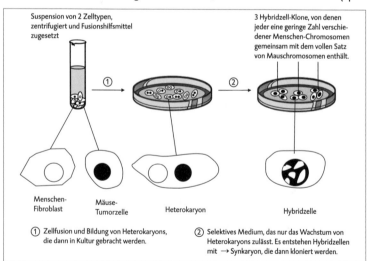

Suspension von 2 Zelltypen, zentrifugiert und Fusionshilfsmittel zugesetzt

3 Hybridzell-Klone, von denen jeder eine geringe Zahl verschiedener Menschen-Chromosomen gemeinsam mit dem vollen Satz von Mauschromosomen enthält.

① ②

Menschen-Fibroblast

Mäuse-Tumorzelle

Heterokaryon

Hybridzelle

① Zellfusion und Bildung von Heterokaryons, die dann in Kultur gebracht werden.

② Selektives Medium, das nur das Wachstum von Heterokaryons zulässt. Es entstehen Hybridzellen mit → Synkaryon, die dann kloniert werden.

Beispiel Zellfusion

mium und Eizelle) bei der Befruchtung (Synkaryon) oder bei Synzytienbildung (→ Synzytium). Der Fusionsvorgang wird beispielsweise ausgelöst durch bestimmte Agenzien wie Polyethylenglykol bzw. das Sendai-Virus oder aber durch physikalische Kräfte wie die → Zimmermann-Zellfusion. Stammen die Zellen von unterschiedlichen Arten, kommt es zu einer Auslese (Verlust) der Chromosomen der einen Art im Verlaufe mehrerer Mitosen. Zellhybriden werden hergestellt zur → Genkartierung oder zur Produktion von → monoklonalen Antikörpern.

Zellhybridisation, Zellhybridisierung → Zellfusion

Zellkartierung → Kartierung

Zellkern → Nukleus

Zellkultur (engl. *cell culture*) Die Haltung von Zellen außerhalb eines Organismus in entsprechenden Gefäßen *(in vitro)*. Im eigentlichen Sinn versteht man darunter die Kultivierung eukaryonter Zellen von mehrzelligen Organismen.

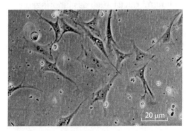

Mikroskopische Aufnahme einer Zellkultur von Bindegewebszellen (Fibroblasten)

Zelllysis, Zelllyse (griech. *lyo* ich löse; engl. *cell lysis*) Zerstörung der Zellmembran, sodass der Inhalt „ausläuft". Lytische Ursachen sind von außen einwirkende physikalische Kräfte, Chemikalien oder pathogene Organismen (z. B. → virulentes Virus, → lytische Bakteriophagen).

Zellmembran → Plasmamembran

Zellplasma → Protoplasma

Zellstoffwechsel → Metabolismus

Zellteilung (engl. *cell division*) Gene-

tisch gesteuerter und sehr komplizierter Vorgang, durch den aus einer Elternzelle zwei Tochterzellen entstehen. (1) Bei Prokaryonten heißt die Zellteilung auch **binäre Fission**, (2) bei Eukaryonten → **Mitose**. Zellteilung ist ein wesentlicher Bestandteil des → Wachstums.

Zellteilungsrate (engl. *doubling time*) Durchschnittliche Zeit, in der sich die Zellzahl eines Gewebes oder einer Zellkultur verdoppelt. Identisch mit dem Generationsintervall, wenn die Zelle in der Lage ist, Tochterzellen zu bilden und wenn keine Lyse (Zelltod) vorkommt.

Zelltod (engl. *necrocytosis, cell death*) Funktionsbehinderung und/oder Zerstörung einer Zelle durch äußere Einflüsse wie Gifte oder physikalische Kräfte. Daneben gibt es auch den programmierten Zelltod, der gezielt bestimmte Zellen eliminiert. → Apoptose

Zellwachstum → Wachstum

Zellwand (engl. *cell wall*) Relativ starre Hülle aus beispielsweise Cellulose und Lignin, die zusätzlich zur Zellmembran die Pflanzenzelle umgibt. Die Zellwand der Pilze enthält vor allem Chitin, die der Bakterien Peptidoglykane (Verbindung aus Peptiden und Zuckern).

Zellzyklus (engl. *cell cycle*) Ein Zellzyklus umfasst verschiedene Phasen: Eine Wachstumsphase G_1 nach der → Mitose, eine Synthesephase S (S-Periode), in der die DNS verdoppelt wird (bei diploiden Organismen werden die Chromosomen dabei zweichromatidig), eine weitere G_2-Phase und schließlich wieder eine Mitose, aus der zwei neue Zellen hervorgehen. G_1, S und G_2 zusammen werden auch Interphase genannt. In einer Zellkultur dauern beispielsweise die einzelnen Phasen etwa 8 (G_1), 6 (S), 4 (G_2) und 0,5 (Mitose) Stunden. Wie lange der Zyklus dauert, hängt vom Entwicklungsstadium des Organismus und vom Zelltyp ab. Wenn sich eine Zelle differenziert, wird der Zyklus unterbrochen und die Zelle befindet sich in einer G_0-Phase. Solche ruhenden

Zellen (*resting cells*) sind mitotisch inaktiv, können aber metabolisch sehr aktiv sein.

Zentrales Nervensystem, ZNS (engl. *central nervous system*) Das Gehirn und das Rückenmark der Wirbeltiere.

Zentralvakuole, Zellsaftvakuole, (zentrale) Vakuole (lat. *vacuus* leer; engl. *(central) vacuole*) (1) Zentraler, häufig mit einer hohen Konzentration an gelösten Stoffen befüllter und mit einer Lipidmembran umgebener Bereich im Zytoplasma der meisten Pflanzenzellen. Durch die gegenüber dem Zytoplasma und der extrazellulären Umgebung erhöhte Konzentration an gelösten Stoffen nimmt die Zentralvakuole so lange Wassermoleküle auf, bis die pflanzliche Zellwand dieser Expansion ein Ende setzt (→ Osmoregulation, → Turgor). Die pflanzliche Zelle gewinnt durch diesen Innendruck zusätzliche Stabilität. Die Zentralvakuole kann aber auch als Depot für Speichersubstanzen (z. B. Kohlenhydrate oder Proteine) oder die Funktion eines Verdauungssystems übernehmen, wobei sich dann Verdauungsenzyme in ihrem Inneren finden. (2) In tierischen Zellen ein Hohlraum (Kompartiment), der mit Proteinen oder Fetten gefüllt sein kann.

Zentriole (lat. *centrum* Mittelpunkt; engl. *centriole*) Eine sich selbst reproduzierende Zellorganelle mit zylinderartiger Form. Die Tochterzentriole wächst aus der „Mutterzentriole" bis sie die gleiche Größe erreicht hat. Die Zentriolen bewegen sich auf die Zellpole zu und sind Teil des Spindelapparates für die Kernteilung. Eine formgleiche Organelle findet man in den Basalkörperchen der → Cilien. In den Zellen der höheren Pflanzen kommen keine Zentriolen vor.

Zentromer, Centromer (lat. *centrum* Mittelpunkt; engl. *centromere*) → Chromosom, → Konstriktion

Zentromerfusion (engl. *centromeric fusion*) Verschmelzung zweier akrozentrischer (Zentromer dicht am Chromoso-

menende) Chromosomen zu einem einzigen Chromosom. → Chromosomaberration

Beim Rind ist z. B. die 1/29 (oder 1/25) Zentromerfusion bekannt. Die Chromosomen 1 und 29 (oder 25) sind dabei durch nur ein Zentromer verbunden. In einer Zelle befinden sich also 59 statt 60 Chromosomen, wobei aber keine Gene verloren gegangen sind. Jedoch ergibt sich bei der Meiose eine unregelmäßige Aufteilung der Chromosomen in die Gameten, sodass die Träger einer solchen → Translokation weniger fruchtbar sind.

Zersetzer → Destruenten

Zimmermann-Zellfusion (engl. *Zimmermann cell fusion*) Methode, Zellen in einem elektromagnetischen Hochfrequenzfeld in eine Reihe zu zwingen.

Ein Stromstoß öffnet Mikroporen in der Zellmembran, wodurch Zytoplasma ausgetauscht wird, wenn die Zellen nahe genug aneinander liegen. Manche Zellen fusionieren. Durch die Veränderung der Zellmembran ist auch das Eindringen von im Zellkulturmedium befindlichen DNS-Fragmenten in die Zelle möglich (Erzeugung → transgener Zellen).

Zitronensäurezyklus → Citratzyklus

Zona pellucida (lat. *zona* Gürtel, *per* durch, *lux* Licht) Lichtdurchlässige Glykoproteinhülle des Eies der Säugetiere. Zusätzlich zur Plasmamembran bildet die *Zona pellucida* eine sekundäre Hülle des Eies.

Bei der Befruchtung können mehrere Spermien durch sie hindurchdringen und in den perivitellinen Raum (zwischen Plasmamembran und *Zona pellucida*) gelangen. Letztendlich dringt dann aber nur ein Spermium durch die Plasmamembran hindurch in das Eizytoplasma ein (Imprägnation) und führt zur Befruchtung.

Zoologie (griech. *zoon* Tier, *logos* Lehre; engl. *zoology*) Teilgebiet der Biologie, das sich mit den Tieren beschäftigt.

ZPG, *zero population growth* Nullwachstum einer Population, wenn Geburten- und Sterberate gleich sind.

Zuchtfortschritt (engl. *genetic gain*) Zuwachs des Durchschnittswertes eines Merkmals, auf welches in der folgenden Generation selektiert wird. Teil des → Selektionsdifferenzials.

Beispielsweise liegt der phänotypische Zuchtfortschritt der Milchleistung deutscher Rinder in einem Bereich von 80 bis 100 kg pro Jahr, d. h. dass die Tochtergeneration bis zu 100 Liter mehr Milch je → Laktation gibt als die Elterngeneration.

Zucker → Kohlenhydrate

zufällige X-Inaktivierung (engl. *random-X inactivation*) Art der → Dosiskompensation von X-chromosomalen Genen bei den echten Säugetieren (Plazentatieren). → X-Chromosomeninaktivierung

Zufallspaarung, Panmixie (engl. *random mating*) Populationsgenetischer Begriff für ein Paarungssystem, in dem jeder männliche Gamet (Spermium) die gleiche Chance hat, jeden weiblichen Gameten (Eizelle) zu befruchten. Echte Panmixie gibt es eigentlich nicht.

Die Befruchtungsmöglichkeit nach den Gesetzen des Zufalls gilt auch für die Gameten des gleichen Individuums, wenn die Spezies hermaphroditisch (ein Zwitter) oder monözisch (Einhäusigkeit bei Pflanzen, d. h. Pollen und Stempel auf einer Pflanze) ist. → genetisches Gleichgewicht, Gegenteil → gezielte Paarung

Zufallsstichprobe (engl. *random sample*) Eine Probensammlung aus einer Population, die in dieser Stichprobe alle Charakteristika der Population enthält.

Zwicke (engl. *freemartin*) Bei getrenntgeschlechtlichen Zwillingen des Rindes ist das weibliche Kalb zu 90 % unfruchtbar. Eine solche Zwicke entsteht, wenn Urkeimzellen des männlichen Fetus oder männliche Geschlechtshormone über Gefäßverbindungen (Anastomosen) der Eihäute in den weiblichen Fetus übertreten. Sie unterdrücken die Entwicklung der Eierstöcke und bilden manchmal sogar Hodengewebe, das Androgene sekre-

tiert. Der männliche Hormoneinfluss führt darüber hinaus zu weiteren Anomalien der weiblichen Genitalien (z. B. vergrößerte Klitoris).

Zwillinge (engl. *twins*) Individuenpaar aus einer Geburt. (1) **Monozygote** (eineiige) Zwillinge sind erbgleich, da sie aus **einem** Embryo entstehen. Der Grund für diese Teilung im frühen oder späteren Embryonalstadium ist unbekannt. Monozygote Zwillinge kommen bei nahezu allen Tieren vor. Besonders auffällig sind sie bei Arten, die normalerweise nur ein Junges gebären (monotoke = → unipare Spezies), wie bei Mensch oder Rind. Experimentell können Embryonen im Zweizell- bis Blastozystenstadium mikrochirurgisch geteilt und die Hälften in Empfängertiere transferiert werden, wo sie zu normalen Jungen heranwachsen. Hauptsächlich beim Rind und Schaf sind solche monozygoten Zwillinge zu Versuchszwecken erstellt worden. (2) **Dizygote** (zweieiige) Zwillinge entstehen aus **zwei** nahezu zeitgleich durch Spermien des (gleichen) Männchens befruchteten Eizellen, wodurch sie genetisch Vollgeschwister sind.

Beim Menschen liegt die Häufigkeit monozygoter Zwillinge ziemlich konstant bei 1 : 240 Geburten. Das Auftreten dizygoter Zwillinge ist abhängig von → Rasse (Ethnie) und Alter der Mutter aber mit ~ 1 : 85 durchweg häufiger als das Auftreten monozygoter Zwillinge. Beim Menschen treten seit der Anwendung hormoneller Schwangerschaftsverhütungsmittel (die „Pille") vermehrt dizygote Zwillings- und Mehrlingsgeburten auf, da es nach Absetzen des Medikaments häufig zur gleichzeitigen Freisetzung mehrerer Eizellen (Polyovulationen) kommt. → Hellin-Regel, → Superovulation

Zwillingsarten (engl. *twin (germinate) species*) (1) → Zwillinge. (2) Einander ähnliche Arten (Spezies), die → allopatrisch leben. Die Nachtigall (*Luscinia megarhynchos*) und der Sprosser (*Luscinia*

luscinia) z. B. sind Zwillingsarten.

Zwischenwirt, Nebenwirt, Transportwirt (engl. *intermediate host*) Individuen (einer Art), die bestimmte Jugendstadien von Parasiten beherbergen. Der Entwicklungszyklus des Parasiten kann ohne den Zwischenwirt nicht ablaufen.

Aktive Zwischenwirte sind Krankheitsüberträger (z. B. die Stechmücke *Anopheles* für den Erreger der Malaria), passive Zwischenwirte sind Tiere, die den Endwirt infizieren, wenn dieser den Zwischenwirt oder Teile von ihm verzehrt (Schweinefleisch – Trichinen). → Endwirt

Zwitter → Hermaphrodit

Zwitterion (engl. *amphoteric (hybrid)-ion*) Ein dipolares Ion.

Aminosäuren beispielsweise sind an ihrem speziellen → isoelektrischen Punkt Dipole mit der protonierten Aminogruppe (NH_3^+) und der dissoziierten Carboxylgruppe (COO^-). Bei den in Zellen vorherrschenden pH-Werten um 7 liegen die Aminosäuren überwiegend als Zwitterionen vor.

Zygotän (engl. *zygotene stage*) → Meiose

zygotäne DNS (engl. *zygotene DNA*) DNS, die während des Zygotänstadiums der → Meiose repliziert. Während der S-Phase vor der Meiose werden etwa 0,3 % der DNS nicht repliziert. Dieser Rest verdoppelt sich erst während des Zygotäns.

Zygote (griech. *zygein* verbinden;

engl. *zygote*) Die erste diploide Zelle eines Individuums, entstanden aus der Befruchtung der Eizelle durch ein Spermium und Vereinigung (Amphimixis) des männlichen mit dem weiblichen Vorkern.

zyklische Fotophosphorylierung (engl. *cyclic photophosphorylation*) Der zur → nichtzyklischen Fotophosphorylierung alternative Weg, bei dem mit ausschließlicher Beteiligung des → Fotosystems I die durch Lichtenergie energetisch angehobenen Elektronen nicht auf → $NADP^+$ sondern auf einen Cytochrom-Komplex übertragen werden.

Dieser in der Thylakoidmembran der Chloroplasten verankerte Cytochrom-Komplex erzeugt durch die hochenergetischen Elektronen aus dem Fotosystem I an der Membran einen Protonengradienten, der wiederum durch membranständige ATPasen zur ATP-Synthese genutzt wird. Die Elektronen kehren niederenergetisch aus dem Cytochromkomplex zum Reaktionszentrum des Fotosystems I zurück und der Kreislauf kann mit entsprechender Lichtenergie erneut beginnen (zyklischer Elektronenfluss). Daher der Name zyklische Fotophosphorylierung.

Es wird also kein NADPH gebildet und, da das Fotosystem II nicht beteiligt ist, auch kein O_2. Dieser alternative Weg wird dann von der Fotosynthese eingeschlagen, wenn ein Großteil des vorhandenen $NADP^+$ bereits in der reduzierten Form

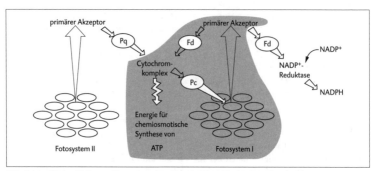

Ablauf des zyklischen Elektronenflusses (grau hinterlegt) bei der zyklischen Fotophosphorylierung

NADPH vorliegt. → Fotosysteme

zyklischer Elektronenfluss → zyklische Fotophosphorylierung

Zymogen (von Enzym und griech. *gennao* ich erzeuge; engl. *zymogen*) Die enzymatisch inaktive Vorstufe eines Eiweißabbauenden (proteolytischen) Enzyms.

Zymogene werden meist durch Veränderungen nach ihrer Translation aktiv (→ posttranslationale Modifikation), z. B. wird Pepsinogen durch Abspaltung eines Teils der Polypeptidkette zum Pepsin, das andere Proteine abbaut.

Zytoplasma, Zytosol (griech. *kytos* Zelle, *plasma* Gebilde; engl. *cytoplasm*) Bei Eukaryonten der mit den Zellorganellen versehene Flüssigkeitsraum innerhalb der Zellmembran aber ohne den Zellkernbereich. → Protoplasma

Zytoplasmamembran → Plasmamembran

zytoplasmatische Vererbung (engl. *cytoplasmic inheritance*) → extrachromosomale Vererbung

Zytoskelett (griech. *kytos* Zelle, *skeletos* Mumie; engl. *cytoskeleton*) „Gerüst"-Moleküle im Innern der eukaryontischen Zellen.

Solche → Moleküle (alles Proteine) sind die Mikrotubuli, Mikrofilamente und intermediären Filamente. Sie verleihen der Zelle z. B. eine charakteristische Form oder bewegen Zellorganellen.

Zytosol → Zytoplasma

Zytostatika (griech. *kytos* Zelle, *stasis* Stillstand; engl. *cytostatics*) Substanzen unterschiedlicher chemischer Struktur (z. B. Hormone, Mitosegifte, alkylierende Substanzen, Antimetabolite), welche die Zellvermehrung unterdrücken (zytostatisch) und/oder Zellen abtöten können (zytotoxisch).

Sie werden in der sog. **Chemotherapie** speziell zur Bekämpfung maligner Tumore (→ Krebs) und → Autoimmunerkrankungen eingesetzt. Zytostatika wirken nicht spezifisch gegen die krankmachenden Zellen, sondern unterdrücken in den eingesetzten Dosen stärker deren Metabolismus (bzw. Wachstum) als den der gesunden Körperzellen. Die Menge des dem Patienten applizierten Zytostatikums richtet sich daher nach der verträglichen Dosis, die stets durch mehr oder weniger starke Nebenwirkungen begrenzt wird.

In vielen Fällen jedoch führt die Chemotherapie nach einem gewissen Zeitraum zu einer Resistenz der malignen Zellen, die sich dann erneut stark vermehren.

Anhang

Aminosäuren und genetischer Code

Aminosäuren	Abkürzungen	Tripletts der mRNS (Codons)					
Alanin	Ala = A	GCU	GCC	GCA	GCG		
Arginin	Arg = R	CGU	CGC	CGA	CGG	AGA	AGG
Asparagin	Asn = N	AAU	AAC				
Asparaginsäure	Asp = D	GAU	GAC				
Cystein	Cys = C	UGU	UGC				
Glutamin	Gln = Q	CAA	CAG				
Glutaminsäure	Glu = E	GAA	GAG				
Glycin	Gly = G	GGU	GGC	GGA	GGG		
Histidin	His = H	CAU	CAC				
Isoleucin	Ile = I	AUU	AUC	AUA			
Leucin	Leu = L	CUU	CUC	CUA	CUG	UUA	UUG
Lysin	Lys = K	AAA	AAG				
Methionin	Met = M	AUG (innerhalb mRNS)					
Phenylalanin	Phe = F	UUU	UUC				
Prolin	Pro = P	CCU	CCC	CCA	CCG		
Serin	Ser = S	UCU	UCC	UCA	UCG	AGU	AGC
Threonin	Thr = T	ACU	ACC	ACA	ACG		
Tryptophan	Trp = W	UGG					
Tyrosin	Tyr = Y	UAU	UAC				
Valin	Val = V	GUU	GUC	GUA	GUG		
Start	*	AUG (zu Beginn der mRNS)					
Stopp		UAA	UAG	UGA			

* Bei Prokaryonten wird das Startsignal mit der Aminosäure Formylmethionin (fMet) initiiert.

Aminosäuren – Strukturformel

Glycin (Gly) Alanin (Ala) Valin (Val) Leucin (Leu) Isoleucin (Ile)

aliphatische Monoamino-Säuren, Monocarboxy-Säuren

Lysin (Lys) Arginin (Arg) Cystein (Cys) Methionin (Met) Prolin (Pro)

aliphatische Diamino-Säuren aliphatisch schwefelhaltig

Tryptophan (Trp)

Asparaginsäure (Asp) Glutaminsäure (Glu) Asparagin (Asn) Glutamin (Gln)

aliphatische Dicarboxy-Säuren aliphatische Amide

Serin (Ser) Threonin (Thr) Phenylalanin (Phe) Tyrosin (Tyr)

aliphatisch hydroxylhaltig aromatisch

Histidin (His)

heterozyklisch

Chemische Bindungen

Typ der Bindung (mit Synonymen)	Bindungsprinzip	Bindung zwischen	Charakteristika	Beispiele
Atombindung, kovalente Bindung, homöopolare Bindung, Elektronenpaarbindung	gerichtete Bindung durch Überlappung von Molekülorbitalen (Kovalenz)	Nichtmetallatomen	keine elektrische Leitfähigkeit	apolar: H_2, Cl_2, N_2 polar: H_2O
Ionenbindung, Ionenpaarbindung, heteropolare Bindung, Salzbindung	starke, ungerichtete elektrostatische Bindung	Ionen entgegengesetzter Ladung	gute elektrische Leitfähigkeit; Kristalle meist gut wasserlöslich	Halogenide der Alkali- und Erdalkalimetalle, z. B. $NaCl$, $CaCl_2$
Wasserstoffbrückenbindung, Wasserstoffbindung	elektrostatische Bindung mit Richtungscharakteristik	H-Atomen und freien Elektronenpaaren, wie z. B. bei OH, NH	für die Wasserlöslichkeit hydrophiler Stoffe verantwortlich	H_2O, Carbonsäuren, Amine, zwischen den Basenpaaren der Nukleinsäuren
van-der-Waals-Kräfte	zwischenmolekulare Kräfte; schwächste Art der chemischen Bindung	temporären Dipolen (Schwankungen in der Symmetrie der Elektronendichteverteilungen)	nur über sehr kurze Entfernungen wirksam	treten zwischen nahezu allen Atomen und Molekülen auf
Metallische Bindung	Valenzelektronen liegen als so genanntes Elektronengas im Metallgitter vor	Metallatomen	sehr hohe elektrische Leitfähigkeit	Fe, Cu, Ag, Au, Legierungen, Halbleiter

Domestizierte Arten

Im Folgenden ist der Großteil der mehrzelligen, höheren Arten aufgeführt, die sich der Mensch dienstbar gemacht hat, von denen er lebt und deren Fortpflanzung und Gedeihen er besonders fördert. Dazu gehören solche aus dem landwirtschaftlichen, gartenbaulichen und forstwirtschaftlichen Bereich, Labortiere, Haus- und Nutztiere. Die Arten sind in Deutsch, mit taxonomischem Namen und englisch aufgeführt.

Pflanzen

Acajoubaumnuss	*Anacardium occidentale*	cashew nut
Ananas	*Ananas comosus*	pineapple
Anis	*Pimpinella anisum*	anis
Apfel	*Malus pumila*	apple
Aprikose (Marille)	*Prunus armeniaca*	apricot
Artischocke	*Cynara scolymus*	artichoke
Aster	*Aster novaeangliae*	aster
Aubergine	*Solanum melongena esculentum*	eggplant
Avocado	*Persea americana*	avocado
Balsamtanne	*Abies balsamea*	balsam fir
Bambus	*Bambusa vulgaris*	bamboo
Banane	*Musa paradisaica*	banana
Begonie	*Begonia rex*	begonia
Birke	*Betula papyrifera*	birch
Birne	*Pyrus communis*	pear
Blau-, Heidelbeere	*Vaccinium corymbosum*	blueberry
Blumenkohl	*Brassica oleracea botrytis*	cauliflower
Bohne	*Vicia faba, Phaseolus vulgaris*	bean
Brokkoli, Spargelkohl	*Brassica oleracea italica*	broccoli
Brombeere	*Rubus argutus*	blackberry
Brotfrucht	*Artocarpus communis*	breadfruit
Buche	*Fagus sylvatica*	beech
Buchweizen	*Fagopyrum sagittatum*	buckwheat
Cayennepfeffer	*Capsicum annuum*	chili pepper
Chinakohl	*Brassica rapa*	Chines cabbage
Chrysantheme	*Chrysanthemum morifolium*	chrysanthemum
Dattelpalme	*Phoenix dactilifera*	date palm
Dattelpflanzenbaum	*Diospyros kaki*	persimmon
Dichternarzisse	*Narcissus poeticus*	narcissus
Dill	*Anethum graveolens*	dill
Douglastanne	*Pseudotsuga taxifolia*	douglas fir
Ebenholz	*Diospyros ebenum*	ebony
Efeu	*Hedera helix*	ivy
Eiche	*Quercus alba* (weiß)	oak
	Q. suber (Korkeiche)	
Endivie	*Cichorium endivia*	endive
Erdbeere	*Fragaria vesca*	strawberry
Erdnuss	*Arachis hypogaea*	peanut
Esche	*Fraxinus americana*	white ash

Deutsch	Lateinisch	Englisch
Feige	*Ficus carica*	fig
Fichte	*Picea pungens*	spruce
Fingerhut	*Digitalis purpurea*	foxglove
Flachs	*Linum usitatissimum*	flax
Gelbe Rübe, Karotte	*Daucus carota sativa*	carrot
Gerste	*Hordeum vulgare*	barley
Gewürznelke	*Syzygium aromaticum*	clove
Gladiole	*Gladiolus communis*	gladiolus
Goldregen	*Laburnum anagyroidies*	laburnum
Grüne Minze	*Mentha spicata*	spearmint
Guave	*Psidium guajava*	guava
Hafer	*Avena sativa*	oats
Hanf	*Cannabis sativa, Agave sisalana*	hemp
Haselnuss	*Corylus americana*	hazelnut
Heidelbeere	*Gaylussacia baccata*	huckleberry (amer.)
Hemlocktanne	*Tsuga heterophylla*	western hemlock
Hickorybaum	*Carya ovata*	hickory
Himbeere	*Rubus occidentalis*	raspberry
Hirse	*Setaria italica*	millet
Hirse	*Sorghum vulgare*	sorhum
Holzapfel	*Pyrus ioensis*	crab apple
Honigmelone	*Cucmis melo cantalupensis*	cantaloupe
Hopfen	*Humulus lupulus*	hop
Hyazinthe	*Hyacinthus orientalis*	hyacinth
Ingwer	*Zingiber officinale*	ginger
Jasmin	*Jasminum officinale*	jasmine
Kaffee	*Coffea arabica*	coffee
Kakao	*Theobroma cacao*	cacao tree
Kalebasse	*Lagenaria siceraria*	calabash
Kamelie	*Camellia japonica*	camellia
Kapok	*Ceiba pentandra*	kapok
Kapuzinerkresse	*Tropaeolum majus*	nasturtium
Kardamon	*Elettaria cardamomum*	cardamom
Kartoffel	*Solanum tuberosum*	potato
Kastanie, Marone	*Castenea sativa*	chestnut
Kautschukbaum	*Hevea brasiliensis*	rubber
Kichererbse	*Cicer arietinum*	chick pea
Kirsche	*Prunus avium*	cherry
Klee	*Trifolium pratense* (rot) *T. repens* (weiß)	clover
Kohl	*Brassica oleracea capitata*	cabbage
Kokosnuss	*Cocos nucifera*	coconut
Kopfsalat	*Lactuca sativa*	lettuce
Koriander	*Coriandrum sativum*	coriander
Krokus	*Crocus susianus*	crocus
Lakritze	*Clycyrrhiza glabra*	licorice
Lavendel	*Lavandula officinalis*	lavender
Limone	*Citrus aurantifolia*	lime

Linse	*Lens esculenta*	lentil
Lotos	*Nelumbo lutea*	yellow lotus
Luzerne	*Medicago sativa*	alfalfa
Mahagoni	*Swietenia mahagoni*	mahogany
Mais	*Zea mays*	maize, Indian corn
Malve	*Althea rosea*	hollyhock
Mammutbaum	*Sequoia gigantea, S. sempervirens*	sequoia
Mandarine	*Citrus reticulata*	tangerine
Mandel	*Prunus amygdalus*	almond
Mango	*Mangifera indica*	mango
Mangold	*Beta vulgaris cicla*	Swiss chard
Maniok	*Manihot escultenta*	cassava
Mohn	*Papaver somniferum*	poppy
Moosbeere	*Vaccinium macrocarpon*	cranberry
Narzisse	*Narcissus pseudo-narcissus*	daffodil
Nelke	*Dianthus caryophyllus*	carnation
Olive	*Olea europaea*	olive
Orange	*Citrus sinensis*	orange
Pampelmuse, Grapefruit	*Citrus paradisi*	grapefruit
Papaya	*Carica papaya*	papaya
Paranuss	*Bertholletia excelsa*	Brazil nut
Pastinak	*Pastinaca sativa*	parsnip
Pekanuss	*Carya illinoensis*	pecan
Pelargonie	*Pelargonium graveolens*	geranium
Pfeffer	*Capsicum frutescens* (rot)	pepper
	Piper nigrum (schwarz)	
Pfefferminze	*Mentha piperita*	peppermint
Pfingstrose	*Paeonia officinalis*	peony
Pfirsich	*Prunus persica*	peach
Phlox	*Phlox drummondii*	phlox
Pilze, z. B.	*Agaricus bisporus*	mushrooms
Pistazie	*Pistacia vera*	pistachio nut
Preiselbeere	*Vaccinium vitis-idaea*	lingonberry oder lowbush cranberry
Quitte	*Cydonia oblonga*	quince
Reis	*Oryza sativa*	rice
Rettich	*Raphanus sativus*	radish
Rhabarber	*Rheum officinale*	rhubarb
Ritterstern	*Amaryllis belladonna*	amaryllis
Roggen	*Secale cereale*	rye
Rose	*Rosa centifolia, R. multiflora*	rose
Rosenkohl	*Brassica oleracea gemmifera*	Brussels sprouts
Rübe	*Beta vulgaris*	beet
Sandelholz	*Santalum album*	sandalwood
Schnittlauch	*Allium schoenoprasum*	chive
Schwertlilie	*Iris versicolor grandiflorum*	iris
Sellerie	*Apium graveolens*	cerlery

Senf	*Brassica hirta*	mustard
Sesam	*Sesmum indicum*	sesame
Sojabohne	*Glycine max*	soybean
Sonnenblume	*Helianthus annus*	sunflower
Spargel	*Asparagus officinalis*	asparagus
Spinat	*Spinacia oleracea*	spinach
Stechpalme	*Ibex aquifolium*	holly
Steckrübe	*Brassica rapa*	turnip
Süsskartoffel	*Ipomea batatas*	sweet potato
Teak	*Tectona grandis*	teak
Tee	*Camellia sinensis*	tea
Thymian	*Thymus vulgaris*	thyme
Tomate	*Lycopersicon esculentum*	tomato
Traube	*Vitis vinifera*	grape
Trauerweide	*Salix babylonica*	weeping willow
Tulpe	*Tulipa gesneriana*	tulip
Tulpenbaum	*Liriodendron tulipifera*	tulip tree
Usambaraveilchen	*Saintpaulia ionantha*	African violet
Vanille	*Vanilla plantifolia*	vanilla
Wachholder	*Juniperus communis*	juniper
Walnuss	*Juglans regia*	walnut
Wassermelone	*Citrullus vulgaris*	watermelon
Weihnachtsstern	*Euphorbia pulcherrima*	poinsettia
Weizen	*Triticum aestivum*	wheat
Wiesenlieschgras	*Phleum pratense*	timothy
Wiesenrispe	*Poa pratensis*	bluegrass
Winde	*Ipomea purpurea*	morning-glory
Yamswurzel	*Dioscorea alata*	yam
Yuccapalme	*Yucca brevifolia*	yucca, Joshua tree
Zeder	*Juniperus virginiana*	cedar
Zimt	*Cinnamomum zeylanicum*	cinnamon
Zinnie	*Zinnia elegans*	zinnia
Zitrone	*Citrus limon*	lemon
Zuckerkiefer	*Pinus lambertiana*	sugar pine
Zuckerrohr	*Saccharum officinarum*	sugar cane
Zwetschge, Pflaume	*Prunus domestica*	plum

Tiere

Alpaka	*Lama pacos*	alpaca
Auster	*Crassostraea virgnica*	oyster
Barsche	*Perca flavescens*	yellow perch
• afrikanische Barsche	• *Sarotherodon spec.*	• african perchs
• Tilapien	• *Tilapia spec.*	• tilapia
Biene	*Apis mellifera*	(honey)bee
Bison	*Bison bison*	buffalo, American bison
	Bison bonasus (Wisent)	European bison
Chinchilla	*Chinchilla lanigera*	chinchilla
Damhirsch	*Dama dama*	fallow buck
Elefant	*Elephas maximus*	Indian elephant
Ente	*Anas platyrhynchos*	duck
Esel	*Equus asinus*	donkey
Forelle	*Salmo trutta* (Bach)	Trout
	Oncorhynchus mykiss (Regenbogen)	rainbow trout
Frettchen	*Mustela putorius domesticus*	ferret
Fruchtfliege, Taufliege	*Drosophila melanogaster*	fruit fly, drosophila
Fuchs	*Vulpes vulpes*	red fox
Gans	*Anser anser, Cygnopsis cygnoid*	goose, Chinese goose
Gerbil, Wüstenrennmaus	*Merinoes unguiculatis*	Mongolian gerbil
Goldfisch	*Carassius auratus*	goldfish
Guppy	*Lebistes reticularis*	guppy
Hamster	*Cricetulus griseus*	Chinese hamster
	Mesocricetus auratus	golden hamster
Haus-, Wasserbüffel	*Bubalus bubalis*	water buffalo
Hecht	*Esox lucius*	pike
Hermelin	*Mustela erminea*	ermine
Honigheuschrecke	*Gleditsia triacanthos*	honey locust
Huhn	*Gallus domesticus*	chicken
Hund	*Canis familiaris*	dog
Japankärpfling	*Oryzias latipes*	medaka
Kamel	*Camelus bactrianus* (Trampeltier)	camel
	Camelus dromedarius (Dromedar)	
Kanarienvogel	*Serinus canaria*	canary
Kaninchen	*Oryctolagus cuniculus*	rabbit
Karpfen	*Cyprinus carpio*	carp
Katze	*felis catus*	cat
Lachs	*Salmo salar*	salmon
Lama	*Lama glama*	llama
Maus	*Mus musculus*	mouse
Meerschweinchen	*Cavia porcellus*	guinea pig

Moschus(ochse)	*Ovibos moschatus*	musk ox
Nerz	*Mustela lutreola*	mink
Papagei	*Melopsittacus undulatus*	parakeet
Perlhuhn	*Numida meleagris*	guinea fowl
Pfau	*Pavo cristatus*	peacock
Pferd	*Equus caballus*	horse
Ratte	*Rattus norvegicus*	rat
Rentier	*Rangifer tarandus*	reindeer
Rhesusaffe	*Macaca mulatta*	rhesus monkey
Rind	*Bos taurus taurus*	cattle
	Bos taurus indicus	zebu
Saibling	*Salvelinus alpinus* (See)	arctic char
	Salvelinus fontinalis (Bach)	brook trout
Schaf	*Ovis aries*	sheep
Schwein	*Sus scrofa*	pig, swine
Seidenspinner	*Bombyx mori*	silkmoth
Strauß	*Struthio camelus*	ostrich
Taube	*Columba livia domestica*	pigeon
Texaskärpfling	*Gambusia affinis affinis*	gambusia
Truthahn	*Meleagris gallopavo*	turkey
Vikunja	*Vicugna vicugna*	vicuna
Wachtel	*Coturnix coturnix japonica*	quail
Yak	*Bos grunniens*	yak
Zander	*Stizostedion lucioperca*	walley
Zebrafisch	*Danio rerio*	zebra fish
Ziege	*Capra hircus*	goat

Geologische Erdzeitalter

Zeit-alter	Ära	Periode	Epoche	Zeittafel der Organismen
Phanerozoikum	Känozoikum	Quartär = Diluvium	Holozän —0,01 / Pleistozän —2 / Pliozän —5	
		Tertiär	Miozän —24 / Oligozän —37 / Eozän —58 / Paläozän —66	
	Mesozoikum	Kreide —144		
		Jura —208		
		Trias —245		
		Perm —286		
	Paläozoikum	Karbon —360		
		Devon —408		
		Silur —438		
		Ordovizium —505		
		Kambrium —570		
Präkambrium	Proterozoikum			
	—2 600			
	Archaikum			
	—3 800			
	Hadaikum			
	—4 600			

Organismen (von links nach rechts): Prokaryonten (Cyanobakterien), Invertebraten (Wirbellose), Fische, Amphibien, Reptilien, Säuger, Vögel, Hominiden

Alle Zahlenangaben in Jahrmillionen

Hormondrüsen – Überblick über einige menschliche Hormondrüsen und deren Wirkungsweise

Hormondrüsen	Hormone	hauptsächliche Wirkungen
Hirnanhangs-drüse = Hypo-physe	Somatotropin = STH Adrenocorticotropin oder adrenocortico-tropes Hormon = ACTH Thyreotropin = TSH Follikel-stimulierendes Hormon = FSH Luteinisierendes Hor-mon = LH, ICSH Prolaktin = LTH	stimuliert Wachstum stimuliert Nebennierenrinde stimuliert Schilddrüse Follikel-Stimulation Luteinisierung Gelbkörper-Erhalt, Milchdrüsen-Reifung
Zirbeldrüse = Epiphyse	Melatonin	Tag/Nacht-Rhythmus: Wachen/Schlafen
Nebenschild-drüse	Parathormon = PTH Calcitonin	Ca^{2+}-Freisetzung Ca^{2+}-Abspeicherung
Schilddrüse	Triiodthyronin = T3 Thyroxin = T4	Erhöhung von Grund-umsatz/Stoffwechsel
Bauchspeichel-drüse (Langer-hans'sche Inseln) • A-Zellen • B-Zellen • D-Zellen	 Glukagon Insulin Somatostatin	 hebt Blutzucker senkt Blutzucker Wachstumsstopp
Nebennieren-mark	Adrenalin und Noradrenalin	„Notfall-Hormone" für Leistungsbereitschaft, Flucht und Kampf
Nebennieren-rinde	Corticosteroide: 1. Gluko-Corticoide (z. B. Cortisol) 2. Mineralo-Corticoide (z. B. Aldosteron)	 1. „Stress-Hormone" zur allgemeinen Anpassung: Depotabbau, Immundepression 2. Mineral- und Wasser-Haushalt
Eierstock • Follikel • Gelbkörper	 Östrogene: (z. B. Östradiol) Gestagene: (z. B. Progesteron)	 Ausbildung sekundärer weib-licher Geschlechtsmerkmale Ovarial-Zyklus, Erhalt von Gelbkörper, Schwangerschaft
Hoden	Androgene: (z. B. Testosteron)	Spermienreifung, Ausbildung sekundärer männlicher Geschlechtsmerkmale

Nukleotidbasen – Einbuchstabensymbole
(z. B. in Computerausdrucken für Nukleotidsequenzen)

A = Adenin
C = Cytosin
G = Guanin
T = Thymin
U = Uracil
R = A oder G
Y = C oder T (U)
W = A oder T (U)
S = G oder C
K = G oder T (U)
M = A oder C
B = C oder G oder T (U)
D = A oder G oder T (U)
H = A oder C oder T (U)
V = A oder C oder G
N = A oder C oder G oder T (U)

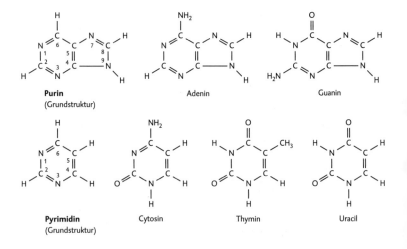

Purin   Adenin   Guanin
(Grundstruktur)

Pyrimidin   Cytosin   Thymin   Uracil
(Grundstruktur)

Physikalische Einheiten und Konstanten

Symbol	Name	Maß für	Umrechnung
Å	Ångström	Länge (veraltet)	0,1 nm, 10^{-10} m
bp	Basenpaar(e)	DNS-Länge, Anzahl an Nukleotidbasenpaaren	10 Basenpaare = 3,4 nm DNS-Länge
Bq	Becquerel	Radioaktivität	1 Zerfall/sec
°C	Grad Celsius	Temperatur	K – 273,15 °C
cal	Kalorie	Energie	4,18 Joule
Ci	Curie	Radioaktivität	$3,7 \cdot 10^{10}$ Bq
cm	Zentimeter	Länge	10^7 nm, 10^{-2} m
d	Dalton	Molekulargewicht, atomare Masseneinheit	$1,66 \cdot 10^{-27}$ kg (entspricht der 1/12 Masse eines Kohlenstoffatoms)
g	Gramm	Masse	$6,02 \cdot 10^{23}$ d, 10^{-3} kg
J	Joule	Energie	1 Newtonmeter, 1 Wattsekunde
K	Kelvin	Temperatur	°C + 273,15
ℓ	Liter	Volumen	1 000 ml
M	molar	Stoffmengenkonzentration	Mol pro Liter
MG	Molekulargewicht	Masseneinheit	g/Mol
min	Minute	Zeit	60 Sekunden (sec)
mol	Mol	Zahl	$6,02 \cdot 10^{23}$ Moleküle
mV	Millivolt	elektrisches Potenzial	10^{-3} V
N	normal, Avogadro'sche Zahl oder Loschmidt'sche Zahl	Zahl	$6,02 \cdot 10^{23}$ Moleküle/Mol
sec	Sekunde	Zeit	1/60 min

Präfixe für physikalische Maßeinheiten
(z. B. Hektoliter = hl = 100 Liter; Kilometer = km = 1 000 Meter)

Name	Symbol	Wert	Beispiele anhand von Größenangaben	Dimension
atto~	a	10^{-18}		
femto~	f	10^{-15}	Atomkerndurchmesser: 10^{-14} m	
pico~	p	10^{-12}		
nano~	n	10^{-9}	Atomdurchmesser: 10^{-10} m (Elektronen-hülle)	Mikrokos-mos
mikro~	μ	10^{-6}	Größe vieler Viren: 10^{-7} m Größe vieler Bakterien: 10^{-6} m Größe vieler eukaryontischer Zellen: 10^{-5} m	
milli~	m	10^{-3}	1 Millimeter	
zenti~	c	10^{-2}	1 Zentimeter	
dezi~	d	10^{-1}		für den
		1	1 Meter	Menschen
deka~	da	10^{1}		vorstellba-rer Bereich
hekto~	h	10^{2}		
kilo~	k	10^{3}	1 Kilometer	
mega~	M	10^{6}	Abstand Hamburg – München: $8 \cdot 10^{5}$ m	
giga~	G	10^{9}	Abstand Erde – Mond: $3{,}84 \cdot 10^{8}$ m Abstand Erde – Sonne: $1{,}496 \cdot 10^{11}$ m	
tera~	T	10^{12}		astrono-mischer
peta~	P	10^{15}	1 Lichtjahr: $9{,}46 \cdot 10^{15}$ m	Bereich
exa~	E	10^{18}	Durchmesser der Milchstraße: 10^{21} m „Rand des Universums": $12 - 15 \cdot 10^{25}$ m	

Radioaktive Isotope
(in biologischer Forschung häufig verwendet)

Isotope	Emission (Strahlung)	Halbwertszeit
^{14}C	beta	5 730 Jahre
^{3}H	beta	12,3 Jahre
^{35}S	beta	87,4 Tage
^{125}I	gamma	60,3 Tage
^{32}P	beta	14,3 Tage
^{131}I	beta und gamma	8,03 Tage

Vitamine

	Name	Abkürzung	biologisch aktive Form
fettlösliche Vitamine	Retinol, Retinal, Retinsäure	A	Retinol, Retinal, Retinsäure
	Calciferole	D	1α, 25-Dihydroxy-colecalciferol
	Tocopherole	E	Alpha-, Beta-, Gamma-tocopherol
	Phyllochinon	K_1	Difarnesylnaphtho-chinon
	Menachinon, Farnochinon	K_2	Difarnesylnaphtho-chinon
wasserlösliche Vitamine	Ascorbinsäure	C	Ascorbinsäure
	Thiamin	B_1	Thiaminpyrophosphat
	Riboflavin	B_2	FMN, FAD
	Nicotinsäure	–	NAD, NADP
	Pyridoxin	B_6	Pyridoxalphosphat
	Pantothensäure	–	Coenzym A
	Biotin	–	Carboxybiotin
	Folsäure	–	Tetrahydrofolsäure
	Cobalamin	B_{12}	5-Desoxy-adenosylcobalamin

Abbildungsnachweis

Sicher durch das Abitur!

Effektive Abitur-Vorbereitung für Schülerinnen und Schüler:
Klare Fakten, systematische Methoden, prägnante Beispiele sowie Übungs-
aufgaben auf Abiturniveau mit erklärenden Lösungen zur Selbstkontrolle.

Mathematik

Analysis I – (Pflichtteil)
Baden-Württemberg .... Best.-Nr. 84001
Analysis II – (Wahlteil)
Baden-Württemberg .... Best.-Nr. 84002
Analysis – LK .... Best.-Nr. 94002
Analysis – gk .... Best.-Nr. 94001
Analytische Geometrie
Baden-Württemberg .... Best.-Nr. 84003
Analytische Geometrie
und lineare Algebra 1 .... Best.-Nr. 94005
Analytische Geometrie
und lineare Algebra 2 – gk/LK .... Best.-Nr. 54008
Stochastik – LK .... Best.-Nr. 94003
Stochastik – gk .... Best.-Nr. 94007
Klassenarbeiten Mathematik 11. Klasse ... Best.-Nr. 900451
Kompakt-Wissen Abitur Analysis ...... Best.-Nr. 900151
Kompakt-Wissen Abitur Wahrscheinlich-
keitsrechnung und Statistik .... Best.-Nr. 900351
Kompakt-Wissen Abitur
Analytische Geometrie .... Best.-Nr. 900251
Kompakt-Wissen Algebra .... Best.-Nr. 90016
Kompakt-Wissen Geometrie .... Best.-Nr. 90026

Physik

Elektrisches und
magnetisches Feld – LK .... Best.-Nr. 94308
Elektromagnetische Schwingungen
und Wellen – LK .... Best.-Nr. 94309
Atom- und Quantenphysik – LK .... Best.-Nr. 943010
Kernphysik – LK .... Best.-Nr. 94305
Physik 1 – gk .... Best.-Nr. 94321
Physik 2 – gk .... Best.-Nr. 94322
Kompakt-Wissen Abitur Physik 3
Quanten, Kerne und Atome .... Best.-Nr. 943011

Erdkunde

Training Methoden Erdkunde
Grundlagen, Arbeitstechniken
und Methoden .... Best.-Nr. 94901
Abitur-Wissen Entwicklungsländer .... Best.-Nr. 94902
Abitur-Wissen USA .... Best.-Nr. 94903
Abitur-Wissen Europa .... Best.-Nr. 94905
Abitur-Wissen
Asiatisch-pazifischer Raum .... Best.-Nr. 94906
Lexikon Erdkunde .... Best.-Nr. 94904

Geschichte

Training Methoden Geschichte
Grundlagen, Arbeitstechniken
und Methoden .... Best.-Nr. 94789
Geschichte 1 – Baden-Württemberg .... Best.-Nr. 84761
Geschichte 2 – Baden-Württemberg .... Best.-Nr. 84762
Geschichte – Bayern gk K 12 .... Best.-Nr. 94781
Geschichte – Bayern gk K 13 .... Best.-Nr. 94782
Abitur-Wissen Die Antike .... Best.-Nr. 94783
Abitur-Wissen Das Mittelalter .... Best.-Nr. 94788
Abitur-Wissen
Die Französische Revolution .... Best.-Nr. 947810
Abitur-Wissen Die Ära Bismarck:
Entstehung und Entwicklung
des deutschen Nationalstaats .... Best.-Nr. 94784
Abitur-Wissen
Imperialismus und Erster Weltkrieg .... Best.-Nr. 94785
Abitur-Wissen Die Weimarer Republik .... Best.-Nr. 47815
Abitur-Wissen Nationalsozialismus
und Zweiter Weltkrieg .... Best.-Nr. 94786
Abitur-Wissen Deutschland
von 1945 bis zur Gegenwart .... Best.-Nr. 947811
Kompakt-Wissen Abitur Geschichte
Oberstufe .... Best.-Nr. 947601
Lexikon Geschichte .... Best.-Nr. 94787

Politik

Abitur-Wissen
Internationale Beziehungen .... Best.-Nr. 94802
Abitur-Wissen Demokratie .... Best.-Nr. 94803
Abitur-Wissen Sozialpolitik .... Best.-Nr. 94804
Abitur-Wissen
Die Europäische Einigung .... Best.-Nr. 94805
Abitur-Wissen Politische Theorie .... Best.-Nr. 94806
Kompakt-Wissen Abitur
Politik/Sozialkunde .... Best.-Nr. 948001
Lexikon Politik/Sozialkunde .... Best.-Nr. 94801

Wirtschaft/Recht

Abitur-Wissen Betriebswirtschaft .... Best.-Nr. 94851
Abitur-Wissen Volkswirtschaft .... Best.-Nr. 94881
Abitur-Wissen Rechtslehre .... Best.-Nr. 94882
Kompakt-Wissen Abitur Volkswirtschaft ... Best.-Nr. 948501

Sport

Bewegungslehre – LK .... Best.-Nr. 94981
Trainingslehre – LK .... Best.-Nr. 94982

(Bitte blättern Sie um)

Natürlich führen wir noch mehr Titel für alle Schularten. Wir informieren Sie gerne!

Telefon: 08161/179-0
Telefax: 08161/179-51

Internet: www.stark-verlag.de
E-Mail: info@stark-verlag.de

Bestellungen bitte direkt an:
STARK Verlagsgesellschaft mbH & Co. KG
Postfach 1852 · 85318 Freising

14-VIT